U0795274

科学出版社“十三五”普通高等教育本科规划教材
高等医药院校药学类系列教材

生物制药学

主　编　余　蓉　郭　刚
副主编　胡昌华　李炜玲　罗学刚　王　兰
编　委（按姓氏笔画排序）
王　兰　成都医学院
卢兹凡　第四军医大学
刘　亭　贵州医科大学
刘开云　第三军医大学
李炜玲　大连医科大学
余　蓉　四川大学
罗学刚　天津科技大学
郑永祥　四川大学
胡昌华　西南大学
郭　刚　第三军医大学
谢伟全　南华大学
雷小勇　南华大学
廖国建　西南大学

科学出版社
北　京

内 容 简 介

本书为高等医药院校药学类系列教材，全书共3篇13章：第一篇生物制药学总论（第1～3章），第二篇生物工程制药（第4～8章），第三篇生物技术药物（第9～13章）。本书紧扣药学类专业本科教育培养目标，以教育部最新药学教育纲要为基础，阐述生物制药学的基本理论、基本知识、基本技能，重点阐述生物工程制药的基本概念、基本过程和关键技术，系统地介绍了生物技术药物的概念、分类、特点和临床应用及进展，同时也介绍了国外最前沿的生物制药学领域的新知识和新研究成果，进一步提高了教材水平和质量。全书每章除正文外，还包含有学习目标、知识链接、小结、思考题和拓展学习，便于读者学习、思考以及拓展相关知识。

本书可供药学、生物制药、制药工程、生物工程、生物技术等专业学生学习，也可作为药学其他专业的教材参考书。

图书在版编目（CIP）数据

生物制药学 / 余蓉，郭刚主编. —北京：科学出版社，2017.1
ISBN 978-7-03-048780-3

Ⅰ. ①生… Ⅱ. ①余… ②郭… Ⅲ. ①生物制品-药物-制造-医学院校-教材 Ⅳ. ①TQ464

中国版本图书馆CIP数据核字（2016）第131871号

责任编辑：李国红　周　园 / 责任校对：李　影
责任印制：吴兆东 / 封面设计：陈　敬

科学出版社出版
北京东黄城根北街16号
邮政编码：100717
http://www.sciencep.com
天津市新科印刷有限公司印刷
科学出版社发行　各地新华书店经销
*
2017年1月第　一　版　开本：787×1092　1/16
2025年1月第九次印刷　印张：19
字数：447 000
定价：69.80元
（如有印装质量问题，我社负责调换）

科学出版社“十三五”普通高等教育本科规划教材
高等医药院校药学类系列教材

专家委员会

主 任 委 员　张志荣　四川大学华西药学院

副主任委员　（按姓氏笔画排序）

王玉琨　第四军医大学
刘卫东　第三军医大学
杨　竹　重庆医科大学
宋流东　昆明医科大学
胡华强　中国科技出版传媒股份有限公司
傅　强　西安交通大学

委　　　员　（按姓氏笔画排序）

叶　云　西南医科大学
包保全　内蒙古医科大学
李　莉　新疆医科大学
沈祥春　贵州医科大学
张立明　宁夏医科大学
张仲林　成都医学院
陈　文　石河子大学
陈　旭　桂林医学院
陈朝军　内蒙古医科大学
周旭美　遵义医学院
周春阳　川北医学院
胡昌华　西南大学
饶高雄　云南中医学院
柴慧芳　贵阳中医学院
黄　园　四川大学华西药学院
傅超美　成都中医药大学

前　言

近 20 年来，生物技术的飞速发展为世界各国医疗业、制药业的发展开辟了广阔的前景。当今世界上许多国家特别是发达国家都把发展生物技术作为提高本国科技和经济竞争力的重要手段。其中医药生物技术是生物技术首先取得突破、实现产业化的技术领域，已成为最活跃、进展最快的产业之一。

生物制药学是一门重要的药学相关专业的主干课程，突出“生物技术”与“药物”的有机结合，紧密结合学科发展前沿和实际应用，为培养富有创造、创新、创业精神和实践能力的高素质的生物技术制药复合人才提供重要保障。该课程的重要性已得到越来越多医药院校的重视，陆续为本科生和研究生开设了该课程。但是，因为课程起步晚、起点高等原因，与传统化学药学学科相比，学科水平还存在一定差距。其中，教材建设是一个薄弱环节。近几年，多家出版社先后出版了《生物技术制药》教材，但由于本课程是生物医学与药学学科广泛交叉的前沿学科，其发展极为迅速，新的理论与新的技术方法层出不穷，并在应用领域不断取得引人瞩目的新成就，需不断对教材进行完善。本书针对国内高等医药院校医/药学本科生教学的现状，对生物技术制药教材的章节设置、内容编排和取舍、“文”“图”配合、知识体系的贯通，以及如何与教学实践课有机结合等方面将做些改进，提高“系统性”、“综合性”及制药个案的“形象性”，既坚持国际前沿性，又体现国内实践性。全书力求让学生能将整个生物技术制药课程和技术体系融会贯通，加强感性认识，提高学生创新能力。

为了让本科生对生物制药学有系统的、清晰的认识，本书首次尝试系统性地将生物制药学概论、生物制药的工程制备和主要的生物药物根据药物特点有机地融合在一起。全书框架分为 3 篇共 13 章内容，第一篇（第 1～3 章）：生物制药学总论，概述生物制药的概念、制备和质量控制；第二篇（第 4～8 章）：生物工程制药，包括现代生物技术几大领域(基因工程、蛋白质工程、细胞工程、酶工程及发酵工程)中最主要的基础理论体系和技术方法，注重“三基”的训练；第三篇（第 9～13 章）：生物技术药物，突出生物技术药物的分类、特点与临床应用，让学生全面了解生物制药的全貌和进展。为适应于 PBL（带着问题学习）教学，每章后编排知识链接或知识扩展模块及思考题，以期新版教材有助于提高本科生生物制药学课程的教学质量。

由于编者水平所限，本书尚存在诸多不足之处，敬请各位师生和读者批评指正。

编　者

2016 年 5 月

目　录

第一篇　生物制药学总论

第二篇　生物工程制药

第三篇　生物技术药物

第一篇 生物制药学总论

第一章 生物制药概论

学习目标

1. 掌握：生物药物的概念、分类和用途，生物制药的概念。
2. 熟悉：生物制药的主要研究内容；生物药物的研发策略。
3. 了解：生物制药的发展历程和趋势。

第一节 生物药物的概念

21 世纪是生命科学飞速发展的时代，生物技术、生物信息学、合成生物学及系统生物学等诸多生命科学领域所取得的新理论与新技术已广泛应用于新药研发，生物药品在治疗人类疾病方面发挥着越来越突出的作用。

生物药物（biopharmaceuticals）是利用生物体、生物组织、细胞或其成分，综合运用生物学、医学、生物化学、分子生物学、物理化学和药学的原理与方法，生产的一类用于预防、诊断、治疗和康复保健的制品。广义的生物药物包括从动物、植物、微生物等生物体中提取的各种天然生物活性物质及其人工合成或半合成的天然物质类似物，包括应用基因工程、细胞工程、酶工程与发酵工程等生物工程技术生产的药物（图 1-1）。

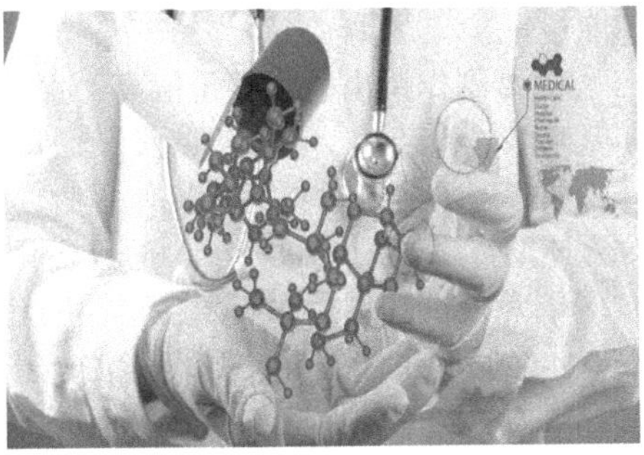

图 1-1 生物药物

生物药物原料以天然的生物材料为主，包括微生物、植物、动物，其中也包括海洋生物等。随着生物技术的发展，有目的性人工制得的生物原料成为当前生物制药原料的主要来源，如用免疫法制得的动物原料、改变基因制得的微生物或其他细胞原料等。生物药物具有药理活性高、毒副作用小、营养价值高等特点，这是由于生物药物主要是蛋白质、核酸、糖类、脂类等，这些物质的组成单元为氨基酸、核苷酸、单糖、脂肪酸，对人体不仅无害而且还是重要的营养物质。现代生物药物可分为四大类型：①天然生物药物，即来自包括海洋生物在内的动物、植物、微生物的天然产物，包括天然生化药物、微生物药物、海洋药物；②合成与部分合成的生物药物；③基因重组的多肽、蛋白质类治疗剂，即应用重组 DNA 技术（包括基因工程技术、蛋白质工程技术）制造的重组多肽、蛋白质类药物；④基因药物，即以 DNA、RNA 为基础研制而成的基因治疗剂、基因疫苗、反义核酸等。

2015 年版《中国药典》中生物制品新增品种包括：预防类 4 种，治疗类 10 种。例如：重组 B 亚单位/菌体霍乱疫苗（肠溶胶囊）、A 群 C 群脑膜炎球菌多糖疫苗、ACYW135 群脑膜炎球菌多糖疫苗、水痘减毒活疫苗、冻干破伤风抗毒素、静注乙型肝炎人免疫球蛋白、人纤维蛋白黏合剂、注射用重组人白细胞介素-11 和注射用鼠神经生长因子等。这充分体现了生物药物在我国医疗领域的应用日益增加、临床作用逐渐增强。

美国食品药品监督管理局（Food and Drug Administration，FDA）出台了文件鼓励生物类似药品的快速发展，降低患者的经济负担，并加强美国生物药物制造商在全球生物制品市场的竞争力，为相关产品在美国获批上市迈出了重要步伐。这些文件科学性强且要求严格，强调“整体数据”的概念，对适应证外推和替换要求以全面、科学的数据作为支持，并制定严格的上市后的安全性监测标准等，其谨慎态度可见一斑。因此至 2015 年 3 月 7 日，美国生物类似药的审批才实现零的突破，即山德士公司的生物类似药 Zarxio 获 FDA 批准上市。该药按照简化后的生物类似药程序进行审批，并且外推至了原研药物“非格司亭”（Filgrastim）的全部 5 个全部适应证，被业内称为具有“里程碑意义”的事件。

第二节　生物药物的特性、分类与用途

一、生物药物的特性

（一）药理学特性

1. 治疗针对性强　生物药物发挥治疗作用的生理、生化机制合理，疗效可靠，如细胞色素 *c* 为呼吸链的一个重要成员，用它治疗组织缺氧而引起的一系列疾病效果显著。

2. 药理活性高　部分生物药物是体内原先存在的生理活性物质，以生物分离纯化工程技术从大量生物材料精制而成，因此具有高效的药理活性。例如，注射用的纯 ATP 可以直接供给机体能量。

3. 毒副作用小、营养价值高　生物药物的组成单元多为人体维持正常代谢与调节的原料，如氨基酸、核苷酸、糖类、脂类及微量元素和维生素等，因此其化学组成更接近人体的正常生理物质，进入体内后更易为机体吸收、利用和参与人体的正常代谢与调节，所以生物技术药物对人体的毒副作用一般较少，而且还具有一定的营养作用。

4. 免疫性副作用时有发生　生物药物由生物原料制得，因为生物体之间的种属差异或同种生物体之间的个体差异，尤其是大分子蛋白类药物的差异更为突出，在临床使用时这种差异常会表现为免疫原性反应和变态反应等。另外，生物技术药物在机体内的原有生理活性一般受到机体的调控平衡，当用这些活性物质作为治疗药物时，常常使用大大超过正常生理浓度的剂量，致使其超过了体内的生理平衡调节以致发生副作用，如注射高剂量α-干扰素，常会引起发热症状等。

（二）理化特性与生物学特性

1. 原料中的有效物质含量低　生物材料中的有效物质含量低，杂质种类多和含量较高。例如，激素、酶在体内含量极低，如血液中生长激素，人体内的含量不超过 20μg/L。

2. 稳定性差　生物药物的分子结构中具有特定的活性部位，该部位有严格的空间结构，一旦结构破坏，生物活性也就随之消失。很多理化因素均可使生物药物失活。生物药物对热、酸、碱、重金属及 pH 变化和各种理化因素都较敏感，生物材料又易被微生物的活动所分解或被自身的代谢酶所破坏，甚至机械搅拌、压片机冲头的压力、金属器械、空气、日光等对生物活性都会发生影响。

3. 易染菌、腐败　生物原料及产品均为高营养物质，极易染菌腐败使有效物质分解破坏，产生有毒物质、热原或致敏物质和降压物质等，因此生物材料的选择要新鲜无污染，及时低温冻存。为了保证全部制品的质量，必须有严格的制造管理要求，即 GMP（good manufacturing practice）质量管理规范，并对制品的贮存条件、有效期和使用方法做出明确规定，如生物操作过程，对于低温、无菌操作要求严格，从原料制造、制剂过程、贮存、运输和使用等多个环节严加控制。

4. 剂型及给药途径有特殊要求　生物药物易受消化道的酸碱环境和水解酶的破坏，常常以注射给药，因此对制剂的均一性、安全性、稳定性、有效性都有严格要求。除按一般药物制剂的质控要求外，常附有其他检测项目，如安全性检查，热原检测与过敏试验，降压物质检测，免疫毒性试验，残留 DNA 检测和宿主蛋白检测等。为保证制品的质量，必须遵守严格的 GMP 质量管理要求，并对制品的有效期、贮存期、贮存条件和使用方法做出明确规定。

（三）检验上的特殊性

生物药物具有特殊的生理功能和严格的构效关系，因此生物药物不仅要有理化检验指标，更要有生物活性检验指标，尤其对有效成分的检测，除应用一般化学方法外，更应根据制品的特异生理效应或专一生化反应拟定其生物活性检测方法。通常采用一个国际上认可的标准品作为测试时的参考标准，这种标准品在国际上有统一规定的制法和规格，依照规定的制法和规格，就可以复制成相应的副品，供有关生产单位使用。

二、生物药物的分类

生物药物的分类方法大致分为三种：按药物的化学本质和化学特性分类，按药物的生理功能和临床用途分类，按药物的来源和制造方法分类。

（一）按药物的化学本质和化学特性分类

1. 氨基酸及其衍生物类药物　这类药物包括天然的氨基酸和氨基酸混合物，以及氨基酸衍生物，如 *N*-乙酰半胱氨酸、*L*-二羟基苯丙氨酸等。全世界的氨基酸每年的总产量已逾百万吨，年产值达数十亿美元。氨基酸类药物还可分为单种氨基酸制剂和复方氨基酸制剂两类。例如蛋氨酸可防治肝炎、肝坏死和脂肪肝，谷氨酸可用于防治肝性脑病、神经衰弱和癫痫；复方氨基酸可以制成血浆代用品或给患者提供营养等。

2. 多肽和蛋白质类药物　多肽和蛋白质的化学本质相同，但是分子质量有差异。活性多肽是由多种氨基酸按一定顺序连接起来的多肽链化合物，分子质量一般较小，多数无特定的空间构象。但研究发现，某些多肽也有一定构象，只是其构象的稳定性远不如蛋白质，其特点是构象的浮动性很大，有时甚至在几种构象中进行摆动或在发挥某种生物功能时才出现某种构象。多肽类药物有缩宫素、胰高血糖素等。蛋白质类药物有单纯蛋白质与结合蛋白类（包括糖蛋白、脂蛋白、色蛋白等）。蛋白质类药物包括血清白蛋白、丙种球蛋白、胰岛素等。

3. 酶与辅酶类药物　多种酶的辅酶或辅基成分具有医疗价值。酶类药物按功能可分为：消化酶类，如胃蛋白酶、胰酶、凝乳酶、胰蛋白酶、胰淀粉酶和麦芽淀粉酶等；消炎酶类，溶菌酶、胰蛋白酶、糜蛋白酶、胰 DNA 酶、菠萝蛋白酶和无花果蛋白酶等；心血管疾病治疗酶，如激肽释放酶扩张血管降血压、弹性蛋白酶能降低血脂，用于防治动脉粥样硬化；抗肿瘤酶类，如 L-天冬酰胺酶用于治疗淋巴肉毒和白血病；辅酶类药物，广泛用于肝病和冠心病的治疗；其他酶类，如超氧化物歧化酶（superoxide dismutase，SOD）用于治疗类风湿关节炎和放射病，PEG——腺苷脱氨酶用于治疗严重的联合免疫缺陷症。此外，还有 RNA 酶、DNA 酶、青霉素酶、玻璃酸酶、抑肽酶等。

4. 核酸类药物　包括核酸类、多聚核苷酸和核苷类、核苷酸及其衍生物类等。免疫 RNA

（immune RNA，iRNA）是一种高度特异性的免疫触发剂，可用于肿瘤的免疫治疗；DNA 可用于治疗精神迟缓、虚弱和抗辐射；RNA 用于慢性肝炎、肝硬化和肝癌的辅助治疗；多聚核苷酸是干扰素（INF）的诱导剂。经人工化学修饰的核苷酸、核苷或其碱基衍生物是有效的核酸抗代谢物，常用于治疗肿瘤和病毒感染，如 5-氟尿嘧啶、6-巯基嘌呤等。

5. 糖类药物 多糖类药物的来源包括海洋生物在内的动物、植物和微生物。它们在抗凝血、降血脂、抗病毒、抗肿瘤、增强免疫功能和抗衰老方面具有较强的药理作用。例如，肝素具有很强的抗凝作用，小分子肝素具有降血脂、防治冠心病的作用；硫酸软骨素 A、类肝素在降血脂和防治冠心病方面有一定疗效。中药提取物中也有很多多糖物质，茯苓多糖、云芝多糖、银耳多糖和胎盘脂多糖等均在临床上应用。

6. 脂类药物 是一些具有重要生化、生理、药理效应的脂类化合物，有较好的预防和治疗疾病的效果。这类药物主要有脂肪和脂肪酸类、磷脂类、胆酸类、色素类、固醇类、卟啉类等。例如，鹅去氧胆酸及熊去氧胆酸、二十二碳六烯酸（docosahexaenoic acid，DHA）、二十碳五烯酸（eicosapentaenoic acid，EPA）、人工牛黄等。

7. 细胞生长因子 是在体内细胞分泌对人类或动物的生长有调节作用，并在靶细胞上具有特异受体的一类生物活性因子。已发现的细胞生长因子均为多肽或蛋白质，如干扰素、白细胞介素、肿瘤坏死因子、集落刺激因子等。

8. 医学生物制品类 从微生物、原虫、动物和人体材料直接制备或利用现代生物技术、化学方法制成作为预防、诊断、治疗特定传染病或其他疾病的制剂。生物制品分为预防用制品、治疗用制品和诊断用制品。预防用制品可分为疫苗（如乙肝疫苗、流感疫苗、乙型脑炎疫苗、狂犬疫苗、痘苗、斑疹伤寒疫苗等）和类毒素（如白喉类毒素、破伤风类毒素）。治疗用制品有特异性治疗用品与非特异性治疗用品。诊断用制品主要指免疫诊断用品，如结核菌素、锡克试验毒素及多种诊断用单克隆抗体等。

随着生物科学的迅速发展，生物制品在品种上从原来的疫苗发展到菌苗和类毒素等，性质上从减毒活苗发展到灭活疫苗和死菌苗，并由自动免疫制剂发展到抗毒素等被动免疫制剂，用途上从预防制剂发展到治疗和诊断制剂。得益于基因工程的发展，生物制品也不再只限于来自天然材料加工而成的产品，也可来自人工合成的活性物质。

（二）按生理功能和临床用途分类

生物药物广泛用做医疗用品，在医学、预防医学、保健医学等领域都发挥着重要作用。按用途分类，大致可分为四大类。

1. 治疗药物 生物药物对许多常见病、多发病有着很好的疗效，如肿瘤、艾滋病、心脑血管疾病、免疫性疾病、内分泌障碍等。生物药物的治疗效果是其他药物不可比拟的，因此，治疗疾病是生物药物的主要功能。

2. 预防药物 许多疾病，尤其是传染性疾病，如天花、麻疹、百日咳等，预防比治疗更为重要。常见的预防药物有疫苗、类毒素等。预防为主是我国医疗卫生工作的一项重要方针。生物药物在预防疾病方面将显示出越来越重要的地位。

3. 诊断药物 大部分临床诊断试剂都来自生物药物，这也是生物药物的重要用途之一。生物药物作为诊断试剂的特点是：速度快，灵敏度高，特异性强。现已成功使用的有：免疫诊断试剂、单克隆抗体诊断试剂、酶诊断试剂、放射性诊断药物和基因诊断药物等。一些生物活性物质亦是检测疾病的指标，如谷草转氨酶等。

4. 其他生物医药用品 生物药物在其他方面也有广泛的应用，如生化试剂、保健品、化妆品、食品、医用材料、科学研究用品等。

（三）按药物的来源和制造方法分类

1. 人体组织药物　以人体组织为原料制备的生物药物具有疗效好、无副作用的特点，但因来源有限无法批量生产。生物技术的应用解决了药物因原料限制而无法生产的难题，保证了临床用药需求。主要有人胎盘制品类、人尿制品类和人血液制品类（图 1-2）。

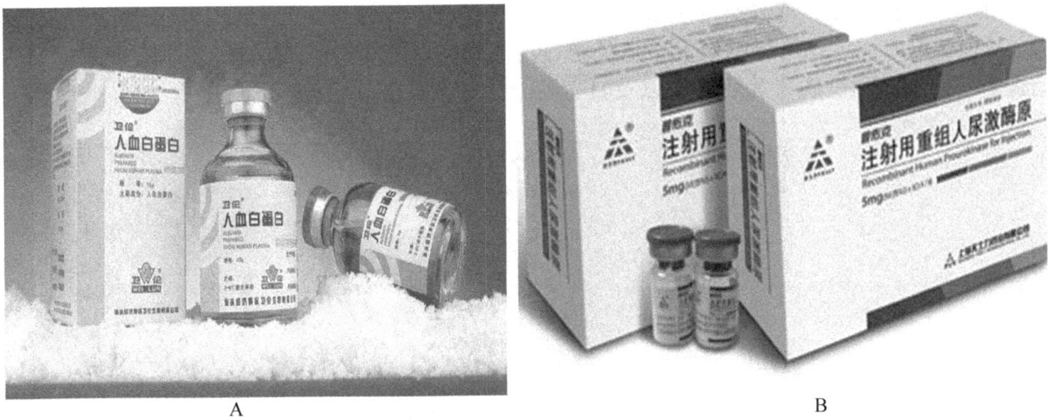

A　　　　　　　　　　B

图 1-2　人体组织药物

A. 人血白蛋白；B. 人尿激酶原

2. 动物药物　来源于动物全体、动物脏器、动物组织的药物（图 1-3）。资源丰富，价格低廉，可以批量生产。但由于种属差异，有些药物的疗效低于人体组织来源的药物，甚至没有疗效，因此要进行严格的药理毒理实验，以及合理运用提取纯化技术。

3. 植物药物　该类药物是具有生理活性的天然有机化合物，按其在植物体的功能也可分为初级代谢产物和次级代谢产物，主要包括化合物、酶、蛋白质、核酸等。我国有详细记载的中草药有近 5000 种，如人参、曼陀罗花等（图 1-4），药物来源十分丰富，近几年来出现了许多新的生物药物资源，具有很大开发潜能。

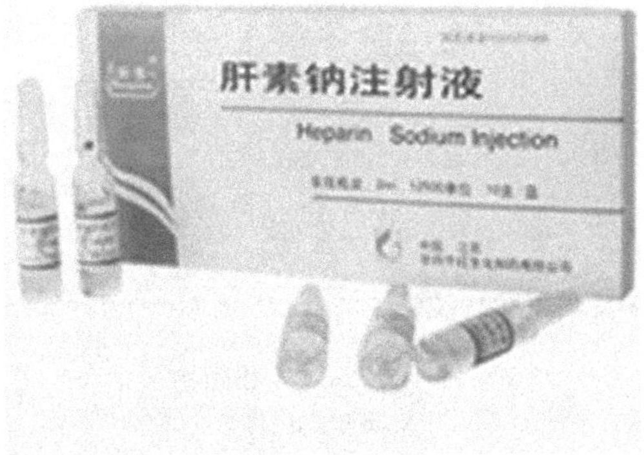

图 1-3　肝素钠

4. 微生物药物　微生物来源的药物种类最多，包括初级代谢产物、次级代谢产物及工程菌生产的各种人体内活性物质，其产品有抗生素、氨基酸、维生素、酶、糖、蛋白质、核酸、疫苗等。微生物易于培养，繁殖快，产量高，成本低，便于大规模工业生产，不受原料运输、保存、生产季节和货源供应的影响。微生物发酵法生产生物药物可综合利用，从代谢物到菌丝体都可以制取多种生物药物，并且通过诱变选育良种，或加入前体培养法大幅度提高产量。利用微生物体内酶的转化作用进行生物药物的半合成具有重要意义。许多复杂的难以实现的反应，利用微生物酶能专一和迅速地完成。现阶段利用微生物发酵法生产的生物药物有许多种类，以氨基酸、核酸及其降解物，酶和辅酶等的生产规模较大，其次在多肽、蛋白质、糖、脂、维生素、激素及有机酸的生产上也有不少产品。

5. 海洋生物药物 海洋生物种类繁多，近年来其研究开发愈发深入，许多海洋药物具有抗菌、抗病毒、抗氧化、抗肿瘤等生理活性，包括动植物，如海星、海葵等（图 1-5），以及微生物。目前，对海洋生物药物的研究，主要是寻找抗肿瘤、防治心血管疾病、止血、抗凝、抗炎、抗真菌、抗细菌和抗病毒等药物，以及具有特异生物活性的化合物。

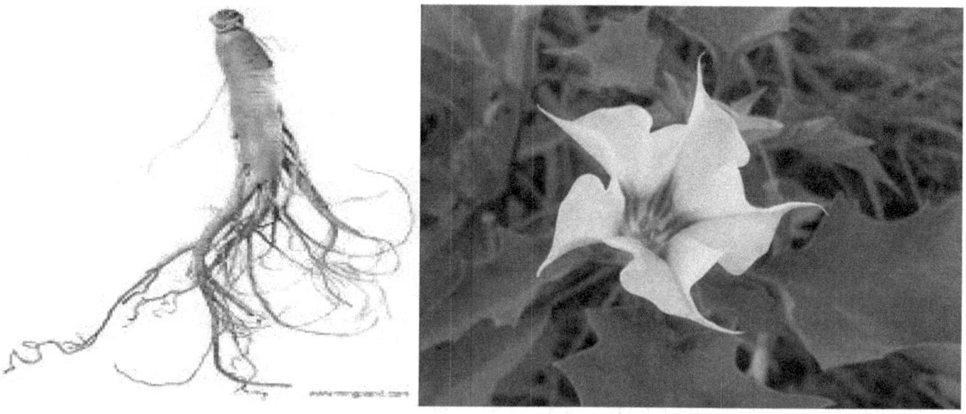

A B

图 1-4 植物药物

A. 人参；B. 曼陀罗花

A B

图 1-5 海洋生物药物

A. 海星；B. 海葵

6. 现代生物技术药物 包括利用基因工程技术生产的重组活性多肽、活性蛋白质类药物、基因工程疫苗、单克隆抗体及多种细胞生长因子，利用转基因动物、植物生产的生物药物及利用蛋白质工程技术改造天然蛋白质，创造自然界没有的、但功能上更优良的蛋白质类生物药物。利用现代生物技术生产生物药物已是目前生物药物的最重要来源。

7. 化学合成药物 许多小分子生物药物已能用化学合成或半合成法进行生产，如氨基酸、多肽、核酸降解物及其衍生物、维生素和某些激素。并且通过结构改造以达到高效、长效和高专一性。有些大分子生物药物（如酶），也可通过化学修饰以提高其稳定性和降低抗原性。

生物药物按其来源不同虽可按上述分类，但许多产品是由几种不同来源的物质相结合产生的。例如，基因工程产品既有动植物来源，也有微生物来源。甾体激素可视为植物、微生物和化学合成相结合的产物。某些氨基酸和维生素C也是化学合成和微生物发酵相结合的。

三、生物药物的用途

生物药物广泛用作医疗用品，特别在传染病的预防和某些疑难病的诊断与治疗上起着其他药物无法替代的独特作用。

（一）作为治疗药物

对许多常见病和多发病，生物药物都有较好的疗效。治疗疾病是生物药物的主要功能，生物药物以其独特的生理调节功能对许多病症具有很好的治疗作用，如肿瘤、艾滋病、心脑血管疾病、乙型肝炎、内分泌障碍、免疫性疾病、遗传病和机体衰老等。按其药理作用主要有以下几大类：

1. 内分泌障碍治疗药物　胰岛素及其突变体、生长素、甲状腺素、胰高血糖素等。

2. 维生素类药物　主要起营养作用，用于维生素缺乏症。某些维生素大量使用时有一定治疗和预防癌症、感冒和骨病的作用，如维生素C、维生素D_3、维生素B_{12}、维生素B_{14}等。

3. 中枢神经系统药物　*L*-多巴（治疗神经震颤）、人工牛黄（镇静，抗惊厥）、脑啡肽（镇痛）等。

4. 血液和造血系统药物　抗贫血药（血红素）、抗凝药（肝素），纤溶剂-抗血栓药（尿激酶、组织纤溶酶原激活剂、蛇毒溶栓酶）、止血药（凝血酶）、血容量扩充剂（右旋糖酐）、凝血因子制剂（凝血因子Ⅷ和Ⅸ）及造血系统因子促红细胞生成素（erythropoietin，EPO）等。

5. 呼吸系统药物　平喘药（肾上腺素）、祛痰剂（乙酰半胱氨酸）、镇咳药（蛇胆，鸡胆）、慢性气管炎治疗剂（核酪注射剂、DNA酶）等。

6. 心血管系统药物　抗高血压药（卡托普利、血管舒缓素）、降血脂药（弹性蛋白酶、猪去氧胆酸）、冠心病防治药物（硫酸软骨素A、类肝素、冠心舒）、溶解血栓药物（t-PA及其突变体TNK-tPA和r-PA、u-PA等）等。

7. 消化系统药物　助消化药（胰酶、胃蛋白酶）、溃疡治疗剂（胃膜素、维生素U）、止泻药（鞣酸蛋白）等。

8. 抗感染药物、各类抗细菌、抗真菌抗生素　例如，头孢菌素用于尿路和呼吸道感染与小儿肠道感染，红霉素及其衍生物对呼吸道感染疗效明确，半合成链阳菌素能快速杀灭多耐药性葡萄球菌和链球菌。

9. 免疫调节剂　免疫增强剂能提高机体的免疫功能，增加白细胞、血小板，如灵芝多糖、香菇多糖、GM-CSF、C-CSF；特异性免疫抑制剂，如环孢霉素A、他克莫司（Tacrolimus，FKS06）、西罗莫司（Sirolimus，Rapamycin，RAP）用于器官移植排斥反应等。

10. 抗病毒药物　主要有三种作用类型：抑制病毒核酸的合成，如碘苷、三氟碘苷；抑制病毒合成酶，如阿糖腺苷、阿昔洛韦；调节免疫功能，如异丙肌苷、干扰素等。

11. 抗肿瘤药物　核酸类抗代谢物（阿糖胞苷、6-巯基嘌呤、5-氟尿嘧啶），抗癌天然生物大分子（天冬酰胺酶、香菇多糖PSK），提高免疫力抗癌剂（白细胞介素-2、干扰素、集落细胞刺激因子），抗体类药物（利妥昔单抗、贝伐单抗、anti-PD-1抗体等）。

12. 抗辐射药物　超氧化物歧化酶（SOD）、2-巯基丙酰甘氨酸（MPG）等。

13. 计划生育用药　口服避孕药（复方炔诺酮）和早中期引产药（前列腺素）及其类似物等。

14. 生物制品类治疗药　各种人血免疫球蛋白（破伤风免疫球蛋白、乙型肝炎免疫球蛋白）、抗毒素（精制白喉抗毒素）和抗血清（蛇毒抗血清）等。

随着生物技术的迅猛发展，新的生物技术药物不断涌现，使生物药物的临床用途得到进一步的扩展。例如，利用胚胎干细胞工程，通过使早期胚胎内细胞团或原始生殖细胞在体外分化，扩增培养，分离和克隆，使其发育成各种高度分化的功能细胞（如肌肉细胞、神经细胞等），并可形成各种组织和器官，从而有望用于修复那些人体已不能再生的坏损组织和器官，这将使许多目前无法根治的疾病得到治愈。

（二）作为预防药物

许多疾病，尤其是细菌性和病毒性传染病的预防比治疗更为重要。预防是控制传染性疾病传播的有效手段，有效的预防可以控制甚至根除许多传染病。常见的预防药物有疫苗、类毒素及冠心病防治药物。

1. 疫苗 有灭活疫苗（死疫苗）和减毒疫苗（活疫苗）两类。死疫苗如乙型脑炎、森林脑炎、狂犬病和斑疹伤寒疫苗；活疫苗如麻疹、脊髓灰质炎、腮腺炎、流感、黄热病疫苗等。

2. 类毒素 是细菌产生的致病毒素，经甲醛处理使失去致病作用，但仍保持原有免疫原性的变性毒素，如破伤风类毒素和白喉类毒素等。

3. 冠心病防治药物 如改构肝素及多种不饱和脂肪酸。

近几年发展起来的基因疫苗（genetic vaccine）使作为预防用的生物药物得到进一步发展。基因疫苗也称DNA疫苗，是将外源基因克隆在表达质粒上，直接注入动物体内，使外源基因在活体内表达抗原并诱导机体产生免疫应答，产生抗体从而激活免疫力。DNA 疫苗已经在许多难治性感染性疾病、自身免疫性疾病、过敏性疾病和肿瘤的预防领域显示出广泛的应用前景。

（三）作为诊断药物

生物药物用作诊断试剂是其最突出又独特的另一临床应用，绝大部分临床诊断试剂都来自生物药物。诊断用药分为体内（注射）和体外（试管）两大使用途径。诊断用品发展迅速，品种繁多，剂型也不断革新，正朝着特异、敏感、快速、简便方向发展。

1. 免疫诊断试剂 利用高度特异性和敏感性的抗原抗体反应，检测样品中有无相应的抗原或抗体，可为临床提供疾病诊断依据，主要有诊断抗原和诊断血清。常见诊断抗原有：①细菌类，如伤寒、副伤寒菌、布氏菌、结核菌素等；②病毒类，如乙肝表面抗原血凝制剂、乙脑和森林脑炎抗原、麻疹血凝素；③毒素类，如链球菌溶血素 O，锡克及狄克诊断液等。诊断血清包括：①细菌类，如痢疾菌分型血清；②病毒类，如流感肠道病毒诊断血清；③肿瘤类，如甲胎蛋白诊断血清；④抗毒素类，如霍乱 CT；⑤激素类，如绒毛膜促性腺激素 hCG；⑥血型及人类白细胞抗原诊断血清，包括抗人五类 Ig 和κ、λ轻链的诊断血清；⑦其他类，如转铁蛋白诊断血清。

2. 酶诊断试剂 利用酶反应的专一性和快速灵敏的特点，定量测定体液内的酶的变化可以作为病情诊断的参考指标。商品化的酶诊断试剂盒是一种或几种酶及其辅酶组成的一个多酶反应系统，通过酶促反应的偶联，以最终反应产物作为检测指标。经常用于配制诊断试剂的酶有氧化酶、脱氢酶、激酶和水解酶等。已普遍使用的常规检测项目有血清胆固醇、三酰甘油、葡萄糖、血氨、ATP、尿素、乙醇及血清 sGPT（谷丙转氨酶）和 sGOT（谷草转氨酶）等。目前已有 40 余种酶诊断试剂盒供临床应用，如艾滋病诊断试剂盒。

3. 器官功能诊断药物 利用某些药物对器官功能的刺激作用、排泄速度或味觉等，以检查器官的功能损坏程度，如磷酸组胺、促甲状腺释放激素、促性腺激素释放激素、胰多肽（苯替酪胺、BT-PABA）、甘露醇等。

4. 放射性核素诊断药物 放射性核素诊断药物有聚集于不同组织或器官的特性，故进入人体内后，可检测其在体内的吸收、分布、转运、利用及排泄等情况，从而显出器官功能及其形态，以供疾病的诊断。例如，^{131}I 血清清蛋白用于测定心脏放射图、心排血量及脑扫描，柠檬酸 ^{59}Fe 用于诊断缺铁性贫血，^{57}Se-甲硫氨酸用于胰腺扫描和淋巴瘤、淋巴网状细胞瘤和甲状旁腺组织瘤的诊断。

5. 诊断用单克隆抗体（monoclonal antibody，McAb）　诊断用单克隆抗体的特点之一是专一性强，由一个 B 细胞所产生的抗体，只针对抗原分子上的一个特异抗原决定簇。应用 McAb 诊断血清能专一检测病毒、细菌、寄生虫或细胞之分子质量很小的一个抗原分子片段，因此测定时可以避免交叉反应。McAb 诊断试剂已广泛用于测定体内激素的含量（如 hCG、催乳素、前列腺素），诊断 T 淋巴细胞亚群和 B 淋巴细胞亚群及检测肿瘤相关抗原。McAb 对病毒性传染源的分型分析，有时是唯一的诊断工具，如脊髓灰质炎有毒株和无毒珠的鉴别、登革热不同型的区分、肾病综合征的诊断等。

6. 诊断用 DNA 芯片　应用基因芯片进行突变基因检测是对遗传病、肿瘤等进行临床诊断的重要手段。基因芯片作为一种先进的、大规模、高通量检测技术，应用于疾病的诊断，其优点有以下几个方面：一是高度的灵敏性和准确性；二是快速简便；三是可同时检测多种疾病。基因芯片诊断在临床上具有广阔的应用前景，如应用于产前遗传性疾病（如血友病、珠蛋白生成障碍性贫血、苯丙酮尿症等）检查，抽取少许羊水就可以检测出胎儿是否患有遗传性疾病，同时鉴别的疾病可以达到数十种甚至数百种，这是其他方法所无法替代的。又例如对病原微生物感染诊断，在检查中应用基因芯片技术，医生在短时间内就能知道患者是哪种病原微生物感染，而且能测定病原体是否产生耐药性、对哪种抗生素产生耐药性、对哪种抗生素敏感等，这样医生就能有的放矢地制定科学的治疗方案。再例如，对具有高血压、糖尿病等疾病家族史的高危人群普查、接触毒化物质人群恶性肿瘤普查等，采用了基因芯片技术，立即就能得到可靠的结果，其他对心血管疾病、神经系统疾病、内分泌系统疾病、免疫性疾病、代谢性疾病等，如采用了基因芯片技术，其早期诊断率将大大提高，而误诊率会大大降低，同时有利于医生综合地了解各个系统的疾病状况。癌基因芯片与抑癌基因芯片的应用也越来越广泛。

（四）用作其他生物医药用品

生物药物现已应用到生化试剂、生物医学材料、营养保健品、食品及日用化工产品和化妆品等各个领域。

1. 生化试剂　生化试剂品种繁多，如抗体及抗血清、正常血清及补体、抗原、免疫组织化学研究用试剂、细胞培养剂，细菌培养剂，电泳与层析配套试剂，基因工程用试剂（包括 DNA 重组用的一系列工具酶），植物血凝素，放射性核素标记试剂和各种抗血清与免疫试剂等。

2. 生物医学材料　主要是用于器官的修复、移植或外科手术矫形及创伤治疗等的一些生物材料。生物医学材料按用途可分为骨、牙、关节、肌腱等骨骼-肌肉系统修复材料，皮肤、乳房、食管、呼吸道、膀胱等软组织材料，人工心瓣膜、血管、心血管内插管等心血管系统材料，血液净化膜和分离膜、气体选择性透过膜、角膜接触镜等医用膜材料，组织黏合剂和缝线材料，药物释放载体材料，临床诊断及生物传感器材料，齿科材料。

3. 营养保健品及美容化妆品　这类药物已渗入到广大人民的日常生活中，前景可观。例如，各种软饮料及食品添加剂的营养成分，包括多种氨基酸、维生素、甜味剂、天然色素，以及各种有机酸，如苹果酸、柠檬酸、乳酸等。另外众多的酶制剂（如 SOD）、生长因子（如 EGF）、多糖类（如肝素、脂多糖）、脂类（如胆固醇、不饱和脂肪酸）和多种维生素均已广泛用于制造多种日用化妆品，包括护肤护发、美容化妆品，清洁卫生劳动保护用品，以及营养治疗化妆品。

第三节　生物制药的概念及主要研究内容

一、生物制药的概念

随着生物技术的不断发展，生物技术成果广泛地应用于制药产业，使医药产业也随之革新。生物制药技术主要包括基因工程制药技术、蛋白质工程制药、酶工程制药技术、抗体工程制药技术、微生物发酵工程制药技术、细胞工程制药技术和生物药物的提取分离纯化技术等。

生物制药是利用生物体和各种生物技术手段进行药物生产的技术过程。其主要任务是制造疗效显著、副作用小、安全度高的生物药物，为人类的身体健康而服务。现代生物制药是医学、生物化学与分子生物学、细胞生物学、有机化学、单克隆抗体技术与重组 DNA 技术等综合而成的学科。更广义的生物制药是指利用现代生物技术发现、筛选或生产得到的药物，这种界定既包括利用生物技术作为发现药物的研究工具而发现的小分子药物（如基因敲除技术或高通量药物筛选技术等确定药物靶标，筛选得到的小分子药物），又包括利用生物技术作为药物生产新技术方法的药物。

二、生物制药的研究内容

生物制药主要是运用生物技术来生产药品，因此生物制药的研究内容可以分为以下几类：

（一）基因工程制药

基因工程又称基因拼接技术和 DNA 重组技术（图 1-6），是以分子遗传学为理论基础，以分子生物学和微生物学的现代方法为手段，将不同来源的基因按预先设计的蓝图，在体外构建 DNA 分子，然后导入活细胞，以改变生物原有的遗传特性、获得新品种、生产新产品。基因工程技术为基因的结构和功能的研究提供了有力的手段。

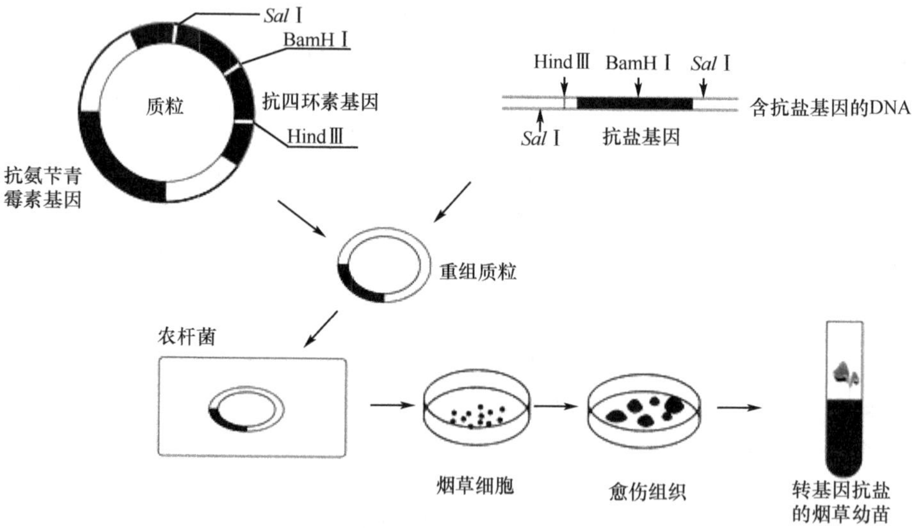

图 1-6　DNA 重组

基因工程制药是先确定对某种疾病有预防和治疗作用的蛋白质、肽类激素、酶、核酸等，然后将控制该物质合成过程的基因提取出来，经过一系列基因操作，最后将该基因导入可以大量生产的受体细胞中去，这些受体细胞包括细菌、酵母菌、动物或动物细胞、植物或植物细胞，在受体细胞不断繁殖过程中，大规模生产具有预防或治疗作用的蛋白质等物质，即基因工程药物或疫苗。基因工程制药在医学和兽医学中应用正逐步推广。一些困扰人类健康的主要疾病，如心脑血管疾病、糖尿病、肝病、癌症等都与基因有关。依据已经破译的基因序列和功能，找出这些基因并针对相应的病变区位进行药物筛选，甚至基于已有的基因知识来设计新药，就能“有的放矢”地修补或替换这些病变的基因，从而根治顽症。通过基因工程制药技术的不断发展，基因工程药物已成为 21 世纪医药中的耀眼明星（表 1-1）。基因研究不仅能够为筛选和研制新药提供基础数据，也为利用基因进行检测、预防和治疗疾病提供了可能。

表 1-1　基因工程制药发展概况

年份	事件
1953	DNA 双螺旋结构的发现
1973	用限制性内切酶和连接酶第一次完成 DNA 的切割和连接，揭开基因重组的序幕
1975	杂交瘤技术创立，揭开了抗体工程的序幕
1977	第一次在细菌中表达人类基因
1978	基因重组人胰岛素在大肠杆菌中成功表达
1980	首只转基因小鼠培育成功
1981	酵母表达系统研究成功
1982	第一个用酵母表达的基因工程产品胰岛素（诺和灵，Novolin）上市
1986	第一个治疗性单克隆抗体药物（Orthoclone OKT3）上市，用于防止肾移植排斥
1986	第一个基因重组疫苗上市（乙肝疫苗，Recombivax HB）
1986	第一个抗肿瘤生物技术药物——干扰素（Intron A）上市
1989	目前销售额最大的生物技术药物 EPO 获准上市
1990	人源抗体制备技术创立
1994	第一个基因重组嵌合抗体 ReoPro 上市
1997	第一个肿瘤治疗的治疗性抗体（利伐昔单抗，Rituxan）上市
1997	第一个组织工程产品——组织工程软骨 Carticel 上市
1998	第一个反义寡核苷酸药物（Vit ravene）上市
1998	Neupogen 成为生物技术药物中的第一个重磅炸弹
2002	第一个治疗性人源抗体 Humira 获准上市
2004	中国批准了第一个基因治疗药物——重组人 p53 腺病毒注射液
2006	“诱导多能干细胞”（iPS）被发现，揭示了向体细胞导入特定基因可改变细胞发育的时空顺序
2013	CRISPR-Cas9 技术问世，使基因敲除、整合等基因编辑更加高效、快速、可靠

（二）蛋白质工程制药

蛋白质工程（protein engineering）是根据对蛋白质已知结构和功能，借助计算机辅助技术，利用基因定点突变技术对现有蛋白质结构基因进行有目的的改造，或是直接从头设计改良的蛋白质或自然界不存在的全新的蛋白质序列的技术过程。蛋白质工程综合了基因工程、细胞学和分子生物学等学科，运用了点突变技术、蛋白质融合技术、DNA 或蛋白质芯片技术、药物生物信息学和计算机技术等技术手段，使得蛋白质工程制药不断深入和完善，蛋白质工程药物占据越来越多的市场份额，推动了生物药物的快速发展。

蛋白质工程在生物药物的研发中具有重要作用，包括提高药物活性、提高药物靶向性、制造具有新功能的蛋白质药物、降低免疫反应、改善药物代谢动力学（简称药代动力学或药动学）性质、提高工业生产效率等。例如，速效胰岛素和长效胰岛素的成功研制。

（三）细胞工程制药

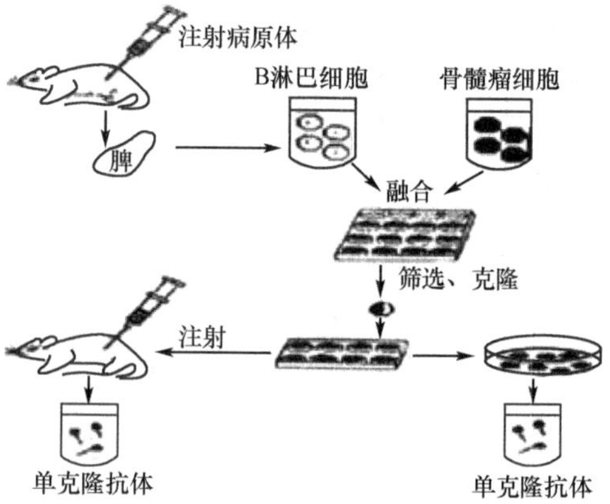

图 1-7 细胞融合技术制备单克隆抗体

细胞工程制药是利用动、植物细胞培养生产药物的过程。可利用动物细胞生产人类生理活性因子、疫苗、单克隆抗体等产品（图 1-7），利用植物细胞培养生产植物有效成分。所谓细胞工程，就是以细胞为单位，应用细胞生物学、分子生物学等理论和技术，有目的地进行精心设计，使细胞的某些遗传特性发生改变，达到改良或产生新品种的目的或者使细胞增加或重新获得产生某种特定产物的能力，从而在离体条件下进行大量培养、增殖，并提取出对人类有用的产品的一门应用科学和技术。它主要由上游工程（包括细胞培养、细胞遗传操作和细胞保藏）和下游工程（即将已转化的细胞应用到生产实践中用以生产生物产品的过程）两部分构成。当前细胞工程所涉及的主要技术领域包括细胞融合技术、细胞器特别是细胞核移植技术、染色体改造技术、转基因动植物技术和细胞大量培养技术等方面。细胞工程不仅可大量生产天然稀有的药物，而且其产品具有高效性和对疾病鲜明的针对性。因而，细胞工程药物的发展给制药工业带来一次革命性飞跃，在人类的医疗保健中发挥越来越重要的作用。作为现代生物技术之一的细胞工程技术在近半个世纪来突飞猛进，已在医药领域取得了许多具有开创性的成果。

（四）发酵工程制药

发酵工程制药是指采用现代工程技术手段，利用微生物的某些特定功能，为人类生产有效的药品。发酵工程的内容包括利用发酵系统大规模地进行菌种的选育、培养基的配制、灭菌、扩大培养和接种、发酵过程和产品的分离提纯等方面（图 1-8）。发酵工程在医药工业上的应用，成效十分显著，生产出了如抗生素、维生素、动物激素、药用氨基酸、辅酶、酶抑制剂、激素、核苷酸（如肌苷）、免疫调节物质及其他生理活性物质等大批产品。目前，常用的抗生素已达 100 多种，如青霉素类、头孢菌素类、红霉素类和四环素类。应用发酵工程大量生产的基因工程药品有人生长激素、重组乙肝疫苗、某些种类的单克隆抗体、白细胞介素-2、抗血友病因子等。

结晶罐　　　　发酵罐(种子罐)

图 1-8　发酵工程结晶罐和发酵罐

(五)酶工程制药

酶工程是指将酶或者微生物细胞、动植物细胞、细胞器等置于一定的生物反应装置中，利用酶所具有的生物催化功能，借助工程手段将相应的原料转化成有用物质的一门科学技术。

酶工程制药是将酶或活细胞固定化后用于药品生产的技术。它包括酶制剂的制备，酶的固定化（图 1-9），酶的修饰与改造及酶反应器等方面内容。重组 DNA 技术促进了各种有医疗价值的酶的大规模生产。用于临床的各类酶品种逐渐增加。酶除了用作常规治疗外，还可作为医学工程的某些组成部分而发挥医疗作用。如在体外循环装置中，利用酶清除血液废物，防止血栓形成和体内酶控药物释放系统等。另外，酶作为临床体外检测试剂，可以快速、灵敏、准确地测定体内某些代谢产物，也将是酶在医疗上一个重要的应用。酶工程制药具有工艺简单、目的产物产量高、产品易回收且回收效率高、污染少的特点。

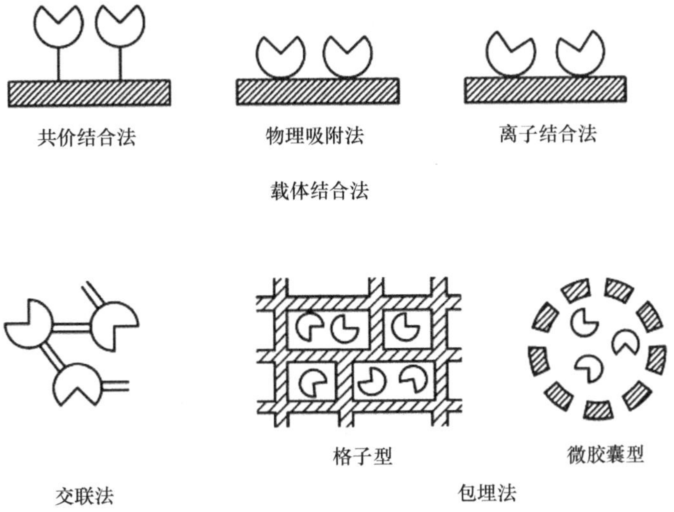

图 1-9　酶的固定化

(六)抗体工程制药

抗体（antibody）是抗原刺激人或动物机体的免疫系统后，由 B 淋巴细胞转化为浆细胞产生的能与特异性抗原结合的免疫球蛋白。抗体工程（antibody engineer）是通过对抗体分子结构和功能关系进行研究，有目的地对抗体蛋白序列进行改造，改善抗体的某些功能的技术。抗体工程技术在制药领域占有着重要地位，在疾病的治疗（如肿瘤治疗性抗体：利妥昔单抗、曲妥珠单抗、吉妥珠单抗等）、疾病的诊断、器官移植等方面作用突出，而且抗体药物对人体毒副作用小、疗效高，具有较高的经济效益和社会效益。抗体工程制药现阶段主要是研究新分子靶点、抗体药物的高效化、抗体药物的缩小化、抗体的人源化及抗体融合蛋白等内容。

（七）糖工程制药

糖工程（glycotechnology）是将糖生物学的各种知识应用到生物技术领域而形成的一个新的领域，是生物科学的尖端研究领域之一。糖类是自然界中广泛存在的一大类生物活性分子。但是在药物研发过程中，糖类药物的进展一直滞后于蛋白质和核酸类药物。近年的研究表明，无论是在基本的生命过程中，还是在疾病的发生和发展中都涉及糖链的参与。糖链在这些生命和疾病过程中起特异性的识别和介导的作用。细胞表面的大量受体分子几乎都是糖蛋白或糖脂类等化合物，对生物信息的传递起着重要的作用，是各种生物生存所不可缺少的物质。对于糖蛋白中糖链的功能有各种各样的假设，但是糖链的功能很微妙，难以确定，因此证明这些假设很困难。随糖生物学功能的研究与阐明，多种糖链相关生物药物正在开发，有些已走向临床，如抑制艾滋病的糖抑制剂的研发。

（八）其他

生物药物的提取、分离和纯化等也是生物制药的研究内容。药物研究、开发和生产中分离纯化技术的原理和工艺经常应用，分离纯化方法有萃取、盐析、结晶、膜分离、各类色谱技术等。例如，药物的液液萃取技术、浸取分离技术、超临界流体萃取分离技术、双水相萃取技术、制备色谱分离技术、大孔吸附树脂分离技术、分子印迹技术、离子交换分离技术、分子蒸馏技术、膜分离技术、喷雾干燥和真空冷冻干燥技术等。

第四节　生物制药的发展历程和趋势

一、生物制药的发展历程

（一）传统生物制药

公元 4 世纪，葛洪所著的《肘后备急方》就有用海藻酒治疗瘿病（地方性甲状腺肿）的记载。孙思邈（公元 581～682 年）首用羊肝（富含维生素 A）治疗“雀目”。公元 10 世纪，我国民间就有种牛痘预防天花的实践，从而保护了人类免受天花病毒的侵害，肯定了疫苗预防传染性疾病的有效性。公元 11 世纪沈括所著《沈存中良方》中，可见人类从生物材料分离活性物质用作治疗药物实为我国所创始。明代李时珍得《本草纲目》中收载药物 1892 种，除植物药外，还有动物药 444 种（其中鱼类 63 种，兽类 123 种，鸟类 77 种，蚧类 45 种，昆虫百余种），书中记载了入药的人体代谢物、分泌物及排泄物等。

传统的生物制药多以动物脏器为原料进行加工制造，多为粗制剂，曾有脏器制剂之称，到了 20 世纪 20 年代，对动物脏器的有效成分才逐渐有所了解，有关蛋白质和酶的分离纯化技术，如盐析法、有机溶剂分级沉淀法、离心分离法等，开始应用于制药工业领域。纯化胰岛素、甲状腺素、多种必需氨基酸、必需脂肪酸与多种维生素制造工艺的相继成功开发，促使生物制药步入了工业化时代。20 世纪 30 年代后，许多微生物发酵产品，如乳酸、乙醇、柠檬酸、淀粉酶等开始进入医疗领域。

（二）近代生物制药

20 世纪 40 年代时期，美国与英国合作成功开发出青霉素。为了进一步增加品种，扩大生产规模，降低成本，微生物制药工业快速步入了发酵工程技术新阶段，在菌种选育、培养、诱变深层多级发酵技术，提炼技术及其设备等方面都取得了巨大发展，促进发酵工程技术成为近代生物制药工业的基础技术。随后又发展了一系列发酵新技术，如灭菌技术、发酵控制技术、补料技术等。此后链霉素、金霉素、红霉素也相继问世。20 世纪 40～50 年代相继发现和提纯了肾上腺皮质激素和垂体激素，分离纯化技术的提高使这类药物的品种日益增加。20 世纪 50 年代，在离体细胞培养物中繁殖病毒的技术取得突破，从而研制成功预防小儿麻痹症、麻疹、腮腺炎等的新疫苗，并且从此开始应用发酵法生产氨基酸类药物。20 世纪 50～60 年代，抗生素工业、氨基酸工业和酶制剂工业在近代生物制药工业中已居重要地位。20 世纪 60 年代后，生物分离工程技术与设备在生物制药工业中广泛获得应用，离子交换技术、凝胶层析技术、膜分离技术、亲和层析技术、细胞培养与组织工程技术及其相关设备为近代生物制药工业的发展提供了强有力的技术支撑。许多结构明确，疗效独特的生物药物迅速占领市场，如胰岛素、前列腺素、尿激素、溶菌酶、缩宫素、肝素钠等。

（三）现代生物制药

1953 年 Watson 和 Crick 提出的 DNA 双螺旋结构开启了生物制药历史的新篇章，1966 年遗传密码成功破译，1970 年发现限制性内切酶，1972 年建立重组 DNA 技术，1977 年第一次在细菌中表达人类基因，并于 1978 年在大肠杆菌中成功表达基因重组人胰岛素。1982 年欧洲首次批准应用基因工程生产的动物疫苗（抗球虫病疫苗）。同年，美国、英国等国家首次批准使用基因工程技术生产人胰岛素，世界各国也争相研究开发各种基因工程药物，从而形成了一个以基因工程为主导，包括现代细胞工程、发酵工程、酶工程和组织工程为技术基础的现代生物制药工业新领域。

我国现代生物制药的研究和发展起步于 20 世纪 70 年代，自 1989 年干扰素上市以来，我国已有数十种生物技术药物实现了国产化，20 世纪 90 年代以来，我国生物制药行业取得了突发猛进的发展，企业对生物制药的投入以年均 25%的速度递增。2003 年我国研制成功了世界上第一个上市的基因治疗药物——重组腺病毒 p53 制品，其具有广谱抗肿瘤作用。基因工程人胰岛素实现大规模产业化，使得我国成为全球第三个基因工程人胰岛素产业化的国家。经过了将近 20 年的发展，以基因工程药物为核心的研制、开发和产业化已经颇具规模。

二、生物制药的发展趋势

（一）生物制药的研发趋势

经过几十年的快速发展，生物技术制药已经成为制药业中发展最快、活力最强、技术含量最高的领域，生物技术制药在制药产业中的市场份额呈逐年上升。随着基因组学、蛋白质组学、分子生物学、组合化学、计算机辅助药物设计、机器人和高通量筛选等新技术涌现，人们创造具有高亲和力配体和受体的新分子实体的能力大大增加。从 2012～2016 年 FDA 批准的生物药品来看，当前生物制药的发展重点是疫苗、治疗性抗体和重组蛋白激素类（表 1-2）。2014 年排名前 5 位的生物制剂治疗领域依次为：类风湿性关节炎、糖尿病、肿瘤，以及疫苗和免疫激动剂。全球销售额排名前 10 位的生物药品中，前 5 位里有 3 种是治疗类风湿性关节炎的药物（表 1-3）。

表 1-2　2012～2016 年 FDA 批准的生物药品

年份	生物药品
2016	霍乱疫苗[Vaxchora]
	Factor Ⅷ [Afstyla]
	PD-1/PD-L1 抗体[Tecentriq-atezolizumab]
	TNF 抗体[Inflectra - infliximab-dyyb）]
	IL-17 抗体 [Taltz；ixekizumab]
	炭疽抗体[Anthim；Bacillus anthracis（anthrax）Protective Antigen（PA）monoclonal antibody，recombinant；ETI-204]
	Factor Ⅷ [Kovaltry；Antihemophilic Factor（Recombinant）]
2015	甘精胰岛素[Basaglar；Abasria；LY2963016]
	流感疫苗[Fluad；influenza vaccine，inactivated，egg-cultured，quadravelent with MF59/squalene adjuvant]
	SLAMF7 抗体[Empliciti；elotuzumab；Signaling Lymphocyte Activation Molecule Family member 7 monoclonal antibody，recombinant]
	EGFR 抗体[Portrazza - necitumumab；epidermal growth factor receptor monoclonal antibody]
	Factor Ⅷ[Adynovate - BAX 111]
2014	PD-1 抗体 [nivolumab - Opdivo]
	HPV 疫苗[Human Papillomavirus 9-valent Vaccine，Recombinant - Gardasil 9]
	PD-1 抗体 [Keytruda - pembrolizumab；MK-3475]
	干扰素 β-1a [Plegridy]
	整合素抗体[Entyvio - vedolizumab]
	VEGF-2 抗体[VEGRFr mAb - Cyramza；ramucirumab]
2013	Factor ⅩⅢ，rDNA [Coagulation Factor XIII A-Subunit（Recombinant）- Tretten]
	CD20 抗体[obinutuzumab - Gazyva；GA101]
	凝血素[Prothrombin Complex Concentrate（Human）- Kcentra]
	HER2 receptor Mab-DM1
2012	胰高糖素样肽 2，[teduglutide [rDNA origin] - GATTEX]
	Varicella-Zoster 免疫球蛋白[Varicella-Zoster Immune Globulin（Human）- VariZIG；VZVIG]
	微纤溶酶 [Ocriplasmin - Jetrea]

表 1-3　全球生物制药销售额排名前 10 位的产品

生物药治疗领域	公司	符合年增长率
阿达木单抗类风湿性关节炎	雅培	19.6%
甘精胰岛素糖尿病	赛诺菲	20.4%
依那西普类风湿性关节炎	辉瑞（惠氏）	9.3%
英夫利西单抗类风湿性关节炎	强生	8.2%
利妥西单抗肿瘤（淋巴瘤）	罗氏	6.3%

续表

生物药治疗领域	公司	符合年增长率
贝伐单抗肿瘤	罗氏	1.8%
曲妥珠单抗肿瘤（乳腺癌）	罗氏	6.5%
Copaxone 综合硬化症	梯瓦	10.1%
门冬胰岛素糖尿病	诺和诺德	15.7%
Neulasta 抗肿瘤化疗副作用	安进	4.7%

1. 研究发展新型疫苗　以基因工程为代表的新型疫苗不断出现，疫苗的作用从单纯的预防传染疾病发展到了可预防或治疗疾病，以及防治结合型的新型疫苗。治疗性疫苗是一类通过打破慢性感染者体内免疫耐受，重建免疫应答的新型疫苗，从而发挥治疗作用。除了感染疫苗，肿瘤疫苗近年来发展势头强劲。世界上第一个肿瘤治疗疫苗——表皮生子因子（EGF）肿瘤性治疗疫苗已于 2008 年上市，目前世界上有 52 种肿瘤疫苗正在进行临床研究。2015 年 10 月，英国癌症研究中心投入上亿美元启动“抗肿瘤七大挑战”项目，计划在 5 年内从肿瘤疫苗、肿瘤标签、构建肿瘤微环境等七个领域提出抗癌策略，其中研发肿瘤疫苗是挑战之首，是免疫治疗未来的一大热门研发方向。

2. 研发治疗性抗体　治疗性抗体（therapeutic antibody）具有专一性强、疗效性高、不良反应小等优点。抗体技术历经了鼠源单抗、嵌合单抗、人源化单抗、人源性单抗、人源性多克隆抗体这几个阶段，后两种抗体已经成为今后治疗性抗体的研发主体。目前全球抗体药物市场增长势头强劲，1997 年全球抗体药物市场规模只有 3.1 亿美元，2010 年已达到 480 亿美元。业内统计显示，2015 年全球抗体药物市场规模已达到 680 亿美元，且年增长速度较高。2014 年全球销售排名前十位的处方药中治疗性抗体占 6 个，每个品种年销售额均超过 50 亿美元。由于抗体类药物具有巨大的经济和社会效益，已成为 21 世纪生物制药领域中最重要的关注焦点之一。2016 年，FDA 提前 4 个月批准了罗氏旗下基因泰克的 PD-L1 抗体 Atezolizumab（商品名 Tecentriq），作为二线药物用于治疗晚期膀胱癌。同时 FDA 也批准了 Ventana 的 PD-L1 伴随诊断试剂 SP142。PD-L1 抗体 Atezolizumab 提前获得 FDA 审批是近期治疗性抗体成功上市的典型案例。

3. 研究重组治疗蛋白　重组治疗蛋白（recombinant therapeutic proteins）现已进入蛋白质工程药物新时期，依据发现的药物新靶标应用蛋白质工程技术，研究开发新的重组治疗蛋白质药物，利用蛋白质构效关系的研究，通过定向改造、分子模拟与设计或翻译后修饰研制开发出创新药物，这是重组蛋白质药物开发研究的新特点。例如，Amgen 公司利用定点突变技术开发第二代 EPO 产品 Aranesp，与第一代 EPO 相比，*N*-糖链从 3 条增加到 5 条，相对分子质量从 30 000 增加到 37 000，其半衰期延长了 3 倍，因而给药方式从 2～3 次/周改为 1 次/周，2001 年 9 月获准上市，年销售额已达到 20 亿美元。

4. 研究新的生物技术药物给药系统　药物递送系统将药物有效地递送到药物发挥疗效的目的部位，从而调节药物的药代动力学、药效动力学、毒性、免疫原性和生物识别性。常采取长效、靶向、受体介导的内源性注射给药策略，应用细胞穿透、内涵体逃逸、抗体-药物偶联物、超分子复合物等方式有效地递送生物药物。生物技术药物的新剂型发展十分迅速，如对药物进行化学修饰、制成前体药物、应用吸收促进剂、添加酶抑制、增加药物透皮吸收及设计各种给药系统等。研究的主攻方向是开发方便、安全、合理的给药途径和新剂型，包括研究埋植剂和缓释注射剂、呼吸道给药、直肠给药、鼻腔给药、口服和透皮给药等。例如，LHRH 缓释注射剂作用可达 1～3 个月。另外，纳米粒或纳米囊给药系统具有更高的生物利用度和有效的缓释作用，例如胰岛素纳米粒、降钙素纳米粒等。

5. 深入研究开发天然生物药物 天然生物药物已经沿用了很长时间，并且随着生命科学的发展，人们从天然产物中不断发现许多新的活性物质，如对细胞生长调节因子的研究，使免疫调节剂成批的出现。中药是我国的天然药物宝库，通过结合现代生物科学，我国自主研发出一批新型天然生物药物。例如，屠呦呦为找到抗疟药物在 200 多种中药中开展实验研究，最终从黄花蒿中发现抗疟有效提取物，1972 年分离出新型结构的抗疟有效成分青蒿素，推动了中国天然药物的研发，获得了 2015 年诺贝尔生理学或医学奖。但人类对生物与人体的全面了解还不够全面，对疾病、健康、长寿等问题还有未能解决的方面，因此对天然生物药物活性物质的研究需要不断发展和深入。天然产物除了直接开发成为有效的生物药物外，还可以应用现代生物技术生产重组药物，通过组合化学与合理药物设计提供新的药物作用靶标或设计新的化学实体。

6. 基因治疗 基因治疗（gene therapy）是以核酸（脱氧核糖核酸 DNA 或者核糖核酸 RNA）为治疗物质，通过特定的基因转移技术将治疗性核酸输送到患者的病变受细胞中发挥治疗作用。基因治疗目前主要是治疗那些对人类健康威胁严重的疾病，包括遗传病、恶性肿瘤、心血管疾病、感染性疾病等，将来还有可能对衰老等引起的基因功能衰退而发生的疾病进行治疗。自 1990 年临床首次将腺苷酸脱氧酶基因导入患者白细胞，治疗重度联合免疫缺损病以来，截至 2016 年 2 月，全世界累计已批准 2356 例基因治疗临床试验，表明基因治疗具有良好的发展前景。基因治疗技术的进步将掀起了一场临床医学革命，为目前尚无理想治疗方法的大部分遗传病、重要病毒性传染病（如肝炎、艾滋病等）、恶性肿瘤等开辟了广阔前景。例如，2016 年 6 月，美国国立卫生研究院批准利用最新基因敲除技术 CRISPR-Cas9 强化依赖于患者 T 细胞的肿瘤治疗方法。这是 CRISPR 技术第一次进入临床试验，将取得新的突破：一次性改造三种基因。

7. 生物芯片的应用 生物芯片（biochip）是指包被在硅片、尼龙膜等固相支持物上的高密度的组织、细胞、蛋白质、核酸、糖类及其他生物组分的微点阵。生物芯片包括基因芯片、蛋白质芯片或肽芯片、细胞芯片、组织芯片、元件型的微阵列芯片（如由微电极、凝胶元件、微陷阱等构成）、通道型微阵列芯片（如由微通道、反应池等构成）、生物传感芯片等。生物芯片在疾病诊断方面的价值得到越来越多的重视，如 Roche Molecular Systems 公司生产的诊断药物代谢缺乏症的细胞色素 P450 基因检测系统是第一个获得 FAD 批准上市的 DNA 微阵列检测产品。生物芯片技术将是 21 世纪极为重要的一项生物技术，随着各国研究者的不断努力，它必将在生物制药领域得到广泛应用。

8. 干细胞技术推动干细胞治疗的发展 不具有特定功能的干细胞，能以自我复制的方式增殖，在一定的条件下能向特定的方向分化，产生几个亚系的前体细胞。理论上讲人类胚胎干细胞具有全能性，在特定的诱导条件下，即可发育分化为感受或传导生物电信号的神经细胞，也可以分化为成骨细胞，还可以分化为携带氧的血细胞。目前，全球干细胞医疗市场规模大约 800 亿美元，预计在 2020 年全球市场规模可达 4000 亿美元。我国国家食品药品监督管理总局（China Food and Drug Administration，CFDA）批准临床干细胞项目包括骨髓原始间充质干细胞、间充质干细胞心梗注射液、自体骨髓间充质干细胞注射液、脐带血巨核系祖细胞注射液、脐带血红系祖细胞注射液。干细胞技术平台的完善将会对基础研究和临床应用产生巨大影响，在生物制药等领域具有广阔的应用前景。

（二）生物制药产业趋势

全球生物制药市场规模截止 2014 年已经达到 2140 亿美金，市场占有份额也从 2001 年的 10.5%增长至 2014 年的 21.3%，以高于全球制药市场增长的良好态势蓬勃发展。随着技术方面的突破，生物技术在制药领域的应用越来越广泛。在这样的背景下，全球制药巨头都瞄准了生物制药这一新兴的领域，争相开发生物医药市场。艾美仕（IMS）发布的调查报告显示：美国、德国和日本位列生物制药市场占有率的前三名，而中国的生物制药市场份额也从 2010 年的

1.7%增长至 2014 年的 2.8%（图 1-10），并且将继续以此势头快速增长。另外，全球生物制药市场的集中度很高，排名前十的制药公司占整体生物制剂销售份额可高达 68%（图 1-11）。

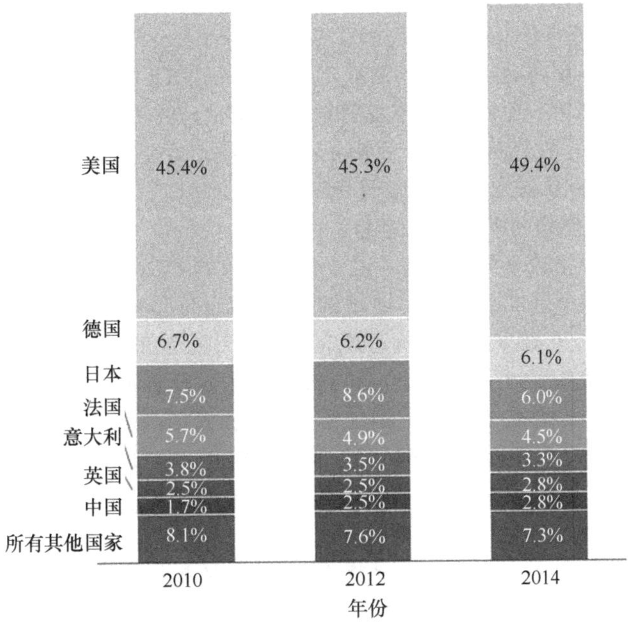

图 1-10 全球主要国家生物药市场份额一览

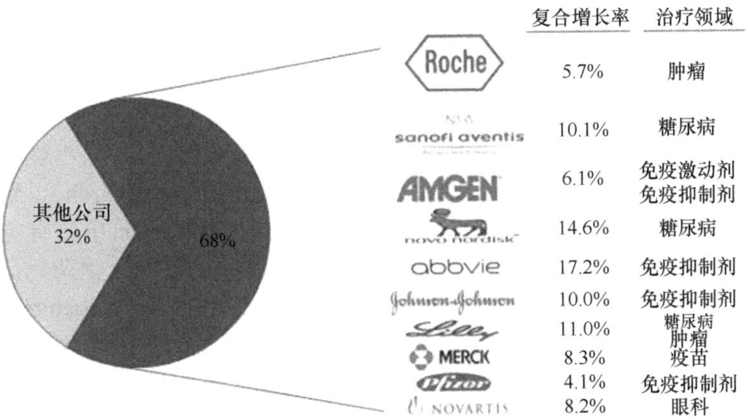

图 1-11 全球生物制药销售额排名前十的公司

1. 国外生物制药产业趋势 生物制药产业发展主要呈现产品集中、市场集中的鲜明趋势，少数发达国家占据主导地位，大型跨国公司主导了世界专利药市场，这些跨国企业在全球医药市场中的地位日益增加，垄断程度不断加大。除此之外，在产品市场领域，单品种销售的市场集中度也呈现不断增高的趋势，全球最畅销的十种“重磅炸弹”药物占据全年全球药品销售额的 1/10。在生物技术制药产业迅猛发展的推动下，许多发达国家在技术、人才、资金密集的区域，已经逐步形成了生物制药产业聚集区，由此形成了比较完善的生物制药产业链和产业集群。战略性技术同盟也逐渐成为新药开发的成功模式，这是由于生物制药是一项整合了分子生物学、基因组学、系统生物学等知识和技术的复杂过程，前期投入资金巨大，承担的风险也很大，需要生物制药企业之间联合投资研发，促进生物制药产业的良性发展。为了缩短创新药物的开发时间，生物制药公司开始采取技术性研究开发内容委托外包战略，成效甚好。例如，Lilly 公司与 Albany Molecular Research 和 Covance 公司合作进行临床前研究和毒理学实验。

知识链接：

近年来，生物医药市场总体都在蓬勃发展。著名调查公司艾美仕（IMS）发布调查报告称 2020 年全球医药市场将达到 1.4 万亿美元左右，而 2015 年全球规模为 1.07 万亿美元左右。这也意味着未来五年，全球医药市场将以每年 4%～7%的速度递增。面对这样的市场情况，很多生物医药公司不约而同选择了兼并收购战略，希望借由优化重组自身的业务结构或者兼并变更本公司的注册地进而降低税率。

2015 年以来十大重磅的兼并收购事件：

Top10　美国百时美施贵宝（BMS）12.5 亿美元收购 Flexus，扩展免疫肿瘤学研发实力。
Top9　执着仿制专利品牌药——印度西普拉（Cipla）收购 2 家美国药企。
Top8　艾尔建 21 亿收购 Kythera，新添"战机"Kybella。
Top7　以色列梯瓦 32 亿美元将罕见病药物研发公司 Auspex 收入囊中。
Top6　印度太阳制药 40 亿美元并购同国仿制药商兰伯西，成全球第五大仿制药生产商。
Top5　Shire 以 59 亿美元收购 Dyax，罕见病领域谁能匹敌。
Top4　生物技术巨头新基（Celgene）72 亿美元收购美国生物制药公司 Receptos。
Top3　Actavis 以 660 亿美元并购肉毒杆菌制造商艾尔建(Allergan)，下一站欲购 GSK。
Top2　艾尔建 405 亿美元出售仿制药业务，5.6 亿美元收购 Naurex 转向创新药。
Top1　辉瑞 1600 亿美元收购艾尔建堪称世纪大并购，合并以后双方将组建全球最大的制药公司。

另外，科研和产业结合也将是生物制药领域常见的合作发展方式。例如，Pfizer 公司成立治疗研发中心（centers for therapeutic innovation），通过整合大学、医院和产业资源，建立了新的合作方式研发新型生物药物。Pfizer 在 5 年内投资 3 亿美元建立科研院所，全面参与药物研发过程，包括早期的药物研究。同样，GSK 和 Astar 公司联手曼彻斯特大学建立了曼彻斯特感染研究中心（Manchester Center for Inflammation Research），致力于炎症疾病药物的开发。很多其他的国际大型生物制药公司也都与大学或科研单位有着紧密的合作关系。2011 年，GSK 公司宣布与 10 个科研学术中心合作开展长期生物药物研发。Merck 公司在 7 年内非盈利性投资加利福尼亚生物研究中心（California Institute for Biomedical Research）9000 万美元，旨在促进全球范围内生物药物开发的学术合作。总之，企业和学术科研单位的联盟可以大大降低投资的风险，增加药物选择的机会。表 1-4 展示了部分国外企业和科研单位合作的范例。

表 1-4　产学合作案例

合作双方	合作范围
葛兰素史克-英国帝国理工学院	研发可替代药品；研究疼痛新疗法
阿斯特拉-英国帝国理工学院	研究癌症靶标
治疗创新中心	在辉瑞公司、大学和医院间开展创新合作；发现新生物疗法；从早期研究到人类概念验证的企业合作；5 年内 3 亿美元以上的投资
曼彻斯特炎症研究中心	葛兰素史克、阿斯特拉和曼彻斯特大学间的合作；蛋白质翻译过程的基本研究，应用于炎性疾病新药的研发
赛诺菲安万特-AVIEASAN	赛诺菲安万特和法国经营研究所之间的合作；老化、免疫炎性和传染疾病的研究，以及再生医疗研究

续表

合作双方	合作范围
默克- VGTI-FL	默克和佛罗里达疫苗和基因治疗组织间的合作；艾滋病治疗靶点和通路的发现与证实；鉴定功效生物标记
加州生物医学研究学院（Calibr）	7年内默克、非盈利赞助9000万美元；Calibr和全球学术组织合作研发药品；默克取得动物概念验证的优先购买权，否则可以与其他制药公司合作或分拆为独立公司

2. 我国生物制药产业趋势

我国生物制药产业虽然起步较晚，但目前中国制药产业正处于转型提升的关键时期。国内一些知名药企开始进军生物医药领域。

（1）产业集群发展。我国的一些科技发达或经济发达的地区正在不断建立国家级生物制药产业基地，并形成了初具规模的生物制药产业集群，这对我国的生物制药产业的发展起到了很好的带动作用。生物制药产业作为高科技产业，不仅需要在基础设施、上下游配套产业等方面的支持，还需要同教育培训、专业服务、技术转移等相关服务组合在一起，才能发挥高效作用优势。产业集群发展具有明显的发展优势，能够极大地促进产业的快速发展，我国在生物技术产业迅猛发展的浪潮推动下，经过多年的发展和市场竞争，我国生物技术、人才、资金密集的区域，已逐步形成了生物医药产业聚集区，由此形成了比较完善的生物医药产业链和产业集群，这为生物制药产业集群发展提供了良好的发展环境。

（2）将生物制药技术从科研转向产业化生产。我国生物制药技术当前很大一部分还停留在科研方面，并没有有效地转换为生产力，这不仅浪费了很多的资源，也使得我国的生产实践跟不上研发。生物制药技术向产业化推进要求企业通过委托外包策略，建立技术同盟，形成优势互补，专注于自身专长方面，从而降低生产成本，提高竞争优势。我国生物制药公司在未来发展过程中，势必会朝这一趋势发展，通过外包方式进行新药开发，将技术较强的研发内容分包给具备研究实力的小型公司来完成，充分发挥小公司在某些领域的技术优势，共同开发新药，使新药研发周期缩短。

（3）创新理念，实施精准医疗。据IMS Health预计，到2020年，中国生物医药市场将成为仅次于美国的全球第二大生物医药市场。需利用医药政策鼓励新药研发、提高仿制门槛，增长国产药应用信心和市场潜力。在未来需要从三方面考虑发展：一是建立开放高效的药物创新生态环境；二是以国际化的视野研发创新，提升我国整体国际市场全球化竞争力；三是认清以精准医疗为目的的个体化用药，适应中国需求艰巨性。长期以来，进口药物的研发思路都是以欧美人种为主要研究对象，其临床评价指标与我国患者病情有别。我国应顺应研发新药模式转变，制定安全、合理、有效、经济的药物治疗方案，针对中国的疾病谱而专门开发新药。

第五节 生物药物的研发策略

生物药物的研究开发现已取得了巨大进展，新的生理活性物质不断被发现，原有药物在医疗上的用途又有新的认识和评价，药物新剂型日益增多，现代生物技术普遍进入实验室，生物工程药物迅速步入产业化，许多医学上的疑难杂症就此突破，从而产生全新的制药工业技术体系，促使医药产品更新换代加速。生物制药领域是自主创新领域的一部分，为使我国新药研发提高速度和质量，需要采用新的研发策略。

一、应用系统生物学与合成生物学

系统生物学（systematic biology）的研究包括两方面的内容，一是实验数据的取得，这主要包括提供生物数据的各种组学技术平台；二是利用计算生物学建立生物模型。系统生物学的技术平台主要是各种组学研究，其中包括基因组学、转录组学、蛋白质组学、代谢组学、相互作用组学和表型组学计算生物学，通过建模和理论探索，提供建立模型所需的数据，并辨识出系统的结构。基因表达、基因转换开关、信号转导途径及系统出现疾病的机制分析等四个方面是目前系统生物学研究的主要阵地，可为生物制药提供技术支持和建模。

合成生物学（synthetic biology）是指人们将“基因”连接成网络，让细胞来完成设计人员设想的各种任务。合成生物学将催生下一次生物技术革命。目前，科学家们已经不局限于非常辛苦地进行基因剪接，而是开始构建遗传密码，以期利用合成的遗传因子构建新的生物体。合成生物学在未来几年有望取得迅速进展。据估计，合成生物学在制药领域将具有极好的应用前景，包括更有效的疫苗的生产、新药和改进的药物等。

在新药研发的过程中应用系统生物学和合成生物学，能够提高质量和效率、降低成本。首先，很多有效的药物分子是纯天然产物，如早期的抗生素类分子。这些天然的分子的合成本来就是生物体的自然途径，因而通过微生物系统合成这样的产物也相对比较简单。其次，生物体的复杂性决定了分子合成的路径具有复杂的多级调控，而合成生物学的生物工程方法可以很好地研究利用这些调控机制。

二、发展化学合成和蛋白质工程创制新结构药物

许多结构较为简单或相对分子质量不太大的天然活性物质已可以通过化学合成生产或结构改造形成新化合物。蛋白质工程是“从头设计”以获得人工蛋白质的新技术。它包括蛋白质的化学修饰、合成及在第一代基因工程基础上发展起来的第二代基因工程。第二代基因工程根据蛋白质的结构与功能的研究结果，通过修饰或改造编码蛋白质的 DNA 序列，与基因克隆技术相结合，从而获得自然界不存在的新型蛋白质分子，这成为生物制药新的发展策略方式。

三、中西结合创制新型生物药物

我国中药的应用具有悠久的历史，将具有我国特色的中药与现代生物技术相结合能够得到疗效良好的新型药物。中国医药是一个巨大的宝库，我国在发掘中医中药，创制具有中国特色的生物药物方面已取得可喜成果，如人工麝香、天花粉蛋白、复方干扰素、香菇多糖及植物多糖等，都是应用生物化学等方法发掘祖国医药遗产和民间验方开发成功的。

四、药物基因组学的应用

药物基因组学将基因组技术，如基因测序、统计遗传学、基因表达分析等用于药物的研究开发及合理应用。个体基因的差异是一种普遍现象，所以个体化给药不仅是势在必行，而且必须采用药物基因组学的方法从基因差异入手。药物基因组学通过对患者的基因检测，如对一些疾病相关基因的单核苷酸多态性（single nucleotide polymorphism，SNP）检测，进而对特定药物具敏感性或抵抗性的患病人群进行 SNP 差异检测，指导临床开出“基因合适”的药方，使患者得到最佳治疗效果，从而达到真正“个体化用药”目的。通过对不同个体的药物代谢相关酶、转运因子、药物作用靶点的基因多态性的研究，对突变的等位基因进行分离和克隆，在分子诊断水平上建立以基因测序为基础的基因型分析方法，在治疗患者各种疾病前检测其基因型，更精确地选择适当的治疗药物和合适的剂量以减少不良反应的发生，对患者的治疗具有很大的意义。

临床药物基因组学的实施，有赖于广泛、高效的检测。目前，基于 SNP 的连锁图谱开始构建，人们可利用 SNP 作为工具对药物反应相关基因进行关联分析，即检测某个或某些 SNP

在不同药效反应人群之间分布频率的差异，用以测定与药效相关的基因。使用DNA芯片、DNA微列阵技术等进行基因表达谱及差异基因表达解析的研究，可以阐明与疾病有关的基因、明确药物的治疗作用机制。如果能将所有SNP全部信息载入DNA芯片上，就可制造出“基因组扫描仪”，用来扫描各个个体，并分析它们在基因组成上的差异。随着高通量、高灵敏度和特异性的检测技术的发展，药物基因组学在临床合理用药中的应用显示出广阔的前景。可以预见，随着基因分析技术的飞速发展，越来越多的药物效应的个体差异与基因多态性的关系被阐明，药物基因组学将更广泛地指导和优化临床用药。

五、生物药物新剂型的研究

生物药物的新剂型近年来发展迅速，如对药物进行化学修饰、制成前体药物、应用吸收促进剂、添加酶抑制剂、增加透皮给药系统的吸收性等。研究的重点是开发安全、合理、方便的新剂型和新的给药途径。主要有两个方面：一是埋植剂和缓释注射剂；二是非注射剂型的呼吸道给药、直肠给药、鼻腔给药、口服和透皮给药剂型等。美国 2011 年新型药物输送系统（DDS）的市场规模已经达到 1535 亿美元，与前 5 年比较，年均增长率近 16%，DDS 对于提升研发速度、减少开发周期、降低研发风险、提高企业利润方面明显优于新实体药物的研发，这证明新型给药系统将会给制药业带来十分可观的经济效益。

小　　结

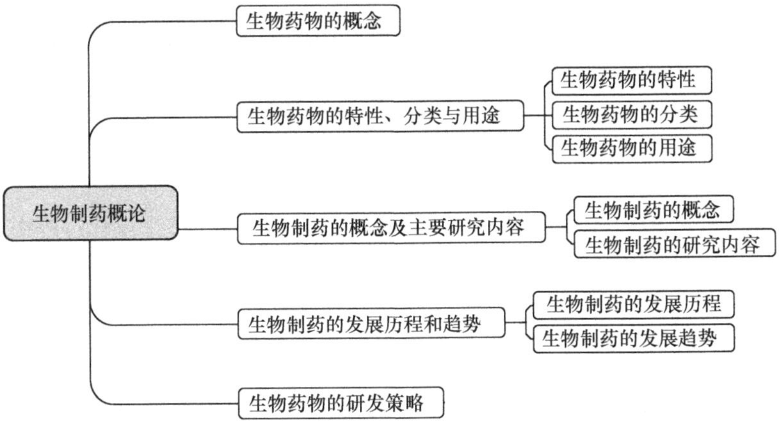

思考题

谈谈对生物制药的研发策略有什么看法。

拓展学习

请扫描右侧二维码阅读学习与生物制药相关的国内外书籍资料。

（李炜玲）

第二章　生物药物的制备

学习目标

1. 掌握：生物药物制备的原理及流程，生物药物的纯化技术。
2. 熟悉：生物药物的分离技术，生物药物制剂的主要类型及特点。
3. 了解：生物药物原料的来源及预处理，生物药物制剂长效化技术。

生物药物的制备是把生物体内（天然的或人工的）具有生物活性的目的物质，在保持固有的空间结构和功能的前提下，从含有多种其他物质的液相或固相中分离纯化出来并制备成制剂供患者使用的过程。由于生物药物来源广泛，种类繁多，性质多样，且对产品的纯度和质量要求高。这就决定了生物制药是一项严格、细致、复杂的工艺过程，涉及物理、化学、生物学、工程学等方面的知识和操作技术。

第一节　生物药物制备的特点、原理、流程

一、生物药物制备的基本特点

生物药物制备过程中不管采用哪种技术方法，都必须注意在整个操作过程中保证生物药物的活性，防止生物药物变性和降解的发生，其过程具有与化学制药明显不同的特点：

（1）生物材料组成复杂，所含物质数目多，理化性质差异大，其中不少物质还是未知化合物，而且其生物活性物质在纯化过程中仍处于不断代谢变化之中，因此常无固定的方法可供操作。

（2）生物材料中活性物质往往含量极低，分离步骤多、效率低，最后产物的收率往往很低，甚至没有实用价值。

（3）生物药物特别是蛋白质、核酸等大分子生物药物在制备过程中容易变性失活。因此在生物药物制备过程中必须注意保持其原有的空间结构不变，保证目的产物的生物活性，这是生物药物制备过程中的难点。

（4）生物制药中的分离纯化过程几乎都在溶液中进行，分离制备过程中各种参数（温度、pH、离子强度等）对溶液中各种组合的综合影响往往无法确定，以致很多实验设计理论性不强，实验结果常常带有经验性。

（5）为了保护目的物的生物活性及结构的完整性，生物制药过程多采用温和的“多阶式”方法进行，即常说的“逐级分离”方法。纯化一种生物药物常常需要联用几个甚至十几个步骤，并不断更换各种不同原理、类型的分离纯化方法才能实现。

（6）生物药物产品最后的“均一性”与化学药物纯度的概念不完全相同。因为生物分子对环境反应十分敏感，其结构和功能的关系较复杂，故对其“均一性”的评价常常是有条件的，往往需要通过多种方法测定后才能得出相对“均一性”的结论。

二、生物药物制备的基本原理

生物药物的制备过程与小分子药物有着明显的区别，一般是根据生物药物混合物中的不同组分分配率差别，将它们分配于可用机械方法分离的两个或几个物相中（如有机溶剂提取、盐析、结晶等）或者将混合物置于某一物相（大多数是液相）中，外加一定作用力，使多组分分配于不同区域从而达到分离目的（如电泳、超离心、超滤等）。生物大分子分离纯化的主要原理如下（表 2-1）：

（1）根据分子形状和大小不同进行分离：如离心、膜分离、超滤法、凝胶过滤法。

（2）根据分子电离性质（带电性）的差异进行分离：如离子交换法、电泳法、聚焦法。

（3）根据分子极性大小及溶解度不同进行分离：如溶剂提取法、逆流分配法、疏水层析法、盐析法、等电点沉淀法及有机溶剂分级沉淀法。

（4）根据物质吸附性质的不同进行分离：如选择性吸附与吸附层析法。

（5）根据配体特异性进行分离：如亲和层析法。

表 2-1 生物药物主要分离纯化方法

方法		分离机制	分离对象举例
膜分离	微滤	压力差、筛分	菌体、细胞
	超滤	压力差、筛分	蛋白质、多糖、抗生素
	反渗透	压力差、筛分	糖、氨基酸
	透析	浓度差、筛分	尿素、盐、蛋白质
萃取	有机溶剂萃取	液液相平衡	有机酸、抗生素
	双水相萃取	液液相平衡	蛋白质、抗生素
	反胶束萃取	液液相平衡	氨基酸、蛋白质
	超临界流体萃取	相平衡	香料、脂质
固相析出	盐析法	溶解度差异	蛋白质
	有机溶剂沉淀	溶解度差异	蛋白质、核酸、多糖
	等电点沉淀	溶解度差异	蛋白质
	结晶法	溶解度差异	抗生素、氨基酸、维生素
吸附	吸附法	吸附力差异	蛋白质、抗生素、多糖
离心	离心过滤	离心力、筛分	菌体、菌体碎片
	离心沉降	离心力	菌体、细胞
电泳	凝胶电泳	筛分、电荷	蛋白质、核酸
	等电聚焦	筛分、电荷、浓度差	蛋白质、氨基酸
	区带电泳	筛分、电荷、浓度差	蛋白质、核酸
层析	凝胶过滤层析	浓度差、筛分	脱盐、分级分离
	反相层析	分配平衡	甾醇类、维生素、脂质、肽
	离子交换层析	电荷、浓度差（pH、离子强度）	蛋白质、氨基酸、抗生素、核酸、有机酸
	亲和层析	生物亲和作用	蛋白质、核酸
	疏水层析	疏水作用	蛋白质
	层析聚焦	电荷、浓度差（pH）	蛋白质

在精制一个具体的生物药物过程中，常常需要根据它的理化性质和生物学特性将各种分离纯化方法进行有机组合，才能达到预期目的。

三、生物药物制备的基本流程

生物药物来源广泛，种类繁多，性质多样，且对成品的质量和纯度要求各异，因而其制备工艺也是多种多样，其制备过程一般经过如下几个步骤（图 2-1）：①生物原料的获取及预处理；②生物原料的破碎及液固分离；③活性成分的初步分离（粗分离）；④活性成分的纯化（精制）；⑤活性成分的干燥或冻存；⑥生物药物的制剂化。

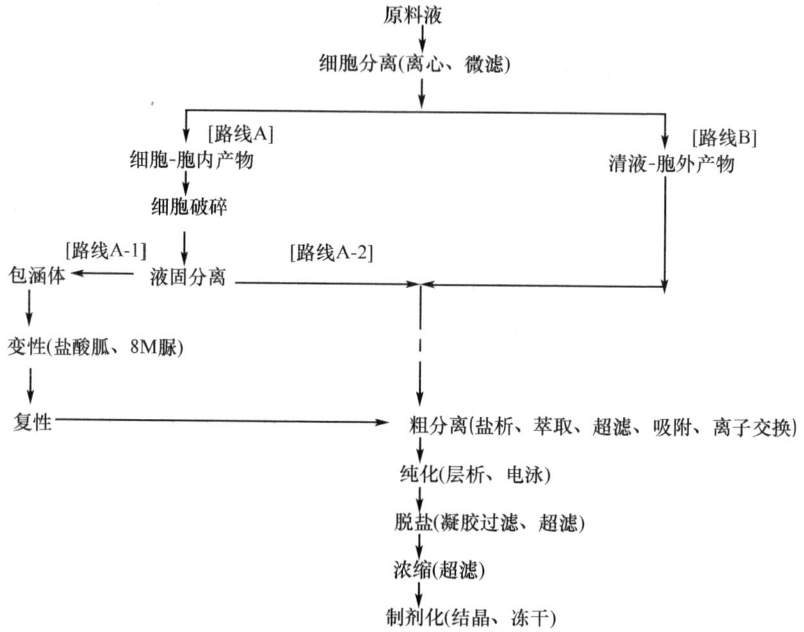

图 2-1　生物药物制备的基本流程

第二节　生物药物的原料获取及预处理

传统的生物药物原料以天然的生物材料为主，包括动物、植物、微生物等。随着生物技术的发展和应用，人工制备的生物原料（如人工构建的工程菌、工程细胞及转基因动植物等）已成为当前生物药物原料的主要来源。

一、生物药物原料的特征

一般来说生物药物的原料具有如下特征：

1. 原料有效成分含量低、杂质种类多　如胰岛中胰岛素含量仅为十万分之二，提取工艺复杂、收率低。对于一些含量极低的生理活性物质，采用传统的直接提取方法没有太大的应用价值，必须采用现代生物技术来生产。

2. 原料来源广、种类多　生物药物可来源于人、动物、植物、微生物，也可来源于人工构建的工程细菌、工程细胞及转基因动植物，因而其生产方法、制备工艺呈现出多样性和复杂性。

3. 原料稳定性差、活性成分易变性　由于生物药物及其产品主要为蛋白质、核酸等大分子类药物，极易腐败、染菌，被微生物代谢分解或被自身的代谢酶破坏，造成其三维结构改变、活性丧失，并产生热原或致敏物质。因此对于生物原料的保存、处理都有特殊的要求，尤其对温度、时间和单元操作等有严格要求。

二、原料的选取及预处理原则

基于生物药物原料的以上特征，生物药物原料的选取原则为：有效成分含量高，原料新鲜，来源丰富、易得，原料中杂质含量少，生产成本低。尽管如此，不管是来源于天然还是人工制造的生物药物原料所含的生物活性物质含量都是较低的，其中存在大量的组织细胞成分以及未用完的培养基、各种蛋白质胶状物、色素、金属离子以及其他代谢产物等。这些杂质有些是可溶的，有些是不可溶的，它们都会影响目的产物的有效提取，所以生物原料的预处理是进行分离纯化前的必须工序。一般来说，对于动物组织要先剔除结缔组织、脂肪组织等非活性成分，植物组织要去壳除脂，微生物、工程菌或细胞要进行菌体、细胞和发酵液的分离等操作。通过预处理可以去除大部分杂质，使得下一步的分离纯化能够顺利进行，从而大大降低生产成本。对于不同来源的生物药物原料，选用的预处理方法不尽相同，确定预处理的方法主要基于以下几点：

1. 生物活性物质存在方式与特点　生物活性物质的存在方式与其生物功能关系十分密切。一般情况下，可以根据生物活性物质的生物功能推断其存在部位和分布方式。生物活性物质分为"胞内"与"胞外"两种存在部位。"胞外"物质是由细胞产生再释放出来的，因此两者实质上没有严格界限。多数微生物酶如淀粉酶、蛋白质水解酶常大量存在于胞外培养液中。合成酶类、代谢酶类、遗传物质和代谢中间产物则存在于细胞内。真核细胞的 DNA 大部分存在于细胞核内，只有少量存在于线粒体和微粒体中，而 RNA 则主要存在于胞质中；电子传递系统物质（包括黄素蛋白、细胞色素类以及糖类），脂肪酸合成、氧化和氧化磷酸化有关的酶系大部分存在于线粒体中。消化酶虽然可分泌到胞外，但难以从消化道进行收集，只能由相应的腺体提取分离，而且这些酶在细胞内初合成时常常是以无活性的酶原形式存在，提取时需要预激活，如胰蛋白酶、糜蛋白酶等都是以酶原的形式存在于胰脏中，在提取制备过程中需活化。细胞内的生物活性物质有些游离在胞浆中，有些结合于质膜或器膜上，或存在于细胞器内。对于胞内物质的提取要先破碎细胞，对于膜上物质则要选择适当的溶剂使其从膜上溶解下来。有少数抗生素（如属于多烯类的制霉菌素、两性霉素和曲古霉素）产生后都累积于菌丝体内，且水溶性很小，提取时需要获得其菌体滤饼，再用其他溶剂萃取。

2. 后续操作的要求　一般来说，经预处理和固-液分离后得到的滤液应澄清、pH 适中、并确保含有一定浓度的活性物质。但不同的提取工艺路线，对滤液质量的要求并不完全相同，预处理时也相应地采用不同的方法。如后续工艺中需用离子交换法，则对滤液中无机离子（特别是高价离子）、灰分含量、澄清度等方面要求比较严格。如采用溶剂萃取法，则要求蛋白质含量较低，以减轻乳化现象。

3. 目的物的稳定性　生物材料在分离纯化过程中，其有效成分的生理活性处于不断变化之中，在整个制造过程中都要把防止目的物失活放在首位。对蛋白质类药物要防止其高级结构的破坏，应避免高热、强烈搅拌、强酸、强碱及重金属离子的作用等。但是对一些相对较稳定的生物活性物质，则可通过较剧烈的变性和处理条件，使蛋白类杂质变性沉淀，如链霉素稳定性较好，可在 pH 2.8～3.2，75℃加热处理，提高过滤速度。

三、不同来源生物原料的预处理

（一）植物原料的预处理

植物体内通常存在着为数众多的天然蛋白，提取时通常选用含目的蛋白丰富的组织为主要原料。但植物提取蛋白时存在一些特殊问题，导致蛋白质的得率较动物和微生物要低。因为植物材料中除含有目的蛋白质外还含有大量的淀粉、纤维素、果胶等杂质，所以初步的均质化处理需要在大量缓冲液中进行，初步过滤后得到低浓度蛋白溶液，随后进行硫酸铵沉淀和 PEG 沉淀对其进行分离，分离后的蛋白可与其他蛋白一样，采用一般的蛋白纯化方法进行处理。

（二）动物原料的预处理

动物原材料组织中含有丰富的目的蛋白，根据蛋白质所处位置不同（胞内、胞外、亚细胞器等），应选用不同的组织破碎方式。对于少量组织，可使用小型均质器，大量组织则采用捣碎机快速捣碎。对于软组织，可使用玻璃均质器。组织均质化后，将不同亚细胞结构内的蛋白酶释放到溶液中，最后进行纯化处理。

（三）微生物原料的预处理

微生物可产生多种天然蛋白、重组蛋白和抗生素。提取天然蛋白，首先要对大量菌株进行筛选以获得高产菌株，再进行诱变育种分离产量更高的正突变菌株，最后通过基因工程技术提高内源微生物蛋白产量。而重组蛋白的提取相对来说简单得多，微生物可以通过发酵的方式在短时间内大量培养，从而分离出大量可纯化的目的蛋白。与植物和动物原料处理方法相比较，微生物蛋白质通常比来源于植物和动物的相同蛋白质要更加稳定，更易于进行遗传学操作，所以只要筛选出正确的培养条件，就可以获得大量的特定蛋白质。

（四）工程细胞原料的预处理

工程细胞在合适的培养基及一定的培养条件下进行生长、繁殖，并积累生物活性物质，其培养液的预处理主要去除两大类杂质。一类是可溶性胶状物质（包括核酸、杂蛋白）和不溶性多糖等，这些杂质不仅使培养液黏度提高，从而影响液固分离速度，而且还会影响后面的提取操作；另一类是某些无机盐，它们不仅影响成品质量，而且在采用离子交换法提取时，由于树脂大量吸附无机离子，会减少对带电目标活性产物的交换，故应将这些无机离子特别是高价金属离子等预先除去。

总之，生物材料中的成分组成复杂、种类多，目的物与杂质的理化性质如溶解度、分子量、等电点等都十分接近，所以分离、纯化比较困难。尤其是在纯化过程中生物材料中有效成分的生理活性处于不断变化中，它们可能被生物材料中自身的代谢酶破坏或为微生物活动所分解，还可能在制备过程中受到酸、碱、盐、重金属离子、机械搅拌、温度甚至空气和光线的作用而改变其生物活性，因此在原料的获取和预处理过程中都要把防止目的物的失活放在首位。如果收集的原料不能及时投入到工业化生产，则需及时对原料进行处理，比如采用冷冻或者干燥等方法处理，同时将非活性成分（如脂类物质）除去，防止活性成分在存放过程中被酸败、氧化等因素破坏。

四、细胞破碎

生物活性物质分为“胞内”与“胞外”两种存在部位。“胞外”物质是由细胞产生，再释放出来的，目前很多生物药物特别是重组蛋白质类药物都是通过分泌的方式以“胞外”物质的形式表达，而“胞内”物质则存在于细胞内，需要破坏细胞膜或细胞壁才能释放出来。比如通过大肠杆菌以包涵体形式重组表达的外源蛋白质就需要通过超声或者其他方式破坏细胞壁后才能获得重组蛋白质。细胞的破碎方法很多，常用的细胞破碎方法见图 2-2。

（一）机械法

1. 组织捣碎法 将材料配成稀糊状液，放置于组织捣碎机筒内约 1/3 体积，盖紧筒盖，将调速器先拨至最慢处，开动开关后，逐步加速至所需速度。一般用于动物组织、植物肉质种子、柔嫩的叶芽等，机器转速可高达 10 000 r/min 以上。由于旋转刀片的机械切力很大，制备一些较大分子如核酸时很少使用。

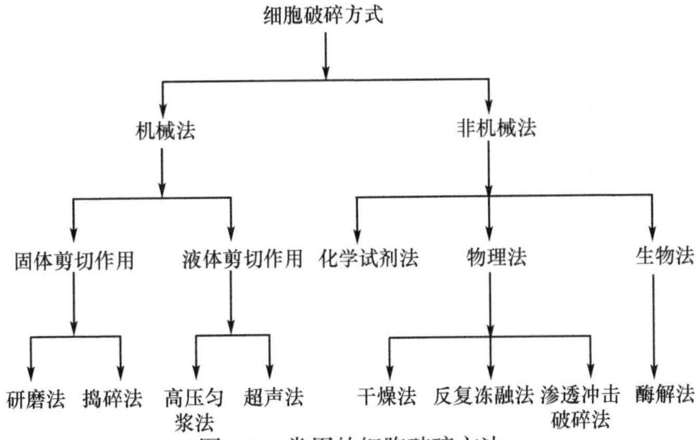

图 2-2　常用的细胞破碎方法

2. 高压匀浆法　将细胞液置于高压匀浆器内，细胞液通过止逆阀进入泵体内，在高压下迫使其在排出阀的小孔中冲击，并高速撞击在撞击环上，使细胞破碎。此法细胞破碎程度比高速组织捣碎机为高，适用于动物脏器组织。较易造成堵塞的团状或丝状真菌，较小的革兰阳性菌以及有些亚细胞器，质地坚硬、易损伤匀浆器者，不适合用该法处理。

3. 研磨法　将液氮预冻的样本放入研钵内研磨，该法多用于坚硬植物材料，研磨时常加入少量石英砂、玻璃粉或其他研磨剂以提高研磨效果。

4. 超声法　用一定功率的超声波处理细胞悬液，使细胞急剧震荡破裂，超声波对细胞的作用主要有热效应、空化效应和机械效应。该方法具有的特点：①可处理少量样本，操作简单，重复性较好，节省时间；②多用于微生物和组织细胞的破碎，如用大肠杆菌制备各种酶。存在的问题：①超声波产生的化学自由基团能使某些敏感活性物质变性失活；②大容量装置声能传递及散热均有困难，应采取相应降温措施；③对超声波敏感的物质如核酸应慎用。

（二）非机械法

1. 渗透冲击破碎法　渗透压冲击是较温和的一种细胞破碎方法，将细胞放在高渗溶液中（如一定浓度的甘油或蔗糖溶液），由于渗透压的作用，细胞内水分向外渗出，细胞发生收缩，当达到平衡后，将介质快速稀释，或将细胞转入水或缓冲液中，由于渗透压的突然变化，胞外的水迅速渗入胞内，引起细胞快速膨胀而破裂。

2. 反复冻融法　将细胞放在低温下冷冻（–15℃），然后在室温中融化，反复多次而达到破壁作用。冷冻一方面能使细胞膜的疏水键结构破裂，从而增加细胞的亲水性能，另一方面胞内水结晶形成冰晶粒，引起细胞膨胀而破裂。对于细胞壁较脆弱的菌体可采用此法。

3. 酶解法　利用各种水解酶，如溶菌酶、纤维素酶、半纤维素酶、脂酶等将细胞壁分解，使细胞内含物释放出来。有些细菌对溶菌酶不敏感，可加入少量巯基试剂或 8 mol/L 尿素处理后，使之对溶菌酶敏感而溶解。特点：①此法适用多种微生物；②作用条件温和；③内含物成分不易受到破坏；④细胞壁损坏的程度可以控制。存在的问题：①易造成产物抑制作用；②溶酶价格高；③通用性差。

4. 化学试剂法　某些有机溶剂（如苯、甲苯）、抗生素、表面活性剂、金属螯合剂、变性剂等化学试剂都可以改变细胞壁或膜的通透性从而使内含物有选择地渗透出来。特点：提取核酸时，常用此法破碎细胞。存在的问题：①时间长，效率低；②化学试剂毒性较强，同时对产物也有毒害作用；③通用性差，某种试剂只能作用于某些特定类型的微生物细胞。

第三节 生物药物的分离纯化

一般来说，生物药物的制备分为分离和纯化两个阶段。在生物药物制备的早期阶段，由于提取液中目的物浓度较稀，杂质多，所以不宜选择分辨率较高的层析纯化方法。因为在杂质大量存在情况下，任何一种高分辨率的分离方法都难于奏效，被分离的目的物难于集中在一个区域。所以在初步分离阶段常采用膜分离、萃取、固相析出、吸附等一些分辨率较低的方法，这些方法负荷能力大，兼有分离提纯和浓缩作用，可以在有效除去大部分杂质的同时富集目标生物药物，为下一步采用层析法进行精制创造良好基础。当然随着亲和层析等新技术的出现，也可以采用这些方法直接从粗提取液中分离制备生物药物。因为直接采用特异性方法的分辨率越高，便意味着提纯步骤越简化，收率越高，生物药物变性的风险性越小。

一、生物药物分离技术

生物药物分离技术也可称为粗分离技术，相对层析法等精制纯化技术，其分辨率相对较低，但具有处理量大、操作方便、耗时短等优点，成为生物药物制备早期使用的常用方法，生物药物分离技术主要包括固液分离、固相析出、溶剂萃取、膜分离、吸附法等技术。

（一）固液分离

固液分离是生物药物分离纯化过程中经常遇到的重要操作单元。在生物制药过程中，一般都需要从发酵液或培养液中除去菌体以得到产品，或从培养基中除去未溶解的残余固体颗粒以便后续加工。另外，在分离纯化的过程中也经常遇到晶体、沉淀和母液的分离问题。这些都属于固液分离过程。不少目标产物存在于细胞内，如胞内酶、微生物多糖等，需要破碎细胞后提取；有些产物就是菌体本身，如酵母、单细胞蛋白等。但不论何种情况，往往都要进行固液分离操作。固液分离是将发酵液或培养液、提取液等中的悬浮固体，如细胞、菌体、细胞碎片以及蛋白质等沉淀物或它们的絮凝体分离出来的操作过程。固液分离常用的方法有离心、过滤和沉降分离。

1. 离心 离心分离法速度快、效率高、操作时占地面积小，能自动化、连续化和程序控制，适合于大规模的分离过程。但是设备投资费用、能耗较高。根据操作原理，可将离心机分为过滤式离心机和沉降式离心机。过滤式离心机的转鼓壁上开有均匀密集的小孔，转鼓内表面覆盖过滤介质（滤布），加入转鼓的悬浮液随转鼓一同旋转，在离心力作用下，悬浮液中的液体流经过滤介质并由转鼓壁上的孔甩出，固体被截留在过滤介质表面，实现液体与固体的分离。沉降式离心机的转筒或转鼓壁上没有开孔，也不需要滤布，在离心力作用下。固体沉降于筒壁或转鼓壁上，余下的即为澄清的液体。对发酵液，通常采用沉降式离心设备，因为它适合于固体含量较低（10%）的情况，而过滤式离心设备主要用于分离晶体和母液。

2. 过滤 过滤是在推动力作用下，使悬浮液中的液体通过多孔介质的孔道，而悬浮液中的固体颗粒被截留在介质上，从而实现固液分离的操作。其中多孔介质称为过滤介质，所处理的悬浮液称为滤浆，滤浆中被过滤介质截留的固体颗粒称为滤饼或滤渣，通过过滤介质后的液体称为滤液。过滤按料液流动方向不同可分为常规过滤和错流过滤。常规过滤时，料液流动方向与过滤介质垂直。错流过滤时，料液流向平行于过滤介质。

（1）常规过滤：根据过滤机理的不同，过滤可分为滤饼过滤和深层过滤两种。滤饼过滤是指固体粒子在介质表面积累，很短时间内发生架桥现象，此时沉积的滤饼亦起过滤介质的作用，过滤在介质的表面进行，所以也称表面过滤（图 2-3）。深层过滤是指固体粒子在过滤介质的空隙内被裁留，固液分离过程发生在过滤介质的内部（图 2-4）。

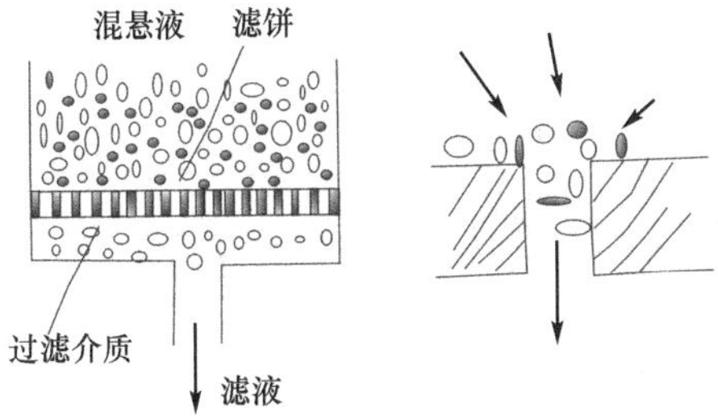

图 2-3　滤饼过滤示意

图 2-4　深层过滤示意

（2）错流过滤：错流过滤（cross flow filtration）又称切向流过滤、交叉过滤和十字流过滤，是一种维持恒压下高速过滤的技术。其操作特点是使悬浮液在过滤介质表面作切向流动，利用流动的剪切作用将过滤介质表面的固体（滤饼）移走，使滤饼不易形成，保持较高的滤速。错流过滤在膜过滤中被广泛使用，过滤介质通常为微孔膜或超滤膜。

错流过滤可用多种方式获得，其中具有代表性的有如下两种方式：①在过滤介质表面加以搅拌造成流动，产生切向流。这种方式目前仅用于实验室规模，处理量较少。它的特点是灵活、操作方便；缺点是过滤面积小、剪切力不均匀。②用泵循环使悬浮液流经过滤介质。悬浮液在快速流过过滤介质表面时产生的剪切作用阻止固体的沉积，此法适合于大规模生产，缺点是悬浮液在流动过程中有压力损失，造成过滤压沿流路变小，流路中固体积累程度不一，且能量消耗较大。

（二）固相析出

在生物药物的分离和纯化的整个过程中，目的物经常作为溶质存在于溶液中。改变溶液条件，使它以固体形式从溶液中分离出的操作技术称为固相析出法（solid phase precipitation）。这是最古老的分离和纯化生物药物的方法，目前仍在工业和实验室中广泛应用，适用于抗生素、有机酸等小分子物质的分离，尤其在蛋白质、酶、多糖、核酸和其他细胞组分的回收和分离中应用较多。一般析出物为晶体时称为结晶法，析出物为无定形固体称为沉淀法。应用固相析出分离法，可通过控制析出条件使大部分杂质不析出或少析出。具有设备简单、经济、浓缩倍数高等优点。固相析出分离法主要包括盐析法、有机溶剂沉淀法、等电点沉淀法、结晶法及其他多种沉淀法。

1. 盐析　盐析法（salt precipitation）是利用各种生物分子在浓盐溶液中溶解度的差异，通过向溶液中引入一定数量的中性盐，使目的物或杂蛋白以沉淀形式析出，从而达到纯化目的产物的方法。这是一种经典的分离方法，早在 19 世纪，盐析法就被用于从血液中分离蛋白质。由于它经济、不需特殊设备，操作简便、安全，应用范围广，较少引起变性（有时对生物分子具稳定作用），至今仍广泛用以回收或分离蛋白质（酶）等生物大分子物质。产生盐析作用的原理：①盐离子与蛋白质表面具相反电性的离子基团结合形成离子对，盐离子部分中和了蛋白质的电荷，使蛋白质分子之间电排斥作用减弱而能相互聚集起来。②中性盐的亲水性比蛋白质大，盐离子在水中发生水化而使蛋白质脱去水化膜，暴露出疏水区域，由于疏水区域的相互作用，使其沉淀（图 2-5）。

影响盐析的因素有：①无机盐的种类：一般而言，半径小的高价离子的盐析作用较强，阴离子比阳离子盐析作用好，尤其是高价阴离子。②生物分子浓度：溶液中生物分子的浓度对盐析有一定的影响。③溶液 pH：pH 在生物分子的等电点时，其溶解度最小。④温度：一般情况下，盐析对温度无特殊要求，在室温下就可以完成。但有些生物分子（如某些酶类）对温度很敏感，需要盐析温度为 0～4℃的低温环境，以防止其活性改变。⑤操作方式：操作方式不同会影响沉淀颗粒的大小。

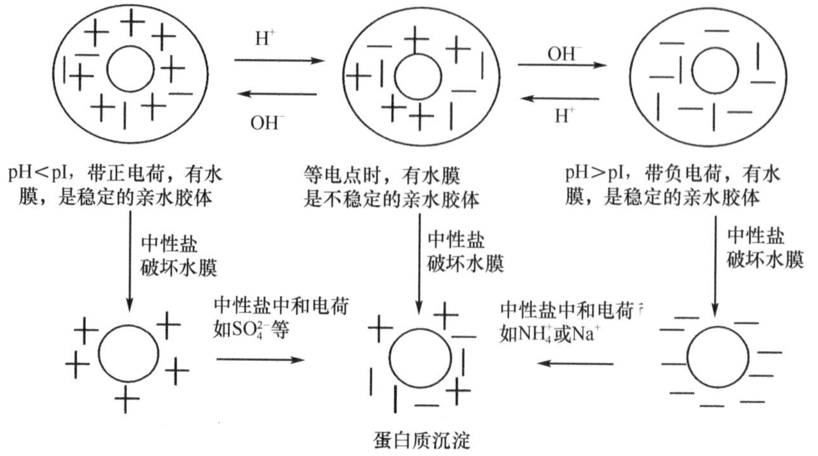

图 2-5　盐析作用机制示意图

2. 有机溶剂沉淀　有机溶剂能降低溶液的介电常数，从而增加生物分子上不同电荷的引力，导致溶解度降低。另外，有机溶剂与水相互作用，能破坏生物分子的水化膜，故生物分子在一定浓度有机溶剂中其溶解度具有差异而达到分离，这种方法称为有机溶剂沉淀法（organic solvent precipitation）。有机溶剂沉淀法常用于蛋白质（包括酶）、核酸、多糖等生物分子的提取。该法优点在于：①分辨能力比盐析法高，即蛋白质或酶等生物分子只在一个比较窄的有机溶剂浓度下沉淀。②沉淀不用脱盐，过滤较为容易。③应用范围较广。其缺点是对具有生物活性的大分子容易引起变性失活，操作要求在低温下进行。但总体来说，蛋白质或酶等生物分子的有机溶剂沉淀法不如盐析法普遍。常用于生物药物沉淀的有机溶剂为甲醇、乙醇、异丙醇和丙酮，另外还有二甲基甲酰胺、二甲基亚砜、乙腈等，其中乙醇是最常用的有机沉淀试剂。选择有机沉淀试剂主要应考虑以下因素：①介电常数小，沉淀作用强；对生物分子的变性作用小。②毒性小，挥发性适中。③沉淀用溶剂一般应能与水无限混溶，一些与水部分混溶或微溶的溶剂如氯仿、乙醚等也有使用，但使用对象和方法不尽相同。

影响有机试剂沉淀效果的因素主要有：①温度：整体而言，低温有利于提高沉淀效果。②有机溶剂的种类及用量：不同的有机溶剂对相同的溶质分子产生的沉淀作用大小与介电常数相关，部分溶剂的介电常数见表 2-2。③溶液 pH：在保证生物分子结构不被破坏、药物活性不丧失的 pH 范围内，生物分子的溶解度是随着 pH 的变化而变化的。为了达到良好的沉淀效果，常常把溶液的 pH 调整到与生物分子 pI（等电点）相同或相近范围内。④离子强度：较低的离子强度常常有利于生物分子的沉淀，甚至还具有保护蛋白质或酶等生物分子、防止其变性、减少水和溶剂互溶及稳定介质 pH 的作用。⑤样品浓度：与盐析较为相似，样品浓度较稀时将增加溶剂的投入量和损耗量，降低溶质的回收率，且易产生稀释变性，但稀的样品共沉淀现象少，分离效果相对较好。⑥某些金属离子的助沉作用：在用溶剂沉淀生物大分子时还须注意到一些金属离子如 Zn^{2+}，Ca^{2+}等可与某些呈阴离子状态的蛋白质或酶等生物分子形成复合物。

表 2-2　部分溶剂的介电常数

溶剂名称	介电常数	溶剂名称	介电常数
水	78	丙酮	21
甲醇	31	乙醚	9.4
甘油	56.2	乙酸	6.3
乙醇	26	三氯乙酸	4.6

3. 等电沉淀　等电点沉淀法（isoelectric precipitation）是利用两性电解质分子在电中性时溶解度最低，而各种两性电解质具有不同等电点来进行分离的一种方法。两性电解质如蛋白质或酶等生物分子在溶液 pH 等于 pI（等电点）时分子表面净电荷为零，导致赖以稳定的双电层及水化膜被削弱或破坏，分子间引力增加，溶解度降低。调节溶液 pH 使两性溶质溶解度下降，可使沉淀析出。等电点沉淀法操作十分简单，试剂消耗量少，引入杂质少，是一种常用的分离纯化方法。但由于其分辨率差，并且许多生物分子的等电点又比较接近，因此常与盐析、有机溶剂沉淀法等联合使用。等电点沉淀法操作时的影响因素如下：

（1）盐离子的影响：生物分子结合大量的阳离子时等电点升高，而结合大量的阴离子时等电点则降低。自然界中许多蛋白质或酶等生物分子较易结合阳离子，使等电点向酸的方向偏移。

（2）目的生物分子的稳定性：有些蛋白质或酶等生物分子在等电点附近不稳定。如 α-糜蛋白酶（pI 8.1～8.6）、胰蛋白酶（pI 10.1），它们在中性或偏碱的环境中由于自身或其他蛋白水解酶的作用而发生部分降解失活，所以在实际操作中应避免溶液 pH 超过 5.0 以上。

（3）生物分子在等电点附近的盐溶现象非常明显，所以无论是单独使用或与溶剂沉淀法联合使用，都必须控制溶液的离子强度。

4. 成盐沉淀　生物大分子和小分子都可以生成盐类复合物沉淀，此法一般分为：①可与生物分子的酸性功能团作用的金属复合盐法（如铜盐、银盐、锌盐、铅盐、锂盐、钙盐等）；②与生物分子的碱性功能团作用的有机酸复合盐法（如苦味酸盐、苦酮酸盐、丹宁酸盐等）；③无机复合盐法（磷钨酸盐、磷钼酸盐等）。以上盐类复合物都具有很低溶解度，极容易沉淀析出。若沉淀为金属复合盐，可通过硫化氢使金属变成硫化物而除去；若为有机酸盐、磷钨酸盐，则加入无机酸并用乙醚萃取，使有机酸、磷钨酸等移入乙醚中除去。重金属、某些有机酸和无机酸与蛋白质形成复合盐后，常使蛋白质发生不可逆的沉淀，应用时必须谨慎。

5. 亲和沉淀　在一定条件下，利用亲和反应原理，将配基与可溶性载体偶联后形成载体-配基复合物（亲和沉淀剂），该复合物可选择性地与蛋白质结合从而沉淀出来，这种方法叫做亲和沉淀（affinity precipitation）。配基包括酶的底物、抑制剂、辅酶、免疫配基及有机染料等。如 Schneider 等将 N-丙烯酰-对氨基苯脒、丙烯酰胺及 N-丙烯酰-对氨基苯甲酸制备成聚合物，该聚合物在中性 pH 时是可溶的，但在较低的 pH 时则会沉淀析出。对氨基苯脒可作为胰蛋白酶的亲和配基，配基与酶亲和结合后，降低 pH 至 4.0 可生成沉淀，再将 pH 降至 2.0，则可使沉淀解离。

6. 结晶　结晶法（crystallization）是工业生产中常用的制备纯物质的有效方法。溶液中的溶质在一定条件下，由于分子有规则地排列而结合成晶体的过程称为结晶。晶体的化学成分均一，具有各种对称的晶状，其特征为离子和分子在空间晶格的结合点上成规则排列。将晶体溶于溶剂或熔体以后，又重新从溶液或熔体中析出晶体的过程称为重结晶。重结晶可以使不纯净的物质获得进一步的纯化，或使混合在一起的盐类彼此分离。只有同类分子或离子才能排列形成晶体，因此，结晶过程具有良好的选择性。通过结晶或重结晶，溶液中大部分杂质留在母液中，而后利用过滤、洗涤等方法就可得到纯度较高的晶体。结晶过程成本低、所需设备简单、操作方便，因此许多氨基酸、有机酸、抗生素、维生素、核酸等产品的精制均采用结晶法。

（三）溶剂萃取

溶剂萃取（solvent extraction）是一种初级分离技术，利用萃取剂的作用，把较难分离的混合物转化成较易分离的混合物，其本身并未完成目标产物的分离任务，得到的是富集了目标产物的均相混合物。要获得目标产物或者回收萃取剂还需借助蒸馏、蒸发等其他操作单元来完成。随着各学科的发展，涌现出一些新的萃取方法，如超临界流体萃取、双水相萃取、反胶团萃取、超声协助萃取、微波协助萃取等，这些方法使萃取分离的对象范围变得越来越广，萃取选择性与提取效率变得更高。

1. 双水相萃取　传统的溶剂萃取法一般是将水溶液中的溶剂萃取到有机溶剂中，但许多生物大分子在有机溶剂中易变性失活，且有些蛋白质有很强的亲水性，不能溶于有机溶剂中，故不能采用有机试剂来萃取。双水相萃取（two-aqueous phase extraction）技术是一种利用某些亲水性高分子聚合物的水溶液在超过一定浓度后可以形成两相，并且在两相中水分均占很大比例，即形成双水相系统来萃取亲水性大分子的技术。双水相萃取法的特点是能保留产物的活性，整个操作可连续化，在除去细胞或碎片时，还可使蛋白质纯化 2～5 倍，与传统的过滤法或离心法相比，无论在收率还是成本上都优越得多。双水相萃取法与传统的盐析或沉淀法相比也有很大优势，如以 β-半乳糖苷酶为例，用双水相萃取纯化的效果要明显好于沉淀法（表 2-3）。目前双水相萃取法已应用于几十种酶的中间规模分离。近年来，还报道了对小分子生物活性物质的亲和双水相萃取的研究，如头孢菌素 C、红霉素、氨基酸等的研究，大大地扩展了其应用范围并提高了选择性，使双水相萃取技术具有更广阔的应用前景。

表 2-3　β-半乳糖苷酶不同纯化方法的比较

方法	步骤数	流量（kg/h）	酶收率（%）	纯化倍数	总纯度（%）
沉淀法	3	0.77	63	3.5	23
双水相萃取	1	10～15	77	12.8	43

2. 反胶束萃取　传统的溶剂萃取分离技术成本低，易于操作，已广泛用于多组分物质的分离。但是，由于缺乏相应的生化溶剂，采用该技术难以分离蛋白质、核酸等大分子生物活性物质。近年来，以反胶束溶液为新的溶剂系统的萃取分离技术——反胶束萃取（reversed micelle extraction），可以选择性分离某些生物活性分子，逐渐引起了人们的重视。反胶束，也称反胶团或反微团，是表面活性剂分散在连续的有机相中自发形成的纳米尺度的一种聚集体。通常情况下，水溶液中形成聚集体胶束，称为正常胶束。在胶束中，表面活性剂的排列方向是极性基团在外，与水接触，非极性基团在内，形成一个非极性的核心，此核心可以溶解非极性物质；但是如果将表面活性剂溶于非极性溶剂中，并使其浓度超过临界胶束浓度，便会在有机溶剂内形成聚集体，其中表面活性剂的非极性基团在外，与非极性的溶剂接触，而极性基团则排列在内，形成一个极性核，此极性核具有溶解极性物质的能力，这种聚集体称为反胶束。当含有此种反胶束的有机溶剂与蛋白质的水溶液接触后，蛋白质及其他亲水性物质能够溶于极性核内部的水中，由于周围的水层和极性基团的保护，蛋白质无法与有机溶剂接触，从而不会造成失活，此法适合用来萃取蛋白质等亲水性生物大分子物质。

3. 超临界流体萃取　超临界流体萃取技术（supercritical fluid extraction），又称压力流体萃取、超临界气体萃取、临界溶剂萃取等，是利用处于临界压力和临界温度以上的一些溶剂流体所具有的能特异性增强物质溶解的能力来进行分离纯化的技术。20 世纪 80 年代以来，超临界流体萃取的研究范围涉及石油、食品、香料、医药、烟草和化工等领域，并取得一系列进展。工业上常采用 CO_2 作为超临界流体萃取剂，因为 CO_2 具有以下特点：①CO_2 的化学稳定性好，无毒、无色、无味，不污染提取物和环境，不存在残留溶剂问题。②CO_2 有较温和的临界条件，临界温度接近常温，临界压力较低，容易达到临界点，操作温度接近于常温，而且 CO_2 是情性气体，对热敏性物质无降解变质作用。③CO_2 是一种非极性溶剂，对非极性化合物有较高的亲和力，能从天然物质中选择性地分离回收有效成分或脱除某种成分。④CO_2 价廉，能从环境中获得，使用后能再回到环境，技术工艺简单，效率高，能耗低，不易燃、易爆，使用安全。

（四）膜分离

膜分离是用半透膜作为选择障碍层，以膜的两侧存在的能量差作为动力，允许某些组分透过而保留混合物中其他组分，利用各组分透过膜的迁移率不同从而达到分离目的的技术。生物制药领域应用的膜分离法包括微滤、超滤、反渗透、透析、电渗析和渗透气化等，各种膜分离法的原理和应用范围列于表 2-4。

表 2-4　各种膜分离法的原理和应用范围

膜分离法	传质推动力	分离原理	应用举例
微滤（MF）	压力差	筛分	除菌、回收菌、分离病毒
超滤（UF）	压力差	筛分	蛋白质、多肽和多糖的回收和浓缩
反渗透（RO）	压力差	筛分	盐、氨基酸、糖的浓缩、淡水制造
透析（DS）	浓度差	筛分	脱盐、除变性剂
电渗析（ED）	电位差	电荷、筛分	脱盐、氨基酸和有机酸分离
渗透气化（PV）	压力差、温度差	溶质与膜的亲和作用	有机溶剂与水的分离，共沸物的分离（如乙醇浓缩）

知识链接：

“可以喝的书”

美国卡耐基梅隆大学公民与环境工程专业的博士后 Theresa Dankovich（特丽萨·丹科维斯基）在 2007 年于美国加州的麦克吉尔大学攻读博士时，开始研究这个项目。她的目标是利用纳米材料，创造一种抗菌的纸张，用于廉价的水过滤系统。她在实验室研究 8 年后，终于有了惊喜的发现！一种叫做纳米银的离子，是细菌的天敌。Theresa 把这种特殊材料嵌在了纸张中。在和公益组织“水是生命”合作后，Theresa 在实验室里制作的这张嵌着纳米银离子的纸，很快用到了现实世界。这张抗菌纸在加纳、海地和肯尼亚等地的 25 处水源受到严重污染的地方，成功地进行了滤水测试。经验证：这种纸张能去除水中 99%的细菌，饮用标准超过美国的直饮水。2015 年末，这本“可以喝的书”，被《时代》周刊评选为“2015 年度世界最棒的 25 个设计”之一。

1. 透析　透析（dialysis）是应用最早的膜分离技术。透析法主要用来分离两类分子量差别较大的物质。由于是分子水平的分离，故无相的改变。透析法都是在常压下依靠小分子物质的扩散运动来完成的，此点不同于超滤。透析多用于去除大分子溶液中的小分子物质，称为脱盐。也常用来对溶液中小分子成分进行缓慢的改变，即透析平衡，如透析结晶等。透析膜两边都是液体：一边是供试样品液，主要成分是生物大分子，是试验过程中需要留下的部分，称为保留液；另一边是“纯净”溶剂，即水或缓冲液，是供经薄膜扩散出来的小分子物质停留的空间场所，或是提供平衡小分子物质的“仓库”，透析完成后弃去，称为渗出液。

2. 超滤　超滤（ultrafiltration）是一项分子级薄膜分离手段。它以特殊的超滤膜为分离介质，以膜两侧的压力差为推动力将不同分子量的物质进行选择性分离。在生物制药中可用来分离蛋白质、核酸、多糖、多肽、抗生素、病毒等。超滤的优点是没有相转移，无需添加任何化学物质，可以在低温下操作，过滤速率较快，便于做无菌处理等。这些都能使分离操作简化，避免了生物活性物质的活力损失和变性。由于超滤技术有以上诸多优点，故常被用作：①大分子物质的脱盐和浓缩，以及大分子物质溶剂系统的交换平衡；②小分子物质的纯化；③大分子物质的分级分离；④生化制剂或其他制剂的去热原处理。中空纤维超滤膜是超滤膜的一种，它是超滤技术中最为成熟与先进的一种技术。中空纤维外径为 0.5～2.0mm，内径为 0.3～1.4mm，中空纤维管壁上布满微孔，孔径以能截留物质的分子量表示，截留分子量可达几千至几十万道尔顿。

3. 电渗析　电渗析（electrodialysis）是利用分子的荷电性质和分子大小的差别进行分离的膜分离法，可用于小分子电解质（例如氨基酸、有机酸）的分离和溶液的脱盐。电渗析操作所用的膜材料为离子交换膜，即在膜表面和孔内共价键合有离子交换基团，如磺酸基等酸性阳离子交换基团和季铵基等碱性阴离子于交换基团。键合阳离子交换基的膜称作阳离子交换膜，键合阴离子交换基的膜称作阴离子交换膜。在电场的作用下，前者选择性透过阳离子，后者选择件透过阴离子。

（五）吸附法

吸附分离技术（absorption separation technology）是常用的分离纯化手段。吸附是指物质（主要是固体物质）表面吸住周围介质（液体或气体）中的分子或离子的现象。在生物制药生产中，吸附分离可以配合其他分离手段一起使用，用于分离提取液中的杂质或有效成分。用于吸附提取液中杂质的吸附过程称为负吸附，而用于吸附提取液中有效成分的吸附过程称为正吸附。此方法适合在杂质少的溶液中进行，当杂质过多时，吸附剂有可能会被杂质饱和，不利于目标产物的吸附。由于吸附法比较快速，且一般情况下使用的吸附剂价廉，所以从稀溶液中提取含量较少的目标产物时，吸附法具有较好的优越性。例如从人尿中提取尿激酶粗品或从孕妇尿中提取人绒毛膜促性腺激素。生物制药工业上常用的吸附剂有活性炭、氧化铝、硅胶、人造沸石、碱基磷酸钙、氢氧化铝凝胶、聚酰胺、白陶土等。

二、生物药物的纯化技术

生物药物的精制纯化技术主要是各种层析纯化技术，比如离子交换层析、凝胶过滤层析、疏水层析、亲和层析等。总体而言层析纯化技术具有分离效率高、选择性强、操作方便、应用范围广等优点，主要用于生物药物的后期精制。当然不同的层析方法具有各自的特点（表 2-5），目前层析纯化技术已经广泛应用于生物药物的精制。

表 2-5　常用层析技术的原理及特点

层析方法	作用原理	分辨率	处理量
凝胶过滤层析	分子大小、形状	低	低
离子交换层析	电荷性质及数目	中	高
疏水层析	疏水作用	中	中
反相作用层析	疏水作用	中	中
亲和层析	亲和作用	高	高

（一）凝胶过滤层析

凝胶过滤层析（gel filtration chromatography）又称为凝胶排阻层析、分子筛层析、凝胶渗透层析等，它是以多孔性凝胶填料为固定相，按分子大小顺序分离样品中各个组分的层析方法。凝胶过滤层析是生物制药中一种常用的分离手段，它具有样品回收率高、实验重复性好、操作方便、特别是不改变样品生物学活性等优点，因此广泛用于蛋白质（包括酶）、核酸、多糖等生物分子的分离纯化，同时还应用于蛋白质分子量的测定、脱盐、样品浓缩等。凝胶层析的固定相是惰性的珠状凝胶颗粒，凝胶颗粒的内部具有立体网状结构，形成很多孔穴，当含有不同分子大小组分的样品进入凝胶层析柱后，各个组分就向固定相的孔穴内扩散，组分的扩散程度取决于孔穴的大小和组分分子的大小。比孔穴孔径大的分子不能扩散到孔穴内部，完全被排阻在孔外，只能在凝胶颗粒外的空间随流动相向下流动，它们经历的流程短、流动速度快，所以首先流出。较小的分子则可以完全渗透进入凝胶颗粒内部，经历的流程长、流动速度慢，所以最后流出。而大小介于两者之间的分子在流动中部分渗透，渗透的程度取决于其分子大小，所以它们流出的时间介于两者之间，分子越大的组分越先流出，分子越小的组分越后流出。样品经过凝胶层析后，各个组分便按分子从大到小的顺序依次流出，从而达到了分离的目的，原理如图 2-6。

（二）离子交换层析

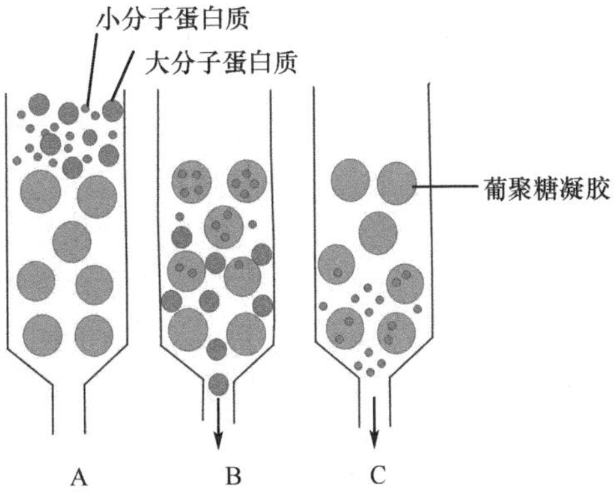

图 2-6 凝胶过滤层析原理示意图
A.上样；B. 收集大分子；C. 收集小分子

离子交换层析（ion-exchange chromatography）是以离子交换剂为固定相，依据流动相中的组分离子与交换剂上的平衡离子进行可逆交换时结合力大小的差别而进行分离的一种层析方法。离子交换层析是生物制药领域中常用的一种层析方法，广泛地应用于各种生物药物如氨基酸、蛋白、糖类、核苷酸等的分离纯化。离子交换层析的固定相是离子交换剂，它是由一类不溶于水的惰性高分子聚合物基质通过一定的化学反应共价结合上某种电荷基团形成的。离子交换剂由三部分组成：高分子聚合物基质、电荷基团和平衡离子。电荷基团与高分子聚合物共价结合，形成一个带电的可进行离子交换的基团。平衡离子是结合于电荷基团上的相反离子，它能与溶液中其他的离子基团发生可逆的交换反应。平衡离子带正电的离子交换剂能与带正电的离子基团发生交换作用，称为阳离子交换剂；离子交换反应可以表示为：

阳离子交换反应：$(R—X^-)Y^+ + A^+ \longleftrightarrow (R—X^-)A^+ + Y^+$

阴离子交换反应：$(R—X^+)Y^- + A^- \longleftrightarrow (R—X^+)A^- + Y^-$

其中 R 代表离子交换剂的高分子聚合物基质，X^-和 X^+分别代表阳离子交换剂和阴离子交换剂中与高分子聚合物共价结合的电荷基团。Y^+和 Y^-分别代表阳离子交换剂和阴离子交换剂的平衡离子，A^+和 A^-分别代表溶液中的离子基团。从上面的反应式中可以看出，如果 A 离子与离子交换剂的结合力强于 Y 离子，或者提高 A 离子的浓度，或通过改变其他一些条件，可以使 A 离子将 Y 离子从离子交换剂上置换出来。也就是说，在一定条件下，溶液中的某种离子基团可以把平衡离子置换出来，并通过电荷基团结合到固定相上，而平衡离子则进入流动相。这就是离子交换层析的基本置换反应。通过在不同条件下的多次置换反应，就可以对溶液中不同的离子基团进行分离。其原理如图 2-7 所示。

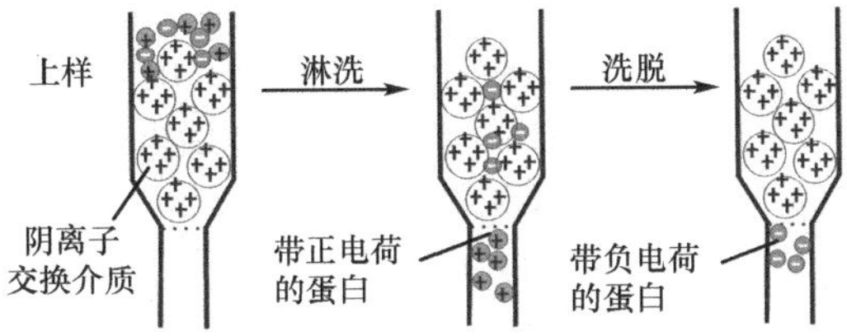

图 2-7 离子交换层析原理示意图

一般来讲，离子价数越高，结合力越大；价数相同时，原子序数越高，结合力越大。如阳离子交换剂对离子的结合力顺序为：$Na^+ < Ca^{2+} < Al^{3+} < Ti^{4+}$；$Li^+ < Na^+ < K^+ < Rb^+ < Cs^+$。蛋白质等生物大分子通常呈两性，它们与离子交换剂的结合与它们的性质及 pH 有较大关系。以用阳离子交换剂分离蛋白质为例，在一定的 pH 条件下，等电点 pI<pH 的蛋白带负电，不能与阳离子交换剂结合；等电点 pI>pH 的蛋白带正电，能与阳离子交换剂结合，一般 pI 越大的蛋白与离子交换剂结合力越强。但由于生物样品的复杂性以及其他因素影响，一般生物大分子与离子交换剂的结合情况较难估计，往往要通过实验进行摸索。

（三）疏水层析

疏水层析（hydrophobic chromatography）也叫疏水亲和吸附层析，是利用表面偶联弱疏水性基团（疏水性配基）的疏水性吸附剂为固定相，根据蛋白质与疏水性吸附剂之间的弱疏水性相互作用的差别进行分离纯化的层析技术。疏水层析广泛用于微生物、植物、动物来源的蛋白质的分离纯化。亲水性蛋白质表面均含有一定量的疏水性基团。尽管在水溶液中蛋白质具有将疏水性基团折叠在分子内部而表面显露极性和荷电基团的趋势，但总会有一些疏水性基团或极性基团的疏水部位暴露在蛋白质表面。这部分疏水基团可与亲水性固定相表面偶联的短链烷基、苯基等弱疏水基团发生疏水性相互作用，被固定相（疏水性吸附剂）所吸附。在高浓度盐溶液中，蛋白质表面疏水部位的水化层被破坏，发生局部可逆性变性，裸露出疏水部位，疏水性相互作用增大，便能与疏水层析的固定相有效地结合在一起。因此，疏水亲和吸附层析通常在高浓度盐溶液的条件下进行。通过逐步降低流动相的离子强度，即可将结合于固定相的物质，按其结合能力大小，依次进行解吸附。疏水作用弱的物质，用高浓度盐溶液洗脱时，会先被洗下来。当盐溶液浓度降低时，疏水作用强的物质也会随后被洗下来。

（四）亲和层析

亲和层析（affinity chromatography）是利用生物分子间专一的亲和力而进行分离的一种层析技术。人们很早就认识到蛋白质、酶等生物大分子物质能和某些相对应的分子专一而可逆地结合，这一原理可用于对生物分子的分离纯化。但由于受到没有合适的固定配体的方法等技术上的限制，所以没有得到广泛应用。直到 20 世纪 60 年代末，溴化氰活化多糖凝胶并耦联蛋白质技术的出现，解决了配体固定化的问题，使得亲和层析技术得到了快速发展和应用。亲和层析是分离纯化蛋白质、酶等生物大分子最为特异而有效的层析技术，分离过程简单、快速，具有很高的分辨率，在生物分离中有广泛的应用，同时它也可以用于某些生物大分子结构和功能的研究。生物大分子间存在很多特异性的相互作用，如我们熟悉的抗原-抗体、酶-底物或抑制剂、激素-受体等，它们之间都能够专一而可逆地结合，这种结合力就称为亲和力。亲和层析的分离原理简单地说就是通过将具有亲和力的两个分子其中一个固定在不溶性基质上，利用分子间亲和力的特异性和可逆性，对另一个分子进行分离纯化。被固定在基质上的分子称为配体，配体和基质是共价结合的，构成亲和层析的固定相，称为亲和吸附剂。进行亲和层析时首先选择与待分离的生物大分子有亲和力的物质作为配体，例如分离酶可以选择其底物类似物或竞争性抑制剂为配体，分离抗体可以选择抗原作为配体等；并将配体共价结合在适当的不溶性基质上，如常用的 Sepharose-4B 等。将制备的亲和吸附剂装柱平衡，当样品溶液通过亲和层析柱的时候，待分离的生物分子就与配体发生特异性结合，从而留在固定相上；而其他物质不能与配体结合，仍在流动相中．并随洗脱液流出，层析柱中就只有待分离的生物分子。通过适当的洗脱液将其从配体上洗脱下来，就得到了纯化的待分离物质，原理如图 2-8 所示。

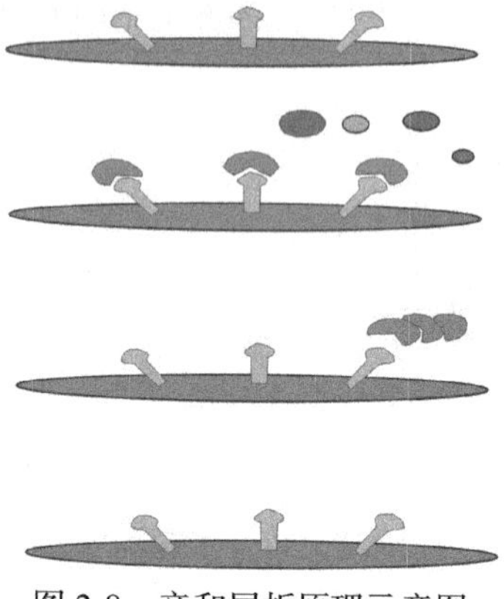
图 2-8　亲和层析原理示意图

总之，吸附层析、凝胶过滤层析、离子交换层析等是利用各种分子间的理化特性的差异，如分子的吸附性质、分子大小、分子的带电性质等进行纯化。由于很多生物大分子之间的这种差异较小，所以仅采用其中的一种层析方法的分辨率往往不高。要纯化一种物质通常需要多种方法结合使用，这不仅使纯化需要较多的操作步骤、较长的时间，而且使待分离物的回收率降低，也会影响待分离物质的活性。而亲和层析是利用生物分子所特有的生物学性质——亲和力来进行分离纯化的。由于亲和力具有高度的专一性，使得亲和层析的分辨率很高，是纯化生物大分子的一种理想的层析方法。

知识链接：

膜层析和混合模式层析

膜层析：

膜层析技术是在柱层析技术上发展而来的一项技术，以膜介质为基质，偶联相应的离子交换、疏水等化学基团制作而成的一种新型的层析介质。相比于柱层析，膜层析可带来诸多好处：①具备更高的传质速度和操作流速，可大大节省工艺时间；②可大大降低装置尺寸，节省占地空间和缓冲液消耗；③可简化操作，至少省略装柱和再生清洗及验证的步骤。基于以上优点，膜层析特别适合生产规模比较大的药物品种的生产。目前，市面上的膜层析产品比较多见的是Q阴离子膜，而阳离子、疏水膜等相对少见。

混合模式层析：

混合模式层析是一种新型的生物分离方法，其功能配基兼有两种或两种以上的作用模式，主要为静电和疏水相互作用。在低盐和高盐条件下，都可以实现对目标物的有效吸附，具有明显的耐盐吸附特性，可避免对料液的额外预处理，从而提高分离效率，减少分离成本，目前在生物制药领域已获得一定的应用。

第四节　生物药物制剂

一、生物药物主要制剂类型

1982年，世界上第一个基因工程药物重组人胰岛素上市，标志着生物技术制药产业的崛起，之后生物药物不断进入市场，2015年全球销售额排名前十的药物有八个是生物药，其中阿达木单抗更是独占鳌头，可以说生物药物是目前药物研发领域的重中之重。虽然生物药物具有很好的药理活性，但直接应用并不能保证疗效的充分发挥，同时也不适合用于临床。生物药物往往需要制备成合适的给药形式，才能最大程度地发挥药效，同时尽可能降低毒副作用。这种为适应治疗或预防的需要而制备的药物应用形式被称为药物剂型，简称剂型。相对而言，生物药物制剂学方面的研究还相对落后，在药物新剂型和新给药途径方面没有实质性的突破。调查显示，美国的生物技术产品中90%以上的蛋白质和多肽类药物为注射用药，而以其他用药形式存在的生物药物则很少（图2-9）。因为与传统的小分子药物相比，生物药物（尤其是蛋白质或多肽类药物）大多稳定性较差，因此其生物药物口服制剂研究较为困难。临床应用时通常采用注射方式给药，注射给药起效迅速，特别是静脉注射剂可直接进入血液循环，即刻产生药理作用，适用于不宜口服的药物。例如多数生物药物容易被消化液破坏，只能通过注射给药。注射给药按照部位可分为：静脉注射、动脉注射、皮下注射、皮内注射、肌内注射、腹腔注射、关节腔内注射、脊髓腔注射等。生物药物主要采用静脉注射的方式，肌内注射、皮下注射也较为常见。蛋白质、多肽类药物一般体内血浆半衰期较短、清除率高，如组织纤溶酶原激活剂体内半衰期只有几分钟，因此注射途径给药往往需通过其他方法延长体内半衰期。如将静脉注射给药改为肌内注射或皮下注射，因为肌内注射和皮下注射延长了药物在给药部位的滞留时间，可以延长药物的作用时间，但同时也增加了药物降解的概率。注射给药也存在使用不方便、注射疼痛、易交叉污染、安全性差等缺点。因此，一方面人们不断研制新型给药载体，如制成微球、脂质体等，以提高药物稳定性、减少生物药物降解破坏、同时起到缓释和控释的目的，减少注射次数；另一方面，改变其给药途径，即研究新的给药系统，如通过口服、鼻腔、肺部、直肠、透皮、眼部等途径给药，可更好适应各种临床治疗要求；还可以对生物药物分子进行修饰，以减

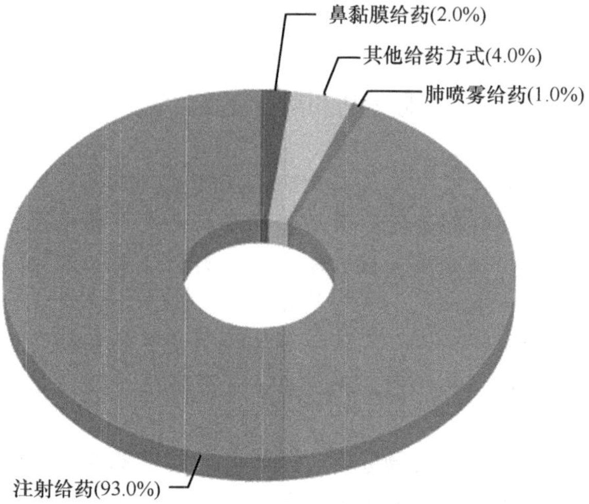

图 2-9 生物药物制剂类型组成

少生物药物降解破坏、延长体内的半衰期。给药系统是指为了适应给药途径而设计的一系列药物剂型的总称。目前，生物药物应用的给药系统主要有注射给药系统、口服给药系统、黏膜给药系统、经皮给药系统和靶向给药系统。各种给药系统中可以包含相关的一系列药物剂型，而剂型中存在的药物可以是原始形态的药物，也可以被包载于各种微粒载体中，用以改善药物的物理化学性能，提高制剂的稳定性、安全性和有效性。相对于化学药物而言，生物药物相对分子质量较大，脂溶性较差，渗透性较低，难以透过生物膜。而体内吸收和分布过程的好坏决定了生物药物制剂的成败。因此，生物药物剂型设计主要考虑以下两方面：

1. 根据生物药物治疗目的和自身特点，选择给药途径，确定给药系统 生物药物在设计剂型时，应充分了解其治疗目的和自身结构特点，结合现有给药系统的特点，确定符合治疗要求的给药途径，选择稳定性高的给药系统，例如用于治疗糖尿病的普通胰岛素是具有生物活性的大分子多肽类药物，在贮存过程中不稳定，易降解或聚集。考虑到普通胰岛素需要迅速发挥全身治疗作用，必须选择起效快的给药途径，因此可以选择注射给药系统或黏膜给药系统；又考虑到普通胰岛素物理稳定性差，采用固体粉末形式的制剂较好，故最好将胰岛素制成供注射使用的粉针剂，或制成肺部黏膜吸入的粉雾剂，两者都具有稳定性高、速效、生物利用度高的特点，可以满足临床治疗需要。

2. 根据吸收分布部位的生物学特点，选择辅料和微粒载体，设计剂型 人体内的局部微环境对生物药物的吸收和分布影响很大。设计生物药物制剂时，应根据吸收和分布部位的生理环境特点选择生物相容性辅料，或利用脂质体、微球、微囊、纳米粒等微粒包载技术改善药物的稳定性、水溶性或体内分布性质，通过优化试验调整制剂工艺条件，保证药物释药行为符合治疗要求。然后建立制剂质量控制标准，进行制剂稳定性考察，最终得到稳定的药物制剂。这个过程较为复杂，可灵活选择生物相容性辅料或微粒包载技术，没有固定的模式。经试验筛选出的工艺条件构成了生物药物制剂的关键技术。

总之，保证生物药物在体内吸收过程中的稳定性，提高生物药物在体内分布过程中的靶向性，是保证生物药物用药安全性和有效性的主要考虑因素，也是生物药物制剂研究的主要内容。下面简单介绍一下目前生物药物主要的制剂类型及其特点。

（一）注射制剂

注射剂（injection）指的是药物制成的供注入体内的无菌溶液（包括乳浊液和混悬液）以及供临用前配成溶液或混悬液的无菌粉末或浓溶液。注射剂作用迅速可靠，不受 pH、酶、食物等影响，无首过效应，可发挥全身或局部定位作用，适用于不宜口服药物和不能口服的患者。但注射剂研制和生产过程复杂，安全性及机体适应性差，成本较高。由于生物药物大多数是蛋白、多肽类等大分子药物，不适合制成口服制剂，所以目前生物药物多数都是制成注射剂供临床使用。生物药物注射剂主要有以下几种：

1. 冻干粉注射剂　由于生物大分子药物在溶液中稳定性差、易降解，因此制备这类药物的注射用药时，多采用冷冻干燥技术制成注射用灭菌粉末形式，在给药时加入适当的溶剂溶解。冻干粉注射剂有避免药品高热分解、产品质地疏松、加水迅速溶解、含水量低、不易氧化、有利于长期贮存等优点，但其缺点是设备成本和生产要求均较高。

2. 溶液型注射剂　在溶液中稳定性好的生物药物，可以制成溶液型注射剂以简化生产工序，这在化学药中是很常见的剂型，但因为生物药物大多在溶液中不稳定，所以相对化学小分子药物而言溶液型注射剂应用并不广泛。

3. 无针注射制剂　由于注射给药的穿刺操作需由专业的医护人员执行，会引起疼痛，会诱发感染或造成交叉感染，增加了传播传染病的危险性。因此，无针注射给药制剂的应用开发呈现出蓬勃发展的态势。无针注射给药系统针对皮内、皮下、黏膜或创口部位给药，不使用传统注射器针头。其具有无针、无痛、无交叉感染、使用方便等优点，医护人员或自我给药患者都能很方便地学会使用，尤其适用于有恐针症状患者和小儿患者，可显著提高患者的依从性。如弹簧液体无针注射给药系统，以弹簧为动力源，将压缩弹簧的势能转化为喷射药液的动能，药液被喷射到皮下或肌肉内而发挥药效。目前无针注射制剂向着体积小、注射效果好的方面发展。无针注射器按动力装置划分，有弹簧机械动力、CO_2气体动力和电动力。外观尺寸上有微型笔式和手持枪式，手持枪式主要是气动，用于集团群体的免疫注射，微型笔式主要以弹簧为动力，大量应用于胰岛素、干扰素、疫苗等小量液体药品的注射。

（二）非注射制剂

生物药物除了最常见的注射制剂，非注射制剂有：口服、肺部、鼻腔、口腔、直肠、皮肤等制剂，因为能够减少注射给药的缺点和不便，发展较快。非注射给药制剂也有需解决的问题，如黏膜透过性低、药物吸收差、体液造成药物水解或酶解、稳定性差、肝脏的首过效应等。

1. 口服制剂　是最简单、最方便的给药方式，易为患者所接受，尤其是需要频繁给药时，口服给药的优点更加明显。但是生物药物特别是蛋白质和多肽类药物，直接口服给药的最大障碍是稳定性差、吸收率低。为克服以上不足，提高口服药物生物利用度的方法有：包衣以防降解、加入吸收促进剂和加入酶抑制剂等。经过大量研究，蛋白质、多肽类药物已经可以借助特殊载体系统进行递送，如通过乳剂、脂质体、微囊、微球、纳米粒等载体系统，可使药物有效地从胃肠道吸收进入血液循环。另外，通过一定的制剂工艺和高分子材料的选择、修饰、改性，佐之以酶抑制剂、吸收促进剂，可显著提高生物药物生物利用度。

2. 肺部给药制剂　肺部泡囊的数目达3亿～4亿个，肺泡囊为单层上皮细胞的结构，具有巨大的表面积，此外肺部给药还可以避免首过效应。这些特点为高效地递送蛋白质及多肽等大分子药物提供了途径。肺部吸收的速度很快，与静脉注射相当，吸入后1～2分钟即可起作用。如胰岛素、生长激素、亮丙瑞林均可制成经肺部给药的制剂。采用薄膜超声分散法制备的胰岛素脂质体混悬液，其生物利用度可达到60%以上，同时可减轻给药后对肺部的损害。肺部释药的关键是选用合适的给药装置将药物输送至肺泡组织，常见的有气雾剂、干粉吸入剂。此剂型中粒子大小是影响药物能否深入肺泡囊的主要因素。较粗的微粒大部分落在上呼吸道黏膜上，达不到肺泡；如果微粒太细，则进入肺泡囊后大部分由呼气排出，在肺部的沉积很少。一般认为理想的药物粒径为5～10μm。药物微粉化后具有较高的表面能，易聚集成团，因此粉雾剂处方中常加入附加剂以改善粉末流动性；在药物剂量较小时也起到稀释作用。常见的附加剂为无毒、惰性、能为人体接受的可溶性物质，如乳糖、木糖醇、海藻糖、甘露醇以及一些氨基酸等。

3. 鼻腔给药制剂 鼻腔给药制剂是经鼻黏膜吸收而发挥局部或全身治疗作用的剂型，是最有前途的非注射给药途径之一。鼻腔给药的方式主要有：滴鼻剂、气雾剂、喷雾剂和干粉喷雾剂。目前，市场上蛋白质、多肽类药物的鼻腔给药制剂有鲑鱼降钙素、那法瑞林、布舍瑞林等。鼻腔给药无胃肠道降解作用、无肝脏首过效应，药物吸收迅速、起效快，药物吸收后直接进入体循环，达到全身治疗的目的。但是鼻腔给药也存在不少的缺点，如分子量大的药物不易透过鼻腔的黏膜上皮、鼻腔的快速清除作用会直接影响药物的疗效等。

4. 结肠给药制剂 结肠给药，又称结肠定位给药系统，通过药物传输系统，使药物口服后在上消化道不释放，当药物输送至人体回盲部后开始崩解或蚀解并释放出来，在大肠发挥局部或全身治疗作用。多糖类大分子作为一类新开发的结肠靶向材料，正引起越来越多的关注，其具有不可比拟的优势：①在消化道上部（胃、小肠内）通常不被吸收，而能被结肠细菌专一性降解；②作为天然化合物，不仅价廉易得，而且其安全性已经长期使用证实并多已被作为药用辅料收载入各国药典。但这类化合物往往是水溶性大分子，因此需要对其结构进行改造或形成衍生物，在不削弱其靶向性的前提下，提高疏水性，以便更有效地保护药物。这类化合物主要有直链淀粉、葡聚糖、果胶、瓜耳豆胶、硫酸软骨素等。

5. 经皮给药制剂 是药物经由皮肤吸收进入人体血液循环并达到有效血药浓度，实现疾病治疗或预防的一类制剂。这类制剂在欧美国家习惯称为贴剂，在国内多定名为贴片。该制剂具有的优点如下：①避免了口服给药可能发生的肝脏首过效应及胃肠灭活，提高了治疗效果；②维持恒定的血药浓度或药理效应，增强了治疗效果，减少了副作用；③延长作用时间，减少用药次数，增加患者的用药顺应性；④患者可以自主用药，可相对减少患者个体间差异和个体内差异。但该类制剂也有其局限性，皮肤是限制药物吸收程度和速度的屏障，大多数药物透过该屏障的速度都很小，即使有些方法可提高其透过速度，但对多数药物来说，达到有效治疗量仍有困难。目前生物药物经皮给药制剂主要有低分子肝素外用喷雾剂、环孢素 A 软膏等几种。

6. 植入剂 是指将药物与辅料制成的供植入体内的无菌制剂。植入剂是一种具有广阔发展前景的生物药物剂型。植入剂具有如下优点：①长效作用。这是此剂型的一个突出优点，其释药期限可长达数年之久，减少了连续用药的麻烦。②恒释作用。由于聚合物骨架的阻滞作用，系统中药物释放速率常呈零级释药，在整个用药期间可提供均匀的血药水平。③释放的药物经吸收直接进入血液循环起全身作用，避开了首过效应，特别适合生物大分子药物。④生物活性增强。如醋酸甲地孕酮为强效抗排卵孕激素，无任何雌激素或雄激素活性，皮下植入给药时比皮下注射高 11 倍以上。⑤皮下神经分布较少，对外来异物反应小，植入后的刺激和疼痛较低。⑥易于达到用药者满意，并改善使用效果。但植入剂也有如下不足：①植入时需在局部做一个小切口，或用特殊的注射器将植入剂推入，若材料降解性不好易引起炎症反应，还需手术取出，故患者顺应性受影响。②因植入剂产生位移而无法取出。③可能产生多聚物毒性反应。目前已经上市的生物药物植入剂有醋酸戈舍瑞林缓释植入剂等。胰岛素植入剂的研制一直是生物药物制剂研制的热点之一。

二、生物药物主要剂型的制备流程

生物药物的主要剂型分为：注射制剂和非注射制剂，剂型不同，制备流程千差万别，下面选取两者各自的代表性制剂简单的介绍其制备流程。

（一）冻干制剂的制备流程

在一般的贮存条件下，水溶性无菌药品的一些组分可能会因为某种化学反应失去活性，使药品的有效期缩短。因此，需要采用一种能保证药品稳定性的生产过程，冷冻干燥就是一种保证药品稳定性的理想方法。冷冻干燥是利用冰晶升华的原理，在高度真空的环境下，将已冻结了的药品物料的水分不经过冰的融化直接从冰固体升华为蒸汽，故冷冻干燥又称为冷冻升华干燥。生物药物经冷冻干燥后抑制了水的活动，因而可以长期保存。尤其适宜不耐热的生物药物，如酶、激素、核酸、血液制品和疫苗等制品的长期保存。冷冻干燥加工工艺对于某些生物药物的制造起到关键性作用。如麻疹疫苗和卡介苗冷冻干燥前在保冷情况下的有效期均只有3个月。冷冻干燥工艺使卡介苗的活菌数经 4～5 年存放后仍保持在合格水平。生物制药过程中最重要的细菌菌种、病毒毒种和各种生物标准参考品均以冷冻干燥状态保存才能满足下一步生产的要求。一般情况下在冻干前需将待冻干的物品配制成一定浓度的液体，为了保证干燥后有一定形状，一般冻干产品应配制成含固体物质浓度在 4%～25%之间的稀溶液，以浓度 10%～15%为最佳。这种溶液中的水，大部分是以分子的形式存在于溶液中的自由水，少部分是以分子吸附在固体物质晶格间隙中或以氢键方式结合在一些极性基团上的结合水。固定于生物体和细胞中的水，大部分是可以冻结和升华的自由水，还有一部分不能冻结、很难除去的结合水。冻干就是在低温、真空环境中除去物质中的自由水和一部分的吸附于固体晶格间隙中的结合水。因此，冷冻干燥过程一般分三步进行，即预冻结、升华干燥（或称第一阶段干燥）、解析干燥（或称第二阶段干燥）。

生物药物冻干制剂的制备流程大致如下：①在冻干之前将生物药物药液罐装在合适的容器内，如安瓿内，装量应均匀，蒸发表面尽量大；②放入与冻干箱尺寸相适应的金属盘内，对瓶装一般采用托底盘，以利于散热；③装箱之前，先将干燥箱进行空箱降温预冷，然后将产品放入干燥箱内进行预冻；④抽真空之前要根据冷凝器压缩机的降温速度提前使冷凝器工作，冷凝器温度一般至少降至−40℃；⑤抽真空，待真空达到一定数值后，或者达到冻干工艺所要求的真空度后继续抽真空 1～2h 以后即可对箱内产品进行加热。加热一般分两步进行，第一步加温不使产品的温度超过共熔点的温度；待产品所含水分基本蒸发完后进行第二步加温，这时可迅速地使产品上升到规定的最高允许温度并保持 2h 以上，其后立即结束冻干。冻干结束后，往干燥箱内充入干燥无菌的空气，然后尽快进行加塞封口，以防止重新吸收空气中的水分。

（二）植入剂的制备流程

植入剂的制备工艺分为：①直接罐装法：常用于以硅橡胶管为载体的植入控释制剂的制备。用此法制备时可根据药物的性质，直接将药物灌入硅橡胶管中或加入赋形剂，罐装后，封口，经热处理后为成品。如三烯炔诺酮植入剂采用该法制备。②压膜成型法：这是应用较多的一种方法。不同药物的制备条件不尽相同，但都是将药物和载体材料以一定的方式结合起来后压制成棒状、圆片装等各种形状。由于无需高温操作，避免了药物和聚合物之间的作用，特别适合于热不稳定的生物药物的制备。③熔融成型：将载体与药物物理混合后，在高于聚合物熔点 10℃左右熔融，然后注入模具压模成型。

现以已上市的促黄体生成素释放激素的类似物醋酸戈舍瑞林缓释植入剂为例来简单介绍其制备工艺流程：①溶解。称取处方量的戈舍瑞林、PLGA 5010A 和 PLGA 5004A 粉末或颗粒，加入适量的醋酸，在搅拌的作用下使其完全溶解成溶液。②干燥。按照处方设计中干燥法进行干燥，其中溶液采用冷冻干燥法除去溶剂的工艺参数为：在−20℃预冻 4h，而后以 1℃/h 的下降速度使温度降至−50℃，保持 20h 后，以 20℃/h 的速度升温至常温，制得多孔的海绵状细粉。③成型。将收集的颗粒或细粉置热熔挤出机中，在融化温度 70℃下挤压成型。④切割。将挤压成型的药物切割成直径为 1.5mm、重约 21.6mg 的圆柱状物。⑤灭菌。将所得的圆柱状药物置于适当的容器中，进行辐射灭菌。⑥分装。于 100 级或局部 100 级的洁净区中分装到注射器中，即得所需规格的醋酸戈舍瑞林缓释植入剂。

三、生物药物制剂的发展方向

目前生物药物制剂研制发展方向主要集中在长效化和口服给药两个方面，下面简单介绍这两个发展方向。

（一）生物药物长效化研究

蛋白药物是生物药物中最重要的一类药物，临床上一般通过静脉和皮下注射给药。然而蛋白药物经静脉和皮下注射后通常半衰期较短，要达到需要的血药浓度和治疗效果需要反复给药，不仅给患者带来不便，且易产生耐受性等不良反应。因此临床上需要研制长效的蛋白药物。目前延长蛋白药物半衰期的原理有三种：①增大蛋白药物的分子量，减少肾小球滤过率。②利用血浆内游离型药物和结合型药物形成平衡的特点，缓慢释放出游离型蛋白药物。③降低蛋白质的免疫原性，从而减少其体内清除率。根据此原理，至少有三种延长重组蛋白药物半衰期的方法：化学修饰、构建突变体、构建融合蛋白。化学修饰是常用的方法，该方法是选择合适的修饰剂和合适的修饰条件，将合适的化学基团连接到蛋白质大分子上。蛋白质多肽类药物化学修饰包括侧链基团的改变和主链结构的改变两个方面，改变侧链基团的研究和应用较多。常见的化学修饰是聚乙二醇修饰（PEG 修饰）。PEG 是一种水溶性高分子化合物，在体内可降解，无毒。PEG 与多肽结合后能提高多肽的热稳定性、抵抗蛋白酶的降解，降低抗原性、延长在体内的半衰期。选择合适的修饰方法和控制修饰程度可保持或提高药物生物活性。此外，棕榈酸、肉豆蔻酸等脂肪酸修饰也日益获得了较广泛的研究与应用。1990 年 PEG 修饰的腺苷脱氧氨基酶通过 FDA 认证，成为第一个蛋白质修饰药物，用来治疗免疫功能缺乏的患者。临床应用结果表明，PEG 修饰的腺苷脱氧氨基酶的半衰期明显延长，它可使患者的免疫功能不同程度地得到恢复，且无过敏反应。目前已上市 PEG 修饰的生物药物有干扰素、G-CSF、生物抑素等，处于临床研究的药物有数十种之多。构建突变体是通过定点突变的方法替换引起多肽不稳定的残基或引入能提高多肽稳定性的残基，以提高多肽的稳定性。如引入糖基化位点等可修饰位点或者改变酶切位点，进而延伸其半衰期。目前已上市的两种长效胰岛素——地特胰岛素和德谷胰岛素就是采用类似的方法研制。构建融合蛋白是将目的蛋白药物与某一半衰期较长、分子量较大的载体蛋白融合，从而延长目的蛋白药物在机体内的半衰期。目前应用最为广泛的载体蛋白是血清白蛋白和免疫球蛋白（主要是 IgG）的 Fc 片段。

此外生物药物长效化的手段还有开发新型制剂（如制成微球、脂质体等缓释制剂）或改变给药途径，延长药物在体内的释放过程，达到长效化的效果。

（二）生物药物口服给药研究

注射给药存在注射部位刺激和患者依从性低的问题，尤其对于需要长期注射给药慢性疾病患者，应用相当不便。因此，一直以来蛋白质和多肽类等生物药物的口服给药研究具有良好的前景和意义。蛋白质和多肽类药物口服给药面临两个主要问题：①胃肠道内酶对蛋白质和多肽的降解。蛋白质和多肽类药物口服后首先会被胃蛋白酶水解，随后进人肠道，遭遇各种蛋白酶的降解，酶的降解是导致蛋白质和多肽类药物口服生物利用度低的主要因素之一。②蛋白质和多肽分子对肠道黏膜的低通透性。进入肠道的药物分子必须依次穿过黏膜层、水层、上皮层，经基底膜进入毛细血管，而蛋白质和多肽类药物由于分子量大、脂溶性差，难以透过肠道黏膜，影响其吸收。为了克服上述问题，目前蛋白质和多肽类药物口服给药采用的方法主要有微粒给药系统、内源性细胞转运系统、应用酶抑制剂和黏附给药系统等。比如口服胰岛素的研究主要集中在吸收促进剂和酶抑制剂、微粒给药系统、脂质体、乳剂、凝胶剂等方面。2014 年，FDA 首次批准了口服胰岛素Ⅲ期临床试验。

知识链接：

口服胰岛素制剂的研究现状

目前，胰岛素主要通过皮下注射的方式给药，皮下注射给药具有生物利用度高的优点，但是长期皮下注射容易引起患者产生过敏反应或导致感染，在生理及心理上给广大糖尿病患者带来极大痛苦与不便。口服胰岛素在一定程度上模拟了人体正常生理途径，可以提高患者依从性，具有明显的临床应用优势。口服胰岛素制剂的研究从1922年就开始了，但近百年来仍然没有口服胰岛素制剂获得上市，大部分研究处于实验室或临床研究阶段。其研制的两大障碍包括：容易被胃肠道降解和肠道吸收率低。科学家为克服上述两大难题，采用包被、修饰胰岛素等手段来研制胰岛素口服制剂，胰岛素口服制剂的研究进展如下：

时间	进展
1921年	人类发现胰岛素
1922年	首次尝试采用口服胰岛素治疗疾病
1955年	胰岛素一级序列被测定
1965年	世界第一个口服胰岛素专利诞生
1981年	世界首例口服胰岛素制剂研究结果发表
2001年	FDA首次批准口服胰岛素临床试验
2014年	FDA首次批准口服胰岛素Ⅲ期临床试验

第五节　生物药物制备实例

胰岛素的制备

胰岛素是一种蛋白质激素，由胰脏内的胰岛β细胞分泌。胰岛素参与调节糖代谢，控制血糖平衡，可用于治疗糖尿病。临床上使用的胰岛素最早是从动物胰腺提取制备的，其工艺流程大致如下（图2-10）：①刨碎、提取。将冷冻的动物胰腺用刨胰机刨碎后，按照碎胰腺质量加入2.3～2.6倍量（W/W）的86%～88%乙醇和5%的草酸，在10～15℃搅拌提取3h。离心，残渣用1倍量（W/W）的68%～70%乙醇和0.4%草酸提取2h，离心。合并乙醇提取液。②碱化、酸化。在不断搅拌下往提取液中加入浓氨水调节pH至8.0～8.4，立即过滤，除去碱性蛋白。待滤液澄清后立即用硫酸酸化至pH 3.6～3.8，降温至5℃，静置4h以上，使酸性蛋白充分沉淀。③浓缩。吸取上清液至减压浓缩锅内，下层用帆布过滤，弃去沉淀物。滤液并入上清液，在30℃以下减压蒸去乙醇，浓缩至比重为1.04～1.06为止。④脱脂、盐析。将浓缩液转入脂锅内于5分钟内加热至50℃，立即用冰盐水降温至5℃，静置3～4h，分离出下层清液。调pH至2.3～2.5，于20～25℃在搅拌下加入固体氯化钠至氯化钠溶液终浓度达27%（W/V）保温静置数小时。析出物为胰岛素粗品。⑤除酸性蛋白。按粗品干重的7倍量加入蒸馏水溶解，再加入3倍量的冷丙酮，用4mol/L氨水调节pH至4.2～4.3，然后补加丙酮，使溶液中水和丙酮的比例为7∶3。充分搅拌后于5℃以下过夜。在低温离心分离，或用过滤法将沉淀分离。⑥锌沉淀。往滤液中加入4mol/L氨水调节pH至6.2～6.4，加入3.6%（V/V）的醋酸锌溶液，再用4 mol/L氨水调节pH至6.0，低温放置过夜，过滤，分离沉淀。⑦除碱性蛋白、结晶、洗涤。将沉淀过滤，用冷丙酮洗涤，得干品，在5℃以下按干品质量每1g加2%枸橼酸50ml、6.5%醋酸锌溶液2ml、丙酮16ml，并用冰水稀释至100ml，使胰岛素充分溶解。再用4 mol/L氨水调节pH至8.0，迅速过滤，滤液立即用10%枸橼酸溶液调节pH至6.0，补加丙酮，使整个溶液体系保持丙酮含量为16%，慢速搅拌3～5h使结晶析出。在显微镜下观察，外形为似正方形或扁斜形六面体结晶。再转入 5℃左右环境下放置 3～4 天，使结晶完全。离心收集结晶，并小心刷去上层灰黄色无定形沉淀，用蒸馏水或醋酸铵缓冲液洗涤，再用丙酮、乙醚脱水。离心后，放置在有五氧化二磷的真空干燥箱中干燥，即得结晶胰岛素。

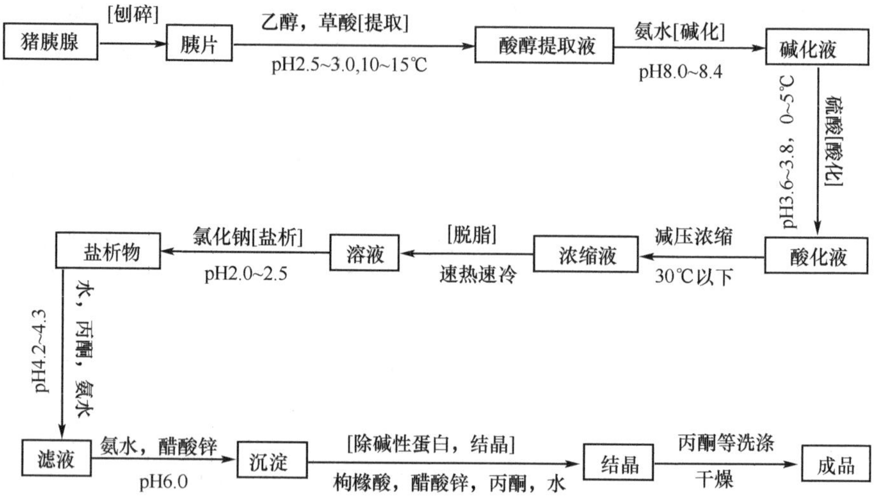

图 2-10　从猪胰腺提取制备猪胰岛素的工艺流程图

由于从猪胰腺提取制备的胰岛素其产量有限，远远满足不了临床需要，并且动物胰岛素和人胰岛素在一级结构上存在差异，具有免疫原性，存在潜在的毒副作用。随着生物技术的发展，工业上开始采用基因工程重组的手段来制备胰岛素。某制药公司在 20 世纪 80 年代初用的是 A、B 链分别发酵、分离纯化的方法，由于收率低、成本高，此方法现已淘汰。90 年代初，礼来公司又开发出新的生产方法，即仿照自然界的过程，先表达出胰岛素原再酶解得到具有活性的胰岛素，首先分离纯化胰岛素原 mRNA，通过反转录得到胰岛素原 cDNA，在该 cDNA 的 5’端加上 ATG 起始密码子，通过 DNA 分子操作技术将该 cDNA 与 β-半乳糖苷酶编码基因相连接构成重组质粒，继而转化大肠杆菌，构成工程菌，经发酵表达、纯化得到胰岛素原融合蛋白，继而以溴化乙腈裂解、纯化得到胰岛素原，再经酶切除去 C 肽，纯化后得到活性胰岛素。目前工业上可以采用大肠杆菌、酿酒酵母、贝克酵母、毕赤酵母等宿主表达重组胰岛素。人工合成的外源胰岛素基因在大肠杆菌、酿酒酵母等宿主表达存在容易形成包涵体、表达产率低和产生杂蛋白较多的缺点。贝克酵母表达系统可以在一定程度克服上述不足，重组酵母细胞表达胰岛素具有可直接得到具有正确构象和二硫键结构的胰岛素的优点。有厂家利用该表达体系表达的是微小胰岛素原降 C 肽，只有几个氨基酸而不是全部 C 肽。微小胰岛素原在细胞内表达出来，直接经过转录后修饰形成有正确二硫键的微小胰岛素原，并分泌到胞外培养液中，而后分离纯化，加工制成胰岛素成品。其具体制备工艺如图 2-11 所示。

选择贝克酵母菌作为宿主表达体系具有其特有的优势，普通酵母细胞仅将有限数目的蛋白质分泌到发酵液中，贝克酵母茵能分泌较大量的产品，是生产药物蛋白的理想宿主。贝克酵母可在其内质网的氧化条件下在蛋白质中形成二硫键。贝克酵母可在成分简单的培养基中生长，培养基黏稠度低、搅拌容易，可实现高密度发酵，这种高密度的生长状态也使细胞易于通过离心去除。贝克酵母菌分泌单链微小胰岛素原，微小胰岛素原是胰岛素 A、B 链的融合蛋白，连接 A、B 的多肽比天然胰岛素原 C 肽短，发酵结束后离心除去酵母细胞，培养液经超滤澄清并浓缩，以离子交换柱吸附和沉淀法去掉大分子杂质，得到纯化的微小胰岛素原，用胰蛋白酶和羧肽酶处理，得到胰岛素粗品。再通过离子交换层析、凝胶过滤层析、两次反相色谱除去连接肽和有关降解杂质，获得胰岛素纯品，重结晶后得到的终产品纯度达 97%以上。

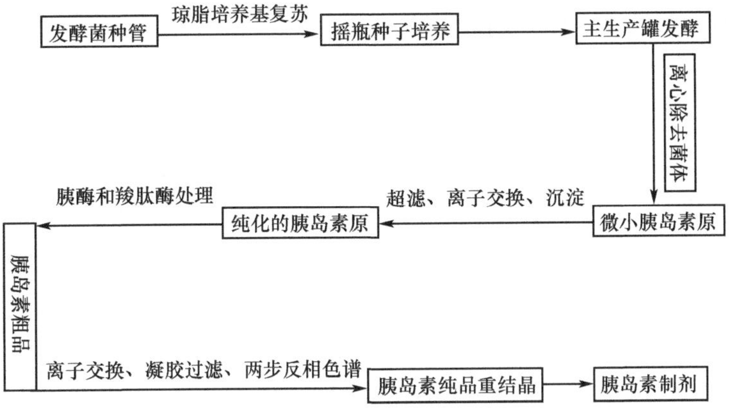

图 2-11　重组胰岛素的制备工艺图

总之，生物药物具有与小分子药物不同的理化性质及生化性质，特别是许多生物大分子药物如蛋白质、核酸、多糖等其活性的保持依赖其固有的正确的三维结构。这些特点决定了生物药物制备的整个过程，从生物原料的获取及预处理，到活性成分的富集及分离纯化，以及生物药物制剂的制备等整个环节都要考虑最大程度的保持生物药物的固有空间结构，防止生物药物活性的丧失，可以说这是生物药物制备工艺设计的根本原则。

小　结

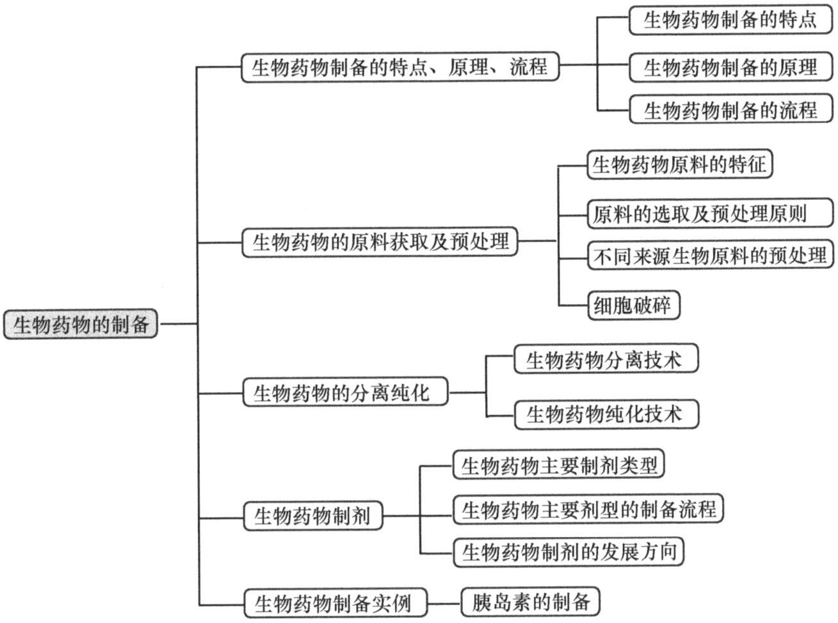

思考题

1. 简述生物药物制备的流程。
2. 生物药物原料的来源及特点对下游分离纯化有何影响?
3. 简述生物药物纯化主要层析技术的原理、特点及操作步骤。
4. 简述生物药物制剂的主要类型及特点。

5. 生物药物制剂长效化的主要技术手段有哪些？

拓展学习

请扫描右侧二维码阅读学习与生物药物制备相关的经典科研文献、参考书、网站链接、动画视频、国家精品资源共享课及慕课等拓展性学习资料。

（谢伟全）

第三章 生物药物的质量控制与安全评价

学习目标

1. 掌握：生物技术药物质量控制特点，生物技术药物质量标准的研究内容。
2. 熟悉：DNA 重组制品的质量控制要点，临床前安全评价的主要内容。
3. 了解：生物类似药的概念与研究原则，生物技术药物研究与生产的相关法规和技术指南。

与化学药物相对应，生物药物在中国药品管理分类的范畴是纳入生物制品管理分类，本章以生物技术药物为代表介绍生物药物的质量控制与安全评价。生物技术药物是指采用 DNA 重组技术、单克隆抗体技术或其他生物技术研制的蛋白质或核酸类药物。根据其结构性质可以分为重组蛋白质、抗体和核酸药物，目前主要集中用在肿瘤和自身免疫性等疾病的治疗和预防方面。但是，生物技术药物涉及相对较新或复杂的领域，在证明产品质量、安全性和功效方面遇到了相当大的挑战。生物技术药物具有不同于其他药物的一些特点，决定了其质量控制和安全评价的特殊性。

第一节 生物技术药物的质量控制

生物技术药物与传统药物有许多不同之处，在来源方面，生物技术药物是利用活的生物细胞作为宿主表达系统；在结构方面，蛋白质产品相对分子质量往往较大且结构复杂；另外，许多生物技术药物是参与人体生理功能精密调节所必需的蛋白质，微量就能产生显著生理效应（达到μg 级），任何药物性质或剂量上的差异都可能导致治疗出现误差。由于生物技术产品的复杂性及易变性，仅通过对终产品的质量检定难以实现对产品的全面质量控制，所以要保证产品的安全有效和质量可控，必须从原材料（包括菌、毒种或细胞库）、生产工艺、原液、半成品、成品到贮存条件等进行全程的质量控制。

一、生物技术药物质量控制特点

生物技术药物是一类化学结构难以通过标准化学分析方法确认，需要应用免疫学、生物分析技术测定表达量和活性的高分子量物质。该类产品的生物活性与其氨基酸（或碱基）序列和空间结构等有密切关系。与化学药物相比，其质量控制的特点表现在以下几个方面。

（一）结构确认的不完全性

生物技术药物多数为蛋白质或多肽及它们的修饰物，具有相对分子质量相对较大，结构复杂多样性和可变性等特点，通过现有的理化方法和手段不能完全确认其化学结构特征，如产品的空间构象等。

（二）质量控制的过程性

生物技术药物的结构特性容易受到各种理化因素的影响，且分离提纯工艺复杂，因此其质量控制体系是针对生产全过程，采用化学、物理和生物学等手段而进行的全程、实时的质量控制。生产过程中每一环节或制备条件的改变均可能影响其非临床安全性评价的合理性。

（三）生物活性检测的重要性

生物技术药物的生物活性与其药效和毒性有一定或较好的相关性，因此药物效应动力学（简称药效学）和安全性研究应关注生物活性的测定。鉴于生物技术药物结构确认的不完全性，生物活性检测成为反映生物技术药物天然结构是否遭受破坏、生产各阶段工艺合理性和评价终产品质量控制的重要内容，也成为非临床药理毒理、药代动力学等试验方案中剂量确定的依据。

二、生物技术药物质量标准的研究内容

完善的质量控制体系是保证新药安全的必要条件。生物技术新药的质量控制必须建立合适的质量标准，遵循相应的技术指导原则。目前我国生物技术药物质量标准的制定主要参考人用药品注册技术规范的国际协调会（International Conference on Harmonization of Technical Requirement for Registration of Pharmaceuticals for Human Use，ICH）、世界卫生组织（World Health Organization，WHO）、美国食品药品监督管理局（Food and Drug Administration，FDA）的相关指南和药典，针对处于不同研究阶段的目标产品的不同特点，查阅国内外已有的相应的质量控制标准，结合我国的实际条件，制定出适合药品特征的保证质量安全有效的质量检定标准和分析方法。

生物技术药物质量标准的研究内容主要包括：

（1）研究生物技术药物产品的均一性。

（2）研究建立生物技术药物产品生物学活性或者免疫学活性测定方法。

（3）研究建立生物技术药物产品的国家标准品或参考品。

（4）建立生物技术药物目标产品生产相关杂质限量分析方法和标准。

（5）在以上研究的基础上制定出保证上述生物技术药物产品安全有效，并与 WHO 标准相一致的质量控制标准和药物分析方法。

三、生物技术药物过程工艺控制

（一）原材料的控制

1. 表达载体和宿主细胞 应详细描述用于生产的表达载体和宿主细胞的来源与历史，包括被克隆基因的详细来源和鉴定，以及表达载体的构建、来源和结构，如复制位点、抗生素抗性标记、启动子、增强子和限制性内切酶图谱。还需提供宿主细胞的名称、来源、传代历史、生物学特性细胞的载体导入宿主细胞的方法和载体在宿主细胞中的状态，整合至染色体上或者染色体外及其拷贝数，并证明宿主细胞与载体结合后的遗传稳定性。这种遗传稳定性的研究作为质量控制的一部分，将会确保由活细胞产生的重组蛋白质不发生突变，不存在潜在的对患者有害的蛋白质性质的变化。

2. 克隆基因的序列与蛋白质的正确表达 原材料的质量控制的关键是确保编码蛋白质药物的核苷酸序列的正确性，应详细描述生产过程中启动和控制克隆基因在宿主细胞中的表达的方法与水平。克隆 DNA 序列的确证通常是在种子阶段或开始大规模发酵阶段。如果基因整合至宿主细胞基因组，直接 DNA 序列测定将非常困难，此时可分析相关的 mRNA 的核苷酸序列，或者基于转录产物的 Northern 分析或者基于总 DNA 的 Southern 分析。对基因及其表达产物的分析一般都需要通过核酸技术（如 DNA 测序）和蛋白质结构检测（如肽图）进行，进行核酸分析可保证表达的蛋白质具有正确的氨基酸序列，进行蛋白质结构分析可以评价表达蛋白质的

结构特征和翻译后的修饰情况。因此核酸和蛋白质检测都有必要。

3. 生产种子的控制 rDNA 制品的生产应采用种子批系统。从已建立的主细胞库（master cell bank，MCB）中，再进一步建立生产细胞库（work cell bank，WCB）。

含表达载体的宿主细胞应经过克隆而建立主细胞库。在此过程中，在同一实验室工作区内，不得同时操作两种不同细胞（菌种）；一个工作人员亦不得同时操作两种不同细胞或菌种。

应详细记述种子材料的来源、方式、保存及预计使用寿命。应提供在保存和复苏条件下宿主载体表达系统的稳定性证据。采用新的种子批时，应重新做全面检定。

高等真核细胞用于生产时，细胞的鉴别标志，如特异性同工酶或免疫学或遗传学特征，对鉴别所建立的种子是有用的。有关所用传代细胞的致肿瘤性应有详细报告（参照：WHO 生物技术药物规程 No.37）。如采用微生物培养物为种子，则应叙述其特异表型特征。

一般情况下，在原始种子阶段应确证克隆基因的 DNA 序列。但在某些情况下，如传代细胞基因组中插入多拷贝基因，在此阶段不适合对克隆基因做 DNA 序列分析。在此情况下，可采用总细胞 DNA 的杂交印染分析，或做 mRNA 的序列分析。对最终产品的特征鉴定应特别注意。

种子批不应含有可能致癌因子（在使用情况下），不应含有感染性外源因子，如细菌、支原体、真菌及病毒。

但是有些细胞株含有某些内源病毒，如反转录病毒，且不易除去。但当已确知在原始细胞库或载体部分中污染此类特定内源因子时，则应能证明在生产的纯化过程可使之灭活或清除。

（二）培养过程的控制

用于培养和诱导基因产物的材料和方法应有详细资料。对培养过程及收获时，应有灵敏的检测措施控制微生物污染。

应提供培养生长浓度和产量恒定性方面的数据，并应确立废弃一批培养物的指标。根据宿主细胞/载体系统的稳定性资料，确定在生产过程中允许的最高细胞倍增数或传代代次，并应提供最适培养条件的详细资料。

在生产周期结束时，应监测宿主细胞/载体系统的特性，如质粒拷贝数、宿主细胞中表达载体存留程度、含插入基因的载体的酶切图谱。一般情况下，用来自一个原始细胞库的全量培养物，必要时应做一次基因表达产物的核苷酸序列分析。

在培养过程的质量控制中，要求提供用于发酵或细胞培养及其表达生产的材料和方法的详细资料，要求提供工程菌所含的质粒在遗传性能上和表达产物上稳定的资料，监测培养罐中有无微生物污染的报告。应提供培养物生长的条件和一致性及维持产物产量的数据和资料。

应提供经长期培养后所表达基因的分子完整性资料，以及宿主细胞的表型和基因型特征。每批培养的产量变化应在规定范围内。对可以进行后处理及应废弃的培养物，应确定指标。从培养开始至收获，应有灵敏的检查微生物污染的措施。

根据宿主/载体稳定性及表达产物的恒定性资料，应规定连续培养的时间。如属长时间连续培养，应根据宿主/载体稳定性及产物特性的资料，在不同间隔时间做全面检定。

（三）纯化工艺过程的控制

纯化工艺过程的质量控制要保证能尽量除去污染病毒、核酸、残余宿主菌蛋白、热原物质和来自培养基的残余细胞蛋白及其他杂质，以及纯化过程中带入的有害物质。

纯化制备过程中，缓冲液的原料和组成必须认真挑选，以确保它们不含任何无益的或者有毒物质进入纯化工艺过程中。在发酵或细胞培养产物中常常会有许多杂质包括微量 DNA、残留生长因子、残留内毒素、可能的病毒污染及来自培养基的其他蛋白杂质等。在设计纯化工艺相关工艺路线时，需监测去除这些杂质的能力并进行验证。

对于收获、分离和纯化的方法应详细记述，应特别注意污染病毒、核酸及有害抗原性物质的去除，如采用亲和层析技术。应有检测可能污染此类外源性物质的方法，不应含有可测出的异种免疫球蛋白。

纯化方法中的色谱柱层析常用到许多化学试剂，在静止相或者流动相进行分离，这些化学试剂在最终产品中成为杂质，必须确证除去可能有害的化学试剂。另外某些可能影响活性蛋白抗原性的化学试剂也必须进行监测控制。

针对重组蛋白药物，分离纯化过程中所使用的玻璃器皿必须经过 5%NaOH 溶液浸泡 24 小时后，用注射水冲洗，并 180℃干热 3 小时，去除热原质，5 天内使用。分离过程中使用的注射用水需高压灭菌，柱层析配置溶液用水一律使用超纯水。所配制溶液经高压灭菌后需 4℃保存，有效期 7 天。

（四）制剂过程的控制

生物技术药物的制剂研究从原液开始到半成品再到成品，与化学药物不一样的是生物技术药物没有原料药的说法。大多数生物技术药物产品以冻干粉针剂和水针剂为主，冻干剂稳定性相对较好但生产成本较高，水针剂制备相对简单，但对保护剂要求较高。制剂处方一般要求药用试剂，其质量标准按照药典中冻干粉针剂和水针剂的有关要求执行，特殊处方试剂需提供处方的理由和相关的安全资料。对于冻干生物制剂，特别需要考察产品的生物活性和无菌要求。

四、生物技术药物产品质量控制

（一）重组 DNA 制品的质量控制

由于生物技术药物是蛋白、核酸类物质，在生产过程中容易受到各种理化条件的影响，质量控制使用的生物活性测定方法与物理化学测定方法相比变异性较大，加之方法学和检测灵敏度的限制，对某些杂质在成品检定时可能检查不出来。因此，尽管在生产过程中进行了严格质量管理，对于最终目标产品的质量控制研究仍然非常必要。

1. 生物学活性的测定 生物技术药物与化学药物不同，单独的物理化学方法不能完全反映其特性，必须要发展一种或多种生物活性测定方法，以便在产品生产的各个阶段及质量控制时提供关于该产品的有关指标。由于生物技术药物产品的化学本质是蛋白多肽和核酸，其活性多由产品的氨基酸或核苷酸及其空间结构决定。多肽的活性效价和其绝对分子质量不一致，所以也就不能按化学药品那样直接用重量单位来决定。此类产品的生物学活性与药效基本一致，利用这类产品的生物学活性建立特定的检测方法是生物技术药物质量控制的重要组成部分，是保证产品药效的重要手段。

生物学活性测定是分析生物活性物质效价的过程，可以在体内或体外进行。生物学活性测定必须采用国际上通用的方法，用国际或国家标准对测定结果进行校正，以国际单位或指定单位表示。根据产品的性质、药效学特点，生物活性测定方法可分为体外测定法（细胞与器官模型）、体内测定法（动物模型）、酶促反应法和免疫学方法。

选用的生物学活性测定方法最好能反映临床潜在应用相关的信息，不同的活性测定方法与临床适应证的相关性不同，在所选用的生物学活性测定方法中动物体内实验方法较能反映临床疗效（表 3-1，表 3-2），一方面强调与临床适应证的一致性，另一方面在生产实际工作中，还应采用一些实用的替代方法，如用简单的方法替代复杂的方法，用体外方法替代体内方法，用理化方法替代细胞培养方法。这些替代方法要经过方法学验证，须采用平行研究的方法明确两种方法之间的定量关系。当然生物技术药品在临床的疗效和安全性最终要通过直接的人体临床试验来确定。

表 3-1　生物学测定方法与临床治疗疗效的相关性

生物学测定方法	临床治疗的相关性
动物模型	+++++++++++
器官培养	+++++++++
细胞株模型	+++++++
结合受体模型	+++++
抗原结合	++++
色谱方法	++

表 3-2　生物学检测与免疫学检测的比较

检测项目	生物学活性检测	免疫学活性检测
原理	细胞因子特定生物学活性	细胞因子与其抗体（单抗或多抗）的特异性结合
结果显示	生物学活性	含量
灵敏度	一般较高	一般较低，亦可高
特异性	低（有交叉反应）	高
周期	长	短
重复性	较差	较好
标准化大量检测	困难	容易
受实验培养条件影响	大	小
细胞因子的相互干扰	有	无

2. 产品结构理化性质分析

（1）特异性鉴别试验：主要利用蛋白质具有抗原性的特性对特定蛋白质进行分析。

重组 DNA 制品通常用免疫印迹（western Blot）和点免疫（dot Blot）进行鉴定，特别是蛋白电泳出现两条以上区带时则应该用免疫印迹方法鉴别。一般结果判断标准为阳性。

另外，抗体中和活性抑制法可用于原液和成品的鉴别试验，该方法简便易行，要求抗体必须为中和抗体，如干扰素具有抗病毒活性，当加入干扰素中和抗体后则失去抗病毒活性。

（2）相对分子质量测定：测定方法一般包括还原性 SDS-PAGE 法和质谱法。还原性 SDS-PAGE 法是实验室常规的相对分子质量检测方法，蛋白质在 SDS 和 β-巯基乙醇存在下，沸水浴 5 分钟后会形成表面带大量负电荷的杆状分子，降低了分子形态和电荷的影响，在电泳过程中蛋白迁移率基本上与其相对分子质量有关。但对于相对分子质量较大的蛋白进行测定就会有一定的误差，比如大于 10 kD 的蛋白质其测定误差为 10%左右，因此大部分重组制品采用还原性 SDS-PAGE 法测定相对分子质量。而对小分子蛋白和多肽用该法测定误差就会更大，此时就须采用质谱法。质谱法具有准确、快速、重复性好、测定范围广等特点，其精确度可达 0.3%，如重组人表皮生长因子（rhEGF）、重组人碱性成纤维生长因子（rhbFGF）、重组水蛭素等。

（3）等电点测定：测定方法包括等电聚焦电泳法（IEF）和毛细管电泳法（CE）。

不同蛋白质由于某些带电氨基酸如带负电的 Glu、Asp 和带正电的 Lys、Arg、His 等的存在，其净电荷各不相同，即等电点各不相同。均一的重组蛋白质只有一个等电点。但实际上重组蛋白制品的等电点往往不均一，可能与蛋白的构型改变如 N 端甲硫氨酸的有无或 C 端有无降解等。在生产过程实际质量控制中则应考虑批与批之间的电泳结果一致以反映其生产工艺的稳定性。

等电聚焦电泳法是常用的检测方法，一般标准规定为主带理论值±0.5 pI 范围之内，有明显的主显带。而毛细管电泳则用于电聚焦电泳法有困难的品种检定，主要适用于如 rhEGF 等不易染色的蛋白药物。

（4）肽图分析：主要指蛋白质通过各种定位裂解手段和方法（如化学裂解法与蛋白酶裂解法等），将蛋白裂解成各种固定大小的多个肽片段，并通过各种分离手段（如反相高效液相色谱法、SDS-PAGE、质谱法等）分离和检测。不同的产品采用不同的裂解方法和检测手段。大部分产品采用蛋白酶裂解法和反相高效液相色谱法。

（5）吸收光谱：根据蛋白质的紫外吸收特性，最大吸收波长是固定的，生产控制时应该保证批与批之间产品的紫外吸收峰一致，且与理论值相符。由于存在测定误差，需要确定一个标准范围，如 GM-CSF 最大吸收峰波长规定为 279nm±3nm。

（6）氨基酸组成分析：采用微量氨基酸自动分析仪测定重组蛋白质的氨基酸组成成分，结果应与标准品一致。一般先进行蛋白质水解然后进行氨基酸分析。蛋白水解法通常采用酸水解，但色氨酸为例外采用碱水解。氨基酸分析有柱前衍生法和柱后衍生法两类。

（7）N 端和 C 端氨基酸测序：一般标准规定 N 端至少测定 15 个氨基酸，C 端测定 1～3 个。

3. 蛋白含量和纯度测定

（1）蛋白含量测定：蛋白含量主要用于原液比活性计算和成品规格控制，测定方法主要有 Folin-酚试剂法（Lowry 法）、染色法（Bradford 法）、双缩脲法、紫外吸收法、高效液相色谱法（HPLC）、荧光法和凯氏定氮法等，其中 Lowry 法和 Bradford 法是质量检定中常用方法，具体测定方法参见《中国药典》附录。几种含量测定方法的比较见表 3-3。

表 3-3 蛋白质含量测定方法的比较

方法	所需蛋白质的量（mg/ml）	破坏与否	蛋白质变化情况	技术复杂性	方法的相对标准偏差（%）
双缩脲法	0.5～5	是	少	简单、快速	5
Lowry 法	0.05～5	是	中等	显色慢、试剂多	5
凯氏定氮法	0.05～3	是	少	干扰、复杂、慢	0.15
紫外吸收法（A_{280}）	0.05～2	否	大	简单、快速、干扰物质多	0.44
紫外吸收法（A_{205}）	0.01～0.05	否	少	同上	
染料结合法	0.01～0.05	是	中等	简单、快速	3.75
荧光法	0.001～0.01	否	中等	较易	3.75

（2）蛋白质纯度分析：一般标准规定必须用非还原 SDS-PAGE 和 HPLC 两种方法测定蛋白质纯度，纯度要达到 95%以上。某些重组蛋白药物的纯度要求需达到 99%以上，纯度的检查通常在原液中进行。另外毛细管电泳（CE）也可以检测蛋白纯度。几种蛋白纯度测定方法的比较见表 3-4。

表 3-4 常见重组蛋白纯度检定方法的比较

特性	HPLC	SDS-PAGE	CE
分离机制	极性、非极性分配、分子大小、离子交换	电荷	电荷等
分析所需时间	10～120 分钟	几小时	10～30 分钟
分辨力	好	好	好
样品体积	10～50μl	1～50μl	1～50μl

续表

特性	HPLC	SDS-PAGE	CE
灵敏度范围	ng～μg	ng～μg	pg
定量准确性	+	+	+
析出方式	紫外、荧光、折射、电化学、放射性	染色（可见，荧光）银染放射自显影	同 HPLC
仪器价格	中～高	低	中～高
日常消耗	低	高	低
自动化	中～高	低	中～高
人力操作	低	高	低
制备级	中	中	微量级制备
收集样品	可以	可以	较困难

4. 杂质分析 重组蛋白药物的杂质鉴定分析主要包括蛋白质类和非蛋白质类杂质。蛋白质类杂质中主要的一类是可能残留的宿主细胞蛋白、单克隆抗体、小牛血清，一般应用免疫学方法进行分析。另一类则是目的活性蛋白在生产和纯化过程中产生降解、聚合、突变或错误折叠造成的变构体，对这部分蛋白质杂质也应进行监测。残留菌体蛋白含量测定一般采用双抗体夹心酶联免疫吸附测定法（简称酶联免疫法，或 ELISA）。

非蛋白类杂质鉴定分析主要是对可能污染的病毒、细菌、支原体等微生物，热原质、内毒素、致敏原和 DNA 进行检测。除 DNA 外一般采用传统的应用于生物技术药物的检测方法检测。由于生物技术药物的特点，对残留宿主细胞 DNA 的监测是非常必要的。DNA 残留限量要求每一剂量应小于 100pg，DNA 残留量的检测一般采用核酸杂交法。

在 WHO 颁布的有关规定和我们国家的相关指南中规定，在生物技术药物的原液和成品检定中应该至少列入外源 DNA、外源残留菌体蛋白等检测项目，并且建议对内毒素等进行检测。

5. 安全性检测项目

（1）无菌试验：按照《中国药典》进行。注射用制品无菌试验有平皿法和滤膜法。口服和外用制剂检查项目还包括需氧菌、厌氧菌、真菌和支原体。

（2）热原试验：一般采用家兔法。每只家兔耳沿静脉注射人用最大量的 3 倍量药物，判断标准为每只家兔体温升高不得超过 0.6℃，3 只总和不超过 1.6℃。对生物活性比较高的细胞因子产品可以考虑用内毒素检测替代家兔热原试验。

（3）异常毒性试验：主要检查生产工艺中是否含有目标产品以外的有毒物质。具体方法参考《中国药典》。常用动物为小鼠和豚鼠，注射剂量分别是小鼠 1ml 和豚鼠 5ml。由于大多数重组产品本身有很强的生物活性，注射量过大会导致药物本身的生物活性引起的毒性反应。因此不同重组产品，剂量选择和注射途径要根据各自的生物学活性来确定。

6. 重组 DNA 制品质量控制标准示例（表 3-5）

表 3-5 重组（CHO 细胞）乙型肝炎疫苗的质量标准

检测项目	检测方法	规定标准
原液		
蛋白质含量	Lowry 法	100～200μg/ml
特异蛋白带	SDS-聚丙烯酰胺凝胶电泳	应有 23kD、27 kD 的蛋白条带

续表

检测项目	检测方法	规定标准
纯度	高效液相色谱法	原纯度≥95.0%
牛血清白蛋白残留量	酶联免疫法	≤50ng/剂量
CHO 细胞 DNA 残留量	固相斑点杂交法	≤10pg/剂量
CHO 细胞蛋白残留量	酶联免疫法	≤总蛋白含量的 0.05%
无菌检查	直接接种培养法	无菌生长
支原体检查	接种培养法	无支原体生长
蛋白质含量	Lowry 法	100～200μg/ml
特异蛋白带	SDS-聚丙烯酰胺凝胶电泳	应有 23kD、27 kD 的蛋白条带
纯度	高效液相色谱法	原纯度≥95.0%
牛血清白蛋白残留量	酶联免疫法	≤50ng/剂量
CHO 细胞 DNA 残留量	固相斑点杂交法	≤10pg/剂量
CHO 细胞蛋白残留量	酶联免疫法	≤总蛋白含量的 0.05%
无菌检查	直接接种培养法	无菌生长
支原体检查	接种培养法	无支原体生长
成品		
鉴别试验	酶联免疫法	应为 HbsAg
外观	浊度法	应为乳白色混悬液体，可因沉淀而分层，易摇散，不应有摇不散的块状物
pH	电位法	5.5～6.8
铝含量	氢氧化铝测定法	≤0.43mg/ml
硫柳汞含量	滴定法	≤100μg/ml

（二）单克隆抗体药物的质量控制

抗体药物是生物技术药物发展过程中重要的组成部分，也是目前新药开发的主要方向。最新资料表明，2015 年全球销售额排名前十的药物中有 8 个是生物技术药物，其中 5 个为抗体药物。而 2013 年美国正在进行临床研究的 907 种生物技术药物中有 338 种抗体药物，比例超过 1/3。这些数据说明抗体药物正在成为生物技术药物发展的主要趋势。根据抗体的构成、组成成分和来源可以分为以下几类：多克隆抗体、单克隆抗体、嵌合抗体、人源化抗体、单链抗体等，目前上市的抗体药物以嵌合抗体和人源化抗体为主导。根据用途又分为细菌毒素抗体、病毒抗体、抗排斥反应抗体、抗肿瘤抗体等。质量控制原则主要参考《人用单克隆抗体质量控制技术指导原则》，适用于在人体内应用的利用重组 DNA 技术制备的基因工程抗体。与一般的重组 DNA 制品的质量控制相比，单克隆抗体质量控制更具有复杂性和多样性。

1. 理化性质均一性的质量控制

（1）氨基酸序列：包括轻链和重链的序列。对基因重组单克隆抗体，每一多肽其一级结构氨基酸序列必须直接检测或者从核酸序列推导。对杂交瘤来源的单克隆抗体，需要对其轻链和重链进行理化和免疫学的检测，包括使用免疫球蛋白试剂，但并不需要获得抗体的完整一级结构。

（2）肽图分析：参照蛋白产品进行，但需与轻链和重链的理论序列进行比较。

（3）SDS-PAGE 分析：抗体 SDS-PAGE 还原和非还原条件下表现不同的结果。在非还原条件下，表现相对分子质量与抗体的理论相对分子质量是有差别的，除了主带外还有一些杂带。而在还原条件下，可以观察到抗体的轻链和重链的相对分子质量与理论值基本相符。因此采用质谱法测定相对分子质量更容易符合理论值。

（4）结构异质性的分析：由于基因工程抗体是由活细胞表达生产，因此会出现生产过程如电荷不均一异构体等类的杂质，一般可通过 IEC-HPLC、IEC-IEF 等方法测定。需要进行抗原结合区糖基化位点的检测，进行等电聚焦、肽图谱等项目的测定。

2. 生物学活性方面的测定　应该有抗体特异性、亲和力测定、结构完整性和效力的精确完善的检定方法。如特异性活性一样，免疫学活性及功能检测也可以量化检测。在条件许可时，应对靶分子的反应表位进行生物化学的鉴定，也应对抗原表位自身做检定。

3. 纯度的确定　纯度标准必须量化，而作为免疫球蛋白的鉴别，通过还原 SDS-PAGE 电泳后分析轻链、重链两条主带确定，杂质方面还需定量分析产物相关的聚合物或者降解片段。

4. 安全性评价　产品的生产过程须严格控制，包括对细胞库的定期质量检测和动物标准化管理，防止各种微生物的污染，除去各种可能的杂质。还必须建立稳定的生产工艺，并完成病毒灭活验证。

针对各种来源的抗体性质，采取不同的质量控制策略。

以下表格引自《中国药典》（2015 年版）和国外资料的鼠源或嵌合单克隆抗体和人源化单克隆抗体的质量控制标准（表 3-6）。

表 3-6　人源化/嵌合单抗的质量标准

检测项目	检定方法	检定项目
原液		
蛋白质含量	紫外吸收法或其他适宜方法	应在标示值的±10%之内
生物学活性	动物体内或体外细胞学方法	应与参照品比较在 80%～120%或效价
结合活性	ELISA 或其他方法	应与参照品比较在 80%～120%
SDS-PAGE	还原性 SDS-PAGE 非还原性 SDS-PAGE	主峰（单体）应≥95% 应符合相应的规定
等电点	水平等电聚焦电泳	应与参照品一致或符合规定的范围
相对分子质量测定	还原性 SDS-PAGE	重链应为 45 000～60 000 轻链应为 22 000～28 000
肽图	RP-HPLC	应与参照品一致
宿主 DNA 残留量	DNA 分子杂交法	＜100pg/剂量
宿主蛋白残留量	ELISA	≤0.01%
蛋白 A 残留量	ELISA	≤0.01%
N 端氨基酸序列（重链、轻链）	蛋白测序仪	应符合理论序列（N-端 15 个）
其他杂质残留	ELISA 法或其他方法	应符合规定
成品		
外观	肉眼观察	液体制剂应为接近微带乳光的澄清液体，不应有异物或浑浊或摇晃不散的沉淀；冻干制剂的外观应整洁，不可有可见的缺损，加注射用水应能完全溶解，不应出现不溶性颗粒物
装量检查	《中国药典》	应符合规定
水封测定（冻干制品）	费休实验	应≤3.0%
pH	电位法	应符合规定

续表

检测项目	检定方法	检定项目
蛋白质含量	紫外法或其他方法测定	应在标示值的±10%之内
生物学活性	动物体内或体外细胞学方法	应与参照品比较在 80%～120%
结合活性	ELISA 或其他方法	应与参照品比较在 80%～120%
无菌试验	直接接种法	应无菌生长
异常毒性（豚鼠）	豚鼠实验	应符合规定
异常毒性（小鼠）	小鼠实验	应符合规定
热原质检验	家兔法	应符合规定
内毒素	LAL 法	应符合规定

（三）基因治疗产品的质量控制

基因治疗是一种以改变细胞遗传物质为基础的医学治疗方式，作为一种新兴的生物医学治疗手段越来越多地应用于临床。基因治疗根据导入途径分为体外（*in vitro*）和体内（*in vivo*）两种方式；根据作用靶细胞不同又分为生殖细胞基因治疗和体细胞基因治疗，由于生物技术伦理问题，目前仅限于开展体细胞的基因治疗。目前最常用的用于基因治疗的基因转移载体包括腺病毒载体和腺相关病毒载体。

"重组人 p53 腺病毒注射液"是世界上第一个获准上市的基因治疗药物，用于治疗肿瘤，由中国深圳赛百诺公司研制，原 SFDA 于 2004 年批准其上市，这也是全世界批准的第一个基因治疗药物。与其他重组生物技术制品的质量控制相似，主要包括产品鉴别、纯度含量测定、生物活性效价、安全性及其他常规理化质控项目（表 3-7），具体质量控制要点主要参考《人基因治疗研究和制剂质量控制指导原则》。

表 3-7　重组人 p53 腺病毒注射液暂行质量标准

检测项目	检测方法	规定标准
原液		
活性单位（IU/支）	$TCID_{50}$	/
病毒颗粒数测定（VP/支）	紫外吸收法	/
比活性 IU/VP	/	/
无菌试验	《中国药典》三部	符合规定
成品		
外观		室温化融后为淡白色澄明液体，不含肉眼可见不溶物
装量	/	1.5～1.8ml/支
pH		8.0～8.6
基因组酶切图谱	MluI 酶酶切	与对照品一致
p53 基因检定	PCR 扩增法	与对照品一致
活性单位	$TCID_{50}$	≥3.3×10^{10}IU/支
病毒颗粒数测定	紫外吸收法	（1.0～1.2）$\times10^{12}$ VP/支
比活性 IU/VP	/	≥3.3%
A_{260}/A_{280}	紫外吸收法	1.20～1.30

续表

检测项目	检测方法	规定标准
HPLC 纯度	阴离子交换 HPLC	≥95.0%
表达蛋白定性/定量检测	Western Blot/ELISA	阳性/待定
生物活性检测（MOI_{IC50}）	Saos-2 细胞杀伤法	100～500
复制活性病毒（RCA/VP）检测	A549 细胞培养法	≤1RCA/3×10^{10}
腺相关病毒（AAV）检测	PCR 扩增发	阴性
残留牛血清检测	反相间接血凝法	≤50ng/支
残留细胞蛋白质检测	ELISA 法	≤100ng/支
残留细胞 DNA 检测	Slot Blot 法	≤10ng/支
残留 Benzonase 检测	ELISA 法	≤1ng/支
无菌实验	《中国药典》三部	符合规定
异常毒性	《中国药典》三部小鼠法	符合规定
细菌内毒素检查	鲎试剂法	≤10EU/支

（四）DNA 疫苗的质量控制

DNA 疫苗又称为基因疫苗（genetic vaccine）或核酸疫苗（nucleic acid vaccine），是指将编码某种蛋白的外源基因与质粒载体连接后直接导入机体，通过机体的表达系统合成蛋白质，然后经过细胞免疫或体液免疫途径，达到预防或治疗某种疾病的目的。核酸疫苗的概念源自 1982 年的裸 DNA 的直接注入，于 1994 年在日内瓦专题会议上正式命名，是继减毒灭活疫苗、亚单位疫苗之后的第三次疫苗革命。目前在肿瘤和感染性疾病的免疫防治中起重要作用。尽管目前国内外还没批准一例 DNA 疫苗用于人类治疗，但在 DNA 疫苗的临床试验阶段的药物已达数十种。其质量控制主要参考 2004 年原 SFDA 颁布的《预防用 DNA 疫苗临床前研究技术指导原则》，主要包括 DNA 含量检测、纯度分析、pH 测定和外观检查等。

五、生物技术药品的稳定性研究

药品的稳定性是评价药品有效性和安全性的重要指标，也是确定药品保存条件和使用期限的主要依据。由于生物技术药物活性成分大多为蛋白质或多肽，因此维持其分子构型和各种共价或非共价键从而保持其生物活性是至关重要的。这些制剂对诸如温度变化、氧化、光照、离子浓度、机械剪切等环境因素较为敏感，为保持生物学活性，必须严格规定保存条件，并对最终产品进行稳定性研究。没有哪一种单一的稳定性试验或参数能够完全反映生物技术药物的稳定性特征，必须对产品在一致性、纯度、分子特征和生物效价等方面的变化情况加以综合评价。

常见的稳定性研究的目的是了解药品原液或是制剂成品在各种环境影响因素下的质量变化情况，特别是变性、失活等重要变化。影响因素包括温度、湿度和光照等。根据稳定性研究结果，建立药品贮存条件（storage conditions）、复验期（re-test periods）和有效期（expiry date）。稳定性研究结果还可以确定产品生产工艺、产品制剂处方和包装材料选择的合理性，并为产品质量标准的制定提供试验依据。因此，稳定性研究是涉及产品生产工艺、主药成分、辅料成分、包装材料、产品质量标准制定和产品相关各种变更研究的必不可少的一部分。其研究的结果反映了产品整个生产工艺过程和辅助材料的合理性，是直接决定一种药品是否能够成为上市产品的关键性研究。

生物技术药物的稳定性评价可能需要采用复杂的方法，产品生物学活性测定是其中关键项目。如果制剂的纯度和组分适当，也可以用适当的理化、生化和免疫学方法分析被检测物的含量和降解产物的含量。设计稳定性方案，需考虑影响化学反应速度的因素，哪些对具体制剂有影响，就应该进行对该因素的考察。当然，如果这个生物制剂结构复杂或者对其结构研究不是很清晰，又选择了新的辅料或剂型，最好进行全面的考察。这些因素中，具体条件（如观察时间、间隔时间、温度、湿度、光强度等条件）的设置可以参考 ICH 关于生物技术药物稳定性研究和药品稳定性研究的指导原则。

目前，没有一项单一的稳定性试验方法或参数能够完全反映生物技术药物的稳定性特征，因此应采用恰当的物理化学、生物化学和免疫化学等技术对其活性成分（active pharmaceutical ingredient，API）性质进行全面的鉴定，考察项目设计要全面、合理，应包括在贮存时易变化，且有可能影响产品质量、安全性和（或）有效性的考察项目，如外观、理化性质、蛋白纯度、蛋白含量、生物学活性、杂质、无菌试验和细菌内毒素等，根据各检测项目变化情况对产品进行综合评价，其中生物学活性测定是稳定性研究的关键内容之一。根据产品剂型的特点，应设定相关的考察项目，如粉针制剂应考察其水分含量；液体制剂应考察其装量变化情况等。通过分析各个考察项目随时间的变化情况，以达到了解产品降解途径和产品敏感的环境因素。

为了保证稳定性研究结果的真实可靠，稳定性试验的检验方法应经过方法学的验证，包括专属性、准确性、精密度、灵敏度等。稳定性研究中所使用的仪器，如恒温箱和恒湿箱等应经过严格检查和校验，并应定期开展监测。在贮藏过程中由于脱氨、氧化、磺酰化、聚合或降解等造成的分子变化，可选用电泳和高分辨率的高效液相层析及肽图分析等方法。对于敏感的检测项目，可采用多种原理的检测方法从多个角度进行检测。例如，蛋白纯度项目的检测，可采用分子大小异质性分析方法、电荷异质性分析方法、氧化/疏水性为基础的分析方法等。

在进行稳定性考察时，需要检测哪些参数也是稳定性研究的重点内容。如果参数设计不好，会造成稳定性研究结果的偏倚。通常应选择在药品保存期间易于变化，并可能会影响到制品的质量、安全性和有效性的项目。根据生物技术药物特点和质量控制的要求，尽量选取能灵敏反映其稳定性的指标，一般要涉及化学因素、物理因素、生物因素等方面，如生物活性、纯度、有关物质、pH、水分、无菌试验等。但也要具体品种具体分析。应进行真实时间和真实温度的稳定性研究，加速条件和强力破坏研究也必须进行，因为它将会为制剂进一步开发提供稳定性参考数据，也有助于验证稳定性试验方案中的分析方法及阐明原料药和制剂的降解情况。当然加速试验不能替代真实保存条件下的常规试验。

正如生物技术药物的特殊性一样，其稳定性研究也遵循 case by case 的原则，也就是根据生物活性物质结构特点及辅料的使用情况、制剂的类型等对稳定性的影响，设计稳定性研究方案。

影响生物技术药物稳定性研究的主要因素包括药物本身的浓度，以及环境温度、湿度、光照和 pH 等。

六、生物类似药的研究与开发

近年来，生物药快速发展并在治疗一些疾病方面显示出明显的临床优势。随着原研生物药专利到期及生物技术的不断发展，以原研生物药质量、安全性和有效性为基础的生物类似药的研发，有助于提高生物药的可及性和降低价格，满足群众用药需求。生物类似药是指在质量、安全性和有效性方面与已获准注册的参照药具有相似性的治疗用生物制品。生物类似药候选药物的氨基酸序列原则上应与参照药相同。对研发过程中采用不同于参照药所用的宿主细胞、表达体系等的，需进行充分研究。参照药是指已批准注册的，在生物类似药研发过程中与之进行比对研究用的产品，通常为原研产品。而原研产品是指按照新药研发和生产并且已获准注册的生物制品。由于生物类似药可以更好地满足公众对生物治疗产品的需求，有助于提高生物药的可及性和降低价格，许多国家都十分重视生物类似药的研发和管理工作，全球已有 20 余个国家或组织制定了生物类似药相关指南。

近几年来，生物药中的重磅炸弹药物频出，越来越多生物药的年销售额超过数十亿甚至上百亿，如阿达木单抗，2013、2014 年的销售额分别为 110 亿、128 亿美元，预计 2020 年其销售额会超过 150 亿美元。强生/默沙东联合开发的英夫利昔单抗，自 1999 年被 FDA 批准在美国上市后销售额持续攀升，2013 年、2014 年均约有 100 亿美元的销售额，而随着 2015 年以后其专利到期，生物类似药参与市场竞争，预测其 2020 年的销售额为 74.86 亿美元。早期生物技术产业，如重组人生长激素（hGH）、促红细胞生成素 EPO、细胞集落刺激因子（CSF）的专利尤其是欧洲专利已经过期，已有大批仿制或者生物类似药上市。2005 年 11 月，诺华集团旗下的山德士（Sandoz）公司的重组人生长激素在澳大利亚上市，该品成为世界上第一个上市的生物类似药，用于治疗生长障碍。截止 2015 年 6 月，在欧洲批准的生物类似药为 15 个，主要为生长激素、促红素及细胞集落刺激因子（CSF）。2015 年 3 月，经历重重波折，山德士研发的非格司亭类似药，成为 FDA 批准的第一个真正意义上的生物类似药。从生物类似药专利到期时间角度分析，2014～2020 年将是生物类似药发展的黄金时段，未来会有更多生物类似药期待获批。一些干扰素、胰岛素及其类似物专利已经到期并有多家企业申报，肿瘤坏死因子受体抑制剂及单克隆抗体的专利即将到期，已经有许多类似药在临床前或临床研究。到 2020 年，这些原研生物药的销售额会受到较大影响，百健公司的干扰素 beta-1b Avonex 预计会有约 50%销售额的骤跌，而赛诺菲的甘精胰岛素会有 25%以上的销售额下滑。

为指导和规范生物类似药的研发与评价工作，推动生物医药行业健康发展，2015 年 3 月，国家食品药品监督管理总局发布《生物类似药研发与评价技术指导原则（试行）》（以下简称《指导原则》），对生物类似药的申报程序、注册类别和申报资料等相关注册要求进行了规范。生物类似药的研发和评价的基本原则为：

（1）比对原则：生物类似药研发是以比对试验研究证明其与参照药的相似性为基础，支持其安全、有效和质量可控。每一阶段的每一个比对试验研究，均应与参照药同时进行，并设立相似性的评价方法和标准。

（2）逐步递进原则：研发可采用逐步递进的顺序，分阶段证明候选药与参照药的相似性。根据比对试验研究结果设计后续比对试验研究的内容。对前一阶段比对试验研究结果存在不确定因素的，在后续研究阶段还必须选择敏感的技术和方法设计有针对性的比对试验进行研究，并评价对产品的影响。

（3）一致性原则：比对试验研究所使用的样品应为相同产地来源的产品。对候选药，应当为生产工艺确定后生产的产品，或者其活性成分。对工艺、规模或产地等发生改变的，应当评估对产品质量的影响，必要时还需重新进行比对试验研究。

比对试验研究应采用适宜的方法和技术，首先考虑与参照药一致，对采用其他敏感技术和方法的，应评估其适用性和可靠性。

（4）相似性评价原则：对全面的药学比对试验研究显示候选药与参照药相似，并在非临床阶段进一步证明其相似性，可按生物类似药开展后续的临床比对试验研究与评价。

对不能判定相似性且仍按生物类似药研发的，应选择敏感的技术和方法，继续设计针对性的比对试验研究以证明其相似性。

第二节　生物技术药物的安全性评价

一、临床前研究与安全性评价

生物技术药物与化学药物一样，临床前安全性评价的主要目的为：①确定潜在的毒性靶器官和毒性反应的性质、程度及其可逆性；②推测人体使用的安全起始剂量及随后的剂量递增方案；③确定临床监测的安全性参数。

但是，生物技术药物临床前安全性研究的方法和内容与常规化学药物存在许多不同之处，常规化学药物的安全性评价方法和模式并不都适用于生物技术药物。生物技术药物的临床前安全性研究更多强调根据生物制品特点采取具体问题具体分析的原则来评价其安全性，以支持该类技术药物的临床开发和上市批准。

每一种生物技术新药与传统新药一样，必须于临床研究前在合适的实验系统中研究药效学、药动学、急性和慢性毒理等内容，进行药物有效性和安全性评价。进行临床前评价的目的是确定药理学和毒理学效应，确定人用最初的起始剂量和随后的扩大剂量的方案；确定潜在的毒性靶器官和可疑的可能性；确定临床监测的参数。由于生物技术药物本身的特殊性，其临床前安全评价也具有各自的特点。本节主要讨论以重组 DNA 制品为主的治疗类生物制品的临床前研究与安全评价问题，预防类疫苗的讨论参见《预防用生物制品临床前安全性评价技术审评一般原则》。

临床前安全性试验的目的主要是确定新制品是否会在人体引起未能预料的不良反应。但是，用于一般化学药物的传统安全性或毒性试验对重组 DNA 产品不一定适用，用传统毒性试验来评价重组 DNA 产品往往有困难，并受多种因素的影响。例如，某些蛋白质，如干扰素，具有高度种属特异性，这种人的蛋白质对人的药理学活性远超于对动物的活性，而且人的蛋白质氨基酸序列，常常与来自其他种系的蛋白质不同，如糖基就不一样。因而由基因工程技术所制备的蛋白质或肽类往往会在人体以外的其他宿主中产生免疫应答，其生物学效应有所改变，并可能因形成免疫复合物而导致有毒性反应，而这样产生的毒性反应与人体安全性显然无关。

因此，对重组 DNA 产品的临床前安全性试验要求，难以一概而论，应采取较为灵活的处置方法。除了一般生物技术药物的毒性试验要求之外，其他如长期毒性试验、药代动力学试验、药理学试验、毒理学试验，以及致畸和致突变等试验，应根据制品性质，与国家检定机构及药品审评中心商定所需进行的试验项目和方法，以及判定标准。

生物技术药物的安全性问题可能主要来自以下三方面：①药理作用的放大或延伸；②免疫毒性，包括免疫原性、免疫抑制和刺激反应及过敏反应；③杂质或污染物引起的毒性。对具体药物安全性担忧的性质和来源的分析有助于确定临床前安全性研究的试验项目和具体设计，以最大限度地为临床研究提供有价值的安全性信息。

（一）临床前安全性评价的一般原则

1. 常规研究的适用性　鉴于生物技术药物结构和生物学性质的专一性和多样性，包括种属特异性、免疫原性和无法预料的多种组织亲和性等，常规的药物毒性试验的研究思路，包括研究步骤、考察项目等，可能不一定完全适合生物技术药物。

2. 具体品种具体分析　应根据具体生物技术药物的立题设计（包括药物设计思路、作用机制、分子结构特点、创新性程度和特点等）、质量控制、非临床安全性和临床特点（临床适应证的性质和用药人群、临床拟用药剂量、是否已有较多人用经验、预期重要临床不良反应等）

和注册法规中治疗用生物技术药物注册分类及申报资料项目要求、其他相关技术指导原则等来对上述内容进行具体问题具体分析。对于那些在结构和药理作用上与已有大量临床经验的产品类似的生物技术药物，可酌情减少毒性试验。

鉴于生物技术药物的化学特点，其质量控制是从目的基因确立、表达载体的构建、细胞库的建立到原材料、生产控制、质量标准的全过程的质量控制，非临床安全性研究是在此基础上的针对相关安全性担忧而进行的毒理学"质量控制"，两者密切关联、相互影响，上述药学质量控制因素的改变都有可能影响到已有的安全性评价的结论，并可能因此而提出新的非临床安全性及相关研究的要求。

3. 良好的试验管理规范（GLP） 毒性试验条件应符合 GLP 要求。若不符合 GLP 条件，应阐明其对于总体安全性评价的影响。

（二）基于生物技术药物生物学特性的安全性评价原则

1. 种属特异性 不同动物中由于重组蛋白药物的作用靶点（例如受体）在结构上的差异，或信号通路的不同，从而表现出对该药物的反应型不同。例如，人 IL-5 主要作用于嗜酸粒细胞，而鼠 IL-5 还可作用于 B 细胞。因此需要采用能反映重组蛋白药物活性的动物，即相关种属动物来进行安全性研究。

2. 免疫原性 是指机体对某种抗原产生的特异性免疫应答，涉及细胞及体液免疫应答。许多蛋白质和多肽对实验动物而言都是异源分子，抗体的产生可能会明显影响到对药效学、药动学和毒性研究（特别是长期毒性实验）结果的解释。必须考虑动物给予人体蛋白质后出现的毒性反应是否是由过敏引起的。因为实验动物长期给予种属特异性很强的人源蛋白质从而导致免疫复合物疾病，对于提示药物在临床研究中的预期作用并无价值；另一方面，还需考虑是否由于其抗体的产生，中和了生物技术产品本身的生物活性，从而使其活性或毒性无法在实验中体现出来，实验结果为假阴性。也可能使某些常规的毒理实验研究无法长期进行下去（如中和抗体的产生会使实验期限受到影响）。因此，从免疫原性角度考虑，对实验结果与药物和临床的相关性进行分析就显得尤为重要。

3. 多功能性 多肽和蛋白质类生物制品的活性特点是往往具有广泛的作用靶点和病理生理、药理作用，有的是预期的药效作用，有的为非预期的毒性作用，这是由于多肽和蛋白质在体内的受体在多个器官广泛分布有关，有时可在某些重要的生命器官如心脏、大脑等组织分布，出现严重的非预期不良反应。例如，用重组促人红细胞生成素纠正癌症患者贫血的同时可能促进肿瘤的生长；重组人生长激素会刺激肿瘤生长、增加血脂升高和糖尿病发病的风险；而应用组织纤溶酶原激活剂（t-PA）治疗"卒中"会引起出血倾向。

细胞因子在体内的作用具有多向性、多效性、重叠性和网络性效应。细胞因子的网络作用主要是通过以下三种方式：①一种细胞因子诱导或抑制另一种细胞因子的产生，如 IL-1 和 TGF-β 分别促进或抑制 T 细胞 IL-2 的产生；②调节同一种细胞因子受体的表达，如高剂量 IL-2 可诱导 NK 细胞表达高亲和力 IL-2 受体；③诱导或抑制其他细胞因子受体的表达，如 TGF-β 可降低 T 细胞 IL-2 受体的数量，而 IL-6 和 INF-γ 可促进 T 细胞 IL-2 受体的表达。在应激状态下，很多细胞因子会相互作用形成一个复杂的生物化学网络，有的起上调作用，有的起下调作用，导致所谓的"瀑布效应"，对细胞和机体造成损伤。在对细胞因子类药物进行安全性评价时要注意其作用特点，应考虑到潜在的非目的作用所带来的影响。

（三）生物技术药物临床前安全性评价的相关问题

1. 安全性担忧的性质和来源 治疗用生物制品的安全性担忧主要包括三个方面：一为其药理作用的放大或延伸；二为免疫毒性，包括免疫原性、免疫抑制和刺激反应及过敏反应；三为杂质或污染物所致的相关毒性。

其安全性担忧的来源主要包括生物制品本身和杂质，前者一般包含活性成分和产品相关蛋白，杂质主要包括与工艺相关的杂质和产品相关杂质及环境污染杂质。工艺相关的杂质是指生产过程中产生的杂质，如宿主细胞蛋白、DNA，培养物（诱导剂、抗生素或其他培养基成分等），纯化等工艺产生的杂质（酶、化学试剂、无机盐、溶剂、载体、抗体等）；产品相关杂质是指产品肽链的截短或延长形式、修饰形式（去酰胺化、异构体、二硫键错配、糖基化、磷酸化等）、聚合体、多聚体等；环境污染杂质包括细菌内毒素、可能携带的病毒和有害微生物等；宿主细胞（如细菌、酵母、昆虫、植物和哺乳动物细胞）的污染也存在潜在的危险性。这些均应严格控制。

若理化性质和生物活性与产品本身相似，变异体可作为产品相关蛋白而不是杂质来对待。总之，对具体产品安全性担忧的性质和来源的分析与判断可以有针对性地确定非临床安全性研究的试验项目和具体设计，以最大限度地为人体临床研究提供有价值的安全性信息。

2. 受试物的质量要求 安全性考虑可能涉及产品中存在的杂质或污染物，可通过纯化过程去除杂质和污染物，而不是为其质量控制建立一套非临床的试验方案。非临床安全性评价主要是针对生物制品的活性物质本身，杂质的安全性问题应尽可能地通过质量控制手段来解决。

一般来说，药理和毒理试验所用产品应与拟用于初期临床试验的产品具有可比性。药物开发过程中允许为提高产品质量和产量进行正常的生产工艺改进，但应考虑此类改变对于动物试验结果外推至人体的可能影响。

药物开发过程中若采用了一种新的或改进的制备工艺，或产品及其处方出现重大改变时，应证明其可比性。可比性评价应基于生化和生物学特征（如鉴别、纯度、稳定性和效价），某些情况下可能需要增加其他试验[如药代动力学、药效动力学和（或）安全性试验]来阐明所用方法的科学合理性。

3. 相关动物种属/模型的选择 生物技术药物的生物活性与动物种属和（或）组织特异性相关，其安全性评价常常不能按标准毒性试验采用常规动物（如大鼠和犬），而应使用相关动物种属。相关动物种属是指受试物在此类动物上受体或抗原表位有表达，能够产生药理活性，其对生物技术药物的生物学反应能模拟人体反应。例如，细胞因子在相关动物种属上可与相应细胞因子受体结合，亲合力与其在人相应受体上的表现相似，且产生与预期人体反应相似的药理作用。免疫化学和功能试验等许多技术可用于确定相关动物种属，体外亲合力试验、传统的竞争结合试验或细胞功能试验常可用于比较种属间的药理活性。生物技术药物在人体作用靶点的克隆、表达和纯化通常是种属比较时应进行的研究工作，了解有关受体/抗原表位分布的知识有助于科学评价潜在的体内毒性。

用于单克隆抗体试验的相关动物，应能表达所预期的抗原表位并能证明其与人体组织具有类似的组织交叉反应性，从而提高评价其与抗原决定族结合及其非预期组织交叉反应所致毒性的能力。若能证明非预期的组织交叉反应性与人体的类似，即使是一种不表达所预期抗原决定族的动物，对毒性评价仍有一定意义。

安全性评价方案一般应包括两种相关动物种属，但在某些已证明合理的情况下，如只能确定一种相关动物种属或对该生物技术药物的生物学活性已十分了解，一种相关动物种属已足够。此外，即使短期毒性试验必须用两种动物确定毒性，随后的长期毒性试验可能仍有理由使用一种动物，如当两种动物的短期毒性试验结果类似时。不相关动物种属的毒性试验可产生误导，因而应避免。如果无相关动物种属时，建议考虑使用表达人源受体的相关转基因动物或使用同系蛋白进行安全性等研究。应用同系蛋白应关注其生产过程、杂质/污染物种类和含量、药代动力学特征和确切的药理机制，及其与拟用于临床产品的可能不同之处。如不能应用转基因动物模型或同系蛋白时，可考虑采用一种动物进行有限的毒性试验如包括心血管和呼吸等重要功能指标的长期毒性试验（也称重复给药毒性试验），但应结合疾病适应证特点、产品性质、技术难度等来判断其必要性和可行性。

4. 动物数量/给药剂量的确定　每个剂量所用的动物数直接影响毒性的检测。样本量小可能会导致未能观察到一些毒性表现。受样本量小限制的非人类灵长类动物试验可通过增加观察的次数和延长观察时间而得到部分补偿。

应关注生物制品在所用动物种属的药代动力学、生物利用度，以及可安全、人道地给予的药物容量。如果活性成分清除较快或溶解度低，可采用补偿的方式，增加实验动物的给药次数（与拟用临床试验方案相比）。应确定试验动物的暴露水平，并与临床暴露量比较，也应考虑容量、浓度、制剂和给药部位的影响。若受到生物利用度、给药途径、动物大小或生理状态等限制，采用与临床不同的给药途径也可被接受。

剂量设置应反映剂量-毒性反应关系，包括一个中毒剂量和一个未观察到不良反应的剂量（NOAEL）。对某些毒性很小的产品，不可能规定一个特定的最大剂量，但应提供剂量选择及与预计人体暴露量倍数（安全范围）的合理性。为此，应考虑其预期的药理/生理作用、足量受试物的可获得性和推荐的临床适应证等。当一个产品在所选动物细胞的亲和力和效力比人细胞的低时，应该用更高剂量进行动物试验。

5. 免疫原性　很多拟用于人的生物制品对动物有免疫原性，因此该类产品进行长期毒性试验时，给药期间应检测抗体以帮助解释试验结果。应明确抗体反应特点，如滴度、出现抗体的动物数、中和或非中和抗体等，并将抗体的出现与所有药理和（或）毒理的变化综合考虑。尤其在解释数据时应考虑抗体形成对药代动力学/药效参数、影响范围和（或）不良反应的严重程度、补体活化或出现新毒性作用等的影响，也应注意评价与免疫复合物形成和沉积有关的病理变化。

除非大多数动物的免疫反应中和或消除了生物制品的药理和（或）毒理作用，否则检出抗体（即使是中和抗体）不能单独作为提前终止非临床安全试验或改变试验设定观察期限的标准。若对安全试验数据的解释不受这些问题的干扰，可认为抗体反应并无特殊意义。

在动物中诱导了抗体形成并不能预示在人体可能产生抗体。人体可能产生抗人源蛋白的血清抗体，但往往出现抗体后仍存在治疗作用。人体很少发生对重组蛋白的严重过敏反应。一般对蛋白产品呈阳性的豚鼠过敏试验结果不能预测人体反应，但对那些针对试验动物和人体均为异体蛋白的生物制品，豚鼠等动物的过敏试验结果对预测人体临床的过敏反应可能仍有一定价值。非人灵长类作为一个良好的模型可预示多种重组蛋白在人体的相关免疫原性。

生物制品的长期暴露试验中，一些小相对分子质量的人源蛋白在动物体内不会产生免疫原性，或者产生很弱的免疫原性，它们也未见产生中和性抗体。即使对人蛋白产生抗体，也不一定会引起免疫病理改变或中和活性。

（四）非临床安全评价的主要内容和具体要求

本部分内容主要阐述治疗用生物制品非临床安全性评价所涉及的药理毒理各项试验的特点和基本要求。涉及与化学药相同的内容和要求请参见已发布的化学药相关技术要求和指导原则。

1. 药效学/生物学活性试验评价　生物学活性测定是测量生物活性物质效价的过程，可在体内或体外进行，该测定通过衡量和分析一个功能性反应的结果，可为效价的评估提供量化的统计数据。生物学活性测定包括测定的活体系统与活性物质的相互作用，这一点区别于理化测定方法。反应过程包括活性物质间的结合及一系列生物反应。正确设计的测定方法能估计生物分子与活性相关的对应关系，包括配基-受体结合、信号传导过程和最终观察到的生物学效应。

生物学活性是生物技术药物的重要质控指标。活性测定必须采用国际上通用的方法，用国际或国家标准品对测定结果进行校正，以国际单位或制定单位表示。根据产品的性质、药效学特点，活性测定可分为体外测定法、体内测定法、酶促反应测定法和免疫学活性方法。

（1）体外细胞培养测定法：是指产品可以诱导细胞产生可测定的应答，如细胞聚集、裂解、融合或产生特异的化学物质。

1）促进细胞生长作用：大多数细胞因子都能促进某种细胞生长或为某种细胞株生长依赖因子，利用其不同功能特点，通过样品梯度稀释获得量-效关系进行活性测定的产品有：G-CSF（NFS-60 细胞）、GM-CSF（TF-1 细胞）、EGF（3T3 细胞）、IL-2（CTLL-2 细胞）、IL-3 和 GM-IL-3 融合蛋白（TF-1 细胞）、IL-6（7TD1 细胞）、IL-11（B9-11 细胞）等。

2）抑制细胞生长作用：利用制品对敏感细胞的毒性、促凋亡等不同功能特点，通过样品梯度稀释获得量-效关系进行活性测定。例如，利用肿瘤坏死因子（TNF）抑制 L929 细胞生长的作用测定其效价。测定方法是以 L929 为靶细胞，用不同浓度 TNF 处理细胞后，用甲紫对存活 L929 细胞染色，按标准品 50%最大效应点的稀释倍数折算为样品 TNF 效价。

3）间接保护细胞作用：利用制品对攻击敏感细胞的病毒、毒素、杀伤因子等具有的特异中和、保护作用，通过样品梯度稀释获得量效关系进行活性测定。例如，INF 可以保护人羊膜细胞（WISH）免受滤泡性口炎病毒（VSV）破坏，用甲紫对存活 WISH 细胞染色，可以得到 INF 对 WISH 细胞的保护效应曲线，按 50%保护点的稀释倍数可以折算为待检样品中 INF 的效价。

（2）生化酶促反应测定法：这类测定方法主要基于产品与某种物质的结合或产品本身的生物化学反应，特别是酶反应实验，通过酶分子的活化或本身具备酶的活性，并以底物的变化检测酶活性，这类方法一般与温度及酶反应时间密切相关，具有便于操作、精确、稳定等特点。例如，重组链激酶生物学活性测定，链激酶和纤溶酶原（h-Plg）首先形成复合物，激活游离的 h-Plg 为有活性的纤溶酶，纤溶酶能降解人纤维蛋白为可溶性的纤维蛋白片段，在不溶性纤维蛋白琼脂平板中形成溶圈，根据不同剂量产生的溶圈大小的量-效关系，计算样品效价单位。

（3）免疫学活性测定法：这类测定方法不依赖活的生物系统，主要基于产品与其种物质的结合特性，或产品本身的化学反应为设计原理。例如，采用经典的免疫反应，通过样品梯度稀释获得量-效关系进行活性测定，如抗体激活的补体对靶细胞的杀伤效应等。还有利用基因工程产品相应的免疫原性的特点。通过免疫动物，制作相应的单克隆抗体或多克隆抗体，采取 ELISA 方法测定产品活性。由于蛋白质的生物学活性与其免疫学活性不一定相平行，如果蛋白肽键的抗原决定簇和生物活性中心相一致，ELISA 法测定结果和生物学活性测定结果一致；如果不一致则导致两者的结果不平行。由于两种测定法所代表的意义不同，所以免疫学活性测定法不能替代生物学活性的检测。

（4）离体动物器官测定法：如采用家兔主动脉条测定重组脑利钠肽生物学活性。

（5）体内测定法：利用动物体内某些生理、生化指标的变化，测定产品效价。例如，体内注射 EPO 后，计算小鼠网织红细胞增加的数量与标准品比较，确定其活性单位。骨形成蛋白（BMP）活性测定则是采用给小鼠身体局部植入药物一定时间后，根据局部产生骨组织结节的大小，用血清钙试剂盒测定钙的浓度，以植入区生成小 1μg 钙为 1 个生物学单位（BU）来判定活性单位。

通过药效学研究建立药物治疗的理论基础，阐明剂量-反应关系。药效学研究应该在生理的剂量下，调查一种产品的作用和功能的相互关系，有条件时还应该考虑生物技术来源药物与天然来源药物进行比较研究。

药效学测定方法与研究的制剂类型有关。由于生物技术药物的种属专一性，体内分析时选择一种适宜动物进行试验时是很重要的，也可用体外分析方法进行生物活性的评价。

2. 一般药理学试验　一般药理学试验的目的在于提示治疗用生物制品对机体主要生理系统功能（如心血管、呼吸、肾脏和中枢神经系统）的影响。它可以单独进行，也可以结合其他毒性试验同时进行。常采用合适动物模型研究潜在、非预期的药理作用，也可采用离体器官或其他非整体动物的试验系统。试验结果可用于解释靶器官的毒性发生机制，但应慎重考虑毒性反应与用药人群和临床适应证的关系。

3. 急性毒性试验　通过急性试验可获得剂量与全身和（或）局部毒性之间的剂量-反应关系，试验结果有助于选择长期毒性试验的剂量。急性毒性试验需考虑动物种属的选择。若毒性反应轻微时应谨慎评价。急性毒性试验可结合在一般药理学或模型动物药效学试验中进行。也可考虑将一般药理学参数结合到这些试验的设计中。

4. 长期毒性试验　长期毒性试验的动物种属选择考虑同前。给药途径和方案（如每天给药或间断给药）应充分考虑临床拟用途径或用药暴露情况。毒代动力学研究对药物毒性评价有重要意义，应尽可能考虑在长毒试验中进行毒代动力学参数的检测。

试验设计一般应包括恢复期，以观察毒性的可逆性、潜在的药理/毒性反应加剧和（或）潜在的延迟毒性。对于药理/毒理作用持续时间较长的生物制品，其恢复期的观察期限应延长，直至毒性反应的恢复被证实。长期毒性试验的期限应根据其临床疗程和适应证情况确定，大多数生物制品的动物给药期限为 1～3 个月。对于计划短期使用（如 7 天以内）及治疗紧急危及生命疾病的生物制品，1 个月重复给药试验可以支持其临床试验及上市批准。对拟用于慢性适应证的生物制品，一般给药期限为 6 个月。计划长期使用的生物制品，应科学地阐明长期毒性试验给药期限确定的合理性。

5. 免疫原性/毒性试验　免疫毒理学评价的内容之一是评价潜在免疫原性。很多生物制品试图用来刺激或抑制免疫系统，因而不仅影响体液免疫也影响细胞免疫。靶细胞表面抗原的表达若被改变，则提示有自身免疫的可能。免疫毒理研究可考虑进行筛查试验，若出现阳性结果，则随后需进行机制研究以阐明其作用机制。然而，常规的阶梯式试验方法或标准试验组合并不被推荐用于生物制品的免疫毒性评价。

考虑到许多治疗用生物制品具有免疫调节作用，因此免疫抑制和免疫刺激反应是值得关注的免疫毒性。建议进入Ⅰ期临床研究前在常规的动物重复给药试验中重点观察相关的免疫指标，包括血液学（含白细胞分类）、详细的免疫器官组织病理学检查和淋巴器官称重。若上述研究发现明显异常，还应考虑进行相关的免疫功能试验以明确其作用的机制，为临床研究方案的设计提供重要参考。

6. 生殖毒性试验　应根据产品、临床适应证和拟用患者人群情况决定是否需要进行生殖毒性试验。其具体试验设计和给药方案（如给药期限、动物选择）可根据种属特异性、免疫原性、生物学活性和（或）过长的消除半衰期等特点来考虑。若存在某些涉及潜在发育免疫毒性的担忧时，特别是对于某些有长效免疫作用的单克隆抗体，应对试验设计进行修改，以评价对新生动物免疫功能的影响。

某些特殊类型的化合物（如干扰素，其唯一相关动物种属为非人灵长类动物）的潜在生殖毒性可能已有大量的文献资料。如果一个相关新化合物的机制研究提示其很可能引起相似作用时，则可能无必要进行正规的生殖毒性试验。此时应提供评价其潜在生殖毒性的科学依据。

7. 遗传毒性试验　常规用于药物评价的遗传毒性试验并不适用于生物制品，因此通常不需要进行这些试验。一般不认为这类物质会直接与 DNA 或其他染色体物质发生相互作用，大量的多肽/蛋白质给药也可能得到无法解释的结果。对于某些生物制品，可能担心由于自发突变细胞的累积（如通过促进增殖的选择优势）而致癌，但标准的一组遗传毒性试验并不能用于检测这类情况，此时可能需要开发替代的体内或体外模型来评价该相关毒性。

8. 致癌性试验　标准致癌性试验一般不适用于生物制品评价，但也可能需要考虑产品（如生长因子、免疫抑制剂）的特点，如临床用药疗程、患者人群和（或）生物活性，对其潜在致癌性进行评价。若结合适应证性质、用药疗程和作用特点（如有促进细胞异常增生的倾向）综合考虑存在明显致癌性担忧时，内源性多肽、蛋白质及其类似物在下述情况中可能仍需要进行长期致癌性评价，包括：①生物活性与天然物质明显不同；②与天然物质比较显示修饰后结构发生明显改变；③药物的暴露量超过了血液或组织中的正常水平。

具有加强或诱导转化细胞增生和克隆扩增潜力的产品可能具有致瘤性，应采用与患者人群可能相关的多种恶性的和正常的人体细胞，对其受体表达进行评价，以判断产品刺激正常或恶性细胞表达该受体后的生长能力。当体外结果提示存在潜在致癌性担忧时，可能需要用相关动物模型进行进一步试验。长期重复给药毒性试验中检测一些灵敏的细胞增生指标可能提供有用的信息。

某些情况下，若产品对啮齿类动物具有生物活性且无免疫原性，而其他试验又未提供评价潜在致癌性的充足资料时，则应考虑用一种啮齿类动物进行试验。将药代动力学和药效学指标、比较性受体特征、拟定人体暴露剂量结合起来考虑是确定合适剂量的最科学方法。试验中应阐述剂量选择的合理性。

9. 局部耐受性试验 应对拟上市制剂进行局部耐受性试验。但在某些已证明合理的情况下，对具有代表性的处方制剂进行试验是可行的。某些情况下，局部耐受性可在急性或长期毒性试验中进行评价。

10. 药代动力学/毒代动力学试验

（1）一般考虑：一般应考虑在相关动物种属中进行单剂量（必要时包括多剂量）给药的药代动力学和组织分布试验，但试图评价物料平衡的常规试验的价值不大。不同种属间药代动力学的差别，对动物研究结果的预测性或评价毒性试验的剂量-反应关系有明显影响。由免疫介导的清除机制引起的药代动力学特征改变可影响动力学行为和对毒性试验数据的解释。某些产品还可能出现固有药效作用的表达比药代动力学特征的明显延迟（如细胞因子），或药效作用的持续时间比血浆浓度水平的更长。

生物制品的药代动力学研究应注意中和抗体的存在。中和抗体出现可反映在重复给药或单剂量给药时动力学参数特征的改变，因此应特别注意抗体及其对药代动力学的影响。

可能情况下，药代动力学研究应尽可能使用拟用于毒性试验和临床研究的制剂，给药途径也应与拟临床试验给药途径相关。制剂、浓度、给药部位和给药容量都可影响吸收模式。如有可能，在各项毒性试验中监测全身药物暴露情况对把握相关毒性的安全范围和控制临床试验风险性有重要价值。

当使用放射性标记蛋白时，重要的是要显示放射标记的受试物质仍保持了与非标记受试物相当的活性和生物学性质。由于迅速的体内代谢或放射性标志物的不稳定连接，可能难以解释用放射性标记蛋白得到的组织放射活性浓度和（或）放射自显影数据。解释特定的放射性示踪氨基酸试验时应谨慎，因为氨基酸可进入与产品无关的蛋白质或多肽的再循环。

临床研究前应提供相关动物模型中的吸收、分布和清除的数据，以便根据暴露水平和给药剂量预测其安全范围。

（2）测定：应在个案分析基础上提出使用一种或多种测定方法，并阐述方法的科学合理性。通常考虑使用一种经过确证的方法。例如，一种放射标记蛋白给药后定量测定 TCA 沉淀部分的放射活性，可能提供一定的信息，但优先考虑使用一种特异的分析方法。较为理想的是动物和人体研究中使用相同的分析方法。应确定血浆/血清中的血浆结合蛋白和（或）抗体对测定的可能影响。

（3）代谢：生物制品代谢的预期结果是降解成为小肽和各种氨基酸，通常对其代谢途径已有了解，因此一般不需要进行经典的生物转化试验，但应了解生物制品在生物基质（如血浆、血清、脑脊髓液）中的行为及其与结合蛋白的可能影响，这对于其药效学和安全性评价都有重要价值。

生物技术药物药代动力学具有几个特点：体内代谢降解迅速，分布容积比较小，某些药物有非线性消除动力学；体内分布有组织特异性；降解部位广泛，大多数组织中均有降解发生。

生物技术药物的毒性评价应依据受试药品所提供的药代动力学、药效学等研究的技术资料，并考虑到人和动物之间潜在的差异，正确选择动物种类、剂量、给药途径、给药时间和动物数量是很重要的。

（五）生物技术药物安全性实验的 GLP 符合性问题

1. 对研制方和国家管理人员的要求 在许多国家及国际组织的指导原则中提出，对于生物技术药物的安全性评价，研究方应尽早与该产品的国家管理人员接触，面对新问题共同协作，利用过去的经验和现有的知识寻找解决办法，并达成共识。在具体问题具体分析的基础上，确保产品临床前安全性评价研究设计方法、标准等的适当性。例如，在美国 FDA，在新药临床试验申请（IND）之前，研究方与 FDA/CBER 的新药申请预备会议（Pre-IND），经会议讨论、咨询，确定临床前研究方案。

2. 对研究机构及实验方法的要求 申报临床实验的临床前毒理学实验，应该在具有 GLP 资质的研究机构及在完全符合 GLP 的条件下完成实验。当有部分实验不完全符合规范时，应该确定不符合部分，说明理由，并判断其妥当性和写出相关报告；实验中尽可能应用已被证实的或标准化的检验方法，尽可能对一些全新的检验方法进行标准化和证实，使其符合 GLP。

3. 供试品要求 在符合 GLP 的毒理学研究中，应该尽可能早地应用代表临床批号和拟临床应用剂型，在 GMP 条件下生产及全部描述其特征的供试品（物理-化学特征、生物学特征、活性、免疫原性、纯度和杂质），如果开发商自己不具备 GMP 生产条件，可以借用其他具有 GMP 生产条件的厂家生产供试品；如果不能在 GMP 条件下生产供试品，实验室生产需按 GLP 要求进行，其产品生产质量控制与临床应用产品具有可比性，并通过批签发。

4. 安全人员培训 对于某些生物技术产品，要进行特殊专业及生物安全性培训。例如，针对腺病毒载体基因治疗产品，要进行生物安全培训，动物饲养要防止相互交叉感染，以及与腺病毒相关的全面的知识和检测方法。

5. 对实验动物的要求 使用动物进行安全性实验时，应该符合实验动物保护的国家和国际法规，符合生物安全性要求，符合 GLP 要求。

6. 转基因研究中 GLP 符合性

二、临床研究与评价

生物技术药物与其他传统药物一样，在经过临床前安全性评价后必须经过临床试验评价药效学和安全性，才能保证生产上市产品的安全性。药物临床试验是指任何在人体（患者或健康志愿者）进行药物的系统性研究，以证实或揭示试验药物的作用、不良反应和（或）试验药物的吸收、分布、代谢和排泄，目的是确定试验药物的疗效与安全性，其质量控制和管理必须要遵循我国的相关法规，包括《中华人民共和国药品管理法》《药品注册管理办法》《药物临床实验质量管理规范》等。新药临床实验必须遵循《世界医学大会赫尔辛基宣言》，必须符合《药物临床实验技术指导原则》中的各项规定。如果是国际多中心临床实验，还需要符合其他国家的相关法规、伦理和科学是临床实验的基本原则。我国的药物临床试验质量管理规范（GCP）条例于 2003 年 9 月实施，要求所有进行临床试验的药物都要参照 GCP 标准执行。

临床试验质量控制一般包括几个方面：①定期验证试验系统与校准仪器设备；②所有人员严格按照试验方案与各项 SOP 进行操作；③数据的记录要及时、直接、准确、清楚；④经常检查数据记录的准确性、完整性；⑤数据的统计处理采用验证的可靠的统计软件，数据的输入采用有效的质控措施。在临床试验种特别强调试验记录的质量控制。

与传统的化学药物一样，生物技术药物临床试验包括Ⅰ、Ⅱ、Ⅲ、Ⅳ期试验。Ⅰ期试验研究在正常人体中进行，主要评价生物技术药物对人体的初始安全性和耐受性及确定药物代谢动力学参数，一般选用正常健康人 30～50 例。Ⅱ期临床试验初步探索生物技术药物的药效学，通过随机和同期对照的研究，以评价药物对目标适应证的疗效和安全性，为Ⅲ期临床确定给药剂量和给药方案，一般选择患者 100～200 对。Ⅲ期临床试验在较大规模范围内验证药物的有效性和安全性，研究内容涉及进一步探索剂-效关系，对更广泛人群、疾病的不同阶段或合并用药进行研究。选择病例数将达到 500 例以上。Ⅳ期临床实验是在新药投产以后进行，为上市后临床实验或称为上市后药物监察（postmarketing surveilance，PMS）。目的是对已在临床广泛应用的新药进行社会性考察，着重于新药的不良反应（adverse drug reaction，ADR）监察。Ⅳ期临床实验一般可不设对照组，但应在多家医院进行，观察例数通常不少于 220 例。本期实验应注意对不良反应、禁忌、长期疗效和使用时的注意事项进行考察，以便及时发现可能有的远期不良反应，并对其远期疗效加以评估。此外，还应进一步考察药物对患者的经济与生活质量的影响。

生物技术药物的临床评价的主要难点之一体现在生物技术药物的药代动力学研究的特殊性。由于生物技术药物具有种族特异性、免疫原性和非预期的多向活性等特点，这使得其在体内的药代动力学研究受到诸多因素的限制，尤其是测定方法的建立遇到很大困难，因此选择正确的药代动力学研究方法至关重要。蛋白多肽类药物的药代动力学十分复杂，受给药途径、给药方案、结合蛋白、种属差异、内源性物质等多种因素影响。一般来说，在动物药代动力学研究阶段，首选放射性核素示踪法结合电泳法或 HPLC 法进行全面药代动力学研究，同时选用免疫分析法和生物检定法测定血液药物浓度的动力学。用两种以上方法彼此互相补充和验证，可获得可靠并与临床研究衔接的药代动力学资料，是进行此类药物药代动力学研究的最佳选择。在蛋白多肽类药物的吸收和分布研究中，发展新技术以获得可靠的临床药代动力学参数是非常重要的。目前关于单克隆抗体的药代动力学研究还不是很多，一般多采用放射性核素标记或 ELISA 法进行定量分析。

由于生物技术药物结构的复杂性，同时各种分析方法在某一方面都有不足之处，因此，在实际操作中应当根据具体情况和条件选择合适的方法以求得到可靠并与临床研究衔接的药代动力学资料，几种方法联用进行此类药物的药代动力学研究是最佳的选择。

第三节　生物技术药物的药效学和药代动力学研究

生物技术药物由于其蛋白结构的特殊性，阐明其临床前药效学特征，有助于确定其临床适应证、临床给药方案和计量水平。生物技术药物与小分子药物有所不同，有种属特异性、多效性、免疫原性及特殊的量-效关系，常规的小分子药物的研究方法不一定适用于这类药物，只能在科学基础上按照“case by case”的原则进行处理。制剂质量、动物种属的选择、动物的生理与病理状态、给药方案、剂量水平及给药途径等，都会影响其药效作用。了解这些特点，有助于正确评价这类药物的药效作用。

一、药效学研究

1. 量-效关系　蛋白药物和其受体的亲和力高，有极高的生物学活性，一般给药剂量为 μg/kg 级。有多靶点、多效性的特点，在一定剂量水平时会影响药物的量-效关系。如细胞因子在免疫反应中常影响多个不同的环节，剂量增加后可能引起关键受体下调或信号通路改变，预期的作用减弱或消失。有的药物在低剂量时作用于高亲和力受体，有相对选择性和量-效关系，但高剂量时也可同时激活低亲和力受体，这样在激活正向调节的同时，也可能激活负向调节机制，使量-效关系曲线下降。

2. 动物模型的选择　动物模型应根据临床适应证选择，以体内动物模型为主，配合体外模型阐明药物的作用特点和作用机制。例如，抗肿瘤药物，体外实验可以说明药物的抗肿瘤谱及作用机制，但体外有活性的药物在体内不一定有效，只有在体内抗肿瘤实验才能确证药物的作用，并能预测临床人拟用剂量，因此还需进行在体抗肿瘤实验。蛋白类药物大多数需和其相应受体结合才能发挥作用。不同动物来源的同种蛋白药物或者其受体蛋白的氨基酸序列或空间结构不同，因而对不同种属的动物，药理作用效果不同，有的动物甚至不产生反应。

3. 药代动力学/药效（PK/PD）关系　与小分子药物不同，生物技术药物的药效和其血浆药物浓度并不一定平行，可延迟甚至血中药物完全消失后才出现作用，如 PEG-IL-2，其作用是促进 T 淋巴细胞增殖并激活 T 淋巴细胞，而后者增殖和活化后可自行发挥作用，已与前者无关，因而其作用可持续至血中药物消失之后，或在血中药物消失后才出现作用；另一种可能是药物在细胞内发挥作用，此种情况下，药效的强度取决于进入细胞内的药量。第三种可能是引起细胞增殖，效应可能通过增殖后的细胞发挥作用。生物药物很少降解为有活性的代谢产物，一般降解为无活性的氨基酸片段，因而分析药理活性时一般不考虑代谢物的影响。

二、药代动力学研究

药物代谢动力学（pharmacokinetics），简称药代动力学，是研究药物的生物体内变化规律的一门科学，其主要内容是研究药物在生物体内吸收、分布、代谢和排泄的变化特征（即 ADME）。对于生物技术药物的药代动力学研究，建立统一的指导原则很难。由于蛋白质和多肽类药物与体内内源性蛋白质的结构近似，甚至有时具有相同的结构，所以测定时常常受到大量内源性多肽或者蛋白质的干扰。由免疫介导的清除机制也可引起药代动力学行为的改变，某些产品可能还存在固有的、明显的与药代动力学相关的药效学作用的延迟表达，或者可能存在于血浆浓度相关的药效作用的延迟表达。通常采用的方法主要分为四大类，分别为放射性核素标记示踪法、免疫学方法、生物检定法及液相色谱质谱法（LC-MS 法）。

生物技术创新药物的药代动力学研究主要包括：①采用抗原偶联大分子技术，建立酶联免疫吸附实验（ELISA）检测新突变体小分子蛋白血药浓度的方法。②建立放免分析法（RIA）测定蛋白或多肽类药物的生物分析方法。③建立“放射性核素标记/离心/超滤”技术测定多肽类药物血浆蛋白结合的方法。④建立相关动物“豚鼠模型”研究新型重组蛋白类药物的组织分布及排泄。⑤建立药代动力学-药效动力学（PK-PD）同步分析方法研究新型释药系统的作用及清除机制。⑥建立局部给药途径作用于靶器官的药代动力学研究。⑦采用放射性核素标记示踪结合三氯乙酸沉淀及高效液相色谱法分离生物类似药研究原则与案例方法进行药动学研究。

毒理学研究主要包括：①建立间接 ELISA 法检测结合抗体和细胞测活法检测中和抗体免疫原性规范化方法。②建立免疫原性/毒性结合细胞因子含量测定的方法研究抗体药物的毒性作用机制。③建立基于恒河猴长期毒性结合毒代动力学方法，评价小分子多肽药物的安全性。④将现代生物学、免疫学等技术应用于毒理学评价中综合分析毒性暴露的作用机制。⑤建立基于不同实验动物模型的安全性评价方法。⑥创建金黄地鼠模型研究基因重组干扰素的生殖毒性。⑦建立不同动物模型规范化的生物技术创新药物的遗传毒性和生殖毒性研究方法。

第四节　生物技术药物的生产质量管理规范

一、GMP 的特殊性

药品生产质量管理规范，其英文名称为 Good Manufacturing Practices for Drugs，简称 GMP，于 1962 年首先由美国食品药品监督管理局（FDA）提出作为药品质量管理的法定性文件。1969 年世界卫生组织公布药品生产和质量控制规范（Good practices for the manufacture and Quality Control of Drugs）。随后世界上很多国家都先后制定和颁布了本国的 GMP。我国于 1988 年 3

月，颁布了《药品生产质量管理规范》，并于 1992 年和 1998 年两次修订《药品生产质量管理规范》，并建议国内药品企业在 2004 年全部实施《药品生产质量管理规范》，并进行 GMP 认证。

生物技术药物不同于传统的化学药物和中药，在生产质量管理方面纳入生物制品生产质量管理规范。考虑到生物技术药物生产质量控制和使用方法都有其特殊要求，世界卫生组织于 1992 年公布了《生物技术药物生产质量管理规范》，规定其适用范围：疫苗、抗原、反应原、激素、细胞因子、酶、人全血及其血浆衍生物、免疫球蛋白（包括单克隆抗体）、发酵制品（包括重组 DNA 制品）及体内体外诊断试剂等。该生物技术药物 GMP 与先前的药品 GMP 的基本原则和要求是一致的，主要明确提出了针对生物技术药物的生产和质量控制的相关特定要求，并作出相关规定和补充。主要包括：适用范围、原则、人员、厂房和设备、动物设施及管理、生产、标签、批检记录及分装记录、质量保证及控制九个部分。我国虽未制定及颁布《生物技术药物生产质量管理规范》，但在 1998 年修订版《药品生产质量管理规范》的附录五“生物技术药物”中，对生物技术药物特殊要求作出明确规定。生物技术药物中的重组 DNA 制品和单克隆抗体也属于生物技术药物管理范畴，遵循生物技术药物生产质量管理规范。

防止产品交叉污染是生物技术药物厂房设计的重点，尤其是处理活性物体的工序。这些场所使用的设备、工具等都应有可靠的预防措施，专用的容器应贴签、灭菌后使用。处理活性物体直至完成灭活处理的设备均应专用。以人血或血浆衍生物为原料的生产设备和装置应专用。

对生产、管理人员要求更为严格。从事生物技术药物制造的技术、质量控制人员应有细菌学、病毒学、生物统计学、化学、医药、免疫学等学科知识基础和实践经验。为保证产品安全性，要考虑人员的免疫情况。一切参与生产、维修、检验和动物房管理的人员，应定期体检，并接种合适的疫苗。任何健康不正常或免疫状况发生变化的情况，如伤风、咳嗽、感染、腹泻等都应报告，必要时应调离岗位。从事无菌操作人员应遵循无菌工作规定，与无菌操作无关的人员不得进入无菌区。检查、控制尽可能在区域外进行，必须进入时应严格按规定换鞋、更衣。从事动物组织材料和微生物培养基工作人员不得进入无菌区。

随着生命科学的不断进展和生物技术药物的不断创新，生物技术药物的生产质量控制和生产管理规范将会得到更多的重视，相关的管理法规和指南也将会不断完善。

二、我国生物技术药物的质量管理法规和技术指南

国家药品食品监督管理总局先后制定了适合各类生物技术药物的系列技术指南和技术指导原则，这些指导原则和要求在保障生物技术药物产品的研究、开发、生产和使用过程中的安全有效方面起着重要作用。具体可以参考国家药品审评中心网站相关栏目。

知识链接：

主要的技术指南和指导原则：

《中国药典》（2015 年版）（第三部、第四部）（CFDA，2015）

《生物类似药研发与评价技术指导原则》（CFDA，2015）

《治疗用生物制品非临床安全性评价指导原则》（CFDA，2010）

《预防用疫苗临床前研究技术指导原则》（CFDA，2010）

《人用重组 DNA 制品质量控制要点》（CFDA，1992）

《人用鼠源性单克隆抗体质量控制要点》（CFDA，1999）

《人用重组 DNA 制品质量控制技术指导原则》（CFDA，2003）

《人用单克隆抗体质量控制技术指导原则》（CFDA，2003）

《人基因治疗研究和制剂质量控制技术指导原则》（CFDA，2004）

《预防用 DNA 疫苗临床前研究技术指导原则》（CFDA，2004）
《生物制品生产企业 GMP 检查指南》（WHO，1994）
《DNA 疫苗的质量控制及非临床安全性评估指南》（WHO，2005）
《生物技术药物的临床前安全性评价》（ICH，1997）

小　　结

本章重点是重组 DNA 制品的质量控制要点，难点在于质量控制的方法学研究和生物学活性测定的方法和意义。

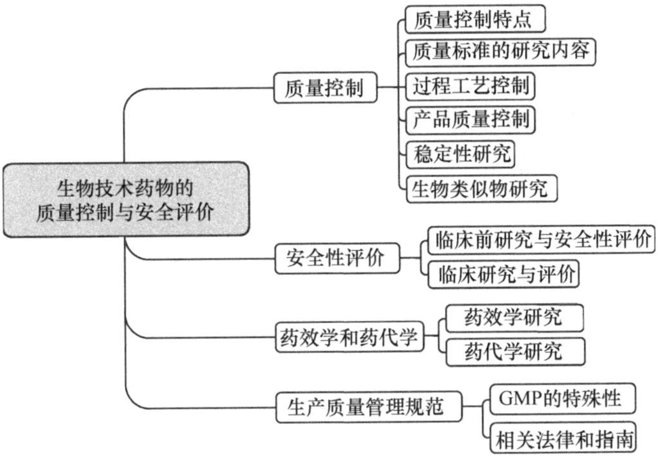

思考题

1. 简述生物技术药物质量控制的特殊性。
2. 简述生物技术药物质量标准研究的主要内容。
3. 简述生物药物活性测定方法分类及用途。
4. 蛋白质含量测定和纯度分析的方法有哪些?
5. 简述生物技术药物生物活性测定的意义和方法。
6. 简述生物技术药物质量控制中的安全性检测内容。
7. 分析生物技术药物临床前安全评价的特殊性。
8. 简述生物技术药物 GMP 的特殊性。
9. 简述生物类似药的概念与研究原则。

拓展学习

请扫描右侧二维码阅读学习与生物技术药物治疗控制与安全评价相关的经典科研文献、参考书、动画视频、国家精品资源共享课及慕课等拓展性学习资料。

（胡昌华）

第二篇　生物工程制药

第四章　基因工程制药

学习目标

1. 掌握：基因工程的概念、原理、基本过程和基本技术。
2. 熟悉：基因工程在制药工业中的应用。
3. 了解：基因工程的发展史。

第一节　概　　述

一、基因工程的概念

基因工程（genetic engineering）也称为遗传工程、基因拼接技术、基因克隆、DNA 分子克隆或 DNA 重组技术，是生物工程的主体技术。这种技术是在生物体外，通过对 DNA 分子进行人工“剪切”和“拼接”，对生物的基因进行改造和重新组合，然后导入受体细胞内进行无性繁殖，使重组基因在受体细胞内表达，产生出所需要的基因产物。基因工程能够打破种属的界限，在基因水平上按照意愿改变生物遗传性，并通过工程化表达产生所需蛋白质、提供有用的产品及服务。

利用基因工程技术生产药物具有如下优点：

（1）可以大量生产过去难以获得的生理活性蛋白质和多肽，为临床使用提供有效的保障。

（2）可以提供足够数量的生理活性物质，以深入研究其生理、生化和结构，扩大应用范围。

（3）可以发现、挖掘更多的内源性生理活性物质。

（4）可通过基因工程和蛋白质工程进行改造、去除野生型目的产物原有的不足之处。

（5）可获得新型化合物，扩大药物筛选来源。

二、基因工程的原理

基因工程的基本原理，是首先用人为的方法获得供体生物目的基因 DNA，在体外条件下通过限制性内切酶切割、DNA 连接酶连接等方法，将目的基因 DNA 与作为载体的 DNA 分子连接起来，构成一种人为创造的遗传物质新组合（即重组 DNA），然后将重组 DNA 导入受体细胞中，利用载体上所携带的筛选标记基因所赋予的表型特征（抗药性、颜色变化等）进行筛选、鉴定，获得成功携带重组 DNA 的受体细胞，通过载体上的调控元件使外源目的 DNA 在受体细胞中进行正常的复制和表达，从而获得预期想要的产物或新物种（图 4-1）。

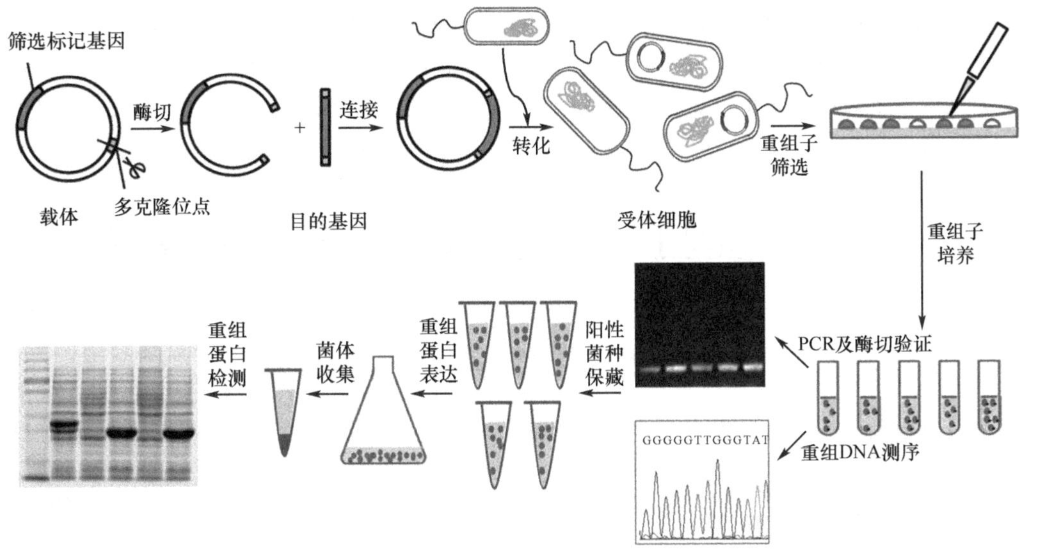

图 4-1　基因工程原理

三、基因工程技术发展简史

在基因工程尚未问世之前，许多在疾病诊断、治疗和预防中有重要价值的内源性生理活性物质（激素、细胞因子、神经多肽、调节蛋白、酶类、凝血因子等）及某些疫苗，由于材料来源困难或制造技术问题而无法研制出产品，即使应用传统技术从动物器官中提取出来，也因为造价太高而使患者负担不起。而应用基因工程技术就可以从根本上解决上述问题。

20 世纪 40 年代之后，随着分子生物学、生物化学、微生物学等学科的飞速发展，科学家们证实了遗传物质的本质是 DNA，阐明了 DNA 的双螺旋结构、遗传信息传递的中心法则、操纵子学说及密码子规律等，这些突破性发现为基因工程奠定了重要的理论基础。而另一方面，基因转移载体、限制性工具酶的发现、DNA 合成、测序方法及 PCR 技术、PCR 仪的发明，使基因工程最终得以实现。1972 年，Paul Berg 等将猿猴病毒 SV40 的 DNA 和 λ 噬菌体 DNA 进行酶切后，通过 T4 DNA 连接酶连接，所获得的包含 SV40 基因的重组体在大肠杆菌中获得了有效的表达。几乎与此同时，Stanley Cohen 和 Herbert Boyer 等也将抗四环素质粒和抗新霉素质粒通过酶切和连接后，获得了同时抗四环素和新霉素的重组菌落。从此揭开了基因工程的序幕。

知识链接：

1980 年，Berg 因 DNA 重组技术的研究，与研究 DNA 测序方法的 Sanger、Gilbert 共同获得了诺贝尔化学奖。Sanger 还由于测定了牛胰岛素的蛋白质序列而获得过 1958 年的诺贝尔化学奖，是史上第四位两次获得诺贝尔奖的人。

基因工程的诞生极具震撼性，因此在受到极大关注的同时也饱受争议，人们害怕基因工程创造的杂种生物会从实验室逸出，在自然界造成难以控制的危害，此外伦理问题也是争议的一大焦点。于是，许多社会人士、政府官员，甚至科学家都呼吁要求制定法规限制基因工程研究。但由于相关科学研究进展迅速，而结果显示实验室内的危害并非如原来估计的那么严重。1977 年，Itakura 将人工合成的生长激素释放抑制素（somatostatin，SMT）基因在大肠杆菌中获得了表达，这项研究不仅首次打破了物种界限、实现了真核生物基因在原核生物中的表达，而且由于 SMT 是治疗儿童肢端肥大症的重要药物，利用该基因工程技术可从 1 L 发酵液中得到 50 mg 的基因工程表达产物，而传统方法则要从 50 万头羊下丘脑中才能提取获得同样的产量。因此，这项研究一下子轰动了全世界，各种对基因工程的指责也随之消散，从此基因工程得到了更加飞速的发展。

第二节　基因工程制药的基本过程和关键技术

一、基因工程制药的基本过程

基因工程制药的基本过程主要包括目的基因的获得、基因与载体分子的连接、重组 DNA 分子导入宿主细胞、重组子的鉴定和筛选等上游过程，以及发酵表达、分离纯化及制剂等下游过程。因发酵、分离纯化、制剂等下游过程相关知识在本书第二章、第八章中有专门的介绍，本章中不再赘述。

（一）目的基因的获得

目的基因获得的方法一般分为直接获得法和间接获得法。所谓直接获得法是指直接通过化学方法合成或直接从基因组 DNA 中获得的目的基因，而间接获得法要先获得 mRNA、cDNA 等，再从中获得目的基因。对于原核生物而言，其基因组 DNA 结构比较简单，长度较短，数量较少，所以应用直接获得法即可获得目的基因。而真核生物细胞中基因组 DNA 总量较大、结构复杂，从中直接分离纯化目的基因极为困难，化学合成则会受到基因长度和成本的限制。此外，真核细胞的基因组一般都含有内含子，如果以原核细胞作为表达系统，即使分离出真核基因，由于原核细胞缺乏 mRNA 转录后的加工系统，真核基因在转录后也无法被加工、拼接成为成熟的 mRNA，因此难以获得表达产物。所以，真核细胞目的基因的获得往往多采用 cDNA 文库、RT-PCR 等间接分离法。

1. 化学合成法　固相亚磷酰胺化学法是最常用的 DNA 化学合成方法，该法是将 DNA 固定在固相载体上完成 DNA 链合成的，最常用的固相载体为可控微孔玻璃珠（controlled pore glass，CPG）。合成的方向是由待合成 DNA 的 3′端向 5′端，相邻的核苷酸通过 3′→5′磷酸二酯键连接。反应主要由 5 步循环组成：

（1）去封闭：将预先连接在固相载体 CPG 上的活性基团被保护的核苷酸与三氯乙酸（TCA）反应，脱去其 5′-羟基的保护基团二甲氧基三苯甲基（DMT），获得游离的 5′-羟基。

（2）活化：核苷酸单体与活化剂四氮唑混合，形成亚磷酰胺四唑的活化中间体，它的 3′端被活化，5′-羟基仍然被 DMT 保护。

（3）连接：亚磷酰胺四唑与 CPG 所连的核苷酸的 5′-羟基发生亲核反应，发生缩合并脱掉四唑，合成的寡核苷酸链延长一个。

（4）盖帽：缩合反应中可能有少数与 CPG 相连的 5′-羟基没有参加反应，为了防止其在随后的循环中被延长，需要用乙酸酐和 *N*-甲基咪唑混合形成活性很强的乙酰化试剂，与未参与连接反应的 5′-羟基缩合成酯键将其封闭。

（5）氧化：连接反应后新加上的核苷酸是通过亚磷酰形式与 CPG 上的寡核苷酸链连接的，这种形式不稳定，需要用氧化剂（常用的是碘）将其转变为稳定的磷酸三酯。

经过以上 5 个步骤，一个脱氧核苷酸被连接到固相载体的核苷酸上。再以三氯乙酸脱去它的 5′-羟基上的保护基团 DMT，重复以上步骤，直到所有要求合成的碱基被接上去。

知识链接:

1955 年，剑桥大学的 Todd 成功合成了具有磷酸二酯键结构的 TpT，并获得 1957 年诺贝尔化学奖。1965 年，Khorana 等利用化学方法大量合成脱氧核苷的单一聚合物或 2～3 种脱氧核苷的重复序列，和人工合成的 64 种核糖三糖苷，研究蛋白质的生物合成过程，从而确定了氨基酸的三联密码子，因此与另外两位研究核酸合成及密码子的科学家 Holley、Nirenberg 共同获得了 1968 年的诺贝尔生理学或医学奖。

固相亚磷酰胺化学法受限于化学反应效率，合成的 DNA 长度一般不超过 200 bp，且成本相对高昂。更长的大片段 DNA 或目的基因的化学合成通常是采用小片段 DNA 模块拼接的方法，主要有 3 种基本形式（图 4-2）。

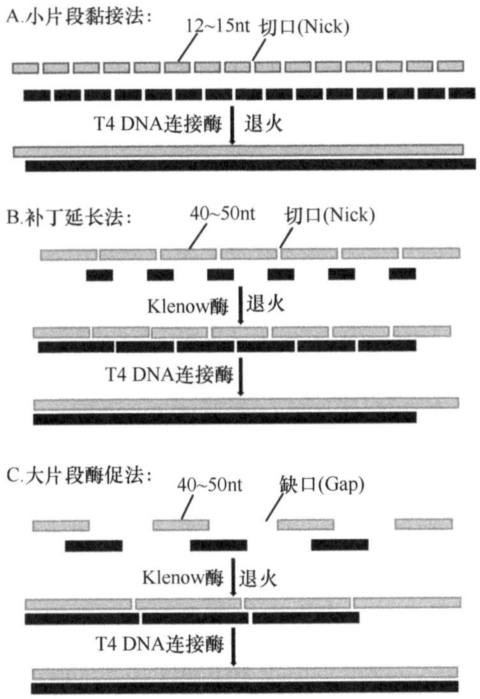

图 4-2　大片段双链 DNA 合成方法

1）小片段黏接法：将待合成的目的基因的两条链分别设计成交错覆盖的两套小片段，通过化学合成后，混合退火。由于互补序列的存在，各 DNA 片段会自动排序，最后用 T4 DNA 连接酶修补缺口处的磷酸二酯键。这种方法的优点是化学合成的 DNA 片段小，收率较高，但各段的互补序列较短，容易在退火时发生错配，造成 DNA 序列的混乱。

2）补丁延长法：将目的基因的一条链分成若干 40～50 个碱基大小的片段，而另一条链设计成与上述大片段交错互补的 20 个碱基左右小片段。两组 DNA 单链片段退火后，再用 Klenow 酶将空缺部分补齐，最后再用 T4 DNA 连接酶修复缺口。这种化学合成与酶促合成相结合的方法可以减少寡聚核苷酸的合成工作量，同时又能保证互补序列的足够长度，是目的基因化学合成常采用的策略。

3）大片段酶促法：将目的基因两条链均分成 40～50 个碱基长度的单链 DNA 片段，分别进行化学合成，然后用 Klenow 酶和 T4 DNA 连接酶补平。这种方法虽然需要合成大片段的 DNA 单链，但拼接模块数大幅度减少，较为适用于较大的目的基因合成。

2. PCR 法 聚合酶链式反应（polymerase chain reaction，PCR）扩增技术可从痕量的 DNA 样品中特异性快速扩增某一区域的 DNA 片段。从目的基因的分离克隆角度上讲，PCR 扩增法比之前所建立起来的任何方法都更简便、快速、有效和灵敏。

（1）PCR 扩增反应体系：包括待扩增的目标基因序列（通常称作模板 DNA）、一对可与模板 DNA 双链分别特异性结合的寡核苷酸引物、4 种脱氧核苷酸底物（dNTPs），热稳定性 DNA 聚合酶及缓冲溶液。

（2）PCR 扩增：PCR 是一个重复性的循环过程，每循环结束，目的片段的数量约增加一倍，每一循环包括以下步骤（图 4-3）。

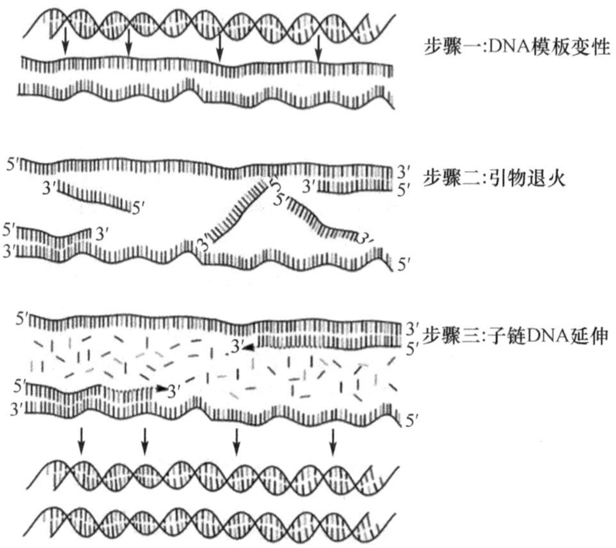

图 4-3 PCR 原理

1）变性：在高温（通常 94°C 左右）下双链模板 DNA 变性解链，形成单链；

2）退火：在低温（通常 50～60°C）下引物与单链模板按碱基互补配对的原则结合，形成局部双链。

3）延伸：再将温度调整至 DNA 聚合酶的最适反应温度（通常 72°C 左右），在酶的催化下沿着模板链在引物的 3′端按照 5′→3′的方向逐个添加碱基，扩增得到完整的互补链。

扩增得到的 DNA 分子又可以作为下一个循环的模板，如此循环往复，理论上在 n 个循环之后，目的基因将扩增到模板量的 2^n 倍。

知识链接：

1971 年，Khorana 等最早提出核酸体外扩增的设想：“经 DNA 变性，与合适的引物杂交，用 DNA 聚合酶延伸引物，并不断重复该过程便可合成 tRNA 基因。”但由于当时基因序列分析方法尚未成熟，热稳定 DNA 聚合酶尚未报道及引物合成的困难，这种想法似乎没有实际意义，Khorana 的设想被人们遗忘了。

1976 年，钱嘉韵从水生栖热菌中分离到了耐高温的 Taq DNA 聚合酶，解决了体外扩增 DNA 时高温对酶活性的影响问题。

1983 年 4 月的一个晚上，Mullis 在开车途中，看着两侧驶过的公路边缘及树干，脑海中猛然闪现出了 PCR 的想法。1983 年 12 月，他用放射性核素标记法看到了 10 个循环后的 49 bp 长度的第一个 PCR 片段。1985 年 12 月，Mullis 在《Science》杂志上发表了第一篇 PCR 的学术论文。1993 年，Mullis 因发明 PCR 技术获诺贝尔化学奖。

3. RT-PCR 法　反转录 PCR（reverse transcription-polymerase chain reaction，RT-PCR）是指以由 mRNA 反转录得到的 cDNA 第一链为模板的 PCR 反应，这种方法是一种比较简单易行地获得真核生物基因的手段，可避免内含子的干扰，不需要构建文库，不需要历经漫长的筛选、鉴定等一系列过程。它的基本原理是：以 mRNA 为模板，以基因特异性引物、随机引物或多聚胸腺嘧啶——最常见是 oligo（dT）$_{18}$，作为引物，在反转录酶的催化下，在体外合成 cDNA 第一链后，根据已知的基因序列设计特定的引物，通过 PCR 扩增，便可获得目的基因。

RT-PCR 分离法的关键是根据基因序列设计相应的引物，由于引物的高度选择性，细胞总 RNA 无需进行分离 mRNA 即可直接使用，这对于一些研究是很方便的，但是这一点也恰恰是 RT-PCR 分离法的局限所在，即分离目的基因必须以序列已知为前提。

RT-PCR 一般分为三大步骤：

（1）RNA 的提取：通过异硫氰酸胍等变性剂破碎细胞或组织，然后经过氯仿等有机溶剂提取 RNA，再经过沉淀，洗涤，晾干，最后溶解。

（2）cDNA 第一链的合成：合成 cDNA 的第一链有三种方法。

1）oligo（dT）引导的 cDNA 合成法：利用 mRNA 具有 poly（A）尾巴的特性，用 oligo（dT）作为引物，引导反转录酶按 mRNA 模板合成第一链 cDNA。这一方法的缺点是：它必须从 3′端开始，对于大分子量、较长的 mRNA 而言，反转录酶会难以到达 mRNA 分子的 5′端，造成基因克隆不全。此外，若 RNA 提取质量不佳，poly（A）有所丢失，也会大大降低反转录的效率。

2）随机引物引导的 cDNA 合成法：为了克服以上缺点，现在已经发展出了随机引物引导的 cDNA 合成法。此方法是随机合成 6～10 个寡聚核苷酸片段，作为合成第一链 cDNA 的引物，在应用这种混乱引物的情况下，cDNA 的合成可以从 mRNA 模板的许多位点同时发生，而不仅仅从 3′端的 oligo（dT）引物处开始，可解决基因 3′非编码区（3′-untranslated regions，3′-UTR）过长或 RNA 降解的问题。

3）基因特异性引物引导的 cDNA 合成法：当 RNA 序列或部分序列已知时，可以通过设计基因特异性引物，在反转录酶的作用下合成 cDNA 第一链。

（3）PCR：在获得 cDNA 第一链后，即可根据目的基因序列设计特异性上下游引物，进行 PCR 扩增获得目的基因。

知识链接：

20 世纪 60 年代初，美国科学家 Temin 发现一种引起动物肿瘤的 RNA 病毒——Rous 肉瘤病毒（RSV），可以将自己的基因整合到宿主细胞的基因组 DNA 中。Temin 因此前瞻性地断定 RSV 细胞内必然存在一种能够以 RNA 为模板生成 DNA 的酶，他将这种酶取名为反转录酶。为了寻找这种酶，他花了 10 年时间，最终在 1970 年成功地证实了反转录酶的存在。与此同时，Baltimore 也以小白鼠白血病病毒为材料发现了类似的现象。他们的文章一同发表在 1970 年 6 月的《Nature》杂志上。1975 年，Temin 和 Baltimore 与发现肿瘤病毒和细胞遗传间相互作用的 Dulbecco 共同分享了诺贝尔生理学或医学奖。

4. 基因文库法　采用基因工程的方法，将某种生物细胞的总 DNA 或 cDNA 的所有片段，通过与载体 DNA 连接重组的形式转移到受体细胞中储存，受体菌的群体即分别含有这种生物的不同基因，这种包含某种生物各个基因片段的克隆的总体，称为基因文库（gene library）。在基因文库构建好后，需要时通过分子杂交等方法即可从中直接调取获得所需要的目的基因。基因文库通常可分为基因组文库和 cDNA 文库。

（1）基因组文库：完整的基因组文库是含有某种生物体全部基因的随机片段的重组 DNA

克隆群体，构建文库时先将基因组 DNA 通过机械剪切或酶解，使之成为一定大小的片段，然后分别随机连接到适当的载体 DNA 上，转化细胞，形成一套重组克隆。在需要时，结合筛选方法从众多的转化子菌株中选出含有某一基因的菌株，从中将重组的 DNA 分离、回收。这种方法的特点是绕过直接分离基因的难关，利用"散弹射击"原理去"命中"某个基因，所以人们称这个方法为"鸟枪法"（shotgun）。鸟枪法操作程序如下：

1）目的基因组 DNA 片段的制备：从作为供体的生物细胞中按照常规方法分离纯化其染色体 DNA，然后将染色体 DNA 用下列方法切成片段，以便与载体分子进行体外重组。

A. 机械切割。供体染色体 DNA 可用超声波处理等机械方法随机切割成双链平头片段。通过控制合适的超声波处理强度和时间，可以将切割的 DNA 片段控制在一定的大小范围内。通常都将外源 DNA 片段处理成略小于载体装载量上限的长度，以减少后续筛选的规模与难度。在染色体 DNA 上目的基因区域的限制性酶切图谱未知时，这种采用机械切割制备待克隆 DNA 片段往往是首选方法，但由于这些 DNA 片段都是随机平头末端，因此必须插入到载体 DNA 的平头限制性酶切位点上、增加了克隆的难度，而且克隆的外源 DNA 片段很难完整地从重组分子上卸下。

B. 限制性内切酶部分酶解。采用识别序列为四个碱基对的限制性内切酶（如 *Mbo* Ⅰ、*Sau*3A、*Alu* Ⅰ等）部分降解染色体 DNA。由于这些限制性内切酶的识别顺序在任何生物基因组中均频繁出现，因此只要采取合适的部分酶解条件，同样可以获得一定长度的 DNA 随机片段，而且经酶解获得的 DNA 片段具有黏性末端，可以直接与载体分子拼接。

C. 特定限制性内切酶全酶解。如果染色体 DNA 上目的基因的两侧含有已知的限制性内切酶识别位点，而且两者之间距离不超过载体装载量的上限，那么用这一种（或两种）限制性内切酶全酶解染色体 DNA 片段可能更为有利，所产生的 DNA 片段呈非随机性，在某些程度上可以简化后续的重组和筛选操作。同时，重组分子可用相同的限制性内切酶完全切下插入片段，有利于直接筛选含有预期 DNA 片段的重组子。

2）外源 DNA 片段的全克隆：根据外源 DNA 片段的末端性质及大小确定克隆载体，鸟枪法一般选择质粒或 λ-DNA 作为克隆载体，受体细胞大多选择大肠杆菌，只有当后续筛选必须使用外源基因表达产物检测法时，才选择那些能使外源基因表达的相应受体系统。

3）目的重组子的筛选：从众多的鸟枪法克隆中快速检出目的重组子的最有效手段是菌落（菌斑）原位杂交法或外源基因产物功能检测法，前者需要理想的探针，后者则依赖于简便筛选模型的建立。在既无探针又难以建立快速筛选模型的情况下，也可采用限制性酶切图谱法对所获重组克隆进行分批筛选。例如，已知目的基因位于 2.8 kb 的 *Eco*R Ⅰ DNA 片段中，可用 *Eco*R Ⅰ分别酶解所有的重组分子，初步确定含有 2.8 kb 限制性插入片段的重组克隆，然后再根据目的基因内部的特征性限制性酶切位点进行第二轮酶切筛选，最终找到目的重组子。

4）目的基因的定位：在绝大多数情况下，利用鸟枪法获得的目的重组子只是含有目的基因的 DNA 片段，必须通过次级克隆或插入灭活，在已克隆的 DNA 片段上准确定位目的基因，然后对目的基因进行序列分析，搜寻其编码序列及可能存在的表达调控序列。

鸟枪法克隆目的基因的工作量之大是可想而知的，而对目的基因及其编码产物的性质了解得越详尽，工作量就越少。

（2）cDNA 文库：对于真核生物而言，由于基因组结构复杂、数量庞大，且含有内含子，因此在构建文库时通常选择以特定的组织或细胞 mRNA 为模板，反转录形成 cDNA 后与适当的载体连接，转化受体菌形成重组 DNA 克隆群。这种包含着特定组织或细胞全部成熟 mRNA 信息的 cDNA 克隆集合称为该组织或细胞的 cDNA 文库。cDNA 文库能够特异性地反映出某种组织或细胞在特定发育阶段所表达蛋白质的编码基因信息，因此具有组织或细胞特异性。相比基因组文库，cDNA 文库具有以下优点：①cDNA 文库是以 mRNA 为原材料，排除了真核基因组内含子的干扰；②对于一些 RNA 病毒来说，只能构建 cDNA 文库；③cDNA 文库的筛选简单易行；④由于每一个 cDNA 克隆都代表一种 mRNA 序列，这样在选择中出现假阳性的概率就比较低。

cDNA 文库的构建大致可分为 RNA 的提取、cDNA 的合成、载体连接、转化受体菌等步骤。其中在 RNA 的提取及 cDNA 合成方面与 RT-PCR 有所不同的是：

1）由于 cDNA 文库的构建对 mRNA 的数量和质量都有更高的要求，因此通常都需要将总 RNA 进一步纯化获得总 mRNA。真核细胞 mRNA 分子 3′端固有的 poly（A）尾巴为总 mRNA 的纯化富集提供了十分方便的途径，利用 oligo（dT）包被的磁珠等材料，便可高效地获得总 mRNA。

2）在 cDNA 第一链合成之后，要继续合成 cDNA 第二链，获得双链 cDNA。目前合成 cDNA 第二链的方法主要以下几种。

A. 置换合成法。该方法是在 cDNA 第一链反转录合成后，用 RNaseH 酶处理 mRNA：cDNA 的杂交链。RNaseH 能识别 RNA-DNA 杂合分子并将其中的 RNA 降解成许多短片段。这些仍然与 DNA 分子结合着的 RNA 片段可作为引物，在大肠杆菌 DNA 聚合酶 I 的催化下、以 cDNA 第一链为模板合成一段段互补的 cDNA 片段，进而在 DNA 连接酶的作用下连接成一条链，即 cDNA 第二链。遗留在 cDNA 第二链 5′端的一段很小的 mRNA 会被大肠杆菌 DNA 聚合酶 I 的 5′-3′核酸外切酶和 RNaseH 酶降解，暴露出的对应 cDNA 第一链 3′端也会被 DNA 聚合酶 I 的 3′-5′核酸外切酶活性消化掉，从而形成平端或差不多的平端。这种方法合成的 cDNA 在 5′端会存在几个核苷酸缺失，但一般不影响编码区的完整性。

B. 引物-衔接头合成法。cDNA 第一链合成后直接采用末端转移酶在 cDNA 第一链的 3′端加上一段 Poly（dC）的尾巴，然后用一段带接头序列的 poly（dG）短核苷酸链作引物合成互补的 cDNA 第二链，接头序列可以是适用于 PCR 扩增的特异序列或用于方便克隆的酶切位点的序列。

C. SMART（switching mechanism at 5′ end of the RNA transcript）技术。在合成 cDNA 的反应中事先加入 3′端带 Oligo（dG）的 SMART 引物，由于反转录酶在反转录到达 mRNA 的 5′端时会碰到真核 mRNA 特有的“帽子结构”（即甲基化的 G），此时它会在合成的 cDNA 末端连续加上几个 dC，SMART 引物的 Oligo（dG）便会与这几个突出的 dC 配对结合，然后反转录酶会自动转换以 SMART 引物作为延伸模板继续折返延伸合成 cDNA 第二链。这样得到的所有 cDNA 双链的一端含有 Oligo（dT）的起始反转录引物序列，另一端含有已知的 SMART 引物序列，非常方便后续进行 PCR 扩增。此外，由于有 5′帽子结构的 mRNA 才能利用这个反应得到能扩增的 cDNA，因此扩增得到的 cDNA 就是全长 cDNA。

（二）基因与载体分子的连接

目的基因必须进入宿主细胞中才能得到复制和进行生物表达，而这一过程必须要通过载体的作用才能实现。作为基因工程的载体，一般都需要具有如下特性：

（1）能在宿主细胞内进行独立和稳定的自我复制，尽管有外源基因插入，这种稳定的复制状态和遗传特性不会改变。这一功能特性往往由一类称为复制子的元件来执行。

（2）易于从宿主细胞中分离、纯化。

（3）具有较小的相对分子质量和松弛型复制子。

（4）在载体 DNA 分子复制的非必需区内，存在有适当的限制性内切酶位点，最好是含有多个单一的酶切位点，可供插入外源 DNA 分子，但不影响载体自身的复制。这一区域通常称为多克隆位点（multiple cloning site，MCS）。

（5）具有便于观察的表型特征基因，可以作为筛选阳性重组 DNA 的标志。最常用的主要是抗药性基因，如抗氨苄西林、抗卡那霉素、抗四环素、抗氯霉素等抗生素基因等。此外，还有可产生颜色变化或发光的基因，如半乳糖苷酶（LacZ）基因、荧光蛋白基因等。

载体根据来源可分为质粒载体、噬菌体载体、酵母细胞载体、病毒载体等。根据用途则可以分为克隆载体和表达载体。克隆载体是携带外源基因进入宿主细胞，使外源基因在宿主细胞中繁殖的载体。克隆载体都有一个松弛型复制子，能带动外源基因在宿主细胞中有效地复制扩增。表达载体是适合在宿主细胞中表达外源基因的载体，它必须具有强启动子、翻译起始信号（即起始密码子和核糖体结合位点）、终止子，能够对外源基因进行高效的转录与表达，其中启动子又分为诱导性启动子和组成型启动子，前者在缺乏诱导剂时不产生转录或维持低的基础转录活性，而在诱导剂添加后则产生强的转录表达作用。表达载体根据表达的蛋白质又分为融合型表达载体和非融合型表达载体。

知识链接：

1977 年，第一个人工质粒 pBR322 在美国加利福尼亚大学诞生，至今依然被科研人员们所使用着。其命名中的 p 代表质粒（plasmid），BR 则代表构建者 Bolivar 和 Rodriguez。pBR322 质粒有 4361 bp，包含 pMB1 复制起点、氨苄青霉素抗性基因、四环素抗性基因、40 余个单一的限制性内切酶位点等重要元件，为后来各种基因转移载体的构建提供了重要的元件及参考。

目的基因与载体分子的体外连接，目前常用的主要包括依赖于限制性内切酶酶切、DNA 连接酶的传统体外连接方法，以及连接非依赖性克隆方法。

1. 传统的酶切-连接方法 传统克隆方法都是先利用限制性 DNA 内切酶将目的基因与载体分子均切出相同的黏性末端或平末端，然后利用 T4 DNA 连接酶将两者连接起来，形成重组 DNA 分子。

（1）限制性内切酶酶切反应：限制性核酸内切酶（restriction endonuclease）是可以识别 DNA 的特异序列，并在识别位点或其周围切割双链 DNA 的一类内切酶。根据限制酶的结构、辅因子的需求、酶切位点与作用方式，可将限制酶分为三种类型，目前用于基因工程中的主要是Ⅱ型限制性内切酶，其酶切位点通常是倒转互补的回文序列。大多数Ⅱ型限制性内切酶在对双链 DNA 分子进行切割后，会使 DNA 形成单链突出的黏性末端，如 *Eco*RⅠ、*Hin*dⅢ、*Bam*HⅠ等。少部分Ⅱ型限制性内切酶在切割后则会形成平末端，如 *Eco*RⅤ、*Hae*Ⅲ等（图 4-4）。

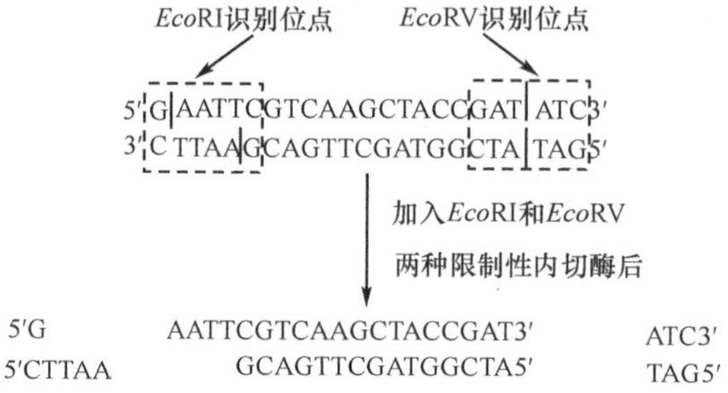

图 4-4 限制性内切酶酶切特点示例

在基因工程操作中，为了便于后续将目的基因 DNA 分子与载体 DNA 分子连接在一起，通常都先用限制性内切酶对两者进行处理，以获得连接性末端。为了确保后续连接反应及重组子筛选的效率，通常以切割形成黏性末端更为常用。

知识链接：

Arber 在利用噬菌体研究紫外线对生物体影响的时候，发现大肠杆菌被噬菌体感染后，一些噬菌体开始繁殖，但另一些似乎受到某种限制而未能繁殖。虽然，噬菌体感染受限、受保护的现象并非 Arber 首次发现，在他之前从未有人想要去追究该现象的内在原因，但

Arber 决定放弃最初的课题，转而研究这一“限制性噬菌体感染现象”。最终他发现当噬菌体进入细菌体内后，噬菌体的 DNA 会被细菌本身的一种化解酶所破坏，因而限制了噬菌体的繁殖；而细菌中同时还拥有另一种甲基化的保护酶，该酶可以使细菌本身及某些噬菌体 DNA 得到保护，从而使属于同一个细菌株的噬菌体可正常感染并繁殖。随后，Arber 与 Smith 合作，分离、提取了这种化解酶（即限制性内切酶）和保护酶，并阐明了这两种酶的分解和修饰特性机制。此外，另一位科学家 Nathans 则利用这种酶测定了 DNA 的碱基排序。1978 年，3 人共同获得了诺贝尔生理学或医学奖。

（2）连接反应：DNA 连接酶（DNA ligase）是一种可以封闭 DNA 链上缺口的工具酶，它借助 ATP 或 NAD 水解提供的能量催化 DNA 链的 5′-PO_4 与另一 DNA 链的 3′-OH 生成磷酸二酯键。目前最常用的是来自噬菌体的 T4 DNA 连接酶。

目的基因 DNA 分子及载体 DNA 分子在经过限制性内切酶酶切产生连接性末端后，将两者依照适当比例混合在一起，在 DNA 连接酶的催化下，即可形成 3，5-磷酸二酯键，使两者间断开的 DNA 缺口连接起来，形成完整的重组 DNA 分子。

2. 连接非依赖性克隆方法　1990 年，Charalampos Aslanidis 等报道了一种不依赖于连接反应的克隆方法，称为连接非依赖性克隆（ligation-independent cloning，LIC）方法。这种方法的基本原理主要包括 4 个步骤：

（1）PCR 扩增 DNA 分子：用 5′端带有一段额外序列的特异性引物分别扩增目的 DNA 和载体 DNA。

（2）T4 DNA 聚合酶制备黏性末端：在某种 dNTP 存在的条件下用 T4 DNA 聚合酶进行处理，T4 DNA 聚合酶会利用其 3′-5′外切核酸酶活性消化 DNA 分子，当消化到与所添加的特定 dNTP 相同的核苷酸时，消化反应停止，从而使 DNA 分子产生 5′端突出的黏性末端。

（3）连接重组：所得到的带有黏性末端的目的基因 DNA 片段和载体 DNA 混合并在一定温度下变性、退火，使两者的黏性末端匹配结合，形成带有缺口的环状 DNA 分子。需要注意的是，为确保两者黏性末端的匹配，在第（1）步中扩增目的 DNA 的引物中的额外序列应该是和载体引物额外序列反向互补的，而且都是由不含有与后续 T4 DNA 聚合酶处理时所加 dNTP 相同的另外 3 种脱氧核糖核酸组成的，所形成的黏性末端通常需要至少 12 bp。此外，目的 DNA 与载体 DNA 在用 T4 DNA 聚合酶处理制备黏性末端时，所加入的 dNTP 应该是彼此相互匹配的（即 dGTP 对 dCTP、dATP 对 dTTP），从而使两者黏性末端长度相同。

（4）转化修复：将重组得到的环状 DNA 分子转化到大肠杆菌感受态细胞后，细菌体内的 DNA 修复机制会将缺口自发修复，形成完整的闭合环状重组 DNA 分子。

与传统方法相比，LIC 方法可以人为设计制备黏性末端，不需要限制性内切酶酶切与 DNA 连接酶的连接过程，不会因特定核苷酸序列（限制性酶切位点）在 DNA 分子中的分布而受到限制，但会在重组 DNA 分子中引入至少 12 个核苷酸组成的“补丁”。后续研究又进一步开发出了序列及连接非依赖性克隆（sequence and ligation independent cloning，SLIC）、尿嘧啶特异性删除介导的克隆（uracil-specific excision reagent-LIC，USER-LIC）、一步等温反应克隆（one-step isothermal assembly method，OSIAM）等新一代方法，可以很好地实现 LIC 的无痕克隆及多片段的一步组装，目前已经受到了越来越多的应用。

（三）重组 DNA 分子导入宿主细胞

外源基因与载体形成重组 DNA 分子后，需要将其导入到宿主细胞中扩增和筛选成为外源基因的无性繁殖（克隆）。将外源基因导入到宿主细胞中主要有两个目的：①大量产生重组 DNA 分子。因为在完成连接反应后重组 DNA 分子往往只能达到 ng 级，不易操作和进行下一步分析，而把重组 DNA 导入到宿主细胞中，随着宿主细胞进行多次分裂，且在每个宿主细胞中又会有多拷贝的重组子，从而使重组 DNA 得以扩增。② 对重组子进行纯化，在构建重组 DNA 分子的连接体系中，会有很多分子存在，如没有连接上的载体分子、没有连接上的 DNA 片段、自身环化的载体分子或 DNA 分子，以及连接上污染的其他 DNA 片段的载体等。没有连接上的载体和 DNA 分子即使进入宿主细胞，也会因其不能复制很快被宿主细胞中的酶降解掉，而自身环化的分子及污染了的重组分子也会通过进一步的筛选得以去除，从而得到大量的、单一的重组体分子。

将外源重组体分子导入宿主细胞的方法有转化（transformation）、转导（transduction）、转染（transfection）、显微注射技术等。其中，转化是将质粒或其他外源 DNA 导入处于感受态的宿主细胞，并使其获得新的表型的过程；转导是由噬菌体和细胞病毒介导的遗传信息转移过程；转染多指真核细胞导入外源 DNA 片段而获得新表型的过程；显微注射则是在高倍倒置显微镜下，通过控制显微注射针将 DNA 或别的样品注射入细胞的过程，在转基因动物、基因敲除动物、体外辅助受精等方面应用较多。目前，在基因工程制药领域，最常用的还是转化的方法。

1. 感受态细胞（competent cells） 感受态就是宿主细胞能够吸收外源 DNA 的生理状态，转化效率的高低直接与宿主细胞的感受状态有关。在基因工程操作中，常需要采取一些方法处理宿主细胞，使之成为易于接受外源 DNA 分子的感受态。例如，大肠杆菌可以用 $CaCl_2$、毕赤酵母可以用 LiCl 处理制备感受态细胞。

2. 转化反应 目前，最常用的转化技术主要有如下两种。

（1）热休克法（hot shock）：将待转化的重组 DNA 分子与感受态细胞的转化体系在 42℃的短暂刺激下，使重组 DNA 分子进入宿主细胞。这个过程要经历吸附、转化、自身稳定及表达四个阶段。之后便可以在选择性培养基生长出转化子的菌落。

（2）电穿孔法（electroporation）：这是一种电场介导的细胞膜可渗透化处理技术。受体细胞在电场脉冲的作用下，细胞壁上形成一些微孔通道，使得 DNA 分子直接与裸露的细胞膜脂质双分子层结构接触，并引发吸收过程。具体操作程序因转化细胞的种属而异。虽然电穿孔法转化较大的重组质粒（＞100 kb）的转化效率比小质粒（～3 kb）低一千倍，但依然比 Ca^{2+}诱导和原生质体转化方法理想，因为这两种方法几乎不能转化大于 100 kb 的质粒 DNA。电穿孔法对于几乎所有的细菌均可找到一套与之匹配的电穿孔操作条件、实现高效的转化。此外，电穿孔法对真核细胞（包括哺乳动物细胞）的转化、细胞融合等同样有很好的效果。

（四）重组子的鉴定和筛选

在前文中已讲述，外源基因与载体连接后的连接体系是含有多种成分的混合体系，要在大量的转化子中挑选出含有目的基因的转化子，还需要进行进一步的鉴定与筛选。常见的鉴定方法有三种。

1. 重组体表型特征的筛选

（1）抗生素平板法：载体中一个很重要的组成部分就是报告基因，这种报告基因大多数是一些抗生素的抗性基因。因此将转化后的重组子细胞置于含有载体抗性对应的抗生素培养平板上进行培养时，便可以长出菌落，而不含有重组 DNA 的宿主细胞则因缺乏抗性基因而不能生长。

（2）插入失活法：某些载体会将多克隆位点置于报告基因内部，因此当外源 DNA 插入后会造成报告基因失活，从而利用这一点筛选鉴定出阳性的重组子。例如，某些载体上携带一段细菌的 LacZ 基因，它编码β-半乳糖苷酶的α-肽，载体转化的受体菌则具有β-半乳糖苷酶 ω 片段，但不能产生α-肽。这样，将载体转化到宿主细菌细胞后，两者通过互补，形成完整的β-半乳糖苷酶活性，可分解 X-Gal（5-溴-4-氯-3-吲哚-β-D 半乳糖苷）产生蓝色菌落。如果在载体 LacZ 基因中插入外源 DNA，则会造成 LacZ 基因失活，不能合成α-肽，也就不能与宿主互补形成有功能的β-半乳糖苷酶，失去了分解 X-Gal 的能力。因此，在 X-Gal 平板上，含阳性重组体的细菌为无色菌落，而非重组体转化的细菌则为蓝色菌落。这种蓝白斑筛选法就是一种常见的利用插入失活原理筛选重组子的方法。

（3）插入表达法：与插入失活法相反，在某些载体的报告基因的上游会有一段阻遏调节序列，当目的基因插入到这段阻遏调节基因序列时，阻遏调节序列失活，因而下游的报告基因不会受到阻遏调节而能够表达。

2. 重组 DNA 分子结构特征的鉴定

（1）酶切法筛选：将初步筛选的阳性克隆小量培养后，提取重组质粒或重组噬菌体 DNA，用 1～2 种内切酶酶切，然后进行凝胶电泳，检测插入 DNA 片段的大小。

（2）PCR 鉴定：通过插入片段两侧互补的引物，以重组质粒 DNA 作为模板进行 PCR 分析，可快速测出插入 DNA 片段的大小及鉴定其序列特异性。

（3）菌落（或噬菌斑）原位杂交：将转化细胞培养在琼脂平板上，当形成菌落（或噬菌斑）后，再将硝酸纤维滤膜贴在平板上，使菌落（或噬菌斑）转印到硝酸纤维滤膜上。翻转此滤膜并置于另一不含菌的平板上培养，培养后的滤膜上可长出菌落（或噬菌斑）。取出滤膜，用裂解液处理使菌体裂解，释放出 DNA。再用碱处理，使 DNA 变性，经烘烤将变性 DNA 固定于滤膜上。然后用放射性核素标记的核酸探针进行分子杂交，并经放射自显影，黑点代表杂交上的菌落，即可筛选到阳性克隆。通常影印的滤膜必须有双份，在一张滤膜上找到阳性克隆后，可在另一张滤膜的相应位置上找到活的细菌（或噬菌体）。此法的优点是可在短时间内从成千上万个克隆中筛选到阳性克隆。

（4）Southern 印迹杂交法：又称凝胶电泳压印杂交技术，其大致过程是先进行限制性内切酶酶切待测的 DNA，然后进行琼脂糖凝胶电泳。电泳完毕后，将凝胶放入碱性溶液中，使双链 DNA 变性解离为两条单链，再在凝胶上贴盖硝酸纤维素滤膜，使凝胶上的单链 DNA 条带按照原来的位置印到膜上，再将此膜置于含有放射性核素标记的核酸探针的杂交液中，按照碱基互补配对原理，如果被检测的 DNA 与核酸探针具有互补序列，就能在被检测的 DNA 区带部位结合形成双链的杂交分子，并通过放射自显影显示出来。

（5）DNA 序列测定：不论采取何种方法进行重组子的初筛，最后为了确证目的基因序列的正确性，都应该对重组体的 DNA 进行序列测定。

知识链接：

测序技术已经获得了飞速的发展，目前可分为三代：

（1）第一代即 Sanger 双脱氧终止法。其原理是由于双脱氧核苷酸（ddNTP）在 DNA 的合成过程中不能形成磷酸二酯键，可中断 DNA 合成反应。因此分别在 4 个 DNA 合成反应体系中加入一定比例带有放射性核素标记的 ddATP、ddCTP、ddGTP、ddTTP，将合成产物通过凝胶电泳和放射自显影检测即可根据电泳带的位置确定末端终止的碱基，从而推测出 DNA 序列。Sanger 也因此获得了 1980 年的诺贝尔化学奖。

（2）第二代测序技术的核心思想是边合成边测序（sequencing by synthesis），即通过捕捉新合成的末端的标记来确定 DNA 的序列，现有的技术平台主要包括 Illumina/Solexa Genome Analyzer、Roche/454 FLX 和 Applied Biosystems SOLID system。

（3）被称为第三代测序技术有 He-licos 单分子测序技术、PacificBioscience 的 SMRT 技术、Oxford Nanopore Technologies 的纳米孔单分子测序技术等。第三代测序技术已不需要进行 PCR 扩增。

3. 外源基因表达产物的鉴定　外源基因表达产物的鉴定，通常是根据抗原与抗体的特异性反应原理来进行的。抗原-抗体反应是抗原和对应抗体在一定条件下特异结合形成可逆性抗原-抗体复合物的过程。由于抗原的物理性状、抗体的特点、参与反应的介质和实验条件的不同，抗原-抗体反应可分为凝集反应（颗粒性抗原）、沉淀反应（可溶性抗原）、补体结合反应或嗜细胞反应等。根据抗原和抗体的特异性结合反应，衍生出了免疫印迹、酶联免疫吸附、免疫荧光、免疫组织化学等检测方法，广泛用于目的蛋白质的检测。

（1）免疫印迹（Western Blot）法：是将蛋白质转移到膜上，然后利用抗体进行检测。对已知表达蛋白，可用相应抗体作为一抗进行检测，对尚没有抗体可用的新基因的表达产物，可通过融合标签的抗体检测。Western blot 是检测单一细胞蛋白表达量最好的方法。Western Blot 与 Southern 或 Northern 杂交方法类似，但 Western Blot 采用的是聚丙烯酰胺凝胶电泳，被检测物是蛋白质，“探针”是抗体，“显色”用标记的二抗。经过聚丙烯酰胺凝胶电泳分离的蛋白质样品，转移到固相载体（如硝酸纤维素薄膜）上，固相载体以非共价键形式吸附蛋白质，且能保持电泳分离的多肽类型及其生物学活性不变。以固相载体上的蛋白质或多肽作为抗原，与对应的抗体起免疫反应，再与酶或放射性同位素标记的第二抗体起反应，经过底物显色或放射自显影以检测电泳分离的特异性目的基因表达的蛋白成分。该技术也广泛应用于检测蛋白水平的表达。

（2）酶免疫测定（enzyme immunoassay，EIA）法：EIA 是用酶标记的抗体（抗原）来检测抗原（抗体）的方法，将抗原抗体反应的特异性与酶催化的高效性相结合，通过酶作用于底物显色。再用酶标仪测定吸光度值以判定被检测物质的含量。用于标记的酶主要有辣根过氧化物酶（HRP）和碱性磷酸酶（ALP）等。应用最广泛的 EIA 技术是酶联免疫吸附试验（enzyme linked immunosorbent assay，ELISA）。ELISA 的基本方法是：将已知的抗原或抗体吸附在固相载体（聚苯乙烯微量反应板）表面，使酶标记的抗原抗体反应在固相表面进行，将未反应的游离成分洗涤去除后，利用酶与底物的显色反应进行检测。常用的 ELISA 法有双抗体夹心法和间接法，前者用于检测大分子抗原，后者用于测定特异性抗体。

二、基因工程制药的关键技术与策略

（一）基因表达系统的选择

基因工程发展至今，已经开发形成了一系列不同的表达系统，这些系统在用于生物药物的生产中各有其优缺点，需要结合具体情况加以选取（表 4-1）。

表 4-1 各种基因工程表达系统的特性比较

表达系统	优缺点	适用	已上市药物
大肠杆菌	具有良好的可操作性，成本低，但不能进行糖基化修饰，胞内易形成包涵体	抗体片段、翻译后修饰不会影响活性的蛋白质类药物	胰岛素、干扰素、粒细胞集落刺激因子、表皮生长因子、链激酶等
酵母	兼具原核细胞良好的可操作性和真核系统的后加工能力，但产量相对大肠杆菌偏低、存在过度糖基化等问题	对蛋白结构有一定要求的蛋白质，如牛凝乳酶、人血清蛋白等	胰岛素、表皮生长因子、利拉鲁肽、重组乙肝疫苗、HPV 疫苗 Gardasil 等
昆虫细胞	具有高等真核生物表达系统的优点，产物的抗原性、免疫原性和功能与天然蛋白质相似，表达水平较高，但糖基化程度较低，形式单一	适用于大部分蛋白质	HPV 疫苗 Cervarix、前列腺癌疫苗 Provenge
哺乳动物细胞	产物的抗原性、免疫原性和功能与天然蛋白质最接近，糖基化等后加工最准确，但表达水平较低、生产成本高	抗体等对蛋白结构要求较高，分子较大，结构复杂的蛋白质	阿达木单抗、英夫利昔单抗、重组乙肝疫苗、促红细胞生成素等
转基因植物	经济实用，成本低，表达产物能进行正确的折叠，但产物的分离纯化难	大分子质量的药用蛋白质	Elelyso（葡糖脑苷脂酶）
转基因动物	产物易提纯，可进行必要的修饰，且产物具有生物活性，但转基因动物成活率低，遗传困难	对蛋白质结构要求较高、结构复杂的药用蛋白质	ATryn（重组人抗凝血酶Ⅲ）、Ruconest(重组 C1 酯酶抑制剂)、Kanuma（重组溶酶体酸性脂肪酶）

1. 原核表达系统

（1）大肠杆菌表达系统：大肠杆菌（*Escherichia coli*）是目前研究最多、最为成熟的基因工程表达系统。具有遗传背景清楚、操作成熟、目标基因表达水平高（达 70%），培养周期短，抗污染能力强等优点。但同时也存在如下缺点：产品难以分泌到发酵液中，多为胞内产物，提取困难；没有内质网、高尔基体等蛋白翻译后修饰加工的亚细胞器，合成的外源重组蛋白不能进一步被加工修饰，表达产物缺乏糖基化、酰胺化等；细胞死亡后，细胞壁脂多糖游离出来形成内毒素，具有抗原性，产生热原。

（2）枯草芽孢杆菌表达系统：枯草芽孢杆菌（*Bacillus subtilis*）也是一种重要的原核表达宿主，具有培养简单快速，蛋白质胞外分泌能力较强、非致病性、发酵生产技术较成熟等优点，是目前生产淀粉酶、蛋白酶和脂肪酶等各种工业用酶的理想表达宿主。但是目前，枯草芽孢杆菌表达系统仍然存在不完善的地方：大部分外源蛋白在其体内的表达仍旧不高；能产生大量的胞外蛋白酶，往往造成表达产物的大量降解；感受态持续时间短暂，转化效率低；存在限制和修饰系统，重组质粒不稳定。

知识链接：

乳酸菌表达系统：乳酸菌（lactic acid bacteria，LAB）是一类能发酵糖类产生乳酸的革兰阳性菌的通称，包括乳杆菌、乳球菌等几十个属，其中许多都是人和动物胃肠道、生殖道的共生菌，是可促进人和动物健康的益生菌。很久以来，已被广泛地应用于食品、饮料和微生态制剂等行业中，是公认为安全的食品级微生物。利用乳酸菌作为表达系统，最吸引人的是因为乳酸菌安全、没有内毒素、可在体内定植存活，同时作为一种革兰阳性细菌，乳酸菌也具有较好的胞外分泌表达特性。因此，理论上乳酸菌可直接作为口服给药载体，表达的外源蛋白质可以直接连同菌体一起服用，不需要经过分离纯化，同时有效地避免了胃肠道 pH 变化与蛋白酶对药物蛋白的变性损伤。此外，由于肠道具有丰富的黏膜免疫系统，乳酸菌同样是一种理想的口服疫苗载体。但对基因工程改造活菌安全性的担忧是目前面对的最大问题。此外，乳酸菌表达系统也存在转化效率低、表达量较低等不足。

2. 真核表达系统

（1）酵母表达系统：酵母是一种单细胞低等真核生物，安全无毒、遗传背景清楚，也是一种很常见的基因工程表达宿主。酵母细胞能够耐受较高的流体静压，培养工艺较为成熟，可用于基因工程药物的大规模生产。酵母细胞具有一定的翻译后加工能力，能够对表达的外源蛋白质进行折叠加工和糖基化修饰，表达产物比原核表达更接近于天然的正确构象，特别适合于表达真核生物基因和制备有功能的表达蛋白质。此外，酵母表达系统还具有外分泌信号序列，能够将所表达的外源蛋白质分泌到细胞外，易于纯化；巴斯德毕赤酵母等甲醇酵母还可利用成本低廉的甲醇作为唯一碳源并进行诱导表达。不过，酵母表达系统的糖基化修饰与高等真核细胞并不完全相同，有时会影响蛋白质的活性。目前，常用的酵母表达系统包括酿酒酵母、巴斯德毕赤酵母、乳酸克鲁维酵母、多型汉逊酵母等，其中以巴斯德毕赤酵母应用最多。

（2）昆虫杆状病毒表达系统：主要是以昆虫细胞、昆虫整体和杆状病毒结构基因中多角体蛋白的强启动子构建的表达载体，可使很多真核目的基因得到有效甚至高水平的表达。它具有真核表达系统的翻译后加工功能，如二硫键的形成、糖基化及磷酸化等，使重组蛋白在结构和功能上更接近天然蛋白；其最高表达量可达昆虫细胞蛋白总量的 50%；可表达非常大的外源性基因（～200 kD）；具有在同一个感染昆虫细胞内同时表达多个外源基因的能力；对脊椎动物安全。由于病毒多角体蛋白在病毒总蛋白中的含量非常高，至今已有很多外源基因在此蛋白的强大启动子作用下获得高效表达。不过，昆虫杆状病毒表达系统的糖基化方式也还是与脊椎动物细胞内的糖基化方式有一定的差异。此外，杆状病毒感染最终会导致宿主死亡、因此每一轮蛋白合成均需重新感染。

（3）哺乳动物细胞表达系统：哺乳动物细胞表达系统是生产天然真核生物蛋白的理想表达系统，是目前应用最广泛的动物细胞表达系统。其优点和缺点都极其显著。产物的抗原性、免疫原性和功能与天然蛋白质最接近，糖基化等后加工最精确。一般会产生正确加工的、有活性的蛋白。但该表达系统的表达水平较低、培养基昂贵、生长缓慢、含有过敏物质等缺点在实际应用过程中较难避免。哺乳动物细胞表达系统通常用来生产用常规方法无法获得的真核细胞蛋白，如糖蛋白（EPO 等）、膜蛋白（TNF 受体等），抗体（抗 VEGF 抗体等）等。中国仓鼠卵巢（Chinese hamster ovary，CHO）细胞是目前重组糖蛋白生产最常见的哺乳动物细胞体系。

3. 转基因动/植物表达系统

（1）转基因动物表达系统：利用原核显微注射法、胚胎干细胞法等方法，可以构建获得在动物乳腺或特定组织器官中高效表达外源基因的转基因动物。转基因动物在表达外源蛋白质时能产生非常类似于哺乳动物细胞系的糖链结构，且当外源基因特异性在转基因动物乳腺表达时，目的蛋白质可从乳汁中分离纯化获得，工艺相对简单，环境污染小。但是，转基因动物的构建与培育成本较高，且对外源蛋白质的糖链修饰结构会随种属和器官的不同而不同。

（2）转基因植物表达系统：转基因植物具有许多优点，如可大面积种植、成本较低；外源基因可稳定地向下一代遗传保存；目的产物可在种子、果实和块茎中便于贮运，有些甚至可实现直接食用；表达产物能进行正确的翻译后加工，具有与高等动物细胞近似的免疫原性和生物活性等。但外源蛋白质表达量较低、分离提取成本较高、存在生态及安全性隐患等不足，限制了它在制药工业的应用。目前，制备转基因植物的方法主要有农杆菌转化法、基因枪法、花粉管通道法等。

（二）表达载体的选择

影响表达载体基因工程表达能力与特性的，主要是一些关键的元件，在具体研究时应予以考虑选取。

1. 启动子（promoter） 是一段位于结构基因 5′端上游区的 DNA 序列，能活化 RNA 聚合酶，使之与模板 DNA 准确结合并起始基因转录。在一定条件下，目的基因的转录速率和水平与启动子的强弱密切相关，而转录又在很大程度上影响目的蛋白质的表达。启动子的强弱与其自身的序列有很大关系，原核生物启动子中-10 区和-35 区这两个元件的碱基组成及彼此的间隔长度，以及启动子与外源基因转录起始位点之间的距离会对基因转录效率产生很大的影响。

从理论上讲，将外源基因置于一个具有持续转录活性的强启动子控制下，是高效表达的理想方法。然而，外源基因的高效表达往往会对宿主细胞的正常生理生化过程造成不利影响。此外，外源基因持续高效表达的重组质粒在细胞若干次分裂之后，往往会部分甚至全部丢失，而不含质粒的受体细胞因生长迅速最终在培养物中占据绝对优势，导致重组菌的不稳定性。利用可控性的启动子调控外源基因的表达，即通过启动子活性的定时诱导，将外源基因的转录启动限制在受体细胞生长循环的某一特定阶段，是克服上述困难的有效方法。大肠杆菌表达系统中通常使用的可调控的启动子有 Lac（乳糖启动子）、Trp（色氨酸启动子）、Tac（乳糖和色氨酸的杂合启动子）、P_L启动子、T7 噬菌体启动子等（表 4-2）。

表 4-2 常见的大肠杆菌表达质粒启动子

启动子	来源	调控元件/诱导剂	强度
Lac	乳糖操纵子	LacI/IPTG	强
Trp	色氨酸操纵子	TrpR/IAA	强
Tac	结合了 Trp 启动子的-35 序列和 Lac 启动子的-10 序列	LacI/IPTG	强

续表

启动子	来源	调控元件/诱导剂	强度
P_L	λ 噬菌体	λcI 阻遏物/温度	强
噬菌体 T5	T5 噬菌体	LacI/IPTG	强
pBAD	阿拉伯糖操纵子	AraBAD/阿拉伯糖	严谨
T7	T7 RNA 聚合酶	LacI/IPTG	非常强

（1）Lac 启动子：它来自大肠杆菌的乳糖操纵子，由阻遏蛋白基因（LacI）、启动基因（P）、操纵基因（O）和编码 3 个与乳糖利用有关的酶的基因所组成。Lac 启动子受分解代谢系统的正调控和阻遏物的负调控。正调控通过 CAP（catabolite gene activation protein）因子和 cAMP 来激活启动子，促使转录进行。负调控则是由调节基因产生 LacZ 阻遏蛋白，该阻遏蛋白能与操纵基因结合阻止转录。乳糖及某些类似物如异丙基-β-D-硫代半乳糖苷（IPTG）可与阻遏蛋白形成复合物，使其构型改变，从而解除这种阻遏，诱导转录发生。

（2）Trp 启动子：它来自大肠杆菌的色氨酸操纵子，其阻遏蛋白必须与色氨酸结合才有活性。当缺乏色氨酸时，该启动子开始转录。当色氨酸较丰富时，则停止转录。3-吲哚丙烯酸（IAA）可竞争性抑制色氨酸与阻遏蛋白的结合，解除阻遏蛋白的活性，促使 Trp 启动子转录。

（3）Tac 启动子：是一组由 Lac 和 Trp 启动子人工构建的杂合启动子，受 Lac 阻遏蛋白的负调节，可被 IPTG 解除阻遏而诱导表达。Tac 启动子的启动能力比 Lac 和 Trp 都强。

（4）P_L 启动子：它来自 λ 噬菌体早期左向转录启动子，是一种活性比 Trp 启动子高 11 倍左右的强启动子。P_L 启动子受控于温度敏感的阻遏物 cIts857。在低温（30℃）时，cIts857 阻遏蛋白可阻遏 P_L 启动子转录。在高温（45℃）时，cIts857 蛋白失活，阻遏解除，促使 P_L 启动子转录。这种温度诱导方式简单易行、成本低廉，但缺点是温度转换不仅可诱导 P_L 启动子，也可诱导热休克基因，其中有一些热休克基因会编码蛋白酶，对目的蛋白的表达不利。如果用 λ 噬菌体溶源菌，并用丝裂霉素 C 或萘啶酮酸进行诱导，可缓解这一矛盾。

（5）T7 噬菌体启动子：它是来自 T7 噬菌体的启动子，具有高度的特异性，只有 T7 RNA 聚合酶才能使其启动。T7 RNA 聚合酶的效率比大肠杆菌 RNA 聚合酶高 5 倍左右，它能使质粒沿模板连续转录几周，许多外源终止子都不能有效地终止它的序列，因此它可转录某些不能被大肠杆菌 RNA 聚合酶有效转录的序列。这个系统可以高效表达其他系统不能有效表达的基因。但要注意用这种启动子时宿主中必须含有 T7 RNA 聚合酶。目前，更常用的是在 T7 启动子下游引入一个 *lac* 操纵子序列所产生的 T7 Lac 启动子，从而实现被 IPTG 诱导转录表达。

2. 翻译起始元件　mRNA 在细菌中的翻译效率依赖于核糖体结合位点（RBS）序列及其与起始密码子 AUG（偶尔也会使用 GUG 或 UUG）。经典的大肠杆菌核糖体结合位点核心序列是 5′-UAAGGAGG-3′，这是由 Shine 和 Dalgarro 于 1974 年首先发现的，因此也根据他们的名字命名为 SD 序列（Shine-Dalgarno sequence）。SD 序列的结构及其与起始密码 AUG 之间的距离决定了 RBS 的结合强度，从而对翻译的效率有显著影响。一般认为 SD 序列与外源基因起始密码子 AUG 之间间隔 7～13bp 时翻译起始效率最高。实验证明，连接在 SD 序列后面的 4 个碱基成分的改变，会对翻译效率发生很大的影响。如果这个区域是由 4 个 A 或 4 个 T 组成，其翻译作用最为有效；而当这个区城是由 4 个 C 或 4 个 G 组成，其翻译效率则只有最高翻译效率的 25%～50%。

在真核生物中，当起始密码子 AUG 两端序列为：5′-G/N-C/N-C/N-ANNAUGG-3′，如 5′-GCCACCAUGG-3′ 时，转录和翻译效率最高，其中特别是-3 位的 A 对翻译效率非常重要。这一规律是 Kozak 在 1984 年发现的，这一序列也因此被称为 Kozak 序列（Kozak consensus sequence），并被应用于表达载体的构建中。

3. 拷贝数（copies） 就是指某基因或质粒在某一生物基因组中的个数。很显然，拷贝数也是影响表达效率的重要因素。根据复制特性，质粒可分严紧型和松弛型两类，前者在细胞中只含 1～2 个，而后者含 10～15 个以上。拷贝数与质粒复制控制系统、宿主细胞遗传背景及生长条件有关。质粒复制控制系统首先通过调节复制子来控制拷贝数。含有相同复制子的不同质粒，在没有施加选择压力（如抗性基因所对应的抗生素）的条件下，将无法稳定共存于同一宿主细胞中，在细胞增殖过程中将有一种被排斥丢失，即存在质粒不相容性现象。

（三）密码子偏爱性的分析与应对

编码天然蛋白质 20 种氨基酸的密码子共 61 种，每种氨基酸可由 1 个至多个密码子（最多的有 6 个）编码。然而，每一个密码子对应的 tRNA 在不同物种中的含量是有差异的，因此就造成不同物种对密码子使用的偏爱性是不同的。例如，在大肠杆菌细胞中，Leu 的密码子 CTA、Ile 的密码子 ATA 及 Arg 的密码子 AGG、AGA、CGA 等所对应的 tRNA 就很少，当外源基因中含有这些密码子时在普通大肠杆菌中通常就很难获得高效的表达。密码子偏爱性的不匹配是造成外源基因在宿主细胞中表达不好的重要原因之一，而这一问题主要可通过两种策略加以解决。

1. 密码子的优化与改造 通过生物信息学的方法分析确定目的基因中所含宿主稀有密码子的数量及位置，然后将这些稀有密码子改为宿主所偏爱的密码子再直接进行全基因化学合成，或者在 PCR 获得目的基因后通过定点突变方法将稀有密码子突变改造为偏爱密码子，从而得到较高产量的表达产物。密码子分析的生物信息学网站有很多，如 Codon Usage database（http：//www.kazusa.or.jp/codon/）、Codon Usage Analyzer（http：//bioinformatics.org/codon/cgi-bin/codon.cgi）、JCat（http：//www.jcat.de/）等。

2. 宿主的优化与改造 Rosetta 等一些大肠杆菌菌株中，已人为补充了大肠杆菌所缺乏的稀有密码子对应的 tRNA。当所要表达的外源目的基因中含有大肠杆菌稀有密码子时，可选择此类菌株进行表达。需要说明的是，在通过基因工程手段引入稀有密码子 tRNA 后此类菌株已携带一定的抗生素抗性，所以在目的基因重组质粒构建时，须选择不同的抗生素抗性筛选方法。

（四）融合表达标签的选择与切除

1. 融合表达标签的选择 融合表达就是两个及以上基因序列连接在一起，以相同的读码框转录翻译后形成一个蛋白质的表达方式。在基因工程制药中，外源基因在独立表达时往往由于可溶性差、稳定性差或相对分子质量太小等原因，造成表达产物容易产生包涵体、降解、分离纯化困难等问题，采用与融合标签融合表达的策略可以有效地解决这些问题。在基因工程制药中，融合标签通常可产生如下作用。

（1）提高重组蛋白质的产量：由于外源蛋白质对于宿主菌的异质性，当外源蛋白质在宿主菌内表达时，宿主菌会调动各种机制来阻止外源蛋白质过量表达，这是宿主菌的一种保护性反应，而这种反应所导致的直接后果就是所需要的目的蛋白质表达量降低。而融合标签则可以增强重组蛋白质在宿主内抵抗蛋白质水解酶的能力，此外 N 端的融合标签还可促进核糖体翻译过程的有效起始。常规融合标签中，谷胱甘肽巯基转移酶（GST）、麦芽糖结合蛋白（MBP）、硫氧还蛋白（Trx）、泛素、小分子泛素样修饰蛋白（small ubiquitin-like modifier，SUMO）等均可显著提高外源蛋白质的表达产量。

（2）增强重组蛋白质的可溶性：外源蛋白质在大肠杆菌等宿主中表达时很容易形成不可溶、无活性的包涵体。与 GST、Trx、二硫键异构酶（DsbC）、泛素、SUMO、MBP 等标签融合表达后，可通过促进重组蛋白二硫键形成等机制有效的提高蛋白质的可溶性。

（3）避免重组蛋白质对宿主细胞的杀伤作用：当所需表达的是抗菌肽等对细菌、酵母等宿主细胞有杀伤作用的蛋白质或多肽时，直接独立表达将因为宿主细胞被重组产物抑制而难以获得高效表达，通过与标签融合则可以在表达过程封闭目的蛋白的生物学活性，使宿主细胞的生长及表达得到保护。在获得融合蛋白的高效表达后，可以再切除融合标签获得目的产物。

（4）简化蛋白质的纯化过程：多聚组氨酸、GST、MBP、Strep、SBP、FLAG、钙调蛋白结合肽等融合标签可与特定配基发生特异性结合，便于重组融合蛋白通过亲和层析实现快速高效的分离纯化（表 4-3）。

表 4-3　亲和标签及纯化方法

亲和标签	基质	洗脱方法
多聚精氨酸	阳离子交换树脂	碱性（pH＞8.0）条件下，NaCl
多聚组氨酸	Ni^{2+}-NTA	咪唑
GST	谷胱甘肽	还原型谷胱甘肽
Strep Ⅱ	Strep-Tactin（修饰的链球菌抗生物素蛋白）	脱硫生物素
c-Myc	单抗	低 pH
S	RNaseA 酶的 S 片段	硫氰酸胍、柠檬酸、氯化镁
HAT（天然组氨酸亲和标签）	Co^{2+}-CMA	低 pH，咪唑
钙调蛋白结合肽	钙调蛋白	EGTA
纤维素结合结构域	纤维素	1 型：盐酸胍或尿素；2/3 型：乙二醇
MBP	交联淀粉	麦芽糖
FLAG	Anti-FLAG 单抗	EDTA

以大肠杆菌表达系统为例，常用到的融合标签简述如下。

1）多聚组氨酸标签：组氨酸含有一个咪唑基团，这个化学结构带有很多额外电子，对于带正电的化学物质有静电引力。因此，常在目的蛋白质的 N 端或 C 端融合表达连续多个组氨酸（通常是 6 个，因此也称 6×His 标签），其分子质量很小，对蛋白质的分泌、折叠、功能基本上没有影响。而在目的蛋白分离纯化时，多聚组氨酸标签能够与镍离子高度亲和，使融合蛋白特异性结合在镍离子包被的柱填料上，而不含有多聚组氨酸标签的杂蛋白则因难以结合而从层析柱中留出，最后再用一定浓度的咪唑洗脱，将融合蛋白竞争性释放出来，即可非常方便地实现高效分离纯化。

2）谷胱甘肽巯基转移酶（GST）标签：GST 是一个 26 kD 的酶，可以在大肠杆菌等宿主中获得高效的可溶性表达，在将外源基因与 GST 融合表达时，GST 一方面可促进外源基因二硫键的形成，另一方面可保护重组蛋白免受宿主蛋白酶的降解，因此可有效地提高外源目的蛋白的可溶性与表达量。此外，GST 融合标签也可通过亲和层析进行高效的分离纯化。

3）麦芽糖结合蛋白（MBP）：MBP 标签蛋白大小为 40 kD，由大肠杆菌 K12 的 malE 基因编码。MBP 可增加在细菌中过量表达的融合蛋白的溶解性，并可通过交联淀粉进行亲和层析纯化。结合的融合蛋白可用麦芽糖进行洗脱。

4）泛素和 SUMO 标签：泛素（Ubiquitin）是一种由 76 个氨基酸组成的小分子蛋白质，在真核生物中广泛存在且高度保守。SUMO 是泛素类蛋白家族的重要成员之一。尽管在氨基酸序列上两者只有 18%，但在二级和三级结构上有高度的相似性。外源蛋白质在与泛素或 SUMO 标签融合表达后，稳定性、可溶性和表达量均可获得显著提高。此外，泛素或 SUMO 融合表达后，还可分别利用泛素或 SUMO 蛋白水解酶高效地把标签从融合蛋白上切割下来、且不残留多余氨基酸。

2. 融合表达标签的切除　在获得融合表达蛋白后，为避免融合标签对目的蛋白的生物活性、免疫原性、安全性等产生不利的影响，最终还必须要将融合表达标签切除以释放出目的蛋白质。切除方法主要包括化学裂解法和酶切法。

（1）化学裂解法：最常见的化学裂解法是在基因克隆构建时在目的蛋白和融合标签之间插入一个甲硫氨酸，所获得的融合蛋白用溴化氰或羟胺处理，即可在甲硫氨酸后面将目的蛋白切断，从而使融合标签从目的蛋白脱离。相比于酶切法，化学裂解法具有效率高、耗时短、成本低等优点。然而，化学裂解法所需的反应条件容易破坏目的蛋白质的结构和功能，还容易产生副反应，对蛋白质一些氨基酸侧链产生修饰作用，而且所使用的溴化氢等试剂具有毒性，通常不适合药用蛋白质的处理及研究。此外，如果目的蛋白质内部含有甲硫氨酸，则会发生非特异性断裂，导致降解。因此，化学法在实际生产中应用不多。

表 4-4　常用的融合标签切割酶

蛋白酶	酶切识别序列（^代表切割位置）
肠激酶	DDDDK^
Xa 因子	IDGR^
SUMO 蛋白酶	识别 SUMO 三级结构（而非序列），将 SUMO 完全切除
凝血酶	LVPR^GS
TEV 酶	EQLYFQ^G
3C 蛋白酶	ETLFQ^GP

（2）酶切法。酶切的方法相对来说反应条件较温和，更重要的是，普遍用于此用途的蛋白酶都具有高度的特异性。常用的有凝血酶、肠激酶、Xa 因子、SUMO 蛋白酶、TEV 酶等（表 4-4）。其中，Xa 因子、肠激酶、SUMO 蛋白酶等在切割后，目的蛋白质不会有多余的残留氨基酸，因此在制药工业中具有更高的应用价值。

（五）可溶性及包涵体表达策略

1. 可溶性表达策略　目的蛋白质以可溶形式表达后可获得与天然蛋白质相近的空间结构和生物学活性，然而，这在大肠杆菌表达体系中并不容易实现。影响蛋白质可溶性表达的因素有很多，目前发现要提高目的蛋白质的可溶性表达程度，可采取如下措施。

（1）促进二硫键形成：许多蛋白质都要求形成稳定的二硫键才能形成天然空间结构，否则就会被降解或形成包涵体。因此将目的基因与 Trx、GST、DsbC 等有助于二硫键形成的融合标签或其他有助于空间结构形成的分子伴侣进行融合表达，将有助于蛋白质的可溶性表达。此外，大肠杆菌细胞质中的氧化还原势也是目的蛋白无法正确形成二硫键、正确折叠的主要原因，通过将外源基因融合在大肠杆菌信号肽的下游，使其转运到细菌细胞周质空间，也有利于二硫键的形成及可溶性表达。

（2）优化表达条件：研究发现低表达时很少形成包涵体，而表达量越高、越快时则越容易形成包涵体，其原因很可能是蛋白质合成速度太快，以至于没有足够的时间进行折叠，二硫键不能正确的配对，从而形成了包涵体。此外，胞内 pH 接近目的蛋白质的等电点时也易于形成包涵体。因此，通过优化表达条件，控制适当的表达速度，将有助于目的蛋白质的可溶性表达。例如，低温、低搅拌速度等都在一定程度上有助于可溶性表达的提高。

2. 包涵体表达及复性　尽管包涵体形式的蛋白质没有生物活性，但是不溶性的包涵体可以抵抗宿主中蛋白水解酶的降解，也便于纯化。此外，由于蛋白质没有活性，也就不会对宿主造成伤害，产量也因此会远高于可溶性表达时。因此，在很多时候，有意识的使目的蛋白质进行包涵体表达也是十分重要的基因工程药物生产策略。

包涵体表达后，最重要的一个问题便是从包涵体中回收活性蛋白质，即包涵体复性。包涵体复性通常需要两个步骤，即包涵体的溶解变性与蛋白质重折叠。包涵体复性是一个十分复杂的过程，受诸多因素的制约，而且操作程序因不同包涵体的性质而异。

（1）蛋白质的溶解与变性：由于包涵体中的重组异源蛋白质大部分以分子间或（和）分子内的错配二硫键形成可逆性集聚体，因此从包涵体中回收具有生物活性的异源蛋白质，必须首先使包涵体全部溶解并变性，只有在此基础上才能进行异源蛋白质的重新折叠。变性溶剂的选择不仅影响后续重折叠工序的设计与操作，同时也是变性过程成败的关键。理想的变性剂应具备如下性质：

1）变性溶解速度快；

2）对包涵体中残留细胞碎片的分离没有干扰；

3）无温度依赖性；

4）对蛋白酶具有抑制作用；

5）对蛋白质中的氨基酸侧链基团无化学反应活性。

目前广泛使用的变性剂有尿素、盐酸胍等。

（2）蛋白质的重折叠：在重组异源蛋白质的大规模生产中，复性和重折叠操作是一项关键技术，用于溶解变性包涵体的化学试剂的性质及其在重折叠前的浓度是影响折叠策略选择的两大要素。如果包涵体中的异源蛋白质含有较少的二硫键，而且二硫键错配的比率比较低，则从理论上来说，选用较弱的清洗剂溶解包涵体，能够大幅度提高异源蛋白质的复性率。然而，对于二硫键错配率较高的异源蛋白质而言，只有彻底拆开二硫键才能进行有效的重折叠。

绝大多数情况下，溶解变性的异源蛋白质完全失去了空间构象。例如，异源蛋白质在溶解变性过程中并不是 100%的处于非折叠状态，或者还原型的蛋白质是可溶性的（如肿瘤坏死因子 TNF），则下游操作可简单地包括离心、缓冲液交换、二硫键氧化，必要时进行层析纯化。如果异源蛋白质是完全变性的，则必须进行重折叠操作，并尽可能避免部分折叠中间产物形成不溶性集聚物。为达到此目的可采取如下方法。

1）一步稀释法：蛋白质集聚作用属于多级动力学反应，严格依赖于蛋白质的浓度。在重折叠操作中，降低蛋白质浓度可以在很大程度上抑制集聚作用。例如，牛生长激素在重折叠中的质量浓度为 1.6 mg/ml 时，可以观察到部分折叠中间产物的形成，但当稀释 100 倍后，折叠中间产物便不会大量形成，这种浓度恰恰是牛生长激素体外折叠的最佳条件。然而，重折叠反应液高倍数的稀释不仅增加了复性缓冲液的消耗成本，而且也为后续纯化工序带来了很大麻烦。此外，蛋白质性质不同，其最佳重折叠所对应的蛋白质浓度也差别很大，有的蛋白质可在 0.1～10 mg/ml 的浓度范围内溶解完全，并足以进行有效折叠。

2）分段稀释法：对于那些非折叠和部分折叠状态不溶于水的蛋白质，往往采用分步稀释的方法对之进行有效复性。变性蛋白质在启动体外复性和重折叠时，变性剂的性质、浓度及更换或稀释速度快慢都会对重折叠产生重大的影响，且这种影响因蛋白质而异。例如，色氨酸酶在 3 mol/L 的尿素溶液中极易形成部分折叠中间产物的集聚作用，因此在从 8 mol/L 尿素的变性溶液透析至低浓度时，必须加快透析速度，使色氨酸酶在 3 mol/L 尿素溶液中的存在时间尽可能最短。而牛生长激素在从 2.5～5 mol/L 盐酸胍溶液中稀释到复性重折叠所需的低浓度时，如速度过快便会使产物大量的不可逆沉淀，必须要先稀释至 2 mol/L 盐酸胍溶液，并保温一段时间使难溶性的折叠中间产物溶解后，进一步稀释获得高产率的天然蛋白质。应当特别指出的是，在上述分段稀释法中，重折叠蛋白质的产率还与蛋白质浓度密切相关，所采用的稀释倍数也受到缓冲液 pH、离子组成及保温温度的显著影响。与天然折叠蛋白质的等电点沉淀性质相似，在重折叠过程中应当避免折叠缓冲液的 pH 接近重组异源蛋白质的等电点 pI。除此之外，还应注意选择缓冲液的离子种类及使用浓度。由于阴离子对蛋白质疏水作用强度产生性质不同的影响，它们同时兼有稳定蛋白质折叠结构及诱导折叠蛋白质集聚的双重功能。各种阴离子的作用强度次序为：$SO_4^{2-}>HPO_4^{2-}>Ac^->Ci^{3-}>Cl^->NO_3^->I^->ClO_4^->SCN^-$（$Ci^{3-}$为柠檬酸根），其中多价阴离子的双重功能一般比单价阴离子要强。

3）蛋白质化学修饰法：在变性条件下，将蛋白质的游离巯基特异性地保护起来，然后再将蛋白质分子进行柠檬酸酐酰化修饰，则修饰后蛋白质可溶于非变性的缓冲液中，从而促进重折叠反应的顺利进行。这一方法的效果经多次实验证实，特别适合用于包涵体型重组蛋白的活性回收。

4）特种试剂添加法：在复性折叠系统中，某些特殊化合物的存在可以提高很多蛋白质的重折叠率。例如，0.2 mol/L 的精氨酸可以明显改善重组人尿激酶原（pro-UK）的活性回收率。0.1 mol/L 的甘氨酸能提高松弛肽激素的折叠产率，而血红素和钙离子则能促进重组过氧化氢酶的重折叠反应。另外，有些中性分子，如甘油、蔗糖等，也能稳定蛋白质的天然构象，某些情况下，将这些中性物质加入折叠缓冲液中，可以改善蛋白质的体外重折叠率。

5）重折叠分子隔离法：蛋白质及其折叠中间产物的集聚作用依赖于分子间的碰撞与接触，因此将非折叠蛋白质分子固定化，有助于消除集聚作用的产生。例如，将非折叠状态的胰蛋白酶原固定在琼脂糖球状颗粒上，然后用一种复性缓冲液平衡层析柱，即可回收71%的酶活性。

（六）基因工程菌的遗传不稳定性及其对策

在基因工程产业化应用中，一个很大的障碍就是基因工程菌在保存和培养过程中会存在遗传不稳定现象。这种遗传不稳定性主要表现在重组质粒的不稳定性，具体有两种主要形式：一种是重组DNA分子上某一区域发生缺失、重排或修饰，导致其功能的丧失；另一种是整个重组分子从受体细胞中丢失。这两种情况也分别称为重组DNA分子的结构不稳定性和分配不稳定性，其产生的原因主要与受体细胞限制修饰系统对外源DNA的降解作用、外源基因高效表达诱导受体菌产生应激反应、重组DNA分子在受体细胞分裂时的不均匀分配、受体细胞中转座元件促进重组分子DNA的缺失和重排等有关。基因工程菌遗传不稳定性的改善策略主要有以下几种。

1. 改进载体 以增强载体质粒稳定性为目的的构建方法主要有以下几种。

（1）将质粒分配基因par引入表达型质粒中。par基因的表达产物可选择性杀死由于质粒拷贝分配不均匀而产生的无质粒细胞。

（2）正确设置载体质粒上的多克隆位点，防止外源基因插入质粒的稳定区域内。

（3）将大肠杆菌染色体DNA上的ssb基因克隆在载体质粒上，该基因编码的单链DNA结合蛋白是DNA复制和细胞生存所必需的，因此无论因何种原因丢失质粒的细胞均不能再在细菌培养过程中增殖。

2. 改进宿主系统 相同细菌的不同菌株有时会对同一重组质粒表现出不同程度的耐受性，因此选择较稳定的受体菌可有助于避免重组DNA不稳定现象的发生。此外，利用诱变或基因同源灭活方法除去受体细胞染色体DNA上存在的转座元件，也可有效抑制重组质粒的结构不稳定性。

3. 施加选择压力 利用载体上的遗传标记，可以在工程菌发酵过程中选择性地抑制丢失重组DNA的细胞生长，从而提高工程菌的稳定性。根据载体上选择性标记基因的不同性质，可以设计多种有效的选择压力，主要包括以下几种。

（1）抗生素添加法：大多数表达型载体上都携带有抗生素抗性基因，将相应的抗生素加入培养体系中，即可降低重组DNA分子的丢失率。但这种方法在大规模工程菌发酵时并不实用，因为相对于简单培养基而言，加入大量的抗生素会使生产成本增加，并对产品的纯化造成影响。此外，对于一些不稳定的抗生素来说，添加抗生素造成的选择压力只能维持较短的时间，而且抗生素的存在对以结构不稳定性为主的重组DNA分子并不能构成选择压力。

（2）抗生素依赖法：借助于诱变技术筛选分离对某种抗生素具有依赖性的突变株受体菌，该菌株只有当培养基中含有某种抗生素时才能生长。在重组DNA构建过程中引入该抗生素的非依赖性基因，转化受体菌获得重组细胞后，含有重组DNA的基因工程菌能够在不含抗生素的培养基上生长，而不含重组质粒的受体菌则无法生长。这种方法可以不必在基因工程菌发酵中使用大量抗生素，但不足之处是受体细胞容易发生回复突变。

（3）营养缺陷法：这种方法与抗生素依赖法相似，其原理是灭活某一种细胞生长所必需的营养物质的生物合成基因，获得相应的营养缺陷型突变株，然后将该营养物质生物合成基因克隆在载体上，从而使载体与受体菌之间形成遗传互补关系。在工程菌发酵过程中，丢失重组质粒的细胞同时也丧失了合成这种营养成分的能力，因而不能在普通培养基中繁殖。这种生长所必需的因子既可以是氨基酸（如色氨酸），也可以是某种具有重要生物功能的蛋白质（如氨酰-tRNA合成酶）。

4. 控制外源基因过量表达 外源基因的过量表达，某种意义上也包括重组DNA拷贝的过度增殖，均可能诱发工程菌的不稳定性。使用可诱导性的启动子控制外源基因的定时表达，以及利用二阶段发酵工艺协调细菌生长与外源基因高效表达之间的关系，都是促进工程菌遗传稳定的重要策略之一。

5. 优化培养条件　基因工程菌所处的环境条件对其所携带的重组 DNA 分子的稳定性影响很大，在工程菌构建完成之后，选择最适的培养条件是进行大规模生产的关键步骤。培养条件对重组 DNA 分子稳定性的影响机制错综复杂，其中以培养基组成、培养温度、细菌比生长速率最为重要。

（1）培养基组成：细菌在不同的培养基中会启动不同的代谢途径，培养基组分也因此通过各种途径影响重组 DNA 分子的遗传稳定性。通常，质粒在丰富培养基（如 PBB）中比在最小培养基（如 MM）中更加不稳定，但不同的质粒的稳定性受培养基组分影响情况及其不稳定性机制各有差异。例如，含有 pBR322 的大肠杆菌在葡萄糖和 Mg^{2+}限制的培养基中生长，比在磷酸盐限制的培养基中显示出更高的质粒稳定性。在 PBB、MM 培养基中，RSF2124-trp 质粒会产生结构不稳定性，而 pSC101-trp 质粒则产生分配不稳定性。

（2）培养温度：一般而言，培养温度较低有利于重组质粒的稳定遗传。有些温度敏感性的质粒不但其拷贝数随着温度的上升而增加，而且当温度达到 40℃以上时，还会引起降解作用。另一方面，重组质粒的导入有时也会改变受体菌的最适生长温度。上述两种情况均可能与重组 DNA 表达产物和受体菌代谢产物之间的相互作用有关。

（3）细菌比生长速率：每小时单位质量的菌体所增加的菌体量称为菌体比生长速率（specific growth rate，SGR），其大小为 0.693 除以菌体量倍增所用时间 t_d，通常用μ表示，即μ=0693/t_d。比生长速率是表征微生物生长速率的一个参数，也是发酵动力学中的一个重要参数。细菌比生长速率对重组 DNA 分子稳定性的影响与细菌本身的遗传特性及质粒的结构均有关系。如果不含重组质粒的细胞的生长速率不比含有重组质粒的细胞生长的快，即$\mu^- \leqslant \mu^+$时，重组质粒的丢失不会导致非常严重的后果。因此，如果可以调整两种细胞的比生长速率使之达到$\mu^- \leqslant \mu^+$，就可以提高重组 DNA 的稳定性。但是，除了施加选择压力外，绝大多数环境条件对含有及不含有重组 DNA 的这两种菌的生长影响是同步的，因此难以在实际操作中选择性地提高或降低某种细胞的比生长速率。只有在个别情况下，可以利用分解产物专一性地控制受体菌的比生长速率，降低μ^-/μ^+比值，从而提高重组 DNA 分子的稳定性。

有些细菌在以糖类作为碳源和能源时，不仅营养成分浓度过低会不利于其生长，过高浓度的营养成分也会通过抑制代谢途径中的某个基因表达而对生长产生不利的影响。此种情况下，如果在重组 DNA 上携带这种代谢基因，含有重组 DNA 的工程菌便不会再受到高浓度营养成分的抑制作用，其生长遵循 Monod 方程，而不含重组 DNA 的细胞生长则符合典型的底物抑制动力学模型（图 4-5）。两条曲线的交点便是$\mu^-=\mu^+$时所对应的营养成分浓度 S_0。当 $S<S_0$时，$\mu^->\mu^+$，此时容易导致重组 DNA 的不稳定性；当 $S>S_0$时，$\mu^-<\mu^+$，此时重组 DNA 的遗传稳定性比较好，因此便可以通过连续式发酵技术控制营养成分浓度确保基因工程菌的遗传稳定性。

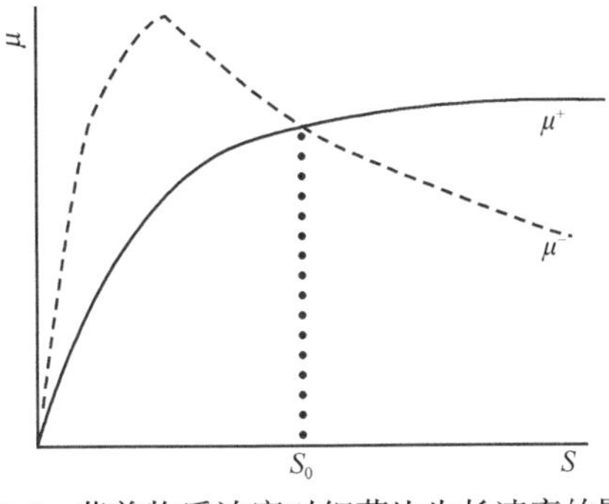

图 4-5　营养物质浓度对细菌比生长速率的影响

第三节　基因工程在制药工业中的应用

胰岛素是迄今为止最具代表性和影响力的生物技术药物，至今仍是治疗胰岛素依赖型糖尿病的特效药物。因此，本节以胰岛素为例，对基因工程制药的应用实例加以介绍。

胰岛素是在胰岛 B 细胞的内质网膜结合型核糖体上合成的，核糖体上最初形成的产物是一个比胰岛素分子大 1 倍多的前胰岛素原，其 N 端区域含有 20 多个氨基酸的疏水性信号肽。在新生肽链进入内质网腔后，信号肽酶切除信号肽形成胰岛素原，后者被运输至高尔基体，以颗粒的形式储存备用。

胰岛素原是一个单链多肽，由 3 个串联的区域组成：C 端 21 个氨基酸残基为 A 链，N 端 30 个氨基酸残基为 B 链，两者分别通过两对碱性氨基酸残基与被称为 C 肽的区域相连。当机体需要胰岛素时，高尔基体内的特异性肽酶分别在 A-C 和 B-C 连接处将胰岛素原切成三段，其中 A 链与 B 链借助于二硫键形成共价交联的活性胰岛素，并通过血液循环作用于靶细胞膜上的特异性胰岛素受体、产生降血糖作用。

活性胰岛素含有 3 对二硫键，其中 2 对二硫键在 A 链和 B 链之间形成，分别为 A7-B7 和 A20-B19，另一对链内二硫键则由 A6-A11 间形成（图 4-6）。不同种属动物的胰岛素分子结构大致相同，主要差别在 A 链二硫键之间的第 8、9、10 位上的 3 个氨基酸残基及 B 链 C 端的最后一个氨基酸残基上，但这些差别并不改变胰岛素的生理功能。此外，不同种属动物的 C 肽序列和长度也有差异，人的 C 肽为 31 肽，牛的为 26 肽，而猪的为 29 肽。

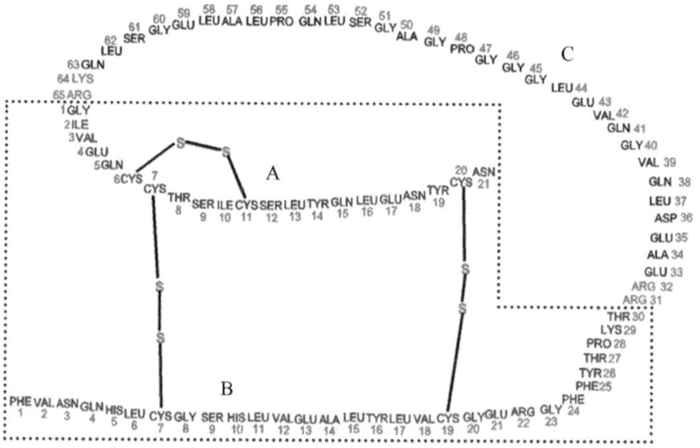

图 4-6　人胰岛素原序列及结构示意图（虚线框中为成熟胰岛素）

一、大肠杆菌表达生产重组人胰岛素

1979 年，美国基因泰克（Genentech）公司报道了化学合成的人胰岛素基因在大肠杆菌中的表达。1982 年，美国礼来（Eli Lilly）公司首先使用大肠杆菌生产了重组人胰岛素 Humulin，这也是全世界第一个上市的基因工程药物。这种由基因工程生产的人胰岛素的受体结合能力、淋巴细胞和成纤维细胞应答能力、血糖降低作用及血浆药代动力学特性，均与天然提取的动物胰岛素没有区别，但却显示出无免疫原性、注射吸收迅速等优越性，因而深受欢迎。

胰岛素的特殊分子结构决定了其工程菌的构建必须更多地兼顾后续的分离纯化及加工过程，这是提高生产效率、降低生产成本的关键因素。虽然长期以来已开发了多种大肠杆菌工程菌，但是有代表性和实用性的构建方案主要有下列 3 种。

（1）AB 链分别表达法：这是早期重组大肠杆菌生产胰岛素时所采用的方法。A 链和 B 链的编码区由化学合成，两个双链 DNA 片段分别克隆在含有 Tac 启动子和 β-半乳糖苷酶基因的表达型质粒上，后者与胰岛素编码序列形成融合基因，其连接位点处为甲硫氨酸密码子。重组分子分别转化大肠杆菌受体细胞，两种克隆菌分别合成 β-半乳糖苷酶-人胰岛素 A 链以及 β-半乳糖苷酶-人胰岛素 B 链两种融合蛋白。经大规模发酵后，从菌体中分离纯化融合蛋白，再用溴化氰在甲硫氨酸残基的 C 端化学切断融合蛋白，释放出人胰岛素的 A 链和 B 链。由于 β-半乳糖苷酶中含有多个甲硫氨酸，溴化氰处理后生成多个小分子多肽，而 A 链和 B 链内部均不含甲硫氨酸残基，故不会被溴化氰继续降解，A 链和 B 链进一步纯化后，以 2：1 的分子比混合，并进行体外化学折叠。由于两条肽链上共存在三对巯基，二硫键的正确配对率较低，通常只有 10%～20%，因此当时利用这条路线生产的重组人胰岛素每克售价高达 180 美元。为了进一步降低生产成本，后来又开发了第二种生产工艺。

（2）人胰岛素原表达法：将人胰岛素原 cDNA 编码序列克隆在 β-半乳糖苷酶基因的下游，两者间的连接处仍为甲硫氨酸密码子。该杂合基因在大肠杆菌中高效表达后，分离纯化融合蛋白，采用溴化氰化学裂解法切除 β-半乳糖苷酶、回收人胰岛素原片段，然后进行体外折叠。由于 C 肽的存在，胰岛素在复性条件下能形成天然的空间构象，为 3 对二硫键的正确配对提供了良好的条件，体外折叠率高达 80%以上。进而，为了获得具有生物活性的胰岛素，经折叠后的人胰岛素原分子必须用胰蛋白酶特异性切除 C 肽。胰蛋白酶可在蛋白质 Arg 或 Lys 的羧基端进行切割。由于天然构象的存在，人胰岛素原链第 22 位的 Arg 和第 29 位的 Lys（位于 A 链内部）对胰蛋白酶的作用均不敏感，因此胰蛋白酶就主要作用于人胰岛素原 B-C 及 C-A 连接处的 Arg 及 Lys，从而获得完整的 A 链及羧基末端多 1 个 Arg 的 B 链，最后再用高浓度的羧肽酶 B 将多出的 Arg 专一性切除，从而得到正确的人胰岛素分子（图 4-7）。虽然这种胰岛素原表达工艺路线并不比 AB 链分别表达更为简捷，而且需要额外使用两种高纯度的酶制剂，但由于其体外折叠成功率相当高，在一定程度上弥补了工艺繁琐的缺陷，使得最终每克产品的生产成本降到了只有第一种工艺的 27.78%。在后续的不断改进中，又将胰岛素原改为 mini 胰岛素原，即以几个氨基酸组成的小肽代替 31 个氨基酸的 C 肽进行重组表达；溴化氰化学裂解法也已被肠激酶等蛋白酶切割方法所取代；融合标签也并不局限于 β-半乳糖苷酶。

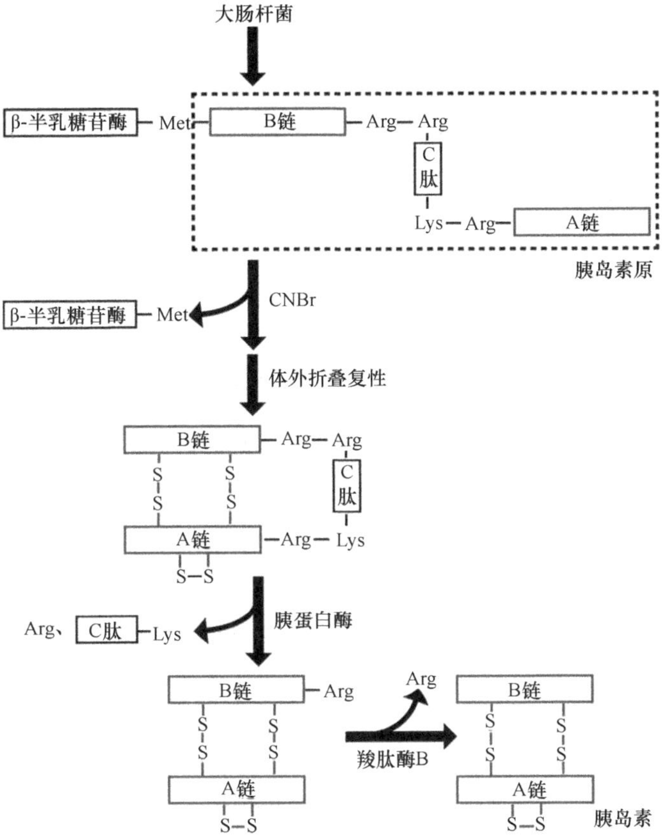

图 4-7　大肠杆菌表达胰岛素原及生产胰岛素的基本流程

（3）AB 链同时表达法：这种方法基本思路是将人胰岛素的 A 链和 B 链编码序列拼接在一起，然后组装在大肠杆菌 β-半乳糖苷酶基因的下游。重组表达出的融合蛋白经溴化氰处理后，分离纯化 A-B 链肽段最终通过体外化学折叠制备具有活性的重组人胰岛素。与第一种方法相似，其最大的缺陷仍是体外折叠的正确率较低。

上述3种基因工程菌的构建路线均采用胰岛素或胰岛素原编码序列与大肠杆菌β-半乳糖苷酶基因拼接的方法，所产生的融合型重组蛋白表达率高，且稳定性强，但不能分泌，主要以包涵体的形式存在于细胞内。此外，另一种能促进融合蛋白分泌的工程菌构建策略是将胰岛素或胰岛素原编码序列插入到表达型质粒β-内酰胺酶基因的下游，后者所编码的是降解青霉素的酶蛋白，通常能被大肠杆菌分泌到细胞外。由此构建得到的基因工程菌同时具备了稳定、高效表达可分泌型融合蛋白的优良特性，为胰岛素的后续分离纯化工序减轻了负担。

二、酵母菌表达生产重组人胰岛素

在大肠杆菌中，表达的胰岛素会形成包涵体，必须变性和复性，致使表达产物的后加工和纯化较为复杂。为改进重组人胰岛素的生产工艺，丹麦的诺和诺德（Novo Nordisk）公司又开发了利用重组酵母菌生产人胰岛素的新工艺。该工艺将羧基末端少一个氨基酸的胰岛素 B1-29 链通过 Ala-Ala-Lys 等模拟 C 肽的小肽与 A 链相连接，并在 N 端连接上酵母 MF-α1 信号肽。将这一融合蛋白基因置于酿酒酵母磷酸丙糖异构酶启动子及终止子之间、构建酵母表达质粒后，转化到酿酒酵母中进行重组表达。表达产物在酵母细胞内会形成正确的二硫键，并被 Kex2 蛋白内切酶切去 MF-α1 信号肽而分泌至培养基中。由于是分泌表达，重组蛋白质的分离纯化比较简单。纯化后在体外经胰蛋白酶的转肽作用将 A、B 链间的连接肽去除并在 B 链的羧基端加上 Thr，使胰岛素单链前体转化成人胰岛素。

小　结

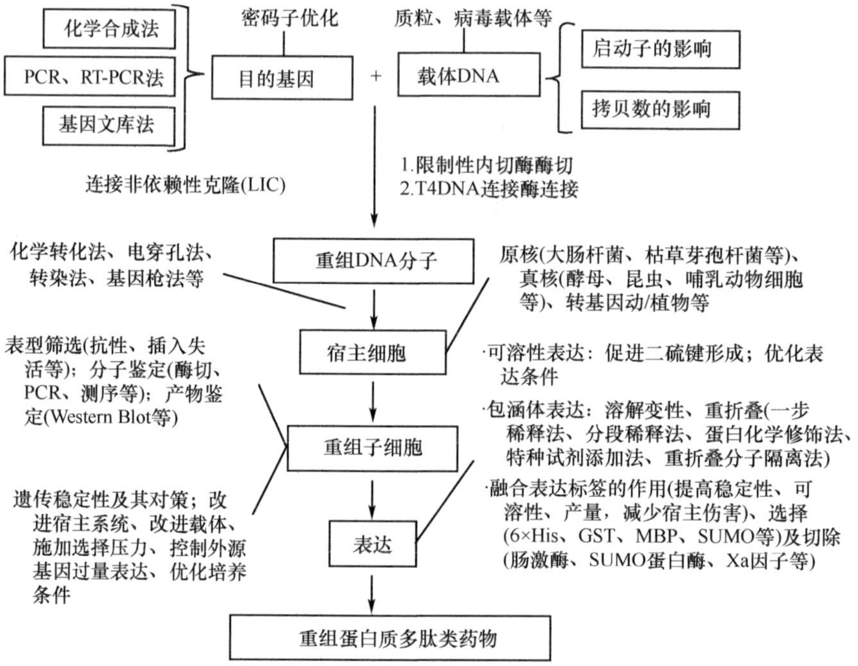

思考题

人唾液中含有一种抗菌肽 Histatin 5，由 24 个氨基酸组成，对真菌、细菌、病毒等多种微生物均有很好的杀灭作用。试根据其特点设计 Histatin 基因工程表达生产体系的整体构建策略。

拓展学习

请扫描右侧二维码阅读学习与基因工程制药相关的经典科研文献、参考书、动画视频、国家精品资源共享课及慕课等拓展性学习资料。

（罗学刚）

第五章　蛋白质工程制药

学习目标

1. 掌握：蛋白质工程制药的概念和原理、蛋白质分子设计策略。
2. 熟悉：蛋白质工程制药的基本过程、常用的蛋白质修饰技术、不同类型胰岛素的开发思路。
3. 了解：蛋白质工程技术发展趋势。

第一节　概　　述

蛋白质是一切生命的物质基础，是生命活动的主要执行者和承担者，参与了几乎所有的生命过程。不论过去、现在和将来，蛋白质的研究与开发利用都非常重要。目前，蛋白质类药物已成为继化学类药物后的第二大类药物，已成为药物研发、疾病防治的首选目标。这一成果的实现主要得益于蛋白质工程技术与高通量药物筛选方法的快速发展。

蛋白质工程运用蛋白质结构功能和分子生物学知识，从改变或合成基因入手，定向地改造天然蛋白质或设计表达全新的蛋白质。基于蛋白质结构与功能关系的研究，可改造天然蛋白质的结构，进而提高蛋白质对温度、pH、水解或氧化反应的稳定性，或提高生物活性、降低毒性，或提高生物靶向性，从而创造出不同于天然蛋白质且更能满足医药需求的蛋白质类或多肽类药物。蛋白质工程融合了基因工程、蛋白质化学、蛋白质晶体学和计算机技术，为合理的药物设计提供了源泉和基础。随着生物技术日新月异的发展，蛋白质工程药物的研究不断深入和完善，蛋白质工程药物新品种增加迅速，蛋白质工程药物将占据着越来越大的市场份额，并成为新型生物技术药物的快速发展前沿。

一、蛋白质工程概念

“蛋白质工程”最早是1981年由美国Gene公司的Ulmer提出，他于1983年以“Protein Engineering”（蛋白质工程）为题在《科学》杂志上发表的专题论著，标志着新一代基因工程——蛋白质工程的诞生。

基因工程通过对目的基因的克隆重组，使目的基因在新的宿主细胞中得以表达，但这仅能表达出自然界固有的蛋白质。蛋白质工程则是根据对蛋白质结构和功能的认识，运用计算机辅助设计，利用基因定点突变等技术对现有蛋白质的结构进行改造，或直接从头设计全新的蛋白质结构，通过DNA重组技术手段，克隆并表达出重组蛋白质，进而获得改良的或全新的蛋白质的技术过程（图5-1）。由于蛋白质工程是在基因工程的基础上发展起来的，其技术手段也大都相同或相似，因而蛋白质工程也被称为“第二代基因工程”。

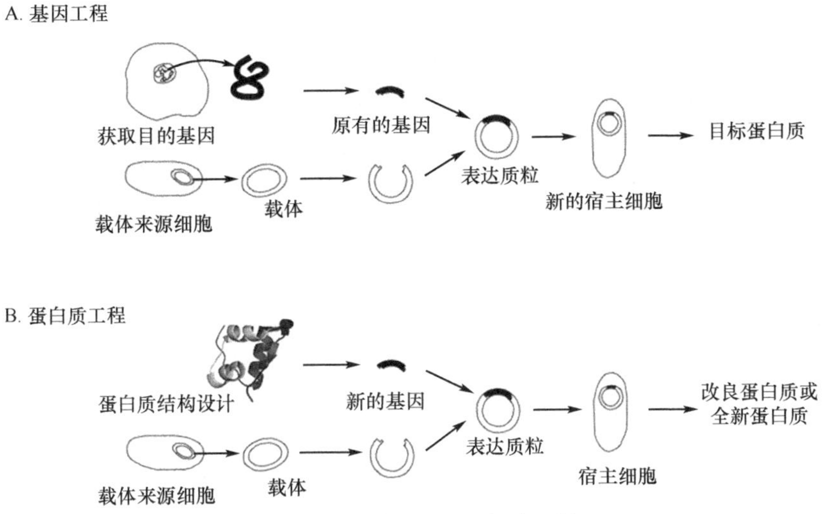

图 5-1 基因工程和蛋白质工程

蛋白质工程综合基因工程、分子生物学、细胞学等众多学科的前沿技术，融合结构生物学、生物信息学等学科，创建了药物设计与开发的新模式。新的模式通过圆二色谱、磁共振、X 线、冷冻电镜三维重构等技术获得蛋白质的结构信息，借助计算机模拟对蛋白质进行能量和动力学研究，利用生物信息研究技术进行高效、理性和创造性设计，通过高通量筛选和组学分析评价蛋白质药物的活性与毒副作用。蛋白工程技术为药物研发提供了新的有效技术平台，加快了蛋白类药物的开发进程，为生物制药行业的发展提供了前所未有的动力。蛋白质工程技术在生物新药的研究中的应用大致可分为 8 个方面。

1. 提高药效活性 采用蛋白质工程技术对天然蛋白质进行改造，以提高药物蛋白与靶蛋白分子的亲和力、特异性，达到提高功效、降低用量和不良反应的效果。

2. 提高靶向性 提高效应蛋白的靶向性，使之作用于特定的组织或细胞，可以避免因效应蛋白对多种组织和细胞的广泛作用而造成的毒副反应严重、治疗效果差等不足。通过蛋白质工程可设计用于肿瘤治疗的靶向药物，该药物一般由特异性靶向肿瘤的载体和杀伤肿瘤的药物两部分构成。目前研究的靶向载体主要是能特异识别肿瘤的抗体或细胞因子，杀伤肿瘤的药物主要有放射性元素、细胞毒性分子等。目前，导向部分从单一的特异抗体发展到单链抗体、细胞因子、激素、受体识别的小分子肽等。对于导向部分，在发现更多的靶蛋白基础之上，通过结构分析、模拟构建、体外重组和合理的筛选，可以获得更高特异性、亲和性的蛋白分子。

3. 降低蛋白类药物引起的免疫反应 异种蛋白在人体中易引起免疫反应，故希望应用于人体的蛋白类药物是人源的或者是经蛋白质工程改造而“人源化”的重组蛋白。早期的单克隆抗体药物绝大多数是鼠源单抗，在人体内达不到预期的效果，甚至产生严重的不良反应。通过蛋白质工程实现了抗体的人源化，并建立了蛋白质工程的分支——抗体工程。目前已有多种人源化单克隆抗体药物被批准上市。

4. 获得具有新功能的蛋白质分子 利用计算/理性设计与定向进化相结合向蛋白质分子引入新功能，利用噬菌体等展示技术大规模筛选蛋白质新功能，从而获得具有新功能的蛋白质分子。该策略已经在医药等领域得到广泛的应用，如多价抗原表位疫苗和具有蛋白激素类物质活性的小分子模拟肽的开发。

5. 提高稳定性、改善药代动力学特性 蛋白质分子中基团的化学修饰和生物修饰是目前蛋白质工程研究中的一个重要课题，可极大地提高目的蛋白药物的稳定性，进而对其药代动力学特性进行改善。

6. 提高工业生产效率 可通过对目的蛋白药物的密码子进行优化或同类氨基酸残基的替换进而提高目的蛋白药物在特定表达系统中的表达量。

7. 获得特定蛋白的拮抗物或类似物 通过对目的蛋白药物的空间结构的深入解析，进而可通过对已知结构蛋白库的筛选或从头设计获得具有与该特定蛋白相似空间结构的拮抗物或类似物。

8. 模拟原型蛋白质分子结构开发小分子模拟肽类药物 通过对目的蛋白药物的空间结构的深入解析，进而可对其活性部位的特定结构进行确证，从而可获得具有与该特定蛋白相似活性部位空间结构的小分子肽类药物。

伴随相关学科的发展，蛋白质工程已成为研究蛋白质结构与功能的重要手段。蛋白质工程的应用范围不仅涉及医药领域，也涉及工业、农业等各个领域，具有广阔的发展前景，如利用工程蛋白质独特的催化和分子识别来构建生物传感器，也可通过蛋白质工程技术设计出可在有机介质中进行酶促反应的工业用酶，还可利用蛋白质工程技术手段设计新的生物杀虫剂等。

二、蛋白质工程技术基本原理

蛋白质工程是在对蛋白质结构与功能关系认识的基础上，按研究需要通过基因工程等途径定向地改造或创造出新的蛋白质的理论及实践。蛋白质工程是在基因重组技术、生物化学、分子生物学、分子遗传学等学科的基础之上，融合了蛋白质化学、蛋白质晶体学、蛋白质动力学和计算机辅助设计等多学科而发展起来的新兴研究领域。其内容主要有两个方面：①根据需要合成具有特定氨基酸序列和空间结构的蛋白质；②确定蛋白质化学组成、空间结构与生物功能之间的关系。在此基础之上，实现从氨基酸序列预测蛋白质的空间结构和生物功能，设计合成具有特定生物功能的全新的蛋白质。

蛋白质工程在改造天然蛋白质或设计创造新蛋白质时需考虑以下 3 个环节。

1. 结构生物学的理论和技术 可利用 X 线技术确定蛋白质的三维结构，还可通过圆二色谱、磁共振、电镜等技术及生物质谱获得目的蛋白的结构信息。

2. 生物信息学的理论和手段 借助计算机对蛋白质进行选择优化，从蛋白质一级结构着手，模拟优化蛋白质的三维空间结构。

3. 分子生物学的理论和技术 采用基因操作的理论和技术，通过改变编码蛋白质的核苷酸序列改变蛋白质结构。

总之，通过以上 3 个环节的工作才能对目标蛋白质的结构与功能有基本的认识。由于目标不同起点可能不同，如对已有的蛋白质改造需要从结构测定入手，而创造新的蛋白质则可通过已有的蛋白质结构功能信息进行分子设计，通过基因表达后再对表达产物的结构和功能进行检测、分析。理想的蛋白质工程产品往往需进行多轮的饰变、分析、检测与修改的过程才能获得。

三、蛋白质工程技术发展简史

20 世纪以来，随着生物学研究的深入及现代物理、化学实验技术的应用，蛋白质化学及生物化学研究得到了长足的进步。20 世纪 30 年代、40 年代通过分离、提纯等手段对各类蛋白质的组成和性质有了较多的认识，并开始了对其空间结构的研究。20 世纪 50 年代、60 年代分子生物学的创立，把生物大分子的结构和功能联系起来，使人们对蛋白质的生物学作用有进一步的了解，尤其是中心法则指明了蛋白质与 DNA 之间的关系，随后编码氨基酸的三联体密码被破译，这些理论为蛋白质的生物合成奠定了基础。与此同时，蛋白质的人工合成和化学修饰也取得了初步成功。胰岛素氨基酸序列的测定，肌红蛋白三维立体结构的建立及 DNA 重组技术的问世，是蛋白质工程诞生的三大理论基石。1978 年美国 Hutchison 使用寡聚脱氧核糖核苷酸作为体外诱变剂，成功地实现了定点突变试验，培育出了多种具有生物学特性的突变株。1981 年，美国 Gene 公司 Ulmer 则将此定点突变试验冠以“蛋白质工程”。 蛋白质工程已经历了 30

年多的发展历程，从头设计合成新的蛋白质的方法也已取得突破性进展，为蛋白质工程树立了新的里程碑。目前，通过蛋白质工程技术已能够对蛋白质的活性、特异性、稳定性和折叠性进行预期的设计改造。

蛋白质工程创立初始即显示出巨大的应用前景，如英国医学研究会分子生物学研究所 Winter 等通过蛋白质工程技术极大地提高了嗜热脂肪芽孢杆菌氨酰 tRNA 合成酶活性，Rosenberg 等对 α-抗胰蛋白酶进行了改造，增强了其抗氧化能力，对于防止肺气肿有着重要的作用。蛋白质工程已得到众多国家和大型企业的支持巨额资金用于开展相关研究与开发，其研究对象由单一蛋白质扩充到糖蛋白、糖、蛋白核酸复合物等生物分子和复合体，研究内容也从蛋白质修饰延伸到分子设计、构象设计、药物设计等。工程化的蛋白质已成功地应用于制药工业和许多重大疾病的治疗。蛋白质工程药物分子设计是第三代蛋白质工程药物的特征，研究蛋白质结构-功能-活性间的相互关系，并以蛋白质分子的结构规律及其与生物功能的关系为基础，通过有控制的基因合成和（或）基因修饰，对现有蛋白质加以定向改造、设计、构建，随后可通过高通量筛选技术等策略筛选出具有新药开发价值的生物分子。在此基础上进行设计包括疫苗、酶、抗体、治疗肽及其他一些生物分子等新型蛋白质、多肽或其他代谢分子，并最终生产出性能更优、更加符合人类社会需要的新型蛋白质。

当前，蛋白质工程药物品种迅速增加（表 5-1），蛋白质工程药物将占据着越来越大的市场份额，并成为新型生物技术药物的快速发展前沿。1999 年，在 FDA 批准的 40 种新药中，蛋白质工程药物仅占 12.5%，在 2002 年，在被批准的 26 种新药中，蛋白质药物就占了 34.6%，目前蛋白质工程类药物已达百余种。在被批准的新药中，蛋白质工程药物所占比例呈稳定趋势上升。据全球权威的医药管理咨询公司艾美仕市场研究公司（IMS Health）资料显示，2012 年全球药品市场约 9621 亿美元，较前一年增长 2.4%；在生物技术药品部分（蛋白质药物占绝大部分），2011 年全球市场约 1570 亿美元，占整体药品市场的 16.4%，且其增长速率高于整体药品市场增长率，预计到 2016 年蛋白质药物市场将超过 2000 亿美元。现研究成功的蛋白质工程药物已达百种之余，且在不断迅速增加。

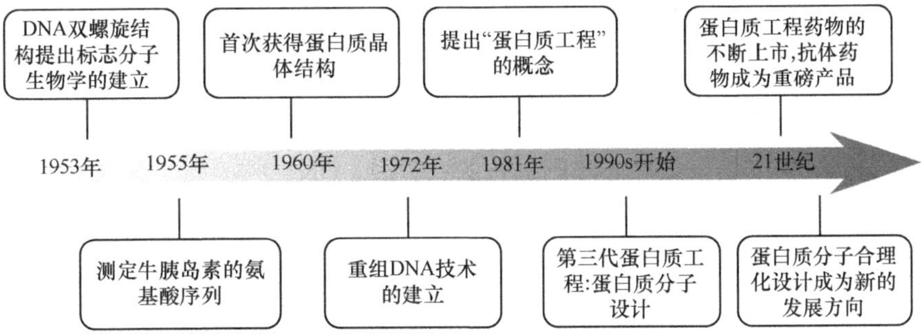

图 5-2　蛋白质工程发展简史

表 5-1　已批准上市的部分代表性蛋白质工程药物

产品名称	蛋白名称	蛋白质工程技术特点	改构物特性
Rapilysin（Boehringer Mannheim Hμmol /Lol/Lalog & liprolog Eli lilly）	快速胰岛素	B 链 C 端 Lys 和 Pro 对换	将四聚体解聚为单体，快速起效
Lantus（Aventis）	长效胰岛素	A 链的 Asp21 突变为 Gly，B 链 C 端加了 2 个 Arg	在真皮内凝结，缓慢释放，产生长效作用
TNKase（Genentech/Roche）	t-PA 突变体	Thr103 替换为 Asn，Gln299 替换为 Asn	延长半衰期，增加特异性，治疗急性心肌梗
Refludan（Aventis）	突变型水蛭素	Ile→Leu 去除 C 端 Tyr 的磺酸基团	改变结合活性，治疗肝素诱导的Ⅱ型血小板减少症

续表

产品名称	蛋白名称	蛋白质工程技术特点	改构物特性
Zenapax（protein Design Labs）	抗 IL-2 受体 α 单抗	人源化单抗针对 IL-2 受体	减少免疫原性，治急性肾移植排斥反应
Herceptin（Genentech/Roche）	抗 HER2 单抗	人源化单抗	增加亲和性，减少免疫原性，治疗转移乳腺癌
Somavert(Genentech/Seragen/Pharmacia)	PEG-GH	聚乙二醇修饰结合位点突变	延长半衰期，新的作用模式，治疗肢端肥大症
Oncaspar（Enzon）	PEG-天冬酰胺酶	聚乙二醇修饰天冬酰胺酶	降低免疫原性，治疗白血病

第二节　蛋白质工程制药的基本过程和关键技术

蛋白质工程最根本的目标是利用基因工程手段，包括基因的定点突变和基因表达对蛋白质进行改造，以期获得性质和功能更加完善的蛋白质分子。蛋白质工程的基本内容和目的可以概括为：以蛋白质结构与功能研究为基础，通过化学和生物手段，对目标基因按预期设计进行修饰和改造，合成新的蛋白质；对现有的蛋白质加以定向改造、设计、构建和最终生产出比自然界存在的蛋白质功能更优良，更符合人类需求的功能蛋白。这个过程包括对目标蛋白质的基因改造和蛋白质修饰，可能使用到定向进化技术、展示技术、非天然氨基酸标记技术、蛋白质修饰技术等关键性技术。

一、蛋白质工程制药的基本过程

蛋白质工程的基本思路为按期望的结构寻找最适合的氨基酸序列，通过计算机设计、模拟特定氨基酸序列在细胞内或在体内环境中折叠成三维结构的全过程，并预测蛋白质的空间结构和蛋白质生物学功能。蛋白质工程的基本过程是从预期功能出发，设计期望的结构，合成目的基因且有效克隆表达或通过诱变、定向修饰和改造等一系列工序，合成新型优良蛋白质。

（一）蛋白质工程制药的技术路线

天然蛋白质的合成是按照中心法则进行的：基因（DNA）→转录（mRNA）→翻译（多肽链）→折叠与修饰（具有高级结构的蛋白质）→行使生物功能。蛋白质工程恰好与之相反，它的基本路线是：从预期的蛋白质功能出发→设计预期的蛋白质结构→推测应有的氨基酸序列→推导相对应的脱氧核糖核苷酸序列（DNA）即基因序列→采用基因工程技术获得所设计的新蛋白（图 5-3）。

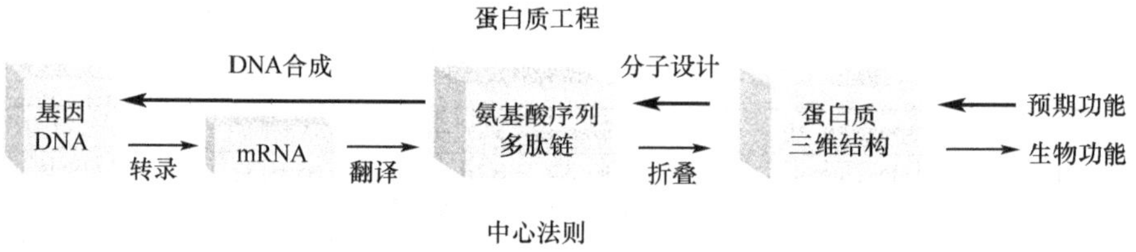

图 5-3　蛋白质工程技术路线示意图

蛋白质工程是在 DNA 水平上，位点特异性地改变结构基因编码的氨基酸序列，使之表达出比天然蛋白质性能更优的突变型蛋白（Mutein）；或者通过化学合成基因序列，设计制造自然界不存在的崭新的工程蛋白。近年来随着药物设计发展的需要，基于生物大分子结构知识的药物设计已成为药物发展中的重要领域。蛋白质工程主要涉及蛋白质空间结构解析、蛋白质分子设计和基因克隆与表达。空间结构的解析主要是通过 X 射线衍射晶体结构分析、多维磁共振技术和冷冻电镜三维重构技术等多种方法对蛋白质分子的空间结构进行测定。获得蛋白质的空间结构之后，结合其生物学功能分析，研究结构与功能的相互关系，以确定生物活性区域及毒性作用区域等，为蛋白质分子定向改造提供依据。分子设计主要是在了解目标蛋白质的生物功能、结构与功能相互关系基础之上，通过理论的方法提出蛋白质改造或从头设计的方案，这一方案将提供新的序列及可能产生的空间结构和电子结构的变化，并预测新蛋白质可能具有的特性。当前主要以计算机及相应的设计软件为工具，采用基于物理学原理的各种模拟方法和基于蛋白质分子结构知识的模型构建方法对蛋白质分子进行设计。基因工程的操作是在得到了新的蛋白质改造设计方案之后，采用分子生物学技术，先合成相应的基因模板，再经过克隆与表达，得到新蛋白质的产物，最后通过分离、纯化，提取出足够纯的新蛋白质以研究其结构和生物功能。蛋白质工程要经过多次的循环，不断改进设计方案进而发现更为理想的新的蛋白分子。因此蛋白质工程是一个多学科交叉的复杂领域。根据蛋白质工程的基本特征的含义，蛋白质工程实施的基本流程如图 5-4 所示。

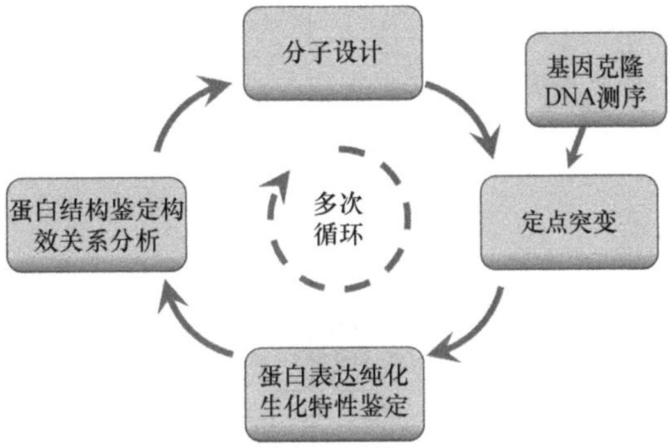

图 5-4　蛋白质工程的基本流程

蛋白质工程的具体步骤包括：①功能蛋白（或酶）结构基因的克隆；②核苷酸序列的测定；③相应氨基酸序列的转换；④该功能蛋白生物学性质的确定；⑤建立该功能蛋白的三维空间结构；⑥设计工程蛋白的分子草图；⑦借助于 DNA 定点突变技术对其进行改造；⑧分析突变蛋白的生化学特性；⑨确定蛋白质序列-结构-功能三者的对应关系；⑩将对应关系反馈至第 6 步并进行下一轮操作，直到构建出理想的工程蛋白。由此可见蛋白质工程需要多种学科知识的综合运用。与基因工程、常规诱变以及多肽修饰技术相比，蛋白质工程的特征是在基因水平上特异地制造一个非天然的优良工程蛋白，可以产生具有工业上和医药上所需的性能更优蛋白。

知识链接：

利用基于酶催化机制和反应过渡态模拟的设计策略，研究人员成功构建可卡因水解酶，该酶能够特异性水解可卡因及其有毒代谢物（Zhan，M.，Zhan，C.-G. et al. Biochem. J. 2014，457：197-206；Hou，S.，Zhan，C.-G. et al. Biochem. J. 2014，460：447-457.），对于可卡因的催化效率堪比乙酰胆碱酯酶对于乙酰胆碱的催化效率，有望用于可卡因的急性中毒治疗和戒毒治疗。

（二）蛋白质结构分析

蛋白质结构分析是蛋白质科学领域非常重要的研究内容，蛋白质结构的改变可引发多种疾病，因此蛋白质结构研究对医学、药学等领域有重要意义。蛋白质结构域预测和蛋白质折叠预测是蛋白质结构分析中非常重要的内容，蛋白质结构域预测是研究蛋白质相对静态的结构，蛋白质折叠预测是研究蛋白质结构的动态变化过程，它们本质上都是探讨蛋白质的一级序列如何影响蛋白质的高级结构。随着学科交叉的日益广泛，越来越多的计算机方法和技术被用于蛋白质结构分析研究，如信号处理、分布式计算、数据挖掘、机器学习等，为蛋白质结构分析研究

图 5-5 抗体分子的晶体结构

其中红色和蓝色的是抗体的两条重链，黄色和绿色的是抗体的两条轻链，每条重链由四个结构域组成，每条轻链由两个结构域组成

带来新的活力。

1. 蛋白质结构域预测 蛋白质结构域是蛋白质结构、折叠过程、功能实现和进化的基本单元。蛋白质结构域在折叠过程中能独立或半独立地完成自身的折叠，形成相对独立的三维空间结构。蛋白质结构域是实现蛋白质功能的基本单元，通过自身或与其他结构域相互作用来实现蛋白质的各种生物学功能（图 5-5 彩图 5-5）。

蛋白质结构域的长度不一，一般长度在 100～200 个氨基酸，某些短的蛋白质结构域只有 10～20 个氨基酸，长的蛋白质结构域则有 500 个氨基酸以上。仅由一个蛋白质结构域组成的蛋白质，称为单结构域蛋白质（single-domain protein）；由两个结构域组成的蛋白质，称为双结构域蛋白质（two-domain protein）；由多个蛋白质结构域组成的蛋白质，称为多结构域蛋白质（multi-domain protein）。对于双结构域蛋白质和多结构域的蛋白质，一个蛋白质结构域内的氨基酸残基的一级序列可以是不连续的。

目前，世界上有许多蛋白质结构域信息数据库，对结构域的划分和分类依照各自的标准和算法，因而同一个蛋白质序列，在不同的数据库中的结构域划分会有所不同。据数据来源可以将这些数据库分为两类：一类是基于序列的数据库，如 ProDom、DOMO 和 Pfam；另一类是基于结构的数据库，如 SCOP、CATH、3Dee 和 Dali/FSSP。在众多数据库中，有两个使用较为广泛的数据库：SCOP（structural classification of proteins）和 CATH（class，architecture，topology and homologous super-family），两者都属于基于结构的数据库，都包含了蛋白质结构域划分的信息。

知识链接：

SCOP（structural classification of proteins）数据库

SCOP 数据库在互联网上自由开放。SCOP 于 1994 年在蛋白质工程和分子生物学实验中心建立，SCOP 最后的官方版本是 2009 年 6 月发布的 SCOP 1.75。2014 年 2 月，SCOP2 数据库开放使用。SCOP2 采用不同于 SCOP 的分类新方法。在 SCOP2 中，蛋白质是根据其结构和进化的关系被组织起来，每个节点表示的一种特定类型的关系，并通过一些区域的蛋白质结构和序列为例进行说明。

SCOP2 数据库链接：http：//scop2.mrc-lmb.cam.ac.uk

CATH（class，architecture，topology and homologous super-family）数据库

数据库链接：http：//www.cathdb.info/

蛋白质结构域预测要解决的问题是：对于给定的一个序列，首先分析这个序列包含了几个蛋白质结构域；如果判定该序列不是单结构域，还需要进一步找出该序列中蛋白质结构域之间的边界。研究人员一方面采用概论统计方法、机器学习算法等开发蛋白质结构域的预测方法；另一方面也考虑到需要考虑蛋白质序列的整体性及结构域本身的特性，优化预测结构。

2. 蛋白质折叠研究 在蛋白质折叠研究中，我们不仅关注蛋白质最终的结构，也关注蛋白质的折叠过程。蛋白质折叠至今没有公认的折叠机制，一直是蛋白质研究领域的热点之一。20 世纪 60 年代，Anfinsen 提出了“多肽链的氨基酸序列包含了形成其热力学上稳定的天然构象

所必需的全部信息”。Anfinsen 原理认为一定的氨基酸序列相对应的空间结构是热力学上最稳定的结构，蛋白质特定的三维结构是由其氨基酸排列顺序所决定的。Anfinsen 虽然指出蛋白质的空间结构是由其氨基酸序列直接决定的，但并没有解决最主要最根本的问题，即蛋白质如何从线性的氨基酸序列折叠成对应的三维空间结构。

知识链接：

Christian Boehmer Anfinsen，Jr.（1916 年 3 月 26 日—1995 年 5 月 14 日）是美国生物化学家。他对核糖核酸酶开展了深入研究，研究氨基酸序列与生物活性构象之间的联系，提出了 Anfinsen 原理。他与斯坦福大学 stanford Moore 和 William Howard Stein 共同获得 1972 年诺贝尔化学奖。Anfinsen 开展的牛胰核糖核酸酶的变性复性实验，如图 5-6 所示。

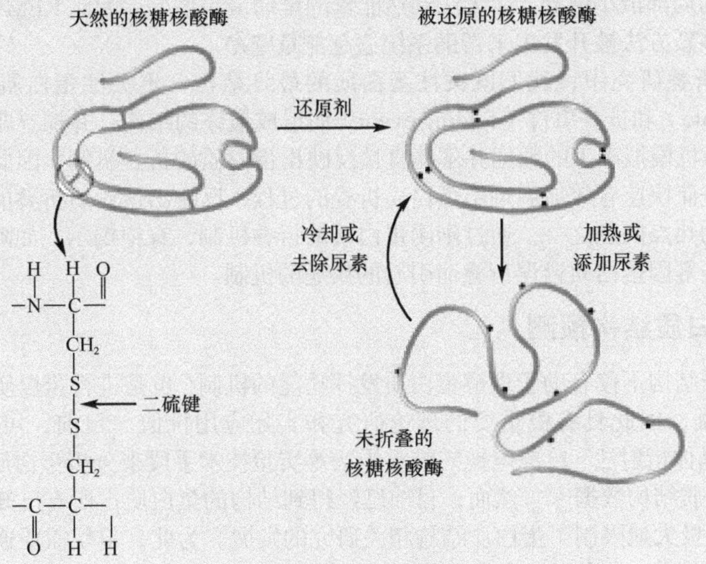

图 5-6　牛胰核糖核酸酶的变性复实验

（图片来源 http：//grupopiveta.com.br/img/anfinsen-experiment-protein-folding）

传统的生物化学实验虽然能够在一定程度上测定蛋白质在折叠过程中不同时期的结构状态，但是许多蛋白质能在微秒到毫秒之间完成折叠过程，而传统的生物化学实验无法详实地分析如此快速的过程。因此研究人员引入计算机分子模拟，为蛋白质折叠的研究提供大量的模拟数据，与生物化学实验数据互相验证。当前，计算机分子模拟已经成为蛋白质折叠研究的一种重要研究方法，并开发出相应的软件，如 AMBER、GROMACS、IMPACT、NAMD 等。

目前有两类主要的分子模拟技术：分子动力学模拟（molecular dynamics simulations）和蒙特卡罗模拟（monte carlo simulations）。

分子动力学模拟是基于分子动力学来进行模拟的，它的基础是牛顿方程或者哈密尔顿方程。给定一个初始化的系统，系统中每个原子都有自己的初始位置和初始速度。模拟开始后，它根据系统的设置，首先计算系统中每个原子的受力情况，进而根据牛顿第二定律求解出该原子的加速度。然后假定在接下来的一个极小的时间段 t 内，该原子的加速度是不变的，进而可以求解出在 Δt 后该原子的速度和位置，其中这个 Δt 也被称作时间步长（time step）。这样系统就从一个状态变化到了下一个状态，或者说模拟出了系统的下一个状态，然后重新计算在新状态下各个原子的受力情况。不断重复上述过程直到模拟结束。在这里，模拟所花费的计算时间和系统的准确性是相互制约的，为了使得系统模拟得更为准确，则应该选择尽可能小的 Δt，而小的 Δt 会使得程序需要频繁计算系统中每个原子的受力情况和位移变化，就会消耗大量的计算时间。

蒙特卡罗模拟是基于分子热力学进行模拟的，它的基础是系统势能方程。给定一个初始化的系统，模拟算法通过对现有状态进行细微的变动，随机生成一个新的状态，进而计算新状态的系统势能，并根据 Metropolis 标准来决定是否接受这个新状态。如果新状态被拒绝，则接着随机产生另一个新状态；如果新状态被接受，则系统就过渡到这个新状态；然后不断重复这个过程直到完成模拟。蒙特卡罗模拟使得系统总是朝着能量低的状态变化。当然为了避免陷入能量局部最小值，有一定概率接受能量高的状态来逾越能量壁垒。需要说明的是：蒙特卡罗模拟的模拟结果只是系统可能的运动变化轨迹，并不是系统真实的运动情况，而且其对应的时间也不是真实的时间，程序假定每次从一个状态变化到另一个新状态的时间都是一样的，这显然和实际情况不符合。

上述两种方法在模拟过程中都会不同程度地遇到能量壁垒（energy barrier）的问题，系统会停留在能量的局部最小值处，而无法到达能量的全局最小值处。为此 REM（replica exchange method）等很多新方法被开发出来帮助系统逾越能量壁垒。

在蛋白质折叠研究中，我们既关注蛋白质的最终结构，更关注蛋白质经历哪些中间态（intermediate state）和折叠事件（folding event）而形成最终的结构，并探寻驱动这一过程的因素。然而，计算机模拟产生的数据并不能直接反映出蛋白质的折叠机制，因此如何分析计算机的模拟数据，进而快速有效地展现出蛋白质折叠的过程，反映出蛋白质折叠的机制，一直是蛋白质折叠研究的热点问题之一。通过阐明蛋白质的折叠机制，有望揭示，如阿尔茨海默病、帕金森病、疯牛病等因蛋白质错误折叠而引起的疾病的机制。

（三）蛋白质结构预测

认识蛋白质结构不仅有助于理解蛋白质发挥功能的机制，也是进行蛋白质分子改造及合理药物设计的基础，因此具有极重要的理论研究和实际应用价值。目前，可以通过磁共振法（NMR）、X 线晶体衍射法、冷冻电镜三维重构法等实验技术手段来分析蛋白质的结构，并建立了 PDB 等蛋白质结构数据库。然而，目前已经得到结构的蛋白质占所有已知序列蛋白质的比例不足 1%，这极大地限制了蛋白质结构相关研究的发展。为此，迫切需要通过非实验的手段来得到蛋白质结构信息。伴随生物信息学的飞速发展，利用计算手段预测蛋白质结构已成为获取蛋白质结构的最有潜力的方法之一。

早在第一个蛋白质的空间结构通过 X 射线衍射方法检测出来之后，人们就开始试图通过计算原子间相互作用力和内部约束来预测蛋白质的结构。然而，这种从头进行预测的方法受到计算量巨大及内部相互作用关系不明确的限制，至今都没有取得实质的进展。另一方面，预测蛋白质的局部结构（二级结构预测）及根据已有的蛋白质结构预测未知结构的方法取得了较大的成功。本节将先介绍二级结构预测方法的研究现状，再介绍蛋白质三维结构预测方法，特别是折叠识别方法的相关研究进展。

1. 二级结构预测　蛋白质二级结构是组成蛋白质空间结构的元件。因此，蛋白质二级结构预测为理解蛋白质折叠和预测蛋白质三级结构奠定了基础。一般而言，蛋白质二级结构分为四种，即 α 螺旋（helix）、β 折叠（sheet）、β 转角（turn）及无规卷曲（coils）（图 5-7）。α 螺旋、β 折叠与 β 转角是蛋白质中比较保守的区域，具有各自的结构特点；无规卷曲结构的规律性较弱，也相对不够稳定。二级结构预测主要是预测出蛋白质序列上氨基酸分别是属于哪一种二级结构。

考虑到螺旋和折叠等二级结构在进化中非常保守，导致同源蛋白质的二级结构会非常类似，利用序列谱编码特征进行预测可望提高预测精度。Rost 等将进化信息引入到二级结构预测中，开发出 PHD，其预测精度超过了 70%。目前二级结构预测的工具基本上都是采用 PHD 方法的思路。此外，研究人员通过统计蛋白质中各氨基酸种类的比例，应用神经网络方法在已知的蛋白质结构数据中训练模型，并进行预测，这种方法预测二级结构的精度可达到 65%以上。

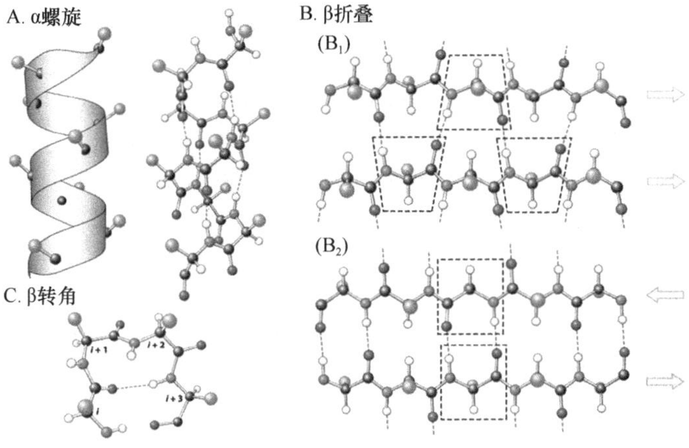

图 5-7　蛋白质的二级结构

知识链接：

PHD 算法是美国哥伦比亚大学生物信息学中心研发的。通过对蛋白质序列的多重比对，获取同源信息：sequence profiles，再以这个信息为单元输入 PHD 构建的人工神经网络做结构预测。它的整个过程是建立在蛋白质序列同源性（homologue）的基础上的，结合人工神经网络的优势，来进行蛋白质结构预测。PHD-PredictProtein 服务主要是预测：蛋白质的二级结构（secondary structure）、残基可溶性（residue solvent accessibility）和及跨膜螺旋区定位(Location of transmembrane helices)。PHD 预测的相关网站：http：//www. predictp rotein.org http：//www.rostlab.org/

2. 三维结构预测　蛋白质三维结构预测需要预测出蛋白质中所有原子所在的空间位置。一般而言，蛋白质三级结构预测方法可以分为三类：从头预测、同源建模和折叠识别。

从头预测方法是研究人员最先提出的三级结构预测方法，其基本思想是蛋白质天然结构是处于最低自由能状态，而自由能又可以通过蛋白质内部原子间及与溶剂分子间的相互作用力计算。因此，理论上只要能够正确描述蛋白质原子相互作用就可以解决蛋白质结构预测问题。然而，目前还不存在真实反映上述相互作用力的函数，而且蛋白质上原子数目众多，当前的计算能力仍难以完成最低自由能构象的搜索。因而，从头预测方法远未能满足实用的要求。

目前，同源建模和折叠识别方法运用得较为成功。同源建模方法是目前结构预测精度最高的方法。当在结构数据库中可以找出同目标蛋白质的近距同源体（序列相似度大于 30%）时，就可以通过同源建模的方法来预测结构；若序列相似度大于 70%，那么由同源建模方法预测出的结构几乎可以同实验获得的结构一致；当序列相似度大于 30%小于 70%，则同源建模方法预测的结构常会出现错误，需要人工检验加以修正；当序列相似度小于 30%，同源建模方法就无法做出正确的预测。目前常用的同源建模工具有瑞士生物信息中心开发的 swiss-Model、加利福尼亚大学的 MODELLER 和 Accelrys 公司的 InsightⅡ。

知识链接：

Insight Ⅱ是分子建模与模拟的 3D 图形界面环境。Insight Ⅱ集成了分子建模工具、开发工具、力场、模拟和显示工具，以及为生命科学的应用而特别开发的工具于一体，有助于全面了解生物分子的结构与功能。其可用于蛋白质分子的动力学模拟和分析，药物设计。

同源模建的预测方法受限于近距同源结构模板的种类和数量。为了解决这一问题，研究人员发展了折叠识别方法，其核心思想是找出目标蛋白质的远距同源蛋白，并以此作为模板进行预测。折叠识别方法突破了近距同源体的限制，极大地增大了结构预测方法的适用范围。研究人员发展了两种方法以寻找远距同源蛋白质：一种方法是利用序列谱（profile）比较代替直接序列比较，代表工具有 Fyher 等；另一种方法是直接判断待测序列和已知结构模板间的相关程度，也被称为逆向折叠识别或者 threading 方法，其代表工具有 GENTHREADER 等。折叠识别方法虽然可以处理远距同源关系的蛋白质，但是它们的预测精度不如同源建模的方法。

（四）蛋白质结构功能研究

蛋白质具有的特异的生物学功能与其特异的结构密切相关。近年来蛋白质工程的发展就是以蛋白质的结构和功能关系为基础，通过分子设计，对天然蛋白质的定向改造，创造出功能更优的蛋白质，满足人类的需求。

1. 蛋白质的结构基础研究 目前对蛋白质的结构分为一级结构、二级结构、三级结构、四级结构等层次（图 5-7）。蛋白质一级结构是蛋白质的氨基酸序列，是研究蛋白质的基础。二级结构、三级结构、四级结构又称空间结构、立体结构、高级结构等。蛋白质的空间结构是蛋白质特有性质和功能的结构基础。

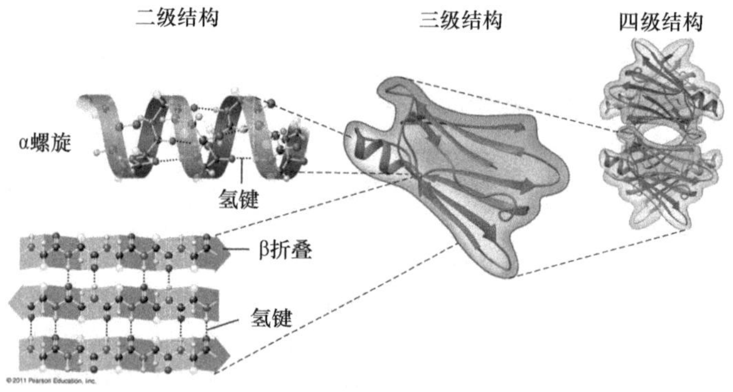

图 5-8 蛋白质的不同空间结构

蛋白质空间结构测定主要是用 X 射线衍射的方法，此方法的最大局限性是要将蛋白质制成结晶。近年来二维核磁共振的应用和冷冻电镜三维重构技术取得快速的进展，为蛋白质结构的测定提供了新的手段。蛋白质空间结构预测研究是世界难题，历经 30 余年不懈努力已取得的如下结果。

（1）Anfinsen 一级结构决定空间结构理论：蛋白质的氨基酸序列决定蛋白质的空间结构。由于蛋白质从一级结构到空间结构的折叠机制至今尚未破译，该理论还有争议。

（2）同源蛋白、蛋白质家族：蛋白质有结构上的分子进化同源性，同源蛋白概念由此而来，由此产生蛋白质同源模建方法。

（3）蛋白质空间结构模块：蛋白质的空间结构可以划分为几个不同的单元，不同蛋白质可以有相同的空间结构单元。研究人员已经建立了多套蛋白质空间结构单元数据库，未来可以通过寻找相同空间结构单元来预测蛋白质结构。

（4）蛋白质中氨基酸残基之间的长短程相互作用：蛋白质中的氨基酸残基不是彼此孤立的，整个空间结构是所有氨基酸残基相互作用的结果。

（5）蛋白质折叠密码：被认为是继发现遗传密码之后的第二个生物密码，这一密码蕴含在什么物质（如蛋白质或其他）上目前尚未有定论。

（6）分子伴侣：已发现蛋白质二硫键的形成和少数蛋白质的折叠有赖于称为分子伴侣（molecular chaperon）的酶或蛋白质的协助。

2. 空间结构的研究 随着人类了解越来越多的基因序列和蛋白质结构，预测蛋白质构象已经更加准确。但是，在 100 000 个氨基酸序列已经确定蛋白质中，只有不到 3%的蛋白质的精细结构是已知的。在结构未知的蛋白质中，同源性较高的蛋白质可以通过同源模建的方法预测结构；与已知蛋白质的序列同源性低于 25%的蛋白质可能适用新的折叠。这些折叠可能包括已知蛋白质结构的多种结构域。一个蛋白质的二级结构的实验测定可以提供解析其功能的重要线索。通过对蛋白质二级结构的组成基元的测定可以预测一个折叠基序。肽链的 α 螺旋、β 折叠、非周期性构象多数可以用圆二色谱法（circular dichroism，CD）、红外光谱法（IR）、Raman 光谱法来测定。另外，二级结构的光谱法是评价蛋白质集合和稳定性的一个有价值工具。二级结构测定的方法提供了深入了解蛋白质折叠、蛋白质-蛋白质相互作用、蛋白质-核酸相互作用等对生物学功能关键的结构特征。

（五）蛋白质分子设计

1. 蛋白质工程分子设计策略 将一种内源性蛋白改为一种治疗药物常常需要优化一系列参数，如稳定性、溶解度、免疫性等。目前已开发多种策略方法以优化参数，包括一级结构的优化、融合蛋白的应用、蛋白翻译后的修饰及化学修饰等。经过改造后的第三代蛋白质工程药物在保留很高活力的同时，理化性质（如溶解性、稳定性）、药代动力学性质、生物学性质（亲和力、底物特异性、免疫原性）方面都有显著的改善。

（1）理化性质方面的改善：蛋白质药物的理化性质决定其在研发、制造和临床使用中的性能。具有研发价值的蛋白质药物常要求其水溶性好，且在制备、贮存和给药过程中保持较高活性，但许多潜在的治疗性蛋白质的溶解度低，迅速被代谢。利用蛋白质工程技术，可以提高蛋白药物的抗氧化能力、抗蛋白酶降解的能力；改变蛋白的 pH 或温度稳定范围，扩大其使用范围；增大蛋白的溶解性，减少聚集作用，有利于药物发挥药效。

1）提高蛋白质药物的稳定性：采用合理优化方法，可重新构建蛋白质，使之在蛋白酶、氧化环境、温度变化、pH 变化等条件下更稳定。应用合理的计算机设计方法优化完善蛋白质内部相互作用和掩蔽疏水基团，完善二级结构的氢键和电子相互作用可改善蛋白质的稳定性。通过减小内腔体积、引入盐桥、减少表面积与体积比、除去氧化还原基、埋蔽暴露的疏水基和除去 β-支链等方法可以改进蛋白药物热稳定性。设计减少柔性的突变体、突变蛋白水解酶的作用位点，降低蛋白质被水解的速率。已有相关原理应用于临床治疗重组人粒细胞集落刺激因子（G-CSF）和人生长激素（hGH）。

2）增强蛋白药物的溶解性能：蛋白质多聚体能引起活性减弱、生物利用度降低和免疫原性增加，因此提高蛋白质药物的溶解性具有重要意义。目前已有几种策略成功用于减少蛋白的聚合和提高可溶性表达。置换不成对的半胱氨酸能防止异常的分子之间二硫键的形成，可以增加药物的溶解度，增强其贮藏稳定性。翻译后修饰和化学修饰也有助于防止多聚体形成，用极性的残基取代暴露在外的非极性的残基能够改善纯化蛋白的溶解性。改变蛋白质带电荷的量和等电点也能影响其溶解度。

（2）药代动力学性质的改善：目前蛋白质工程技术通过改变蛋白药物在体内形成的寡聚状态、聚乙二醇修饰、融合蛋白、胞吞运输等策略有效地完善药物的药代动力学性质，提高其生物利用度。

1）改变蛋白药物在体内形成的寡聚状态：蛋白质的相对分子质量大小、溶解性将影响注射后的吸收率。天然胰岛素制剂在储存中易形成二聚体和六聚体，延缓了胰岛素从注射部位进入血液，从而延缓了降血糖作用。通过蛋白质工程改造使胰岛素单体带上同种性质的负电荷，由于排斥作用避免了寡聚体的形成，从而降低了聚合效应，使胰岛素快速起作用，这类保留生物活性的快速单体胰岛素现已上市。

2）聚乙二醇修饰：聚乙二醇（PEG）是一种非常柔性的可溶聚体，其作为蛋白药物的化学修饰剂已被广泛认可。PEG 修饰也能减少免疫原性和减少聚合。有几种 PEG 修饰的治疗蛋白已经投入市场，如对干扰素 α-2b 和干扰素 α-2a 的 PEG 修饰能显著增加其血清半衰期 50～70 倍及充分减低血清浓度的变化。

3）融合蛋白技术：治疗蛋白与具有较长血清半衰期的蛋白质（如白蛋白、抗体的 Fc 段）融合表达，可显著改变蛋白质药物的药代动力学性质。例如，结合了白蛋白的抗组织因子 D3H44 肽，其半衰期增加大约 40 倍。

4）胞吞运输：一些在体内与细胞表面受体结合的蛋白质药物会受到胞吞运输的影响，细胞表面受体及其结合的配体能够通过胞吞作用进入细胞，又可以经过循环再次回到细胞表面。

5）糖基化：糖基位点的特异结合也是改善药代动力学的方法。Amgen 公司的超糖基化 EPO（Aranesp）是在 N 端附加了两个糖基化，附加的糖基化使其血清半衰期增加了 3 倍，同时减少了大约 80%的体外结合。

（3）生物学性质方面的改善

1）改变酶对底物的专一性：通过比较同源蛋白家族在底物特异性方面的差异，找到引起功能多样性的主要因素，重新设计突变型蛋白药物。例如，枯草杆菌蛋白酶家族包括：①细菌枯草杆菌蛋白酶 BPN，它的底物特异性不强；②酵母加工酶 Kex2，它的作用要求底物含有 P2-P1（P 指底物的氨基酸序列）；③哺乳动物激素原内肽酶 Furin，它的作用要求底物含有 P4-P2-P1 序列。Ballinger 等在 BPN 中突变了两个氨基酸而使其底物特异性类似 Kex2，再引入第三个突变碱基，使其特异性类似 Furin，从而改变了酶作用底物的特异性。

2）提高酶的活性：通过改变酶分子中的一个或多个氨基酸残基从而改变酶的活性，通过筛选获得活性提高的突变型酶分子。

3）降低免疫原性：蛋白药物潜在的免疫原性阻碍了蛋白药物的发展。降低或消除蛋白质药物的免疫原性主要有四种策略：突变抗原表位、突变 MHC 结合肽、聚乙二醇修饰和人源化改造。抗原表位对刺激免疫系统最具反应性，突变抗原表位是降低或消除免疫原性的最普遍的方法，并已有成果案例。突变与 MHCⅡ型结合的肽而阻止 T 细胞活化，除去 MHC 结合的抗原表位将提供更多的温和方法去减少免疫性，这种策略将优于除去抗体的抗原表位的方法。聚乙二醇（PEG）修饰到多肽或蛋白质，由于 PEG 相对分子质量比药物本身大很多，同时 PEG 有强大的亲水性，给药物添加了屏蔽层，使蛋白质不被当作异源物质识别，避免了抗体的产生，降低了蛋白质的免疫原性。人源化也可降低免疫原性，人源化抗体就是将抗原结合区域嫁接到人抗体上，这样抗体上的外源轻链降低到最小，免疫原性也就最小。人源化抗体如治疗脊髓性白血病的 Anti-CD_{33} 等，其免疫反应可以忽略不计。

总之，采用各种蛋白质工程技术有望解决蛋白免疫原性难题，并产生用于临床治疗的全新的人源化蛋白。

（4）药物传输性质的改善：蛋白质或多肽药物靶向传输的目标已经开始逐步的实现。例如，已经设计出具有惊人细胞毒性功效和选择性的融合蛋白毒素。目前针对细胞表面受体的融合蛋白药物（如白喉毒素融合蛋白等）不断获得成功。针对细胞表面或细胞外靶标的重组融合蛋白质的合理设计将提供一系列独特的生物药物。根据抗原提呈细胞（APC）表面受体与配体相互作用机制，可设计特异靶向嵌合疫苗，即将抗原多肽或蛋白质特异性靶向 APC，从而增强免疫应答效应。这种嵌合疫苗可使一些无免疫原性或免疫原性很弱的肿瘤特异性抗原转变成强免疫原性的抗原，因此特异性靶向抗原提呈细胞的蛋白质工程修饰嵌合疫苗的研究为我们展示了良好的应用前景。

（5）亲和性和特异性的改善：合理设计能用于改善一种治疗蛋白与其他生物分子相互作用的亲和性和特异性。增加与靶蛋白结合的亲和性可增加生物活性；降低对非靶分子的亲和性可以减少毒副反应。

二、蛋白质工程制药的关键技术

蛋白质工程作为第三代基因工程，大大加快了研发蛋白质药物的步伐，使蛋白质工程药物显示出诱人的前景，带来更大的经济和社会效益。蛋白质工程的开展依托于一些重要的技术，下面主要介绍几种重要的蛋白质工程技术。

（一）体外定向进化技术（directed evolution in vitro）

体外定向进化是蛋白质工程的策略，它不依赖蛋白质的三维结构信息和作用机制，在体外模拟自然进化的过程（随机突变、重组和选择），使基因发生大量变异，并定向选择出所需性质或功能，从而在几天或几周内实现自然界需数百万年才能发生的进化。

体外定向进化属于非合理设计，通过随机突变和高通量筛选获得目的蛋白，它适用于任何蛋白质分子，大大地拓宽了蛋白质工程学的研究和应用范围。目前发展出来的定向进化策略有：

1. 易错 PCR（error prone PCR，EP PCR）　是利用低保真度 Taq DNA 聚合酶，或者改变 PCR 反应体系的条件，在新链 DNA 聚合过程中随机引入错配碱基，经多轮 PCR 扩增，构建序列多种多样的突变库。由于不改变基因长度，突变频率控制在适度范围，能有效地获得有益突变体。

2. DNA 改组技术（DNA shuffling）　DNA 改组是体外同源重组的一种再组装 PCR 技术。它是将一群密切相关的序列，在 DNase Ⅰ 酶作用下，随机酶切成许多片段，这些小片段之间有部分重叠碱基序列，通过自身引导 PCR（self-priming PCR），使这些小片段重新组装成全长基因，建立突变文库，对突变文库进行筛选，选择改良的突变体组成下一轮 DNA 改组的模板，重复多次重排与筛选，直到获得性状较为满意的突变体。

3. 杂合蛋白技术　通过把来自不同药物蛋白的结构单元组合，可产生具有新活性的蛋白质，这称杂合蛋白技术。该策略对细胞因子可能特别有效（因为它们是靠二聚体或多个受体发挥作用）。通过改组头孢霉素酶基因家族，快速进化了拉氧头孢（moxalactam）活性，从嵌合体药物蛋白库中，可以发现许多新的药物活性。

4. 随机引物体外重组法（random priming in vitro recombination，RPR）　用一套随机序列引物，产生互补于模板不同位置的短 DNA 片段库。然后进行类似于 DNA 改组的全长基因装配反应，获得多样性文库。与 DNA 改组相比，RPR 具有以下优点：可用单链 DNA 或 RNA 为模板，且对模板量要求少，大大降低了亲本组分，便利筛选；克服了 DNA 改组中 DNase 具有的序列偏爱性，保证了子代全长基因中突变和交叉的随机性。

5. 交错延伸（stragger extension process）　是在 PCR 反应中把常规的退火和延伸合并为一步，并大大缩短其反应时间（55℃，5 秒），从而只能合成出非常短的新生链，经变性的新生链再作为引物与体系内同时存在的不同模板退火而继续延伸，此过程反复进行，直到产生完整的基因长度，结果产生间隔的含不同模板序列的新生 DNA 分子。

（二）蛋白质分子的展示及筛选技术

利用各种重组方法得到的是包含有益突变体的群体，还需快捷有效地从中筛选得到目标蛋白。因此在蛋白质工程技术中最引人注目的是筛选技术。目前建立的筛选系统中，常见的有噬菌体表面展示技术（图 5-9）、酵母展示技术、大肠杆菌展示技术、体外展示技术（核糖体展示技术和 RNA 展示技术）。

1. 噬菌体表面展示（phage display）**技术**　噬菌体表面展示的基本原理为利用丝状噬菌体 M13 的表面衣壳蛋白 pⅢ或 pⅧ为支架，在不影响噬菌体正常生命周期的条件下将外源蛋白与衣壳蛋白融合表达，使之以一定的立体结构展现在噬菌体的表面，通过与靶蛋白的亲和力对其进行筛选，得到所需的肽段。这种技术的一个显著优点是表型和基因型之间有直接的对应关系，可以简便地通过表型的筛选得到目的蛋白的基因，此外通过噬菌体对大肠杆菌的感染可以扩增足够容量的库，使人们从一个很大的群体中筛选出目的蛋白。如今的噬菌体展示文库其库容量已经达到 10^{12}，外源蛋白展示的部位也更加多样化，分子质量范围也更加广泛。近年来噬菌体表面展示技术的应用范围，从最初主要应用于抗体的筛选发展到已经广泛地应用于研究蛋白质相互作用表位分析筛选、蛋白质功能表位分析筛选、寻找靶蛋白的特异结合肽，还可以应用于各种靶蛋白突变体库、抗体表位库、cDNA 文库等的筛选，而最受青睐的是随机肽库的筛选，目前已经得到了许多具有天然配体活性的多肽。

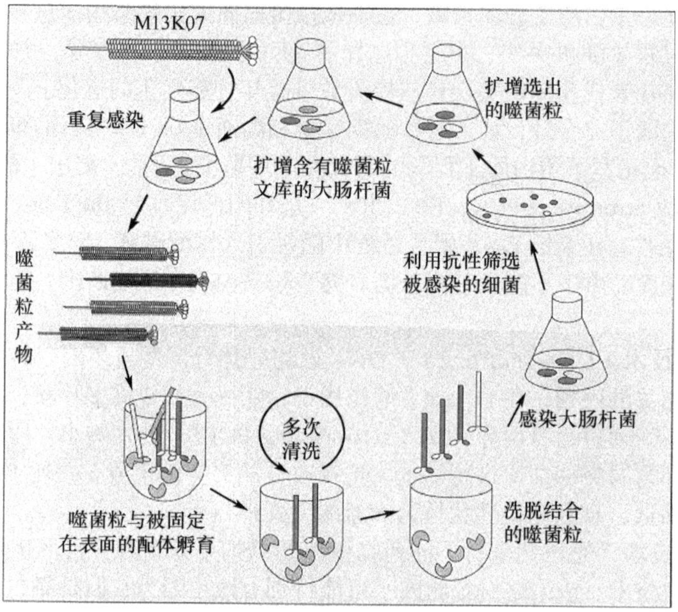

图 5-9　噬菌体展示技术

2. 细菌表面展示（Bacterial display）技术　通过把外源蛋白与细菌外膜蛋白分子融合而在细菌的外膜上展示外源蛋白质分子或多肽片段，这种展示技术虽然也可以代替噬菌体用于多肽文库的展示，但是由于噬菌体展示技术有操作简便的优势和广泛的适用性，细菌表面展示技术很少应用于文库的展示与筛选。这种技术的应用主要有：展示外源抗原表位，构建以活菌为载体的工程疫苗；在菌体表面展示外源抗体作为诊断试剂；将蛋白酶展示于菌体表面成为全细胞生物酶制剂。可以用于细菌表面展示的包括多种革兰阴性和阳性菌。

3. 酵母表面展示（yeast display）技术　由于细菌缺乏真核内质网上辅助折叠的酶和分子伴侣，那些含有复杂二硫键的真核蛋白很难在细菌中正确折叠，导致噬菌体和细菌展示的文库具有偏向性。而酵母表达体系有利于哺乳动物蛋白的正确折叠、加工和活性的维持，更适用于对来源于哺乳动物细胞的蛋白进行有效的展现。而且这种单细胞真核生物易于培养，其相关的遗传背景详细，分子生物学操作技术也较成熟，相比于直接在哺乳动物细胞表面的展示技术更有可操作性，适于大规模文库的筛选工作。酵母表面的黏附受体被用来作为展示的支架，并且每个细胞表面可以展现多个拷贝的融合蛋白，可以方便地用流式细胞仪进行精确的定量筛选。

4. 体外展示技术　上述方法所建库和筛选过程都是基于对宿主细胞进行培养，因而库容量和筛选效果受到活细胞数量、转化效率的限制。为了实现对更大规模的文库进行高通量、高效的筛选，研究人员开发了体外展示技术，该技术得到的文库可包括高达 10^{14} 个个体，适合于需要反复进行多轮突变筛选的体外分子进化的过程，可以避免每一轮筛选之间的转化，简化了操作步骤，减少了活细胞操作中的失误性克隆丢失，以及转化率对筛选效率的影响。常用的体外展示技术之一是通过 mRNA 与新生肽链之间的物理联系，建立基因型和表型的对应关系。目前最流行的体外展示技术包括核糖体展示（ribosome display）和 mRNA 展示（mRNA display）。这两种蛋白质分子的体外展示技术出现的时间不久，就已经在蛋白质工程的改造中得到了广泛的使用。其不仅用于筛选多肽配体，还被用于进行蛋白质结构的稳定性的改造、亲和性的增加、酶活性的筛选、单链抗体的筛选、cDNA 产物的筛选等，最有价值的就是结合 DNA 改组、易错 PCR 等突变技术进行的蛋白质体外分子进化助研究。相信蛋白质体外展示技术将对蛋白质工程、特别是蛋白质工程重组药物的改造产生深远影响。

（三）蛋白质定点突变技术

定点突变（site-directed mutagenesis）技术是指在已知蛋白质药物的结构和功能的基础上，有目的地在已知 DNA 序列中取代、插入或删除特定长度的核苷酸片段，通过基因突变而改变生物大分子结构中的个别氨基酸残基，得到具有新性状的生物药物的方法，故又称为理性分子设计。

定点突变技术分三类：通过寡核苷酸介导的基因突变，盒式突变或片段取代突变，RCR 介导的定点突变。

1. 寡核苷酸介导的定点突变　以化学合成的含有突变核苷酸的寡核苷酸片段为引物，对单链 DNA 分子进行复制，随后这段寡核苷酸引物便成了新合成的 DNA 子链的组成部分，产生的新链便具有已发生突变的寡核苷酸序列。

2. 盒式突变或片段取代突变　利用目标基因序列中特定的限制性内切酶位点，以人工合成的含有突变基因序列的寡核苷酸片段，取代野生型基因中的相应序列。

3. PCR 介导的定点突变　设计一对引物完全互补、长度为 45bp 左右且中部含有突变碱基的引物，利用高保真的 *Pfu* DNA 聚合酶进行 PCR 反应，并用 *Dnp* Ⅰ 酶处理 PCR 产物，可以实现基因的定点突变。

（四）蛋白质融合技术

融合蛋白是在 DNA 层面把两段或多段编码蛋白质的基因连接在一起，从而表达出具有多个功能区域的重组蛋白的方法。蛋白质融合技术是为了获得大量标准融合蛋白而进行的有目的的基因融合和蛋白表达的方法。

1. 蛋白质融合构建的原理

（1）各融合分子的目的 DNA 片段置于同一套调控序列（包括启动子、增强子、核糖体结合序列、终止子等）的控制之下。

（2）融合分子间需以富含疏水性氨基酸的接头连接，同时也要考虑接头长度和氨基酸组成、排列顺序等因素。

（3）为了保证融合蛋白的生物学活性，还需要考虑构成融合蛋白各成分本身的特性及其相互作用。其中蛋白质融合接头设计是基因融合技术能否成功的关键之一，对接头多肽的研究主要有两种，即螺旋形接头肽[如 A（EAAAK）$_{nk}$]和疏水性、低电荷效应的氨基酸组成的接头肽，而后者更为常用。

2. 融合伴侣　将一些半衰期较长的天然蛋白质作为融合伴侣与蛋白质药物融合表达，可以延长蛋白质药物在体内的半衰期。主要的融合伴侣有三种：IgG 的 Fc 片段，人血清白蛋白、转铁蛋白。

（1）IgG Fc 片段的融合蛋白：IgG 在体内的半衰期长达 2～4 周，主要归功于 Fc 片段与 Fc 受体（FcRn）结合产生的再循环机制。因此，将 Fc 片段作为融合伴侣，可以延长活性分子的体内半衰期。目前已有多种 Fc 融合蛋白类药物上市，如 1998 年安进公司研发的依那西普（Etanercept）融合 TNF-α2 受体，用于治疗类风湿关节炎。

（2）血清白蛋白融合蛋白：人血清白蛋白（human serum albumin，HSA）也存在 FcRn 介导的再循环机制，在体内半衰期长达 19 天。HAS 相对分子质量约 66 000，由 3 个同源结构域组成，是人体血浆的主要成分之一。其水溶性良好，无免疫原性，在体内作为多种生物分子的载体，是理想的长效蛋白质药物载体。目前已有一些血清白蛋白融合蛋白进入临床试验阶段。

（3）转铁蛋白融合蛋白：转铁蛋白（transferrin）相对分子质量约 80000，有较强的热稳定性和抗蛋白质水解作用，对胰凝乳蛋白酶和胰蛋白酶均耐受，同时由转铁蛋白-转铁蛋白受体介导的再循环机制也可能是转铁蛋白半衰期较长的原因之一。作为天然的运输蛋白，转铁蛋白已被用作小分子药物、多肽、蛋白质及基因药物的载体，将药物分子运输到大量表达转铁蛋白受体的组织中。目前，G-CSF、GH 和胰岛素原等已被尝试作为研究对象与转铁蛋白融合，结果显示其在动物体内的半衰期均得到有效的延长。

（五）非天然氨基酸标记技术

生物体内几乎所有的蛋白质都是由常见的 20 种天然氨基酸所组成的，这些天然氨基酸只包含有限的功能基团（如羟基、羧基、氨基、烷基和芳香基团等），因此无法满足化学、生物科学研究和应用中对蛋白质结构和功能的需求。研究人员提出了非天然氨基酸（unnatural amino acids，UAA）标记技术，扩展遗传密码子，使蛋白质乃至整个生物体得以进化，从而赋予蛋白质新的物理、化学和生物学特性，为人类研究蛋白质的结构与功能、生命现象提供有效的工具。至今，研究人员已经能将 100 余种含有酮基、醛基、烯基、炔基、叠氮基、硝基等多样性的功能基团的非天然氨基酸位点特异性地标记在目标蛋白上，继而进行多种修饰反应，为蛋白质结构和功能的研究与应用带来了新的契机。

1. 密码子扩展技术修饰蛋白质 2000 年美国 Scripps 研究所的 Peter Schultz 教授等开发出了遗传密码子扩展技术，建立了一种新的非天然氨基酸标记蛋白质的方法（图 5-10）。

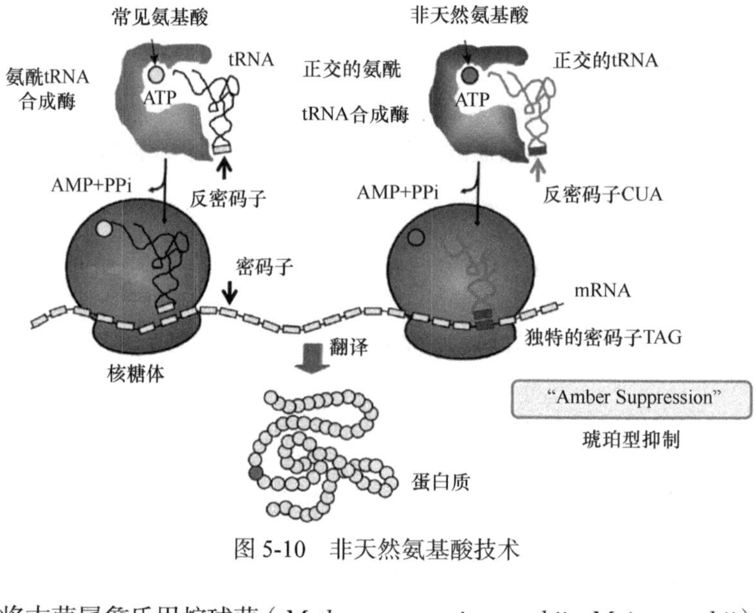

图 5-10 非天然氨基酸技术

研究人员将古菌属詹氏甲烷球菌（*Methanococcus jannaschii*，*M. jannaschii*）转运酪氨酸的 tRNA 及对应的氨酰 tRNA 合成酶（$tRNA^{Tyr}$/Tyrosyl-tRNA synthetase，*Mj*$tRNA^{Tyr}$/TyrRS）的基因克隆到载体上，并将该载体与带有 TAG 突变的外源蛋白质表达载体共同转入宿主细胞中，细胞内表达的 Tyrosyl-tRNA synthetase 将来自于培养基的非天然氨基酸偶联到 $tRNA^{Tyr}_{CUA}$ 上，氨酰化的 $tRNA^{Tyr}_{CUA}$ 与 mRNA 上的位于突变位点的 UAG 识别，翻译出含有特异性非天然氨基酸的蛋白质。研究人员不断开发能够识别 UAG、四联密码子和五联密码子的 tRNA 和新的正交的 tRNA-氨酰 tRNA 合成酶，扩展了该系统的应用范围。目前这套系统已可应用于大肠杆菌、酵母、昆虫细胞、哺乳动物细胞，乃至线虫、果蝇和哺乳动物中。

2. 非天然氨基酸标记技术在蛋白质工程中的应用

（1）提高酶催化活性：研究人员利用非天然氨基酸标记技术修饰细菌磷酸三酯酶使其催化效率提高了 8～11 倍，为酶分子改造、提高催化活性提供了新的思路。

（2）蛋白质结构和功能探针：具有光化学活性的非天然氨基酸可作为探针，用于在体内和体外的蛋白质功能研究。例如，利用具有“光笼”基团的非天然氨基酸标记的蛋白质，可以通过波长为 365nm 的紫外光脱去“光笼”基团，从而实现用光调控蛋白质的非活性和活性状态。

（3）蛋白质交联反应：蛋白质交联在疫苗开发、药物递送、功能型水合胶方面发挥着重要作用。非天然氨基酸标记技术发展了多个基于无铜点击化学的生物正交反应，可以高效实现生物分子之间的特异性交联，这类交联反应对紫外光不敏感，为异源蛋白质间的交联提供有效的手段。同时，具有光催化的自由基反应的非天然氨基酸可以在相互作用的蛋白质之间形成共价交联，为研究蛋白质相互作用提供有力的工具，如昌增益等利用光交联非天然氨基酸发现了大肠杆菌蛋白质利用分子伴侣抵抗胃液低 pH 的机制。

（4）药物蛋白质：研究人员也将遗传密码子扩展技术应用于治疗性蛋白质的研究中。目前这类研究有两个热点方向：其一是利用具有免疫原性的氨基酸来增强免疫反应，并生成可用于治疗肿瘤和炎症的疫苗。例如，将对硝基苯丙氨酸引入到目的蛋白质的抗原表位可以增强免疫原性，并产生能识别天然蛋白质的抗体。其二是通过非天然氨基酸定点标记获得蛋白质轭合物，使蛋白质在特定位点上含有功能性分子如毒素、放射性核素、聚乙二醇等。例如，含有对乙酰基苯丙氨酸的人生长激素（hGH）在定点聚乙二醇（PEG）修饰后，在保持生物活性的情况下，大大延长了血浆半衰期。

（六）蛋白质修饰技术

生物体内 50%～90%的蛋白质发生了翻译后修饰，目前已经确定的翻译后修饰方式超过 400 种。常见的蛋白质翻译后修饰过程有：泛素化、磷酸化、糖基化、酯基化、甲基化和乙酰化等。在体内各种翻译后修饰不是孤立存在的，它们参与了生命活动的重要过程。研究人员利用蛋白质修饰技术对多肽、蛋白质类药物进行化学修饰，可以弥补天然多肽、蛋白质的不足，有望降低药物的免疫原性、延长药物的半衰期。

1. 蛋白质化学修饰技术　利用亲水惰性高分子与蛋白质的非必需基团共价结合，形成屏蔽，使蛋白质不被免疫细胞识别、不产生抗体，从而抑制相应的免疫反应；遮蔽作用使蛋白质不易被蛋白酶降解；同时修饰后相对分子质量增加，不易被肾小球过滤，延长半衰期。传统的方法主要是运用聚乙二醇（PEG）、多糖类（如葡聚糖、右旋糖酐、聚蔗糖、淀粉等）修饰剂对蛋白质分子上的氨基、巯基、羟基和羧基进行修饰，它们在蛋白质分子中亲核性修饰基团的活性顺序是巯基＞α-氨基＞ε-氨基＞羧基>羟基。非天然氨基酸标记技术建立后，研究人员可以通过生物正交反应，实现多位点特异性的修饰。

2. 聚乙二醇修饰技术　聚乙二醇修饰蛋白质、多肽类药物在临床上具有重要应用。第一代蛋白质 PEG 化技术使用较小相对分子质量（＜12000）的线性 PEG，由于大量二醇（羟基）的存在，引起了如交联、聚合、产物不均一等问题，影响了 PEG 化药物的发展。第二代蛋白质 PEG 化技术使用高分子量分支状 PEG 分子，具有产物均一、更高的 pH 稳定性和热稳定性及易纯化等特点，有效解决了第一代 PEG 化技术存在的问题。然而 PEG 与蛋白质的共价结合存在化学反应剧烈和 PEG 化药物在体外的生物活性易丧失等问题。为此，研究人员开发了基于新合成的 PEG 衍生物的疏水基团与蛋白质的疏水性表面之间的疏水作用的新型 PEG 化技术。

临床研究结果表明，与天然的蛋白质药物相比，PEG 修饰的蛋白质药物在基本维持蛋白质药物活性的情况下，显著地减少了肾脏的清除率、延长药物的半衰期，改善了药物的动力学性质，减小了血药浓度的波动，降低了药物的毒性和免疫原性，增加蛋白质的可溶性等。目前已有多个 PEG 化修饰的药物上市，如 2002 年上市的用于治疗粒细胞减少症的非格司亭（Neulasta），2008 年上市的 PEG 化修饰的人源化 TNF-α 单克隆抗体赛妥珠单抗（Cimzia）等。

3. 糖基化修饰蛋白质 蛋白质糖基化修饰是对蛋白质表面的糖链进行改造从而改良蛋白质性质的一种新技术。

（1）蛋白质糖基化修饰的主要方法：①通过定点突变技术增加或减少蛋白质的糖基化位点，从而增加或减少蛋白质表面的糖链数量。②在体外通过化学反应对糖链进行修饰。③细胞内由一系列糖苷酶和糖基转移酶组装成糖基化途径（glycosylation pathway）来催化蛋白质的糖基化。目前已通过该方法对酿酒酵母、巴斯德毕赤酵母、昆虫细胞、CHO 细胞及转基因植物等多个表达系统进行了糖基化工程的改造。④糖基化还受到细胞培养条件的影响，因此，可通过改变细胞培养过程中的培养基的糖分、激素及铵离子的浓度等条件来改变蛋白质的糖基化。

（2）蛋白质糖基化的方式：主要分为 N-糖基化和 O-糖基化。①N-糖基化是通过糖链还原端的 N-乙酰胺基葡萄糖（Glc-NAc）和肽链中某些 Asn 侧链酰氨基上的氮原子相连。能连接糖链的 Asn 必须处于 Asn-X-Ser-Thr 三残基构成的基序中，其中 X 可为除了 Pro 之外的任意氨基酸残基。②O-糖基化的结构比 N-糖基化的结构简单，一般糖链较短，但是种类比 N-糖基化多很多。肽链中可以 O-糖基化的主要是 Ser 和 Thr，此外还有酪氨酸、羟赖氨酸和羟脯氨酸，连接的位点是这些氨基酸侧链上的羟基氧原子。

（3）糖基化工程对蛋白质药物的修饰作用：糖基化修饰可以增加蛋白质对各种变性条件（如变性剂、加热等）的稳定性，防止蛋白质聚集。同时，蛋白质表面的糖链还可覆盖蛋白质分子的某些蛋白酶降解位点，从而减少蛋白质的降解。蛋白质的糖基化可以增加蛋白质的相对分子质量，减小肾小球滤过率，降低药物的清除率，延长药物的体内半衰期。通过糖基化，在蛋白质表面修饰糖链、糖缀物等可以增加蛋白质药物的生物活性。

蛋白质的糖基化修饰与机体免疫密切相关，糖基化的研究在疾病诊断、治疗和药物研发等方面具有重要意义。①蛋白质表面的糖链可诱发特定的免疫反应。例如，IgA 通过其 N-聚糖结合病原体并介导清除。②糖链也可以通过遮盖蛋白质表面的某些抗原表位，从而降低蛋白质的免疫原性。例如，应用致死性细菌恶性疟原虫感染接种了 MSP-1 疫苗的猴子时，未糖基化的 MSP-1 比糖基化的 MSP-1 诱导了更为有效的免疫应答。

第三节　蛋白质工程药物应用实例

随着蛋白质工程技术的不断发展和蛋白质工程药物的深入研究，蛋白质工程药物已经成为人类治疗疾病不可或缺的重要药物。本节以胰岛素为例，介绍蛋白质工程药物的发展与应用。

一、第一代基因工程药物胰岛素

胰岛素（insulin）是于 1921 年发现的一种具有激素作用的蛋白质，是一种多肽激素，对细胞内多种代谢途径（如维持血糖恒定，增加糖原、脂肪、某些氨基酸和蛋白质的合成等）的调控有重要作用。胰岛素是最先结晶、确定氨基酸残基序列、人工化学合成的蛋白质，也是第一种采用基因工程技术批量生产并投放市场、供应临床应的蛋白质。胰岛素是治疗糖尿病的首选药物。胰岛素的分离、提纯、结构和功能分析及临床应用等方面所取得的成就，不但在蛋白质的研究史上树立了多个里程碑，挽救了数以百万计糖尿病等患者的生命，并且为当今通过蛋白质工程技术改进蛋白质分子构型，以便生产生物活性更强、可非创伤性给药的蛋白质药物及开展药效动力学模拟等研究奠定了基础。

胰岛素是胰岛 B 细胞合成和分泌，由 A 和 B 两条多肽链借助两个二硫键连接而成，含有 51 个氨基酸残基的蛋白质激素。A 链和 B 链的氨基酸残基数分别为 21 和 30，A 链中的 A6 和 B11 的 Cys 残基形成链内二硫键。具有生物活性的人胰岛素单体的分子式和分子质量分别为 $C_{257}H_{383}N_{65}O_{77}S_6$ 和 5807.58Da，等电点为 5.30～5.35（图 5-11）。

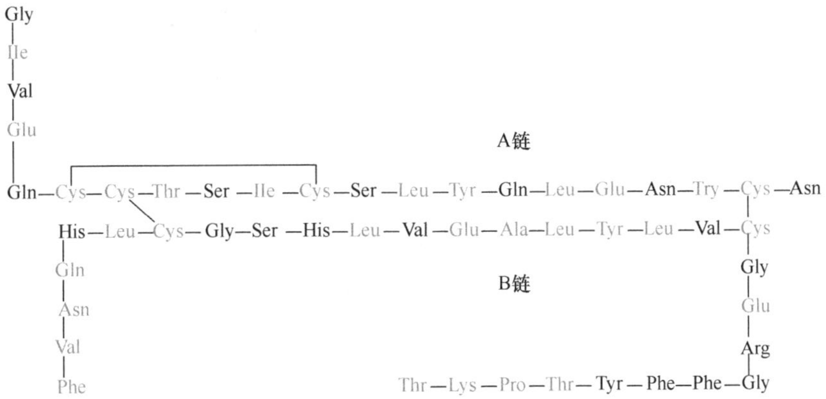

图 5-11 人胰岛素的共价结构

人胰岛素基因为单拷贝，位于第 11 号染色体的短臂上，由三个外显子和两个内含子组成，全长 1430bp。转录、加工后产生成熟的 mRNA，再经翻译得到前胰岛素原。前胰岛素原切去 N 端的 23 个氨基酸残基的信号肽，产生胰岛素原（proinsulin）。胰岛素原是胰岛素的前体，约有 10%的胰岛素生物活性。胰岛素原包括三部分：N 端为 B 链，C 端为 A 链，中间是连接 B 链和 A 链的 C 肽。C 肽有助于形成分子的合适构型和正确的二硫键。胰岛素原在折叠过程中形成 3 个二硫键，使分子结构稳定。胰岛素原的 C 肽与 B 链连接的肽键和 C 肽与 A 链连接的肽键被切开，形成包括 A 链（21 个氨基酸残基）、B 链（30 个氨基酸残基）和 C 肽（35 个氨基酸残基）的胰岛素分子。由于胰岛素分子中没有糖链，易于由细菌宿主表达。重组人胰岛素的三维结构与内源胰岛素完全一样。X 射线晶体衍射分析的结果表明，不同种属胰岛素虽然一级结构有所差异，但由两条肽链折叠而成的三维空间构象基本相同：两条肽链的氨基酸残基之间形成的许多共价键及分子内 A16、B11 和 B15 的 Leu、B18 的 Val、A2 的 ILe 和 A6 及 A11 的 Cys 等疏水残基是保持胰岛素三级结构稳定的重要因素。位于分子表面的 B23（Gly）、B24 和 B25 的 Phe 等氨基酸残基可能是胰岛素与其受体结合的关键部位；由 A1（Gly）、A5（Gln）、A19（Tyr）和 A2l（Asn）等极性残基所形成的分子表面则可能是信息传递的关键部位（图 5-12）。

在体外，因 pH、Zn^{2+}和胰岛素浓度的不同，胰岛素可以二聚体或六聚体的状态存在。胰岛素在浓度低达 0.6μl/ml（0.1μmol/L）时，才以单体的形式存在，大于此浓度，如 1.6mg/ml（0.24mmol/L，40U/ml）的药用处方，则形成二聚体。二聚体的保持有赖于两个胰岛素分子之间的非极性力及 4 个氢键的作用。在水溶液中，当 pH 为 2～4 时二聚体是稳定的；当 pH 大于 10 等情况下，二聚体可完全解聚成单体。当 pH 为 4～8、存在 Zn^{2+}和胰岛素的浓度＞0.01mmol/L 时，3 个胰岛素二聚体即同 2 个 Zn^{2+}进一步形成对酶有较大稳定性的含锌胰岛素六聚体，主要靠 A 链极性力形成的六聚体至近似球形的结构。其直径约为 5nm。在体内，只有胰岛素单体才具有生物活性。因此，不论是胰岛 B 细胞中的内源性六聚体或皮下和肌内注射的外源性的二聚体或六聚体，都必须解聚成单体才能发挥其生物学功能。

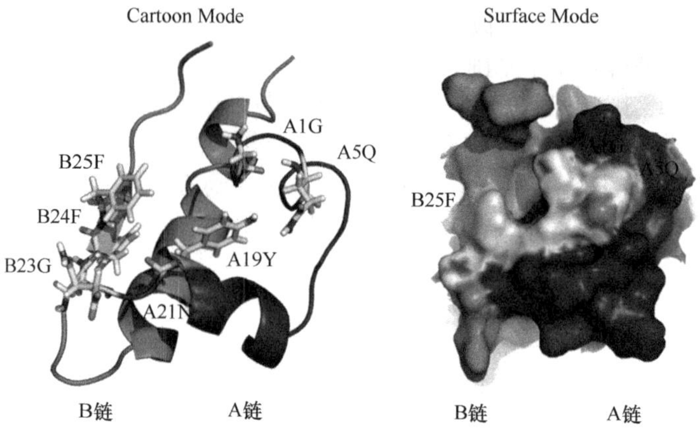

图 5-12 胰岛素的空间结构

Genentech 公司的科学家首先采用的方法是把编码 A 胰岛素链和 B 链的核苷序列分别克隆到两个不同的大肠杆菌细胞中，然后这些细胞在大规模发酵罐中分别培养，纯化后的 A 链和 B 链在适宜的氧化条件下共同保温，以促进链间二硫键的形成，最终生成人源化胰岛素。应用 DNA 重组技术制备的另一种方法是把编码人胰岛素原的核苷序列克隆到大肠杆菌中，随后纯化处理表达出的胰岛素原，并用蛋白水解酶切除胰岛素原的 C 肽。因为仅需一次发酵和随后的纯化使得该方法更为流行。目前根据生产途径不同而有两种生物合成人源化：一种以大肠杆菌为受体菌；另一种以酵母菌为受体菌。

DNA 重组技术不仅促进了人源化胰岛素在微生物体系中的生产，而且促进了胰岛素的结构改造。通过改造生物合成人胰岛素一级结构中的氨基酸序列、获得胰岛素类似物（insulin analogues），从而改变胰岛素的药物代谢动力学。这些胰岛素类似物与胰岛素受体具有更高的亲和力，从而减少了单位治疗剂量中胰岛素的用量，而且作用更快速（表 5-2）。胰岛素与胰岛素受体相互作用氨基酸残基已经确定，如 A1、A5、A19、A21、B10、B16、B23-25，而且在这些位点上被不同的氨基酸残基所替代的众多类胰岛素类似物已经被制备成功。例如，将 B10 位上的组氨酸转变为谷氨酸，在体外其生物活性高出胰岛素 5 倍，其他替代氨基酸所对应的胰岛素类似物也具有更高的活性。B10His 是胰岛素暴露最充分的一个残基。此外，它在与胰岛素受体的结合中也发挥作用。B10His 如果被 Asp 取代，将会获得超强的活性。A1～A8 序列具有低的固有螺旋倾向，但在此区进行优化机会也较少。任何 A1～A3 残基的取代都将削弱其功能，推测是由于改变了胰岛素及其受体之间的空间互补。随后的残基不是具有高螺旋倾向（A4Glu 和 A5Gln，非受体结合区域），就是重要的二硫键稳定结构（A6Cys 和 A7Cys），故残基的修饰主要集中在 A8Thr。A 链 α 螺旋 C 端的 A8Thr 被 His 或 Arg 取代后，都被观察到同时提高了活性和稳定性。A8 位 Thr 被 His 取代后，该胰岛素类似物使 A 链 N 端 α 螺旋紧固，A2 位 Ile 和 A3 位 Val 疏水侧链的暴露更为充分，使胰岛素结构倾向于与受体结合的状态。B24Phe 替换为 Gly 也有类似作用。

表 5-2 近年研究发现的胰岛素类似物结构与功能的关系归纳如下

修饰位点	效应
B25Phe 缺失	不会形成天然胰岛素两单体间的反平行 β 片层
A8His 或 Arg 代替 Thr	活性提高 3 倍。暴露出 A2Ile 和 A3Val 疏水侧链，与受体结合倾向增加
B24Gly 代替 Phe	同上
A8Lys 代替 Thr	活性提高。Lys 具有正电荷，A8 位区附近的负电位轻微的喜好正电性的侧链
B10Asp 代替 His	三聚体稳定性降低，活性明显增高

续表

修饰位点	效应
B12Ala 代替 Val	具有突出的呈现单体的特性
B16Glu 代替 Tyr	削弱二聚化和受体结合作用
B28Asp、Lys 或 Ala 代替 Pro	胰岛素聚合能力降低
B28-B30 去三肽胰岛素	聚合能力降低
Glargine：A21Gly 代替 Asp 同时 B31、B32 加上 Arg	改变胰岛素的结合特性，六聚体更稳定；等电点变为 7.0
Lispro：B28Lys 代替 Pro，B29Pro 代替 Lys	阻止二聚体和六聚体的形成
Aspart：B28Asp 代替 Pro	六聚体解聚成单体的速度明显加快

但是，研究表明高剂量的 B10Asp 胰岛素改变了胰岛素-受体结合行为，使有丝分裂信号通过胰岛素受体，导致试验动物增加患乳腺瘤的危险性。而 Kurtzhals 等报道 Glargine 在人类骨肉瘤细胞中比天然胰岛素具有更高的有丝分裂潜力，尽管比 B10Asp 胰岛素的有丝分裂潜力低。在胰岛素类似物的研究中也应注意上述问题。

二、快速胰岛素的分子设计

重组天然人胰岛素是多肽类激素药物的代表，是目前治疗糖尿病的特效药，有重要的临床应用价值。然而，天然形式的胰岛素在临床使用中存在不足：作用时效短，进入血流慢，长期使用时产生抗性，稳定性差、无法长期保存，生产规模不能满足需求等。目前研究人员广泛开展胰岛素的蛋白质工程改造，就是要寻求作用时间更长或迅速起效的新型胰岛素。胰岛素结构-功能作用点主要在 B 链 C 端的 β-STRAND、B 链中部螺旋的一些残基和 A 链 N 端的 α 螺旋。所以，利用蛋白质工程改造胰岛素主要是从这些方面进行研究。

通过对胰岛素分子结构的详细研究及对家族性糖尿病胰岛素编码序列的 SNP 分析，研究人员对胰岛素分子进行了多种突变研究，获得了速效、中效、长效等多种活性的胰岛素类似物。1996 年第一个速效胰岛素类似物 Lispro 在欧洲和美国上市，它与天然胰岛素的不同之处是 B 链 28 位的 Pro 和 29 位的 Lys 调换了位置，结果其自身聚集的倾向大大降低，静脉滴注后 15 分钟起效，1 小时达顶峰，原型人胰岛素要 45 分钟起效，且 Lispro 的血浆清除时间短（2～4 小时），明显降低了引起低血糖的危险。另一个速效突变体是 Aspert 胰岛素，通过将 B 链 28 位的 Pro 突变为 Asp 来减少自身聚集的倾向，其吸收时间是天然人胰岛素的一半，有效活性是天然胰岛素的 2 倍，而持续时间大大缩短，使产生低血糖的危险较天然胰岛素降低了 50%。

根据糖尿病的不同情况，临床上常采用的胰岛素制剂有速效、中效和长效之分。应用较多的是短期作用的胰岛素。目前使用的可溶性胰岛素制剂中胰岛素分子是以含锌六聚体分子形式存在的，而在体内发挥生物效应的胰岛素必须是单体。较有希望的速效胰岛素类似物有：①（B9-Asp，B27-Glu）-胰岛素，此种类似物在溶液中以单体存在；②（B28-Asp）-胰岛素，在溶液中为单体和二聚体混合物；③（B10-Asp）-胰岛素，这种类似物在溶液中以二聚体形式存在，④（B28-Lys，B29-Pro）-胰岛素，在溶液中以单体存在；⑤（B26-B30 缺失）-胰岛素，在溶液中以单体存在。这几种胰岛素类似物都比人胰岛素吸收快 2～3 倍。其中，B28-Lys，B29-Pro 胰岛素已用于临床，治疗效果显著。根据病程需要，还有长效胰岛素类，半衰期最长可达 35.3 小时。

胰岛素是以六聚体的形式合成和储存的，但要表现生理活性则是以单体形式。糖尿病患者要在餐前 30 分钟注射胰岛素以达到最大血药浓度，此法并不是很理想。虽然皮下注射胰岛素后吸收进血液循环是一个复杂的过程，但简单说来这种吸收的速度是与胰岛素六聚体解聚成单体的速度相关联的。所以，研究可以加速解聚的胰岛素类似物就可以获得快速起效的胰岛素。

B25 位 Phe 氨基酸残基是胰岛素和其受体作用的重要的位点。B25-Phe 缺失胰岛素失去了单体自身连接能力是因为 B 链 C 端区构象的变化，导致 B28-Pro 和 B 链 α 螺旋的 B11-Leu-B15-Leu 疏水区域间的分子内疏水相互作用，妨碍了形成天然胰岛素二聚体所需的分子间疏水相互作用。

B12-Val 和 B16-Tyr 组成一个胰岛素的非极性的表面与受体的非极性区域相结合，直接与胰岛素受体相接触。B12-Ala 胰岛素具有突出的呈现单体的特性。B16-Glu 胰岛素同时削弱二聚化和受体结合作用。而且 B24-Phe 也极可能与这些位点中的一个相接触。

二聚体中两单体的相互作用是胰岛素解聚的主要因素。研究发现，B 链 C 端残基，尤其是 B28-Pro 对胰岛素聚合至关重要，如果被极性的 Asp、Lys 或中性的 Ala 替代，其聚合作用都会降低。删除了 B28～B30 的去三肽胰岛素的聚合能力明显降低，但仍能保持相当高的生理活性。位于二聚体中单体–单体相互作用面的 B 链 C 端残基不但对于二聚体的形成很重要，同时影响二聚体聚合成六聚体。

成功的糖尿病治疗在于能够很好地控制血糖水平，因为皮下注射胰岛素制剂的作用与生理情况中胰腺分泌胰岛素不符，特别是在提高胰岛素从注射部位到进入血液中的速度和延长其在作用部位的时间方面遇到了很大的挑战。在实际观察中皮下注射胰岛素后，它的吸收有一段滞后期，而且高浓度的胰岛素制剂可以自我聚合形成二聚体和六聚体。要降低胰岛素自我聚集可能要加快其吸收。胰岛素六聚体的形式已经从其晶体结构中确证。蛋白质工程已通过许多方式破坏了其六聚体的形式，如将 B 链的 Pro28 替换成 Asp，使它并列的负电荷产生排斥作用，还有是将 ProB28 和 Lys29 对调后，通过阻止 B 链 C 端的形式来破坏分子间 β 片层的相互作用。这些速效的单聚体胰岛素能够保持很高的生物活性，目前已用于治疗糖尿病。近年研究较为成熟的快速起效胰岛素类似物主要有以下几种。

1. Aspart 胰岛素 即 B28-Asp 胰岛素。研究表明皮下注射后 52 分钟达到血药浓度高峰，作用持续时间 2.7 小时。

2. Lispro 胰岛素 即 B28-Lys、B29-Pro 胰岛素。这种转换阻止了二聚体和六聚体的形成。研究显示皮下注射后 5 分钟就可吸收。

为了使快速作用胰岛素的血药浓度达峰时间更短，需解决在治疗剂量浓度下不形成二聚物或多聚物这一核心问题。胰岛素二聚体/寡聚体中单个胰岛素分子间的连接点有 B8、B9、B12、B13、B16 和 B23-B28 位的氨基酸，因此又得到了在这些位点被不同氨基酸所替代的胰岛素类似物，为了增大胰岛素单体间的电子斥力和空间位阻，主要采用加入带电氨基酸或大分子氨基酸的方法。许多研究已经在随后的临床试验中经过评估，并取得了满意的结果。一些类似物比天然可溶（快速作用）胰岛素由注射处渗透至血液的速度快很多。因此，这些修饰后的胰岛素可以在吃饭时注射，而不必饭前 1 小时给药。

三、长效胰岛素的分子设计

改变天然胰岛素的氨基酸序列可以促进胰岛素六聚体的分子间相互结合而使其更稳定，这样可以获得几乎稳定的吸收、稳定无峰值的作用、更慢的吸收率和更长的活性持续时间。

延长胰岛素类似物的作用持续时间的一种常用的方法是通过替换 B 链 C 端的氨基酸改变人胰岛素的等电点到更中性的 pH。加入正电荷氨基酸使胰岛素类似物离子化，使其在注射介质的酸性 pH 中保持可溶但在生理组织的 pH 下可溶性降低。因此，当胰岛素类似物进入局部组织空间，其吸收减慢，作用持续时间延长。加入少量 Zn^{2+}作为六聚体稳定剂更加延长了作用持续时间。

胰岛素类似物 Glargine 与天然人胰岛素结构上有 3 个氨基酸不同。它的 A21-Asn 被 Gly 替代，在 B 链 C 端加上了 B31-Arg 和 B32-Arg。这种类似物使分子的等电点从 pH5.4 改变为更为中性的 7.0，使分子在酸性媒介中更可溶而在注射位点的中性 pH 下不可溶。因此，其从注射部位吸收进循环的速度减慢。商用 Glargine 加入少量锌（30pg/ml），可以进一步增强其稳定性，延长吸收时间。此外，A21Asn 替换成 Gly 后改变了胰岛素的结合特性，使六聚体结构更稳定。它显示出更慢的发作，更长的持续时间，和没有峰值的活性。据报道，在 2 型糖尿病患者体内试验，放射性标记 Glargine 胰岛素和鱼精蛋白胰岛素在 24 小时后残余放射活性分别为 54.4%和 27.9%。注射后 24 小时内平均血糖水平轻微高于鱼精蛋白胰岛素（分别为 144.4 mmol/L 和 129.2mmol/L）。有意义的是可轻微地减少血糖过低尤其是夜间血糖过低，使一天注射一次 Glargine 胰岛素即可以取得满意的疗效。Glargine 的特点：日夜一致性，无明显峰值，作用时间长，降低了低血糖发生频率（为胰岛素治疗的主要障碍），且控制傍晚血糖的能力比鱼精蛋白好。

根据胰岛素六聚体的立体结构（图 5-13）已经设计出长效胰岛素，它的 B 链 29 位赖氨酸 ε-氨基已经被长链饱和脂肪酸酰化。在两个图示中，B 链 28 位脯氨酸（红色）侧链和 28 位赖氨酸（绿色）已经被标明了出来。脂肪酰基部分用蓝色标记出来，锌离子（黄色）和 B 链 10 位组氨酸配体也在六聚体中心被标记出来。为了符合胰岛素在循环中的基本水平，用将 LysB29 的 γ-氨基酸与长链饱和脂肪酸进行酰化反应，这样的设计能够使胰岛素成为长效制剂。这些修饰使胰岛素与脂肪酸结合蛋白连接起来，后者出现于皮下组织液中，这样能降低胰岛素被降解的速度，延长其在血浆中的作用。长效作用的胰岛素在临床实验中已逐步完善。

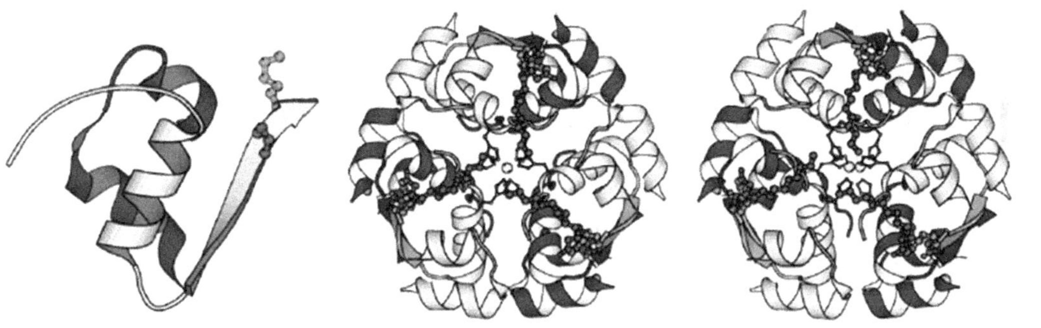

A　　B

图 5-13　胰岛素丝带状简图

A 表示胰岛素的单体；B 表示 LysB29—十四烷酰 des-（B30）胰岛素六聚体的立体图示

目前长效胰岛素类似物的改造策略是通过改变氨基酸组成使其等电点从 pH 5.4 增高到中性，使其在注射部位形成沉淀，缓慢释放。Hoechst 公司开发的 HOE901 是一个长效胰岛素突变体，它在胰岛素 B 链 C 端引入两个 Gly，A 链的 21 位 Asp 也突变为 Gly，结果显示 HOE90l 单次注射后可维持 24 小时的降低血糖效果，与一天注射 4 次人胰岛素制剂相当，显示出更好的使用前景。

小　结

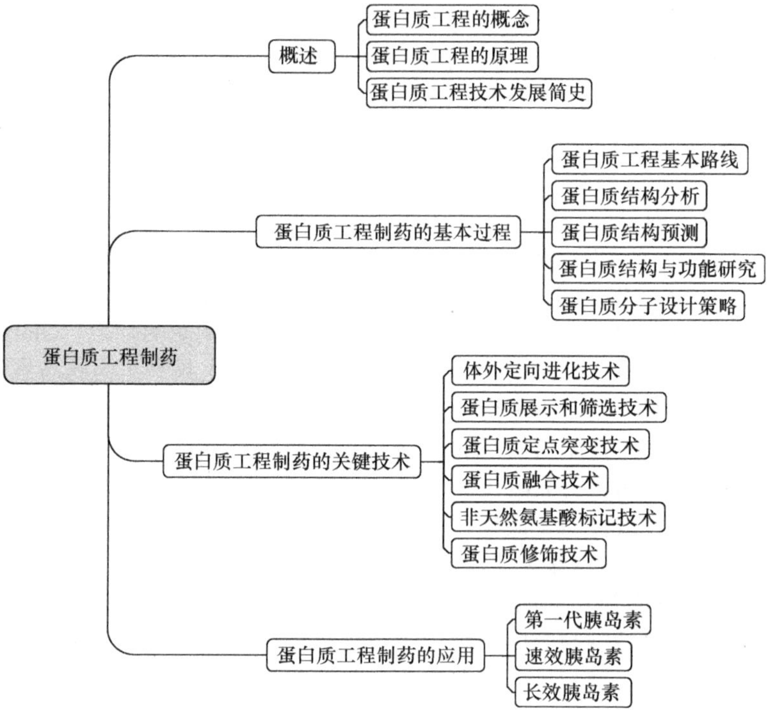

思考题

1. 请简述蛋白质工程的概念、原理和基本过程。
2. 简述蛋白质工程技术在生物新药研究中的应用。
3. 简述蛋白质工程技术发展简史。
4. 简述非天然氨基酸标记的原理和应用。
5. 简述三代胰岛素的设计理念。

拓展学习

请扫描右侧二维码阅读学习与蛋白质工程制药相关的经典科研文献、参考书、等拓展性学习资料。

（余　蓉）

第六章　细胞工程制药

学习目标

1. 掌握：细胞工程制药的基本过程和关键技术，包括细胞培养、细胞融合、转基因的基本过程和关键技术。

2. 熟悉：细胞的大规模培养技术，细胞生物反应器的类型。

3. 了解：细胞工程技术发展简史及细胞工程在制药工业中的应用。

第一节　概　　述

一、细胞工程的概念

细胞工程是以细胞为研究对象，应用生命科学理论，借助工程学原理和技术，有目的地利用或改造生物遗传性状，以获得特定的细胞、组织产品或新型物种的一门综合性科学技术。

细胞工程的研究对象不仅包括完整的细胞，还包括细胞核、染色体、原生质体、受精卵、胚胎、组织或器官。按照生物类别划分，主要分为植物细胞工程、动物细胞工程、微生物细胞工程。微生物细胞工程也称为发酵工程，其发展历史悠久，技术体系完善；通常说的细胞工程的研究对象主要指植物细胞和动物细胞。

细胞工程制药基本内容主要为：一是直接培养动植物细胞获得多肽或蛋白药物；二是利用转基因动植物或转基因动植物细胞生产疫苗、抗体、多肽或蛋白质。

二、细胞工程的原理

细胞工程的理论基础是细胞学说和细胞全能性学说。细胞是一切动植物生物体的基本结构和功能单位，而且细胞在结构上是类似的，所有的细胞都来自于已有细胞的分裂。在多细胞生物中每个体细胞的细胞核具有个体发育的全部基因，只要条件许可，都可发育成完整的个体。细胞虽小（直径 10～100μm），但却非常精密、复杂，且有着巨大的生产效率，可以生产出许多维持生物体生命活动所需的产物。

细胞工程原理即应用现代细胞生物学、发育生物学、遗传学和分子生物学的理论与方法，按照人们的需要和设计，在细胞水平上进行遗传操作，重组细胞结构和内含物，以改变生物的结构和功能，即通过细胞及组织培养、细胞融合、基因移植等方法，快速繁殖和培养出人们所需要的细胞或细胞的代谢产物甚至是新物种。

三、细胞工程技术发展简史

1838～1839 年，Schwann 和 Schleiden 建立了细胞学说，细胞学研究进入快速发展阶段。1902 年，德国学者 Haberlandt 在他发表的《植物细胞立体培养实验》的论文中提出了植物细胞全能性的观点。细胞学说及细胞全能性学说的提出，为细胞工程技术的发展奠定了坚实的理论基础。细胞工程技术的发展总体上经历了探索、诞生、快速发展三个阶段。

（一）探索期

细胞工程的发展最初是从动植物细胞的体外培养发展起来的。

1. 植物组织培养 1904 年，Hanning 进行了幼胚的离体培养，在含有糖、无机盐、氨基酸和植物提取物的培养基上，培养萝卜和辣根菜的幼胚，发现离体幼胚均可充分发育，并且可以提前萌发成苗。

1922 年，Kotte 和 Robbins 尝试了玉米、豌豆、棉花的茎尖和根尖培养获得成功。

1925 年，Laibach 培养亚麻种间杂交幼胚获得成功，并得到杂交种。从 20 世纪 20 年代起，幼胚培养被用来挽救远缘杂交早期败育的胚胎，因此可以认为，幼胚培养和胚胎拯救（embyro rescue）技术是最早应用的植物细胞工程技术。

1937 年，White 发现 B 族维生素、吲哚乙酸对植物生长具有促进作用。1937～1939 年，White、Gautheret 和 Nobercourt 分别建立了植物组织的连续培养物，使离体的植物组织可以在人工培养基上不断生长，从而奠定了现代组织培养的基础。

2. 动物组织培养 1907 年美国生物学家哈里森用盖玻片悬滴培养蛙胚神经组织，存活数周，而且观察到细胞生长现象，开创了动物细胞培养的先河。

1923 年，Carrel 设计了用于动物细胞培养的卡氏培养瓶，为动物细胞培养的无菌环境和生长空间提供了保证。

1938 年，德国胚胎学家 Spemamm 认为，早期胚胎细胞具有高度的分化潜能，将胚胎的细胞核移植到去核卵母细胞中，可以发育为新的胚胎。Briggs 和 Kings（1952 年）把非洲豹蛙囊胚的细胞核移到去核的卵母细胞中，得到了非洲豹蛙的胚胎克隆后代，从而证实了 Spemamm 的观点。

（二）诞生期

20 世纪 60 年代初，Cocking 等用纤维素酶来分离植物原生质体并获得成功。分离得到的原生质体在培养过程中，可长出新壁，进行分裂和分化，最终形成完整植株。获得成功的植物有胡萝卜、矮牵牛、油菜、石刁柏等。

1962 年，Okata 发现仙台病毒（Sendal virus）可诱发艾氏腹水瘤细胞融合，形成多核细胞，为动物细胞融合技术的发展奠定了基础。

（三）快速发展期

1975 年，Cesar Milstein 和 Geoger Kohler 将免疫小鼠的脾细胞和小鼠骨髓瘤细胞进行融合，获得了既能在体外无限繁殖，又能产生特异性抗体的杂交瘤细胞，从而建立起了小鼠淋巴细胞杂交瘤技术。

1977 年，英国科学家利用胚胎工程技术成功地培养出世界首例试管婴儿。

1983 年，Palmiter 和 Brinster 将大鼠生长素基因转入小鼠，培育出比普通对照小鼠生长速度快 2～4 倍，体型大一倍的转基因“硕鼠”。

1987 年，Gordon 获得分泌组织纤溶酶激活因子 t-PA 的转基因小鼠，同年，世界上第一只能从乳汁中分泌 α1-抗胰蛋白酶（AAT）的转基因绵羊在英国罗斯林研究所诞生。

1996 年，我国黄淑帧等成功制备了 5 头有目的基因（抗人凝血因子Ⅸ基因）的转基因羊（3 公 2 母），其中 1 头母羊于 1997 年 9 月产下小羊羔，进入泌乳期，其乳汁中含有活性的人凝血因子Ⅸ蛋白，这种凝血因子是治疗血友病的珍贵药物。

1997 年英国首次利用成年动物体细胞克隆出绵羊“多莉”，证明了高等动物体细胞核的全能性。

2006 年，美国食品药品监督管理局批准首个转基因表达的药物——由美国 GTC Biotherapeutics 公司利用转基因羊生产的人凝血因子Ⅲ（ATryn），这也是全球首例成功上市的转基因动物药物。

第二节　细胞工程制药的基本过程和关键技术

一、细胞工程制药的基本过程

细胞工程制药是细胞工程技术在制药工业方面的应用。根据操作对象的不同，分为动物细胞工程制药和植物细胞工程制药两类。本书重点介绍动物细胞工程制药。动物细胞工程制药主要涉及动物细胞大规模培养技术、细胞融合技术、转基因技术等。

（一）动物细胞培养

动物细胞培养是指离散的动物活细胞在体外人工条件下的生长、增殖的过程。直接利用动物细胞或经过改造的动物细胞生产医药产品是当今生物制药的一个重要发展方向，已经在各类疫苗、干扰素、激素、酶、生长因子等领域获得了应用。

1. 动物细胞培养液的成分　体外细胞培养所需营养物质与体内基本相同，如糖、氨基酸、维生素、无机盐等。将细胞所需的上述物质按其种类和所需数量严格配制而成的培养基，称为合成培养基。由于动物细胞生活的内环境还有一些成分（辅酶、激素、生长因子等）尚未研究清楚，所以需要加入动物血清或胚胎浸出液以提供一个类似生物体内的环境，因此在使用合成培养基时，通常需加入血清、血浆等一些天然成分。动物细胞培养基可分为天然培养基、合成培养基、无血清培养基三种。

（1）天然培养基：主要有血清、组织提取液、鸡胚汁等。天然培养基营养成分高，但成分复杂，各批次间存在一些差异。

（2）合成培养基：成分已知，便于对实验条件进行控制。常见的合成培养基有 RPMI1640、DMEM、MEM、F12、M199 等。但合成培养基往往只能维持细胞的生存，所以又称为基础培养基，为了使细胞能良好的生长和繁殖，还必须在其中添加部分天然培养基，一般是添加 10%～20%的血清。

（3）无血清培养基：是在基础培养基中添加可替代血清作用的补充成分后制备而成的不含血清的培养基。无血清培养基消除了由于不同血清批次之间的差异而造成的实验误差，保证了实验结果的准确性与稳定性；同时无血清培养基来源稳定、供应充足；更加便于后期培养产物的分离、提纯及检测。常见的添加成分有激素（胰岛素、胰高血糖素、生长激素、孕酮、氢化可的松、雌二醇等）、生长因子（表皮生长因子、成纤维生长因子、神经生长因子、血小板生长因子等）、结合蛋白（转铁蛋白、白蛋白）、贴壁和铺展因子（纤维粘连素、多聚赖氨酸、胶原）、低分子质量营养物质和元素（维生素 A、维生素 C、α-生育酚、硒等）。

（4）动物细胞培养过程中常常还会用到一些其他溶液：如缓冲溶液、pH 调整液、细胞消化液、抗生素溶液。

1）缓冲溶液：主要由无机盐组成，具有维持细胞渗透压、调控培养液酸碱平衡的作用。其中常加入少量酚酞指示剂以直观显示培养液 pH 的改变。常用的缓冲溶液有 Hanks 液和 Earle 液。

2）pH 调整液：顾名思义是用来调整培养基的 pH 的。大部分的合成培养都呈微酸性，培养前一定要用 pH 调整液将培养基的 pH 调整到所需范围。pH 调整液需单独配置，单独灭菌，待灭菌后的培养基使用前再加入。常用的 pH 调整液有 $NaHCO_3$ 溶液、HEPES 液等。

3）细胞消化液：主要用于培养前将组织块解离分散成单细胞，以及传代培养时使贴壁细胞脱离培养器皿表面。常用的消化液有胰蛋白酶溶液、胶原蛋白酶溶液等。

4）抗生素溶液：用于在培养过程中防止微生物污染，一般直接添加在培养液中。常用的抗生素有青霉素、链霉素、卡那霉素、制霉菌素等。

2. 动物细胞培养的条件

（1）无菌、无毒的环境：对培养液和所有培养用具进行无菌处理，通常还要在培养液中加入一定量的抗生素，以防被污染。此外应定期更换培养液，以便清除代谢产物防止细胞代谢产物累积对细胞自身产生危害。

（2）温度：人类和哺乳动物细胞培养的适宜温度为 36.5℃±0.5℃，鸟类细胞为 38.5℃，昆虫细胞为 26.5℃±0.5℃，冷水、温水鱼细胞分别为 20℃、26℃。偏离适宜温度，细胞的正常生长及代谢就会受到影响。人类和哺乳动物细胞在 39～40℃会受到伤害，但仍可以恢复，在 43℃以上细胞便会死亡。温度对细胞的影响主要通过酶的失活产生。

（3）pH：细胞对培养环境的 pH 要求十分严格。不同细胞对 pH 要求不同。哺乳动物细胞为 pH7.2～7.4，昆虫细胞为 pH6.1～6.3。当 pH 低于 6.8 或高于 7.6 时细胞生长会受到严重影响甚至死亡。多数细胞对偏酸性环境的耐受性强于偏碱性环境。动物细胞培养过程中，常会产生乳酸和 CO_2 使溶液 pH 下降，所以培养基中常会添加 Hanks 液及 HEPES 液等以维持培养液 pH 的稳定。

（4）气体环境：细胞的生长代谢离不开气体，主要包括 O_2 和 CO_2。O_2 参与细胞能源物质的氧化分解，产生能量。大多数细胞在低氧条件下不能很好存活，但氧浓度过高也会对细胞产生毒性，抑制细胞生长。一般采用 95%的空气+5%CO_2 的混合气体，其中 5%CO_2 气体是为保持培养液的 pH 稳定。现在多采用 CO_2 培养箱培养细胞，可以根据需要持续提供一定比例的 CO_2 和 O_2 气体。

3. 培养工具　细胞培养首先必须有无菌间、超净工作台、二氧化碳培养箱、显微镜、培养瓶（皿、板）、高压灭菌锅、过滤除菌器、超纯水系统、普通冰箱、液氮罐或超低温冰箱等。

（1）无菌间：要密封、防尘、防菌。标准的无菌间包括更衣间、缓冲间、操作间三部分。缓冲间处于更衣间和操作间之间。

（2）超净工作台：是细胞接种、分离、传代等无菌操作的工作台面。通常是利用鼓风机驱动空气通过高效滤器除去空气中的尘埃颗粒，使空气得到净化。净化空气由内向外通过工作台面，结合紫外线杀菌、苯扎溴铵消毒液或乙醇擦拭台面消毒等使工作台内达到无菌条件。

（3）二氧化碳培养箱：可以为细胞培养提供相对无菌、恒定温度、适宜气体条件的密闭空间。一般设定条件为 37℃、5% CO_2。为了避免污染，应定期对培养箱进行紫外线消毒或乙醇擦拭消毒，为了维持箱体内的湿度恒定，也可在箱内水槽或托盘中添加一定量的灭菌蒸馏水。

（4）显微镜：用于细胞培养的显微镜主要有普通光学显微镜和倒置相差显微镜。有时也会用到荧光显微镜、激光共聚焦显微镜等。普通光学显微镜主要用于细胞计数和一般观察。倒置相差显微镜主要用于直接观察培养中的活细胞的生长状态。

（5）培养瓶（皿、板）：目前实验室使用的细胞培养容器主要有玻璃和聚苯乙烯塑料两种材质的各种培养瓶、培养皿及多孔培养板。培养瓶有 10ml、25ml、50ml、100ml、200ml 等规格，培养皿的规格主要有直径 30mm、60mm、120mm 等，多孔培养板有 4 孔、6 孔、24 孔、96 孔等不同规格。

4. 基本过程　取动物胚胎或幼龄动物器官、组织。将材料剪碎，并用胰蛋白酶（或用胶原蛋白酶）处理（消化），形成分散的单个细胞，将处理后的细胞移入培养基中配成一定浓度的细胞悬浮液（图 6-1）。悬液中分散的细胞很快就贴附在瓶壁上，称为细胞贴壁。当贴壁细胞分裂生长到互相接触时，细胞就会停止分裂增殖，出现接触抑制。此时需要将出现接触抑制的细胞重新使用胰蛋白酶处理。再配成一定浓度的细胞悬浮液。另外，原代培养就是从机体取出后立即进行的细胞、组织培养。当细胞从动植物中生长迁移出来，形成生长晕并增大以后，科学家接着进行传代培养，即将原代培养细胞分成若干份，接种到若干份培养基中，使其继续生长、增殖。通过一定的选择或纯化方法，从原代培养物或细胞系中获得的具有特殊性质的细胞称为细胞株。当培养超过50代时，大多数的细胞已经衰老死亡，但仍有部分细胞发生了遗传物质的改变出现了无限传代的特性，即癌变。此时的细胞被称为细胞系。

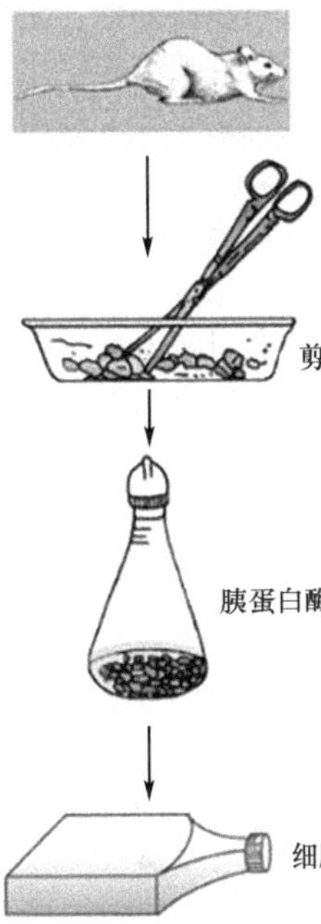

图 6-1　动物细胞培养示意图

5. 培养方法

（1）原代培养：将动物各种组织从机体中取出，经各种酶（常用胰蛋白酶）、螯合剂（常用 EDTA）或机械方法处理，分散成单细胞，在合适的培养基中培养，使细胞得以生存、生长和繁殖，这一过程称原代培养。原代培养的细胞离体时间短，一般具有二倍体遗传性状，能够较好地反映在体内的生长状况，因此适合用作药物测试和细胞分化的研究。

（2）传代培养：是细胞培养常规保种方法之一，也是所有细胞生物学实验的基础。当细胞在培养瓶中长满后就需要将其稀释接种成多瓶，细胞才能继续生长，这一过程就叫传代。传代培养可获得大量供实验所需细胞。细胞传代要在严格的无菌条件下进行，每一步都需要认真仔细地无菌操作。培养的细胞一般传代 50～60 次就会衰老死亡，称为有限细胞系；但在传代的过程中有的细胞会发生癌变，成为可以无限制生长繁殖的细胞系，称为连续细胞系。理论上可以无限增殖。癌化的方式有很多：癌基因突变，病毒感染，从癌症供体体内分离，物理或化学方法（如紫外、化学试剂）等诱变。

6. 培养细胞分类　根据体外培养细胞形态可将培养细胞分为悬浮型细胞和贴附型细胞两大类。

（1）悬浮型细胞：动物细胞中只有极少数细胞体外生长不必贴壁，可在培养液中悬浮生长，称之为悬浮型细胞；如血液白细胞、淋巴细胞、某些肿瘤细胞。

（2）贴附型细胞：大多数哺乳动物细胞必须附着在带适量正电荷的固体或半固体表面才能生长，当细胞铺满表面后即停止生长。从生长表面脱落进入液体的细胞通常不再生长而逐渐退化。通常他们都具有细胞接触性抑制和密度抑制的特点，这类细胞称之为贴附型细胞。按照其形态的不同又可以分为四类：成纤维型细胞、上皮型细胞、游走型细胞、多形型细胞。

1）成纤维型细胞：贴壁后呈长梭形，圆形细胞核位于中央，生长呈放射状、旋涡状走向，细胞排列疏松。

2）上皮型细胞：贴壁后呈不规则扁平的多角形或三角形，中央有扁圆形细胞核，细胞彼此紧密连接。

3）游走型细胞：在支持物上分散生长，一般不连接成片，呈活跃的游走和变形运动，速度快且方向不固定，外形不规则且不断变化。

4）多形型细胞：形态上不规则，一般分胞体和胞突两部分，其中胞突为细长形，类似丝状伪足，胞体略呈现多角形。

（二）细胞融合

细胞融合是采用自然或人工的方法使两个或几个不同细胞（或原生质体）融合为一个细胞，用于生产新的物种或品系及产生单克隆抗体的技术。

人们很早就注意到了在自然条件下发生的细胞融合现象，首先在病理组织中发现了由细胞融合产生的多核细胞，紧接着发现在脊椎动物和无脊椎动物的正常细胞中也可发生细胞融合，随后在体外组织培养中也发现了离体细胞的融合现象。自从发现活病毒可在体内介导癌细胞融合后，人们又实现了利用灭活病毒促进动物异种细胞融合，从而打破了细胞融合的种属屏障，推动细胞融合技术跃上新的台阶。原生质体的大量制备较为困难，限制了植物细胞融合技术的发展，因此植物细胞融合的起步较动物细胞融合要迟 10 年左右。直到用酶法大量制备有活力的原生质体获得成功后，才使植物原生质体的融合工作迅速发展起来。由于病毒诱导细胞融合存在着病毒制备困难、操作复杂、灭活病毒的效价差异大等原因，人们又找到了比病毒简便、快速和高效且比病毒更易制备和控制，活性稳定，使用方便的化学物质 PEG 作为病毒的替代物诱导细胞融合，但在 PEG 诱导细胞融合的有效的浓度范围内（50%～55%）对细胞毒性很大，因此人们又找到了新的方法来替代 PEG，这些新方法有电脉冲诱导细胞融合技术和激光融合技术以及空间融合技术等。纵观细胞融合技术的发展历史，该技术的不断改进首先表现在融合剂上，从致癌活病毒到灭活病毒再到化学物质，其次体现在新方法上，再者体现在融合对象的不断扩展上。现在新的细胞融合方法一般采用将化学法和物理法结合起来进行，如将磁、超声、机械等和激光、电相结合，同时添加化学剂以便进一步提高融合率，细胞融合的方法和手段始终朝着操作方便、简单，便于量化研究，同时融合率又能得到不断提高的方向发展。

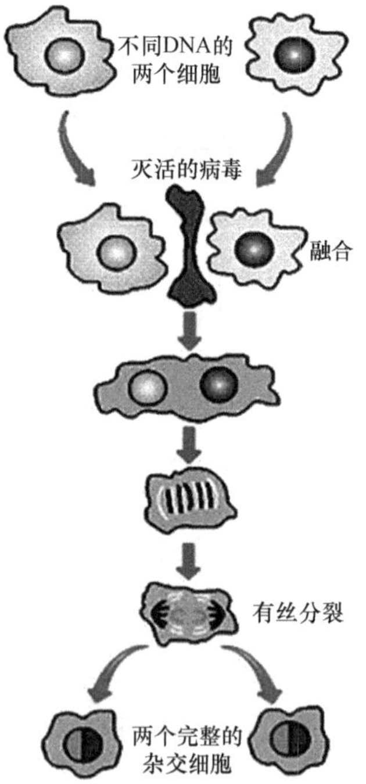

图 6-2　动物细胞融合过程示意图

1. 动物细胞融合的具体步骤

（1）细胞准备：分悬浮和贴壁细胞两种。前者可直接将两亲本细胞混合培养，后者需制成一定浓度的细胞悬浮液。

（2）细胞融合：加促融因子于将行融合的细胞之中，诱导融合（图 6-2）。

（3）杂种细胞选择：利用选择性培养基等，使亲本细胞死亡，而让杂种细胞存活。

（4）杂种细胞克隆：对选出的杂种细胞进行克隆（选择与纯化），经过培养，就能获得所需要的无性繁殖系。

植物细胞融合较动物细胞难些。首先，植物细胞外面有细胞壁，因此需要先用纤维素酶和果胶酶去壁，形成原生质体后，才能进行细胞融合。其次，植物细胞融合后形成的杂种细胞，经过培养有可能先脱分化发育成愈伤组织，然后再分化为植物体，而动物细胞的杂种细胞则缺乏此种能力。植物体细胞融合的过程大致包括：细胞分离，原生质体制备，原生质体融合，杂种细胞筛选及其培养，然后再通过愈伤组织诱导分化出根、茎、叶，最后长成完整的体细胞杂种植株。植物细胞融合技术不仅打破了常规有性杂交育种的亲和性障碍，而且为实现"超远缘杂交"提供了可能，有重大的应用价值。

2. 细胞融合的方法　诱导细胞融合的方法有三种：生物方法（病毒）、化学方法（聚乙二醇 PEG）、物理方法（离心、震动、电刺激）。某些病毒如仙台病毒、副流感病毒和新城鸡瘟病毒的被膜中有融合蛋白（fusion protein），可介导病毒同宿主细胞融合，也可介导细胞与细胞的融合，因此可以用紫外线灭活的此类病毒诱导细胞融合。化学和物理方法可造成膜脂分子排列的改变，去掉作用因素之后，质膜恢复原有的有序结构，在恢复过程中便可诱导相接触的细胞发生融合。

（1）仙台病毒法融合

1）两种细胞在一起培养，加入病毒，在 4℃条件下病毒附着在细胞膜上，并使两细胞相互凝聚；

2）在 37℃中，病毒与细胞膜发生反应，细胞膜受到破坏，此时需要 Ca^{2+}和 Mg^{2+}，最适 pH 为 8.0～8.2；

3）细胞膜连接部穿通，周边连接部修复，此时需 Ca^{2+}和 ATP；

4）融合成巨大细胞，仍需 ATP。

（2）聚乙二醇（PEG）法：聚乙二醇（PEG）结构为 $HOH_2C(CH_2OCH_2)_nCH_2OH$，相对分子质量大于 200 小于 6000 者均可用作细胞融合剂。PEG 经高压灭菌后，与温热的 Engle 氏液混合。一般选用相对分子质量为 4，000，常用浓度为 50%，pH8.0～pH8.2（用 10%$NaHCO_3$ 调整），相对分子质量小的 PEG，融合效应差，又有毒性，相对分子质量过大，则黏性太大，不易操作。

（3）电融合法：在直流电脉冲的诱导下，细胞膜表面的氧化还原电位发生改变，使异种细胞黏合并发生质膜瞬间破裂，进而质膜开始连接，直到闭和成完整的膜，形成融合体。

优点：融合率高、重复性强、对细胞伤害小；装置精巧、方法简单，可在显微镜下观察或录像观察融合过程；免去 PEG 诱导后的洗涤过程、诱导过程可控性强。

（三）转基因技术

1. 转基因动物细胞生物反应器　大多数哺乳动物蛋白翻译后的修饰（如糖基化、磷酸化和乙酰化）是保持其生物学活性、稳定性及抗原性的前提。微生物表达系统生产的真核蛋白通常存在折叠方式不正确、缺乏翻译后加工修饰等缺陷，因而无活性。哺乳动物细胞蛋白表达系统可以较好地解决这些问题。尽管哺乳动物细胞生长缓慢、成本较高，但随着大规模培养技术的不断完善，如今已成为现代生物制药的重要途径。

利用转基因动物细胞生产药用蛋白基本步骤如下：目的基因的获得，DNA 重组，重组 DNA 引入受体细胞，筛选鉴定，产品大规模生产。

（1）转基因方法：哺乳动物细胞转染方法主要分为物理方法、化学方法和生物方法三类，按照转染效果又可分为暂时转染和永久转染两种。磷酸钙-DNA 共沉淀法、DEAE-葡聚糖法、脂质体载体包埋转染法均属于暂时转染，质粒在宿主细胞中不能长期停留，DNA 被转录为 mRNA，随后翻译成蛋白质，并不进入细胞基因组；反转录病毒载体法，目的基因将嵌入宿主细胞基因组中，可以产生永久有效的转染，则属于永久转染。

1）物理方法：常采用的物理方法为电穿孔法。它是利用脉冲电场提高细胞质膜的通透性，在细胞质膜上形成纳米级的微孔，达到增加通透性的效果，从而使外源基因转移到细胞中。

2）化学方法：主要包括磷酸钙-DNA 共沉淀法、DEAE-葡聚糖法、脂质体载体包埋转染法。其原理是通过改变细胞质膜的通透性或者增加 DNA 与细胞的吸附而实现基因的转移。

A. DEAE-葡聚糖法：是将外源 DNA 片段与 DEAE-葡聚糖等高分子糖类混合形成 DNA 大颗粒，然后黏附于受体细胞表面，并通过胞饮作用进入细胞内。此法转化率低。

B. 磷酸钙-DNA 共沉淀法：将待转化的 DNA 溶解在含磷酸根离子的缓冲液中，在特定 pH 下加入氯化钙溶液混合均匀。此时磷酸钙与 DNA 共沉淀形成大颗粒。加入受体细胞培养一段时间后，DNA 就通过细胞吞噬等活动而进入细胞内。此法转染效率比 DEAE-葡聚糖法高约 100 倍，但还是比较低。

C. 脂质体载体包埋转染法：脂质体为人工膜泡，可作为体内外物质传送的载体。将需转移的外源 DNA 包裹于脂质体内，通过脂质体与受体细胞的融合，将外源 DNA 带入受体细胞中。这种方法转基因效率较高。

3）生物学方法：主要是病毒介导的基因转移。目前常用的病毒载体包括 DNA 病毒载体（腺病毒载体、牛痘病毒载体等）、反转录病毒载体。反转录病毒是一种整合型的单链 RNA 病毒，病毒进入细胞后，RNA 首先编码出反转录酶，在该酶的作用下，病毒 RNA 反转录为双链 DNA 分子，DNA 通过一种尚未明确的机制整合到宿主细胞 DNA 中。

（2）转染细胞筛选：高等哺乳动物细胞的基因转移效率较低，必须选用来源丰富、在体外能无限生长的细胞作为受体细胞。即使在最佳转化条件下，得到的稳定转化株也只有很少一部分，因此必须建立动物特异性选择标记用于快速有效地筛选转染细胞。常用的选择标记基因包括：胸腺嘧啶核苷激酶基因、二氢叶酸还原酶基因、谷氨酰胺合成酶基因、潮霉素 B 磷酸转移酶基因、氨基糖苷磷酸转移酶基因、胸苷磷酸核塘转移酶基因。

1）胸腺嘧啶核苷激酶（TK）：当转入 TK^-细胞时，其基因产物可使宿主细胞获得对 HAT 培养基的抗性。

2）二氢叶酸还原酶（DHFR）：由 dhfr 基因编码。突变的 dhfr 可作为显性选择标记，此时可加入甲氨蝶呤（methotrexate，MTX）为选择剂。缺失 DHFR 的 CHO 细胞不能合成四氢叶酸，只能在添加胸苷、甘氨酸和嘌呤的培养液中生长。转染 dhfr 基因的缺陷型 CHO 细胞可在不含胸苷、甘氨酸和嘌呤的培养液中生长。增加甲氨蝶呤的浓度，可以使 dhfr 基因扩增，dhfr 基因侧翼区域（1～1000kb）也随之扩增，从而提高与 dhfr 基因相连的外源基因的表达水平。

（3）目的蛋白高效表达的策略：外源基因在宿主内的大量扩增是目的基因高效表达的保证。将外源基因与 dhfr 基因拼接构建重组分子，转化内源 DHFR 缺陷型的细胞系，在不含核苷的培养基上培养，只有含 dhfr 基因的细胞才能增殖。将其接种到含 0.05μmol/L 甲氨蝶呤的培养基上进行筛选，增加甲氨蝶呤浓度继续培养，当达到 0.25μmol/L 时，存活细胞中的外源基因已经随 dhfr 基因扩增了数百倍。

（4）应用：第一个哺乳动物细胞表达系统生产的医用蛋白是溶血栓药物组织型纤维蛋白酶原激活剂（tissue plasminogen，t-PA）。将人的 t-PA cDNA 克隆在含强启动子和终止子的表达载体上，转染细胞，用甲氨蝶呤处理培养，t-PA 随 dhfr 基因大量扩增，新筛选出的转化株进行大规模培养高水平生产人重组 t-PA。

2. 转基因动物生物反应器 转基因动物是指经人的有意干预通过实验手段将外源基因导入动物细胞中并稳定地整合到动物基因组中，且能遗传给子代的动物。

让动物成为制药工厂，创造人类急需的生物制品，这一直是人们梦寐以求的。转基因动物的出现使得这一梦想正逐步成为现实。在 21 世纪制药工业中，最具诱人前景的无疑是应用转基因动物生产转基因药物。转基因动物生产药物与以往的制药技术相比，具有不可比拟的优越性。哺乳动物生物反应器好比在动物身上建药厂。动物的乳汁或者血液可以源源不断地为我们提供目的基因的产品。它的优越性还表现在产量高、易提纯、表达产物已经过充分修饰和加工、具有稳定的生物活性。另外，作为生物反应器的转基因动物又可无限繁殖，故具有投资成本低、药物开发周期短和经济效益高等优点。在利用转基因动物作为生物反应器生产基因工程药物方面，上海人类遗传病研究所、中国农业大学、中国科学院发育所、扬州大学、新疆畜牧科学院、解放军军事医学科学院和解放军军需大学等都先后获得了可能有潜在生产人用药物蛋白价值的转基因动物。可以说转基因动物的问世，为利用基因工程手段获得低成本、高活性和高表达的药物开辟了一条重要途径。

生产转基因动物的方法有很多，如原核期胚胎显微注射法、精子载体法、反转录病毒载体法、胚胎干细胞介导法、体细胞克隆介导法、人工染色体介导的基因转移法等，这些方法各有其优缺点，在转基因动物生产中有着不同程度的应用。

（1）原核期胚胎显微注射法：原核期胚胎显微注射法是动物转基因技术中最早使用的方法。其基本原理是在显微镜下直接将目的基因注射到受精卵细胞的原核内，在目的基因与胚胎基因组融合后进行体外培养，最后移植给受体母畜“借腹怀胎”（图 6-3）。这种方法的优点是：可靠性高，重复性好，目的基因的整合效率相对较高，导入基因片段的大小和类型不受限制，转基因在世代之间可以稳定遗传。该方法也有其缺点，主要体现在导入基因整合的随机性和不可见性，这样会导致基因表达不稳定及可能出现不希望的插入突变。该方法成功的范例很多，如美国科学家 Hammer 等在 1985 年获得一批转基因兔、绵羊和猪；

荷兰科学家 Krimpenfort 等于 1991 年获得了转基因牛；1985 年，我国朱作言院士等成功获得了世界上首例转基因鱼。

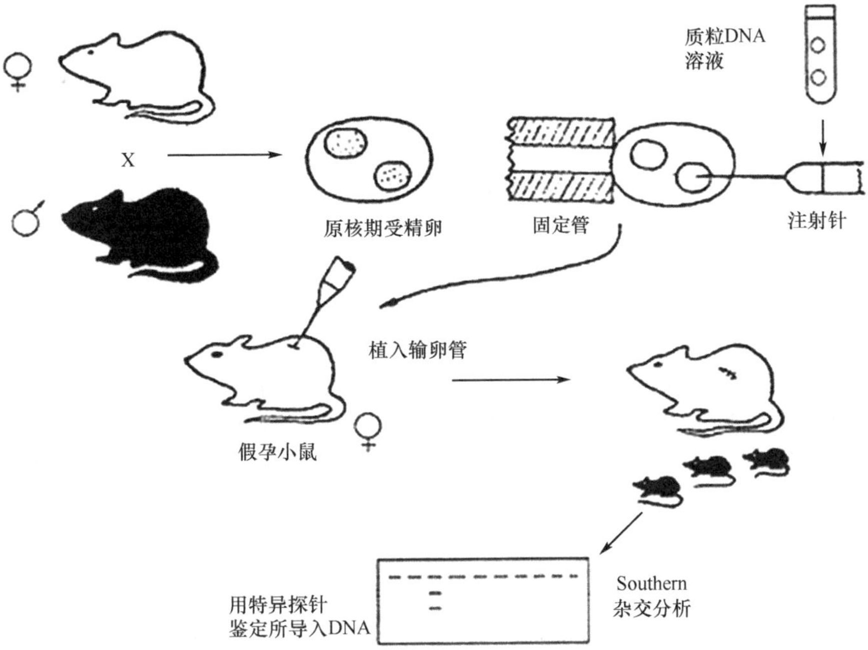

图 6-3　原核期胚胎显微注射法过程示意图

（2）精子载体转基因法：该方法是将精子与目的 DNA 进行预培养后，使精子具有携带目的基因进入卵子的能力，精子与卵子结合后，该基因被整合到受精卵的 DNA 中。同显微注射法相比，该方法有几个明显的优点：无需显微注射操作，不会对胚胎造成损伤，整合率高，成本很低，不需要对动物进行胚胎移植手术处理等。但该方法成功率不高、效果不稳定，有待科研人员进一步探索和改进。与显微注射法相比，该方法成功的例子不多。1989 年意大利 Lavitrano 等首次报道利用精子载体法获得转基因鼠；1996 年意大利 Sperandio 科研小组报道了采用该方法生产转基因牛和猪。

（3）反转录病毒载体法：反转录病毒是一种 RNA 病毒，在转基因技术中有着独特的应用。人们将目的基因结合到反转录病毒上，通过病毒感染可将目的基因插入到宿主基因组中去。该方法具有可同时感染大量胚胎、不需要昂贵的显微注射设备等优点，但也存在插入外源 DNA 大小有限、外源基因易发生重排和丢失、反转录病毒的序列可能干扰转基因表达等缺点。应用该方法，美国人 Salter 等（1987 年）生产出转基因鸡；德国学者 Hofmann 等获得绿色荧光蛋白转基因猪（2003 年），随后又生产出转基因牛（2005 年）；来自冷泉港实验室的 Michael 获得能够发荧光的山羊（2006 年）。

（4）胚胎干细胞介导法：胚胎干细胞是生命体中保留的未成熟细胞，具有再分化形成其他细胞和组织器官的潜力，被称为“万能细胞”。利用胚胎干细胞生产转基因动物的原理是将外源基因导入分离好的胚胎干细胞，然后将转基因的胚胎干细胞注射于受体动物胚胎后，参与宿主的胚胎融合形成嵌合体，从而得到转基因动物（图 6-4）。这一方法的优点是可以对胚胎干细胞进行特定选择。缺点是目前只有小鼠干细胞系比较成熟，而家畜干细胞系还未完全建立，有不少问题尚待解决。

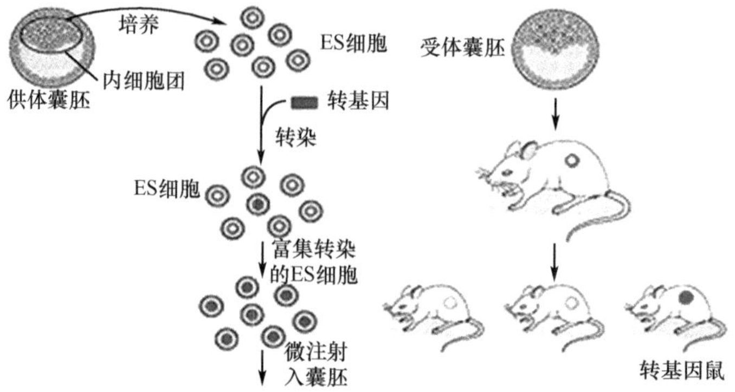

图 6-4　胚胎干细胞介导法制备转基因鼠

（5）体细胞克隆介导法：体细胞克隆介导的转基因是动物转基因技术中的“高级版本”。说到体细胞克隆，很多人都会想到一位“动物明星”——多莉羊，它是于 1997 年由英国 Wilmut 等获得的杰作。转基因克隆技术是转基因技术和动物克隆技术的有机结合，其基本原理是将目的基因导入动物体细胞遗传物质中，然后通过显微操作技术，将携带目的基因的体细胞核移植到去核的卵母细胞中，形成重构胚，再移植到受体动物中，待妊娠、分娩后获得转基因克隆动物。该方法虽然胎儿的死亡率高，但其优势非常明显：可以事先筛选阳性细胞，转基因后代遗传背景及遗传稳定性一致，目前成为制备转基因动物的主流技术之一。

二、细胞工程制药的关键技术

（一）动物细胞大规模培养

细胞大规模培养是指在人工条件下（设定 pH、温度、溶氧等），在细胞生物反应器（bioreactor）中高密度大量培养动物细胞用于生产生物制药的技术。

近年来，由于人类对生长激素、干扰素、单克隆抗体、疫苗及白细胞介素等生物制药的需求猛增，以传统的生物化学技术从动物组织获取生物制药已远远不能满足这一需求。随着细胞培养的原理与方法日臻完善，动物细胞大规模培养技术趋于成熟。

不同的动物细胞具有不同的培养特征，有的细胞属于悬浮型细胞，有的细胞属于贴附型细胞。为了获得最佳的生长效率，我们必须针对细胞的不同特点选用合适的培养方法，包括悬浮培养、转瓶培养、微载体培养、中空纤维培养等。

1. 悬浮培养系统　主要用于悬浮细胞培养，包括来源于血液、淋巴组织的细胞，许多肿瘤细胞（包括杂交瘤细胞）和某些转化细胞等。细胞在反应器中自由悬浮生长，是在微生物发酵的基础上发展起来的。经常借鉴发酵理论和经验，但有自身的特点，由于动物细胞没有细胞壁，不能耐受剧烈的搅拌和通气剪切，对环境适应性差。在培养过程中与微生物发酵培养不同，在悬浮培养中要注意动物细胞的特性。常用的反应器为气升式生物反应器或通气搅拌式生物反应器。气升式生物反应器的工作原理是，将含 5%的混合气体从反应器底部管道输入，气体沿培养器中央的内管上升，其中一部分气体从反应器顶部逸出，另一部分则被引导沿反应器的内缘下降，直达反应器底部和新吹入的气体混合而再度上升。这样通过气体的上下循环起到供氧及搅拌的效果。该方法的优点是：操作简单，培养条件相对均一，传质和传氧较好，容易放大培养。缺点是：细胞体积小，密度低，培养病毒易失去标记而降低免疫能力。

无血清悬浮培养是用已知人源或动物来源的蛋白或激素代替动物血清的一种细胞培养方式，它能减少后期纯化工作，提高产品质量，正逐渐成为动物细胞大规模培养的研究新方向。

2. 转瓶培养系统　培养贴壁依赖型细胞最初采用转瓶系统培养。转瓶培养一般用于小量培养到大规模培养的过渡阶段，或作为生物反应器接种细胞准备的一条途径。细胞接种在旋转的圆筒形培养器-转瓶中（图 6-5），培养过程中转瓶不断旋转，使细胞交替接触培养液和空气，从而提供较好的传质和传热条件。

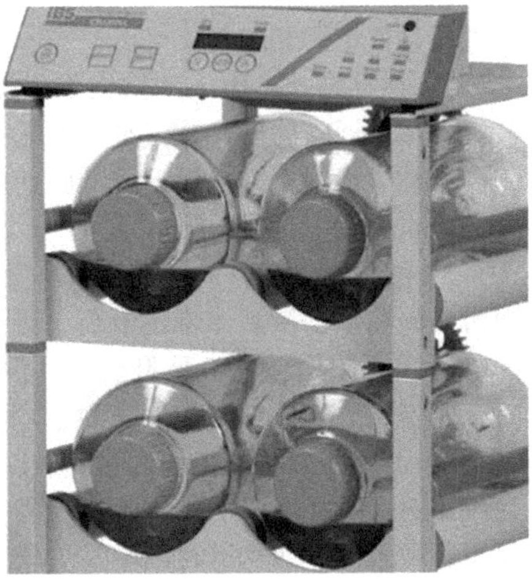

图 6-5　转瓶培养

转瓶培养具有结构简单，投资少，技术成熟，重复性好，放大只需简单地增加转瓶数量等优点。 但也有其缺点：劳动强度大，占地空间大，单位体积提供细胞生长的表面积小，细胞生长密度低，培养时监测和控制环境条件受到限制等。

3. 微载体培养　此技术于 1967 年被用于动物细胞大规模培养。经过 30 余年的发展，该技术目前已渐日趋完善和成熟，并广泛应用于生产疫苗、基因工程产品等。微载体培养是目前公认的最有发展前途的一种动物细胞大规模培养技术，其兼具悬浮培养和贴壁培养的优点，放大容易。目前微载体培养广泛用于培养各种类型细胞，生产疫苗、蛋白质产品，如 293 细胞、成肌细胞、Vero 细胞、CHO 细胞。

微载体（microcarrier）是指直径在 60～250μm，能适用于贴壁细胞生长的微珠。其包括实心微载体和多孔微载体两类（图 6-6）。实心微载体，细胞能贴附在微载体表面生长；多孔微载体，内部具有网状结构的小孔，细胞能在微载体内部生长。一般是由天然葡聚糖或者各种合成的聚合物组成。自 Van Wezel 用 DEAE-Sephadex A 50 研制的第一种微载体问世以来，国际市场上出售的微载体商品的类型已经达十几种以上，包括液体微载体、大孔明胶微载体、聚苯乙烯微载体、PHEMA 微载体、甲壳质微载体、聚氨酯泡沫微载体、藻酸盐凝胶微载体及磁性微载体等。常用商品化微载体有三种：Cytodex1、Cytodex 2、Cytodex 3，Cytopore 和 Cytoline。

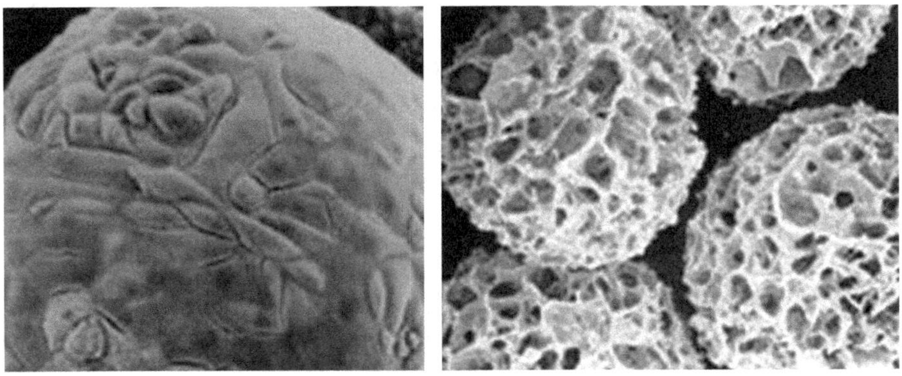

A　　　　B

图 6-6　微载体

A. 实心微载体；B. 多孔微载体

（1）微载体培养原理与操作

1）原理：将对细胞无害的颗粒-微载体加入到培养容器的培养液中，作为载体，使细胞在微载体表面或孔隙内附着生长，同时通过持续搅动使微载体始终保持悬浮状态。

贴壁依赖性细胞在微载体表面上的增殖，要经历黏附贴壁、生长和扩展成单层三个阶段。细胞只有贴附在固体基质表面才能增殖，故细胞在微载体表面的贴附是进一步铺展和生长的关键。黏附主要是靠静电引力和范德华力。细胞能否在微载体表面黏附，主要取决于细胞与微载体的接触概率和相融性。

2）搅拌转速：由于动物细胞无细胞壁，对剪切力敏感，因而无法靠提高搅拌转速来增加接触概率。通常的操作方式是：在贴壁期采用低搅拌转速，时搅时停；数小时后，待细胞附着于微载体表面时，维持设定的低转速，进入培养阶段。微载体培养的搅拌速度非常慢，最大速度 75r/min。

3）细胞与微载体的相融性：与微载体表面理化性质有关。一般细胞在进入生理 pH 时，表面带负电荷。若微载体带正电荷，则利用静电引力可加快细胞贴壁速度。若微载体带负电荷，因静电斥力使细胞难于黏附贴壁，但培养液中溶有或微载体表面吸附着二价阳离子作为媒介时，则带负电荷的细胞也能贴附。

4）细胞在微载体表面的生长：影响细胞在微载体表面生长的因素很多，主要有三个方面。在细胞方面，如细胞群体、状态和类型。在微载体方面，如微载体表面状态、吸附的大分子和离子；微载体表面光滑时细胞扩展快，表面多孔则扩展慢。在培养环境中，如培养基组成、温度、pH、DC 及代谢废物等均明显影响细胞在微载体上的生长。如果所处条件最优，则细胞生长快；反之生长速度慢。

5）微载体培养操作要点

A. 培养初期：保证培养基与微球体处于稳定的 pH 与温度水平，接种细胞（对数生长期，而非稳定期）至终体积 1/3 的培养液中，以增加细胞与微载体接触的机会。不同的微载体所用浓度及接种细胞密度是不同的。常使用 2～3 g/L 的微载体含量，更高的微载体浓度需要控制环境或经常换液。

B. 贴壁阶段：（3～8 天）后，缓慢加入培养液至工作体积，并且增加搅拌速度保证完全均质混合。

C. 培养维持期：进行细胞计数（胞核计数）、葡萄糖测定及细胞形态镜检。随着细胞增殖，微球变得越来越重，需增加搅拌速率。经过 3 天左右，培养液开始呈酸性，需换液：停止搅拌，让微珠沉淀 5 分钟，弃掉适宜体积的培养液，缓慢加入新鲜培养液（37℃），重新开始搅拌。

D. 收获细胞：首先排干培养液，至少用缓冲液漂洗 1 遍，然后加入相应的酶，快速搅拌（75～125r/min）20～30 分钟。然后解离收集细胞及其产品。

E. 微载体培养的放大：可以通过增加微载体的含量或培养体积进行放大。使用异倍体或原代细胞培养生产疫苗、干扰素，已被放大至 4000L 以上。

（2）微载体大规模细胞培养的生物反应器系统：此技术大规模培养，细胞扩增的效率受到诸多因素的影响和限制。其中主要的限制性因素包括：细胞对剪切力的敏感性、氧的传递及传代和扩大培养等。而研制的各种类型生物反应器系统则可针对上述限制性因素，为微载体细胞培养与扩增提供低剪切力、高氧传递效率、易于细胞传代等适宜的外部环境。已较多使用的微载体培养系统生物反应器，可以实行计算机控制操作，培养搅拌速度及悬浮均匀程度、温度变化、pH 稳定及溶氧供应（O_2、N_2、CO_2、空气四种纯化气体按比例调节）、罐压、培养体积和通气量等参数全部由电脑自动控制。因此，应用生物反应器系统进行微载体细胞大规模扩增具有明显优势，目前国外相继研制了数种适合进行微载体大规模细胞培养的生物反应器系统，如搅拌式生物反应器系统、旋转式生物反应器系统及灌注式生物反应器系统等。

1）搅拌式生物反应器系统：在微载体细胞大规模扩增研究领域已有较长的研究历史，但因该细胞培养系统容易产生过大的剪切力，从而限制了其应用范围。尽管如此，由于该系统具有简单、实用及价格低廉等特点，国内外仍有不少应用该系统成功进行细胞大规模扩增的研究报道。例如，Werner A（2000 年）成功地在该系统内进行了肝细胞大规模扩增的研究。

2）灌注式生物反应器系统：灌流培养是目前研究热点之一。它的特点是不断地加入新鲜培养基及不断地抽走含细胞代谢废物的消耗培养基，使细胞得以在一个相对稳定的生长环境内增殖，即省时省力，又减少了细胞发生污染的机会，且可以提高细胞密度10倍以上。

3）旋转生物反应器：近年来，旋转生物反应器系统（RCCS）已经成为应用微载体技术进行细胞大规模扩增的一种较常用细胞培养系统。该系统是基于美国航空航天局为模拟空间微重力效应而设计的一种生物反应器。RCCS既可以用于微载体大规模细胞培养，又能使其内培育细胞与支架形成三维空间复合体。至今，近百种组织细胞均在该系统内成功进行了大规模扩增。

4. 中空纤维培养系统　模拟生物体循环系统中毛细血管的结构及功能，将天然亲水聚合物拉成两端有开口的纤维束，形成易于细胞附着的多孔渗滤支撑，使细胞能够贴壁生长并堆积成层。中空纤维生物反应器是将一束中空纤维封装于一根圆管内形成的（图6-7）。用于细胞培养的中空纤维一般是用乙酸纤维素，聚氯乙烯-丙烯复合聚合物、多聚碳酸硅等材料制成，也有用聚砜制造的。外径一般为100～500μm，壁厚25～75 μm。壁呈海绵状，上面有许多孔。纤维的内腔表面为一层超滤膜。不同的中空纤维的超滤膜限制滤过的物质的相对分子质量是不同的，可根据不同的需要进行选择。当蠕动泵工作时，培养基就在回路中循环起来。细胞培养在中空纤维外表面与生物反应器内表面之间的空间里，这个空间称为中空外腔。新鲜培养液从中空纤维的内腔导入。气体在管体部分通过，其中一部分则均匀地扩散至壳体内部。细胞如果是贴壁性的，则附着在纤维外壳表面，在培养结束后用胰蛋白酶消化液将其消化冲出；若是非贴壁性的，应采用微滤材料将其截留在反应器内而让培养液排出。

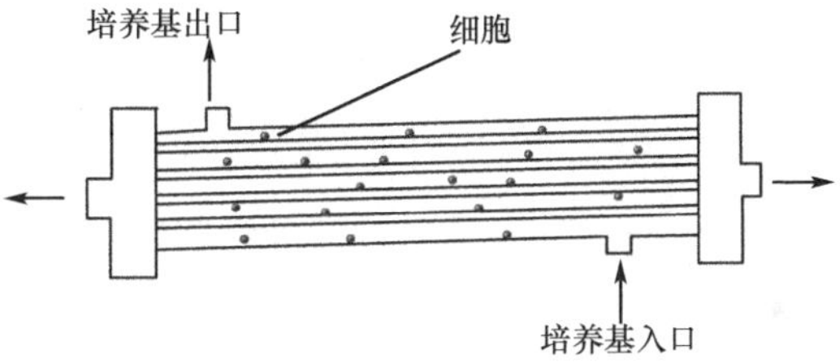

图6-7　中空纤维生物反应器示意图

中空纤维生物反应器有柱状中空纤维反应器、板框式中空纤维反应器、中心灌流式反应器等形式。

（1）柱状中空纤维反应器：该系统由两条完全独立的流动通道组成，每条通道有6个中空纤维生物反应器，用计算机监视和反馈控制各个参数，如营养供给、废物排出及pH的维持等。该设备的特点是具有两个中空纤维生物反应器：一个为供氧器，供细胞呼吸和气体交换；另一个供培养细胞用。它适用于小到中等规模生产哺乳动物细胞产品。

（2）板框式中空纤维反应器：柱状生物反应器有几个缺点，营养物质和代谢物质存在着浓度梯度，细胞分布不均匀及通气不均等。这样就妨碍了系统的扩大。为克服这些缺点，1981年Ku等制造了板框式中空纤维细胞培养系统。反应器的中心是一束中空纤维浅床，它被安放在两个不锈钢微孔滤板之间，营养液通过下面的滤板垂直流向纤维床平面。这样的设计改善了细胞培养的条件，有利于培养系统的放大。但中空纤维床的厚度仍受到限制。

（3）中心灌流式中空纤维反应器：为了消除细胞在中空纤维反应器中分布不均的问题，1986年Tharakan等研制了辐射状灌流的中空纤维生物反应器。该反应器的中央为一多孔的管，称为中央分配管。管的外面由多层与管平行的中空纤维包围。培养基由中央分配管两端进入，从管上的孔流出来，进入中空纤维外墙，然后再穿过中空纤维的壁进入中空纤维内腔。中空纤维腔内通入营养气体，带动中空纤维内的培养液流动并同时进行气体交换。这样，附着在中空纤维上的细胞就能从流动着的培养基中不断摄取营养物质，细胞排出的代谢产物也能及时地被培养液带走。同时，细胞能顺利地进行气体交换，使细胞始终生活在一个较稳定的微环境中。

（二）单克隆抗体制备

B淋巴细胞能够产生抗体，但在体外不能进行无限分裂；而瘤细胞虽然可以在体外进行无限传代，但不能产生抗体。将这两种细胞融合后得到的杂交瘤细胞具有两种亲本细胞的特性，既能像骨髓瘤细胞一样在体外无限增殖，又能持续地分泌特异性抗体，通过克隆化培养获得纯的细胞就可以生产高纯度的单克隆抗体。免疫反应是人类对疾病具有抵抗力的重要因素。当动物体受抗原刺激后可产生抗体。抗体的特异性取决于抗原分子的决定簇，各种抗原分子具有很多抗原决定簇，因此，免疫动物所产生的抗体实为多种抗体的混合物。用这种传统方法制备抗体效率低、产量有限，且动物抗体注入人体可产生严重的过敏反应。此外，要把这些不同的抗体分开也极困难。单克隆抗体技术的出现，是免疫学领域的重大突破。

单克隆抗体制备包括动物免疫、细胞融合、选择杂交细胞、检测抗体、杂交瘤细胞的克隆化、单克隆抗体的大量生产几个步骤（图 6-8）。

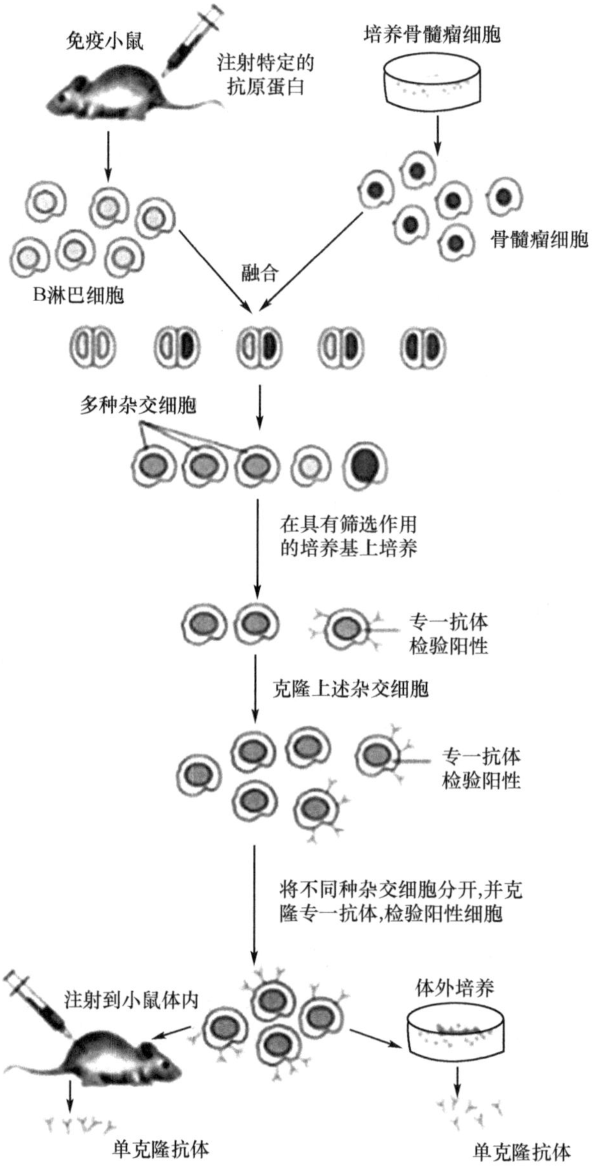

图 6-8　单克隆抗体制备流程示意图

1. 动物免疫

（1）抗原制备：制备单克隆抗体的免疫抗原，从纯度上说虽不要求很高，但高纯度的抗原使得到所需单抗的机会增加，同时可以减轻筛选的工作量。因此，免疫抗原是越纯越好，应根据所研究的抗原和实验室的条件来决定。抗原的纯度和免疫原性是决定免疫反应的关键。抗原可分为颗粒性抗原和可溶性抗原两类。

（2）免疫动物的选择：根据所用的骨髓瘤细胞可选用小鼠和大鼠作为免疫动物。因为，所有的供杂交瘤技术用的小鼠骨髓瘤细胞系均来源于 BALB/c 小鼠，所有的大鼠骨髓瘤细胞都来源于 LOU/c 大鼠，所以一般的杂交瘤生产都是用这两种纯系动物作为免疫动物。但是，有时为了特殊目的而需进行种间杂交，则可免疫其他动物。种间杂交瘤一般分泌抗体的能力不稳定，因为染色体容易丢失。就小鼠而言，初次免疫时以 8～12 周龄为宜，雌性鼠比较便于操作。

（3）免疫程序的确定：免疫是单抗制备过程中的重要环节之一，其目的在于使 B 淋巴细胞在特异抗原刺激下分化、增殖，以利于细胞融合后形成杂交细胞，并增加获得分泌特异性抗体的杂交瘤的机会。因此在设计免疫程序时，应考虑到抗原的性质和纯度、抗原量、免疫途径、免疫次数与间隔时间、佐剂的应用及动物对该抗原的应答能力等。没有一个免疫程序能适用于各种抗原。现用的免疫程序中多数是参照制备常规多克隆抗体的方法。免疫途径包括体外法和体内法两种。体外法是直接分离动物淋巴细胞，加适当浓度抗原，3～4 天后，收集淋巴细胞；体内法则将抗原直接注入动物体内，3～4 天后在无菌条件下取出脾或淋巴结制成悬液。一般常用体内免疫法，包括皮下注射、腹腔或静脉注射，也采用足垫、皮内、滴鼻或点眼。通常要经过初次免疫、第二次免疫、加强免疫三个阶段。最后一次加强免疫多采用腹腔或静脉注射，目前尤其推崇后者，因为可使抗原对脾细胞作用更迅速而充分。 在最后一次加强免疫后第 3 天取脾融合为好，许多实验室的结果表明，初次免疫和再次免疫应答反应中，取脾细胞与骨髓瘤细胞融合，特异性杂交瘤的形成高峰分别为第 4 天和第 22 天，在初次免疫应答时获得的杂交瘤主要分泌 IgM 抗体，再次免疫应答时获得的杂交瘤主要分泌 IgG 抗体。阳性杂交瘤出现的高峰与小鼠血清抗体的滴度并无明显的平行关系，且多在血清抗体高峰之前。因此，为达到最高的杂交瘤形成率需要有尽可能多的浆母细胞，这在最后一次加强免疫后第 3 天取脾进行融合较适宜。已有人报道采用脾内免疫，可提高小鼠对抗原的免疫反应性，且节省时间，一般免疫 3 天后即可融合。

2. 细胞融合　首先制备细胞培养基、氨基蝶呤（A）贮存液、次黄嘌呤（H）和胸腺嘧啶核苷（T）贮存液等各种细胞生长所需的营养物质。然后制备骨髓瘤细胞和脾淋巴细胞，之后进行细胞融合。骨髓瘤细胞应和免疫动物属于同一品系，这样杂交融合率高，也便于接种杂交瘤在同一品系小鼠腹腔内大量产生 McAb。

细胞融合是一个随机的物理学过程。在小鼠脾细胞和小鼠骨髓瘤细胞混合细胞悬液中，经融合后细胞将以多种形式出现。例如，融合的脾细胞和瘤细胞、融合的脾细胞和脾细胞、融合的瘤细胞和瘤细胞、未融合的脾细胞、未融合的瘤细胞及细胞的多聚体形式等。正常的脾细胞在培养基中仅存活 5～7 天，无需特别筛选；细胞的多聚体形式也容易死去；而未融合的瘤细胞则需进行特别的筛选去除。

细胞 DNA 合成一般有两条途径。主要途径是由糖和氨基酸合成核苷酸，进而合成 DNA，叶酸作为重要的辅酶参与这一合成过程。另一辅助途径是在次黄嘌呤和胸腺嘧啶核苷存在的情况下，经次黄嘌呤磷酸核糖转化酶（HGPRT）和胸腺嘧啶核苷激酶（TK）的催化作用合成 DNA。细胞融合的选择培养基中有 3 种关键成分：次黄嘌呤（hypoxanthine，H）、氨基蝶呤（aminopterin，A）和胸腺嘧啶核苷（thymidine，T），所以取三者的字头称为 HAT 培养基。氨基蝶呤是叶酸的拮抗剂，可阻断瘤细胞利用正常途径合成 DNA，而融合所用的瘤细胞是经毒性培养基选出的 HGPRT 或 TK 缺陷型骨髓瘤细胞株，所以不能在该培养基中生长。只有融合细胞具有亲代双方的遗传性能，具有来自于淋巴细胞的 HGPRT 和 TK，可采用补救途径合成 DNA，因此可在 HAT 培养基中长期存活与繁殖。

在细胞融合后选择性培养过程中，由于大量骨髓瘤细胞和脾细胞相继死亡，此时单个或少数分散的杂交瘤细胞多半不易存活，通常必须加入其他活细胞使之繁殖，这种被加入的活细胞称为饲养细胞（feeder cell）。可用肉汤刺激小鼠腹腔并收获腹腔中的巨噬细胞作为饲养细胞。用吸管在打开的腹腔中吸取细胞悬液，并用培养液冲洗收获，离心洗一次，再用培养基（含 HAT）调整细胞浓度至 2×10^5/ml，96 孔板培养（0.1ml/孔），每只鼠可获巨噬细胞（2～5）$\times10^6$ 个。

3. 杂交瘤细胞筛选　杂交瘤细胞在融合后 2 周左右即可筛选，即把分泌所需抗体的杂交瘤孔从众多的孔中选出来，通常也称为抗体检测。抗体检测的方法很多，通常根据所研究的抗原和实验室的条件而定。但作为杂交瘤筛选的抗体检测方法必须具有快速、准确、简便，便于一次处理大量样品等特点。因为往往有几百个样品需要在短短几个小时就报告结果，以便决定杂交瘤细胞的取舍。所以选用抗体检测方法的原则是快速、敏感、特异、可靠、花费小和节省人力。一般说来，在融合之前就必须建立好抗体检测方法，并克服可能存在的问题。另一个重要问题是抗体检测方法所需要的"动力学范围"，即检出背景以上的最强与最弱信号之比，依所用的检测抗原是否纯净而定。如杂交瘤抗体是针对纯化的蛋白质抗原的，100%的抗原参与反应，一个阳性/阴性判别系统就够了。另一方面，如果杂交瘤抗体是针对细胞表面微量的蛋白抗原，检测系统可能需要能测出微弱信号，则动力学范围至少应为 10∶1，最好为 100∶1。另外，检测方法的选择还受所需杂交瘤抗体的类型和预定的用途的影响。结合补体的抗体可以用基于细胞毒性反应的检测方法来选出。例如，需结合 A 蛋白的杂交瘤抗体，就要用结合蛋白 A 的检测方法。

4. 杂交瘤细胞的克隆化 从原始孔中得到的阳性杂交瘤细胞，可能来源于两个或多个杂交瘤细胞，因此它们所分泌的抗体是不同质的。为了得到完全同质的单克隆抗体，必须对杂交瘤细胞进行克隆化。另一方面，杂交瘤细胞培养的初期是不稳定的，有的细胞丢失部分染色体，可能丧失产生抗体的能力。为了除去这部分已不再分泌抗体的细胞，得到分泌抗体稳定的单克隆杂交瘤细胞系（又称亚克隆），也需要克隆化。另外，长期液氮冻存的杂交瘤细胞，复苏后其分泌抗体的功能仍有可能丢失，因此也应作克隆化，以检测抗体分泌情况。通常在得到针对预定抗原的杂交瘤以后需连续进行 2～3 次克隆化，有时还需进行多次。所谓克隆化是指使单个细胞无性繁殖而获得该细胞团体的整个培养过程。克隆化的方法很多，如有限稀释法、软琼脂法、单细胞显微操作法、单克隆细胞集团显微操作法和荧光激活细胞分类仪（FACS）分离法。

5. 单克隆抗体的大量生产 单克隆抗体的大量生产主要采用动物体内接种法和体外培养法。

（1）体内接种法：取 Balb/c 小鼠，首先腹腔注射 0.5ml 液体石腊或降植烷进行预处理。1～2 周后，腹腔内接种杂交瘤细胞。杂交瘤细胞在小鼠腹腔内增殖，并产生和分泌单克隆抗体。1～2 周内，可见小鼠腹部膨大。用注射器抽取腹水，即可获得大量单克隆抗体。

（2）体外培养法：将杂交瘤细胞置于培养瓶中进行培养。在培养过程中，杂交瘤细胞产生并分泌单克隆抗体，收集培养上清液，离心去除细胞及其碎片，即可获得所需要的单克隆抗体。但这种方法产生的抗体量有限。近年来，各种新型培养技术和装置不断出现，大大提高了抗体的生产量。

第三节　细胞工程在制药工业中的应用

一、概　　述

细胞工程在制药工业中的应用主要包括：利用大规模培养中药材植物细胞或组织制备有价值代谢产物以克服传统的以采集植物提取制备途径的缺陷；直接利用动物细胞或者经过改造的动物细胞生产疫苗、蛋白类药物、抗体等医药产品；利用转基因动物的乳腺、血液、膀胱等作为一种新型生物反应器，为人类生产一些珍贵的蛋白质。

（一）植物细胞大规模培养制备代谢产物

1956 年，Nickell 和 Routin 申请了第一个用植物细胞培养生产化学物质的专利。20 世纪 60 年代，植物细胞培养开始成为研究和生产植物次级代谢产物的一种技术。20 世纪 80 年代后期，紫草宁等植物细胞次级代谢产物的生产获得了产业化。近年来植物细胞培养技术主要致力于高产细胞株选育方法、悬浮培养技术、多级培养和固定化细胞技术、培养工艺优化控制、生物反应器研制、下游纯化技术等方面，并取得了较大进展。有些药用植物种类已实现工业化生产，如从希腊毛地黄细胞培养物通过生物转化生产地高辛、从黄连细胞培养物中生产黄连碱、从人参根细胞中生产人参皂苷等；相当种类的药用植物细胞大量培养已达到中试水平，如长春花生产吲哚生物碱、丹参生产丹参酮、 青蒿生产青蒿素、红豆杉生产紫杉醇、紫草生产萘醌、三七生产皂苷等。

知识链接：

红豆杉细胞培养生产紫杉醇

紫杉醇（paclitaxel，商品名 taxol）是从红豆杉科红豆杉属（Ta. rus sp.）植物中分离出的一种二萜类化合物，对卵巢癌、子宫癌、乳腺癌等十几种癌症具有很好的疗效，它目前已在临床上作为乳腺癌和卵巢癌的一线用药。然而从天然生长的红豆杉树中提取紫杉醇无法满足需求，药源不足已成为限制紫杉醇在临床中大量应用的瓶颈。

植物细胞培养具有不破坏自然资源及不受自然条件限制等优点。目前利用细胞大量培养技术生产紫杉醇的研究已经进入到生物反应器放大阶段，美国一公司现在已经完成 4 000 L 的培养技术，正在进行 20 000 L 规模的工业放大研究。虽然红豆杉细胞培养生产紫杉醇取得了很大的进展，紫杉醇生物合成途径基本清楚，细胞的生长和紫杉醇的产量已基本得到解决，有的已达到中试规模，但植物细胞细胞遗传与生理的不稳定性、细胞间的不一致性使得在培养过程中高产细胞系不能实现高产率，而且易发生遗传变异而产生其他代谢产物，另外，植物细胞培养技术较复杂，对反应器要求较高，阻碍了通过细胞培养工业化生产紫杉醇的实现。今后在高产细胞系的选育、适合植物细胞大规模培养的新型生物反应器、合成紫杉醇的代谢调控、利用现代分子生物学技术构建高产的基因工程细胞株等方面需加强研究，以早日实现红豆杉细胞培养工业化生产紫杉醇。

（二）动物细胞大规模培养制备药用蛋白

1962 年后，利用动物细胞大规模培养技术生产了一大批人体内含量极低、结构复杂的药物蛋白及减毒或灭活的病毒疫苗、单克隆抗体等。常见工业化生产用细胞株包括 CHO 细胞、Vero 细胞、BHK-21、WI-38 细胞等（表 6-1）。

表 6-1　常见工业化生产用细胞株

细胞株	来源	相关产品
CHO 细胞	1957 年美国从中国仓鼠卵巢分离的细胞	组织纤维蛋白溶酶原激活剂（t-PA） 促红细胞生成素（EPO） 乙型肝炎病毒表面抗原（HBsAg） 粒细胞集落刺激因子（G-CSF） 凝血因子Ⅷ
Vero 细胞	1962 年日本从非洲绿猴肾中分离的细胞	用于生产人用病毒疫苗（如脊髓灰质炎疫苗）
BHK-21 细胞	1961 年英国从幼地鼠的肾分离的细胞	常用于增殖病毒制备疫苗和重组蛋白(如凝血因子Ⅷ)
WI-38 细胞	1961 年从女性高加索人正常胚肺组织获得的人二倍体细胞	用于生产人用病毒疫苗（巨细胞病毒疫苗）
2BS 细胞 MRC5 细胞		水痘疫苗
仓鼠肾细胞		狂犬病毒疫苗、乙脑疫苗

一些被 FDA 批准的动物细胞制备的蛋白药物有：胰岛素（治疗糖尿病，1983 年）、组织纤溶酶原激活剂（治疗心脏病，1987 年）、促红细胞生成素（治疗贫血，1989 年）、白介素（治疗肾癌，1990）、凝血因子Ⅲ（治疗血友病，1992 年）、凝血因子Ⅳ（治疗血友病，1997 年）、肿瘤坏死因子受体（治疗类风湿关节炎，1998 年）等。哺乳动物细胞表达系统生产药用蛋白已

成为医药生物高技术产业的重要部分，其销售收入已占到世界生物技术产品的一半以上。

1975 年英国剑桥大学利用动物细胞融合技术首次获得单克隆抗体。单克隆抗体技术是利用克隆化的杂交瘤细胞分泌高度纯一的单克隆抗体，具有很高的实用价值，已经在诊断和治疗病症方面做出了很大的贡献。例如，甲肝病毒单克隆抗体，抗人 IgM 单克隆抗体，肿瘤疫苗等可用于诊断疾病的单克隆抗体。抗人结肠癌杂交瘤细胞系分泌的单克隆抗体，抗 M-CSFR（macrophagecolony-stimulating factor receptor，巨噬细胞集落刺激因子受体）胞外区的单克隆抗体等，则对治疗疾病具有重要价值。由于技术已趋成熟，目前许多单克隆抗体已经进入产业化的生产阶段。1986 年，美国 FDA 审批了第一个治疗用抗体 OKT-3；截止到 2012 年，美国 FDA 总共批准了 42 种抗体药物上市，并有几百个处于不同临床研究阶段。

（三）转基因动物作为生物反应器制备药用蛋白

而近几年来的转基因产物更是如雨后春笋般地涌现出来，如潘玲、黄俊成和黄英等分别在转基因小鼠乳汁中成功地表达了人促红细胞生成素、人胰岛素原和人血清白蛋白。至今已在以下动物的乳汁中生产出一些人类蛋白质药物：牛奶中有抗凝血酶、纤维蛋白原、人血清白蛋白、胶原蛋白、生育激素、乳缺蛋白、糖基转移酶、蛋白质 C 等；山羊奶中有抗凝血酶原、抗胰蛋白酶、生育激素、血清白蛋白、组织型纤维溶原激活因子、单克隆抗体；绵羊奶中有抗胰蛋白酶、凝血因子Ⅸ、纤维蛋白原、蛋白质 C；猪奶中亦有蛋白质 C、凝血因子Ⅸ、纤维蛋白原、血红蛋白等。目前获得成功的动物生物反应器有血液、膀胱、鸡蛋蛋清、乳腺等，乳腺是最理想也是目前发展最成熟的一种模式。因为乳腺是一个外分泌器官，乳汁不进入体内循环，对动物本身的生理活动不会造成影响，且从乳汁中获取目的产物具有产量高、易提纯等优点。1992 年，上海医学遗传研究所培育携带人体蛋白基因的中国首例转基因试管牛。2000 年，我国培育出带有人 α-抗胰蛋白酶基因的转基因山羊，可从转基因山羊奶中提取治疗慢性肺气肿、先天性肺纤维化囊肿等疾病的特效药物。2006 年，美国食品药品监督管理局批准首个转基因表达的药物——由美国 GTC Biotherapeutics 公司利用转基因羊生产的 ATryn，这也是全球首例成功上市的转基因动物药物。该药品是从导入了人抗凝血酶Ⅲ的奶山羊的羊乳中提取，用于治疗一种发病率较高的遗传性抗凝血酶缺乏症。它的上市为众多患有该遗传疾病的人带来了福音，堪称为生物技术产业里程碑式的成就。

下面我们仅仅以重组人促红细胞生成素的生产为实例来了解细胞工程在制药工业中的应用。

二、应用实例——哺乳动物细胞表达系统生产重组人促红细胞生成素

重组人促红细胞生成素是成功应用于生物医药领域的重组蛋白药物产品。科研领域对其性质和合成方法已有了成熟的了解。工业生产者也早已开始大量生产重组人促红细胞生成素，并且取得了不俗的市场成效。

（一）重组人促红细胞生成素的性质

促红细胞生成素（erythropoietin，简称 EPO）最早于 1906 年被发现。EPO 属唾液糖蛋白激素，由 165 个氨基酸组成，为人体内源性化合物，糖基化位点为 Asn24、Asn28、Asn83 和 Ser126，有 2 对半胱氨酸组成的二硫键（Cys7-Cys61 和 Cys29-Cys33），相对分子质量为 34～36 kDa（SDS-PAGE）、30.4 kDa（超滤）或 60 kDa（凝胶电泳），疏水性极强，pI 为 3.75～4.15。它主要来源于肾脏（少量来源于肝脏），由皮质管周围的间质细胞合成。

由基因重组技术合成的 rhEPO 相对分子质量为 30400Da，为含 165 个氨基酸糖的酸性糖蛋

白，由哺乳动物细胞培养产生，结构与天然 EPO 极为相似，其理化性质和生物学活性与天然内源性红细胞生成素相同。其不同点是基因位点在 7 号染色体。在基因重组技术诞生前，EPO 主要从贫血患者的尿和绵羊血中提取，提取率非常低，且极不稳定，理化和生物性质难以测定。1985 年，人 EPO 基因克隆和表达的成功，使 rhEPO 的制备成为现实。

（二）重组菌构建过程

重组人红细胞生成素是以重组 DNA 技术生产的红细胞生成素，将红细胞生成素的基因连接到表达载体上，转化 CHO 细胞，从细胞培养上清液中纯化得到红细胞生成素。重组人红细胞生成素与天然人红细胞生成素具有相同的体内、体外活性，比活基本相当。

Jacob 等从基因文库中克隆并测序了编码红细胞生成素的 DNA 片段，同时，以核酸探针从 λ 噬菌体 cDNA 文库中筛选得到了编码红细胞生成素的 cDNA 片段，以此构建了 SV40 病毒启动子驱动表达的载体，在猴肾纤维母细胞 COS-1 中进行瞬时表达，测得了红细胞生成素的生物活性。Lin 等（1985）由人基因组中获得编码红细胞生成素的基因，将其转入中国仓鼠卵巢细胞系（CHO）中，获得稳定的表达。Quelle 等利用昆虫 SF9 细胞中的杆状病毒系统表达 rhEPO。虽然经转化的 SF9 细胞生产的 rhEPO 的产率有所改善，但是目标产物 rhEPO 的糖基化程度较天然红细胞生成素为小，因而其分子质量亦较小。Mori 等构建了一个含有干扰素-α 基因启动子的 rhEPO 表达载体，并利用该 rhEPO 表达载体转化 B 淋巴细胞急性白血病细胞（BALL-1）。经以仙台病毒转染后，转化的 B 淋巴细胞急性白血病细胞比现有技术所得的转化株能产生较高量的 rhEPO。重组红细胞生成素在大肠杆菌中也得到表达，但所得 rhEPO 仅具有体外抗原结合活性。至于家蚕体内的表达系统，也存在糖基化简单，药物在体内稳定性较低、活性较差等问题。在哺乳动物细胞 CHO、BHK 细胞系统中表达，获得的重组红细胞生成素与天然红细胞生成素相似。故现在工业生产中多采用动物细胞培养表达红细胞生成素进行大规模生产。

（三）重组人促红细胞生成素的生产工艺

1. 表达红细胞生成素的细胞系

（1）构建红细胞生成素表达载体：有两种方式获得编码人红细胞生成素基因。一种是提取胎肝染色体 DNA，然后以特异性寡核苷酸为引物，经聚合酶链式反应扩增出人红细胞生成素的基因片段，然后与克隆载体连接，克隆基因。另一种是提取人胎肝 mRNA，反转录合成 cDNA 文库，进行文库筛选，得到人红细胞生成素基因。

将人红细胞生成素基因与表达质粒重组，导入哺乳动物细胞，经筛选得到表达人红细胞生成素的细胞株。常用的表达载体有这两种质粒带有二氢叶酸还原酶（dhfr）基因，也可以用不含 dhfr 基因的表达载体。常用的宿主细胞为 CHO 细胞。构建载体经过筛选后，必须通过测序，确证红细胞生成素的 DNA 序列及其推导的氨基酸序列是正确的。

（2）构建表达红细胞生成素的细胞株：以二氢叶酸还原酶缺陷型的中国仓鼠卵巢细胞系（CHO dhfr-）为宿主细胞。将此细胞培养于 100 mm 培养皿中，待细胞长满至 50%～60%时，用无血清细胞培养基淋洗细胞，加入由无血清培养基、表达载体和共转化载体，以及 lipofectin 组成的共转染混合液，37℃培养 4 小时。吸出培养基，加入含 10%胎牛血清的 F12 培养基，37℃培养过夜。随后在含青霉素、链霉素及 10%胎牛血清的 DEME 中培养，获得抗性克隆。逐步提高 MTX 终浓度，筛选抗性克隆。利用酶联免疫分析法确认所得到的细胞表达人红细胞生成素。

2. CHO 细胞培养工艺过程　在获得了能够高效表达目的蛋白的重组细胞株以后，需要解决的问题就是通过培养而大量生产出目的蛋白。常规动物细胞培养的方法是将细胞放在不同的容器中进行培养。例如，利用转瓶大量培养贴壁细胞或用生物反应器培养贴壁或悬浮细胞。

转瓶培养细胞工艺简单，规模易于扩大，污染易于控制，一直用于疫苗工业的生产，是传统的细胞培养生产工艺。美国 Amgen 公司是世界上最早获得人红细胞生成素生产和上市的企业，采用的生产工艺即是转瓶培养生产工艺。以下介绍生物反应器培养工艺。

（1）种子细胞制备：①冻存的细胞株 37℃水浴复苏，无菌离心，弃去冻存液。②加入适量 DMEM 培养基（含 10%小牛血清）。③37℃二氧化碳培养箱培养，连续传三代。④细胞消化后接种，接种的细胞浓度约为 2.5×10^6 个/ml。

（2）反应器连续培养：①加入纤维素载体片及 pH7.0 的 PBS 缓冲液，5L 细胞反应器高压灭菌 1.5 小时。②将反应器接入主机，连接气体，校正电极，排出 PBS 缓冲液。加含有小牛血清的 DMEM 培养基，接种。控制条件 pH7.0，搅拌转速＜50 r/min，37℃，DO 50%～80%，进行贴壁培养。③转速提高到 80～100 r/min，继续扩增培养 10 天。④更换为无血清合成培养基，由软件控制温度、溶氧、pH 等培养条件，进行连续灌流培养。⑤收获培养物，4～8℃保存。

（3）培养工艺控制：生物反应器由于各种辅助配件比较完善、因此具有许多优点，如无菌操作安全可靠、保温和气体交换可靠，能保持 pH 稳定，监视控制自动化，产物的收集和新液的补充持续进行及载体有足够的表面积等，非常适于基因工程细胞的高密度、高表达连续培养。但不同的细胞，其最适生长和表达条件不完全相同，必须摸索出最适培养条件。

在刚接种后细胞稀少时，搅拌速度缓慢，使细胞牢固地贴附于载体上，随着细胞数量的增加逐渐提高搅拌速度，以便使细胞周围的微环境中代谢产物和营养物质都在较短的时间内达到平衡。

动物细胞培养对温度波动的敏感性很大。因此，对温度的控制应较为严格。恒定的温度（37℃）及 pH（7.2）也是较为理想的条件。

pH 也是细胞培养的关键性参数，它能影响细胞的存活力、生长及代谢。细胞生长的最适 pH 因细胞类型不同而异，应先通过实验寻找出最适 pH，再通过输入 CO_2 和碳酸氢盐溶液维持其恒定。细胞生长与表达的 pH 为 7.0～7.2。

氧是细胞代谢中最重要的养分之一。它可以直接和间接地影响细胞的生长与代谢。溶解氧应在 10%～100%的范围内。可根据需要向培养液内加入氧气、空气或氮气按比例的混合气体以控制溶氧。

葡萄糖是细胞生长与表达过程中必不可少的碳源之一，其消耗程度直接反映出细胞代谢旺盛程度，细胞生长、表达旺盛时，需大量消耗，而缺乏时细胞生长速度与产物表达量均降低，故应及时充分地予以补充。此外还应监测氨、乳酸盐类等代谢废物在培养基中的含量，使其维持在较低的浓度，以减少对细胞损害。

虽然采用有血清培养基可有效刺激细胞的分化和增殖，但无血清的合成培养基用于生产，可降低纯化过程中杂蛋白质的含量，减少纯化的负载，并延长层析色谱柱使用寿命，有效提高产品的纯度。

3. 红细胞生成素的分离纯化工艺过程

（1）红细胞生成素的初级分离：①CM-Sephrose 亲和层析柱预先用 Na-HAc-异丙醇活化，并用 20 mmol/L Tris-HCl 平衡缓冲液平衡。②收获培养基滤膜过滤后上 CM 亲和层析柱，平衡缓冲液平衡。③0～2 mol/L NaCl, 20 mmol/L Tris 洗脱液梯度洗脱。④收集活性洗脱峰 10 mmol/L Tris 透析液透析过夜。

（2）红细胞生成素的精制：①透析后的活性组分上预先平衡的 DEAE 离子交换柱。②0～1 mol/L NaCl-Tris 洗脱液梯度洗脱，收集活性洗脱峰。③上 10%乙腈平衡的 RP-HPLC 柱（C4 填料），10%～70%的乙腈溶液梯度洗脱，收集活性洗脱峰。④上凝胶柱（预先用 20 mmol/L 柠檬酸盐缓冲液平衡），20 mmol/L 柠檬酸盐缓冲液平衡并洗脱，收集活性洗脱峰（红细胞生成素）。

在透析过程中，透析液的体积为蛋白液的 15 倍体积，过夜，并分四次换液。在上离子交换柱前用 0.22 μm 滤膜过滤。在上 RP-HPLC 柱前样品蛋白含量为 0.37 mg/ml，经无菌过滤后制成粗品再进一步纯化。在上凝胶柱前蛋白含量约为 1.0 mg/ml，最后得到产品蛋白含量为 1.2 mg/ml，其比活＞1.2×10^5 IU/mg。

（四）重组人促红细胞生成素的应用

1. 应用情况概述 重组人红细胞生成素（rhuEPO）是最早用于临床的重组基因工程药物之一，可促进骨髓内原始血细胞加速分化，促进有核红细胞加快成熟及血红蛋白合成，刺激网织红细胞和成熟红细胞释放，并稳定红细胞膜，提高红细胞膜抗氧化酶功能。rhuEPO 最初主要用于治疗慢性肾性贫血，之后随着对众多疾病相关性贫血的病理生理过程及 EPO、铁和红细胞生成三者间相互关系的深入认识，EPO 的临床应用逐步扩展。

EPO 现阶段的临床应用主要有治疗慢性肾病、获得性免疫缺陷综合征（AIDS）、肿瘤、充血性心力衰竭、中枢神经系统疾病、认知功能受损、丙型肝炎病毒（HCV）感染等疾病患病中、治疗中或恢复期的贫血和组织缺氧症状。

2. 临床试验效用 以下结论来自一些具体相关临床试验的研究文献：

1）rhuEPO 明显促进红细胞生成，安全、可靠地改善妊娠期贫血。

2）大剂量治疗多发性骨髓瘤患者相关性贫血优于输血，其起效快、疗效好，患者生活幸福感改善明显，费用成本低，安全性好。

3）应用重组人促红细胞生成素可以明显改善肝移植受者术前存在的贫血状态，减少术中异体血液的输注量和术后继续需要输注异体血液的可能。

知识链接：

重组人促红细胞生成素的市场开发状况

1985 年科学家应用基因重组技术，在实验室获得重组人促红细胞生成素（rhuEPO）。自从 1989 年 FDA 批准红细胞生成素[Amgen 公司 Epogen、Ortho Biotech 公司 Procrit] 用于临床连续治疗需要透析的慢性肾衰竭患者以来，很多国家也已经批准红细胞生成素上市和生产，并且市场表现不俗。重组红细胞生成素（EPO）目前的销售额一直排在生物医药类产品的前三名，每年的增长率在 10%以上。

Amgen 公司开发的用于治疗恶性贫血症的第二代促红细胞生成素新产品 Arnesp2001 年得到 FDA 的批准，Arnesp2002 年初正式上市。Arnesp 是一种“高糖基化”促红素产品，其促进红细胞生成的能力大大优于第一代 EPO（促红细胞生成素）产品。第一年上市即大获全胜，赢得开门红，Aranesp2002 年全年销售额为 4.2 亿美元，2003 年全年销售额为 15.4 亿美元，市场前景不可估量。同时，强生（Johnson&Johnson）公司的促红细胞生成素 Procrit/Eprex 更是表现不俗，2001 年销售额 34.42 亿美元，2002 年销售额 42.69 亿美元，2003 年销售收入达到 39.84 亿美元。

2001 年，EPO（包括 Arnesp）的全球销售额达 21.1 亿美元，2002 年达 26.8 亿美元，2003 年全世界 EPO 的年销售额超过 50 亿美元。2005 年全球 EPO 市场比上一年的 119.2 亿美元增长 5.2%，达到 120 多亿美元，一举成为世界医药市场上首个单品突破百亿美元的药品，从而占据了全球生物基因工程药品的份额的 1/5，创下生物工程药品单个品种之最，是当今最成功的基因工程药物。

目前，国内已有 10 多家单位获准生产红细胞生成素。沈阳三生制药和上海麒麟鲲鹏（中国）生物药业的产品在国内医院的销售额独领风骚，2001 年 EPO 的国内医院销售总额约为 47 449 万元，2002 年为 49 508 万元，2003 年上半年为 28 606 万元。

4）恶性血液病完全缓解的患者巩固化疗中，应用 rhuEPO 2 万 U 每周 1 次治疗化疗相关性贫血可以减少输血量和相关治疗费用，并减少输血相关不良反应和患者的痛苦。

5）rhuEPO 预处理（皮下注射）能减轻二尖瓣置换术患者的血清心肌酶及肌钙蛋白表达，具有显著的保护心肌作用。

6）rhuEPO 治疗能促进新生儿缺氧缺血性脑病（HIE）患儿神经功能的早期恢复，除对红细胞增生有促进作用外，对其他系统无不良反应。

7）重组人促红细胞生成素不仅能改善慢性肾衰竭，维持性血液透析患者的贫血状态，而且可改善患者的营养状况和红细胞免疫功能。

8）EPO 能改善急性病毒性心肌炎临床症状，减轻心肌损伤，降低心律失常、急性左心衰竭发生率。

小　结

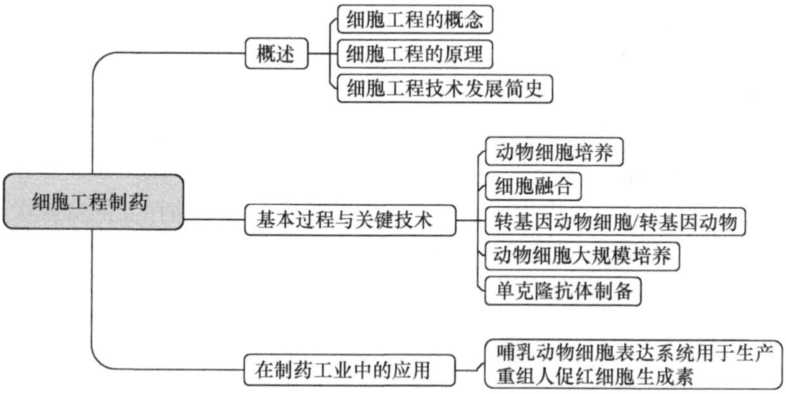

思考题

1. 查阅文献，了解基因工程人胰岛素的生产过程及市场现状。
2. 请自行设计一种细胞工程方法制备药物青蒿素。

拓展学习

请扫描右侧二维码阅读学习与细胞工程制药相关的经典科研文献、参考书、动画视频、国家精品资源共享课及慕课等拓展性学习资料。

（王　兰）

第七章　酶工程制药

学习目标

1. 掌握：固定化酶技术，非水相酶催化技术。
2. 熟悉：酶工程研究内容，酶工程制药的基本过程，固定化酶的性质和评价指标，酶反应器的性能评价及操作。
3. 了解：酶工程在制药工业中的应用实例。

第一节　概　　述

一、酶工程与酶工程制药概念

（一）酶工程的概念

随着酶学研究迅速发展，特别是酶的应用推广，酶学、微生物学的基本原理与工程学相互渗透结合发展而形成的一门新的交叉学科即酶工程（enzyme engineering）。酶工程是在一定生物反应装置中利用酶或含酶的细胞所具有的特异催化功能，将相应原料转化或加工成人类所需产品的一项技术。酶工程是生物工程的重要组成部分，与基因工程、细胞工程和发酵工程三大工程尤其是发酵工程关系密切。

（二）酶工程制药的概念

酶工程制药是酶工程在制药工业的应用，可初步定义为利用酶的催化性质、动力学性质、可固定化性质生产一种药物或药物中间体的技术体系。它是酶学理论与制药技术相结合而形成的一种新技术。

二、酶工程的原理与主要研究内容

（一）酶工程原理

酶催化机制是解释酶催化特性的理论，即：酶为什么能催化反应？酶是如何催化反应的？酶为什么有专一性与高效性等？

1902 年 Henri 和 Brown 提出了著名的中间产物学说较好地解释酶如何降低化学反应的活化能，从而加快反应速度。目前支持中间产物学说的证据主要有两点：①根据中间产物的结构设计的过渡态类似物可作为酶的强抑制剂，抑制效果远高于竞争性抑制剂；②利用过渡态类似物作为抗原或半抗原，去免疫动物，由此产生的抗体有类似酶的催化作用。

1894 年 Fisher 提出了解释酶作用专一性的“锁与钥匙”学说。这一学说认为酶与底物结合方式可用锁钥结合或（多点结合）假设作解释（图 7-1）。锁钥学说是将酶的活性中心比喻成锁孔，底物分子像钥匙，底物能专一性地插入到酶的活性中心。根据这种假设底物至少有 3 个功能团与酶的 3 个功能团相结合。

1948 年，A.G.Agston 在《自然》杂志上提出了著名的三点结合学说（three-point attachment rule），用于解释酶促反应高度的对映体专一选择性。这一学说的核心就是在酶催化反应中，底物与酶之间至少有 3 个活性结合位点，即底物中同手性碳相连的 3 个基团必须与酶的活性位点相结合，因为假如只有两个基团相互作用，那么另外两个基团可以相互交换，这样就不可能出现催化反应高度的立体选择性（图 7-2）。

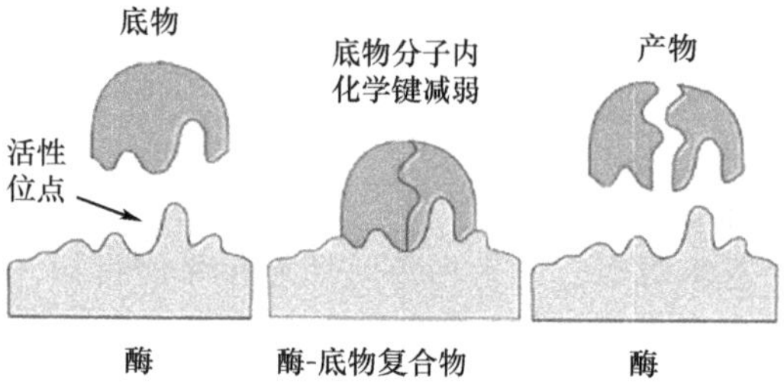

图 7-1　酶专一性的锁钥学说

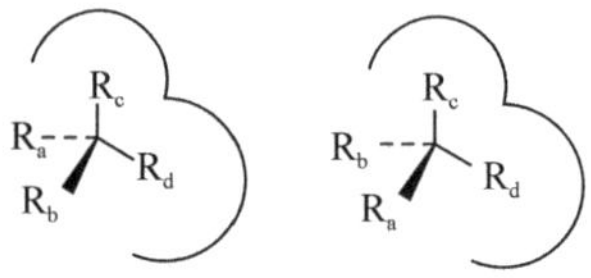

图 7-2　酶专一性的三点结合学说

（二）酶工程的主要研究内容

传统酶工程研究内容主要包括酶的分离、纯化、生产和开发，酶和细胞的固定化，酶反应器，酶与固定化酶的应用等。随着现代科技的发展进步，酶工程的研究和应用领域逐渐扩大。酶工程在当今阶段的主要研究内容包括以下几方面：①酶的分离、提纯及大批量生产；②酶或细胞的固定化及酶反应器的研究；③利用基因工程改造酶；④酶的结构、功能和化学修饰；⑤有机相中酶反应的研究；⑥酶的抑制剂和激活剂的开发应用研究；⑦抗体酶与核酶研究；⑧模拟酶和酶分子的人工设计、合成研究；⑨酶的定向进化技术。

知识链接：

酶 的 本 质

大多数酶是蛋白质。1925 年，美国化学家 James Batcheller Sumner 首次从刀豆中提纯了脲酶，并证明是一种蛋白质。美国化学家 John Howard Northrop 把一系列酶提纯出来，证明它们都是蛋白质。他俩因此共同获得了 1946 年诺贝尔化学奖。

近年来，一些研究结果表明，某些 RNA 分子也有催化活性。1982 年美国 University of Colorado 的 Thomas R.Cech 等发现四膜虫的 rRNA 前体在完全无蛋白质存在的情况下能进行自我拼接，得到成熟的 rRNA 产物，因此首次提出了 RNA 具有酶活性的概念。

1983 年，耶鲁大学的 Sldney Altman 发现核糖核酸酶 P 至少能催化六种 tRNA 前体的加工。真正发挥催化活性的是核糖核酸酶 P 中的 RNA 成分，而其中的蛋白质成分是非活性的。R.Cech 和 Altman 因此获得 1989 年诺贝尔化学奖。

三、酶工程的发展历程与趋势

人类对酶的生产利用早在几千年以前就开始。酶工程诞生于 20 世纪 20 年代，当时人们主要直接从动植物或微生物体内提取酶做成酶制剂，并将这些自然酶制剂大规模应用于工业。

1953 年，Grubhoger 和 Schleith 首先将羧肽酶、淀粉糖化酶、胃蛋白酶、核糖核酸酶等固定化成功，提出了酶的固定化技术。伴随着第二代酶——固定化酶及其相关技术的产生，酶工程真正登上了历史舞台。酶固定化技术、细胞固定化技术和原生质体固定技术研究等成为酶工程的研究热点，固定化酶正日益成为工业生产的主力军，在医药、轻工食品、环境保护等领域发挥着巨大的作用。

随着 20 世纪 70 年代基因工程崛起，将酶工程技术研究引向深入并赋予了新的内涵。20

世纪80年代开始了转基因技术和酶化学修饰技术研究，Wager将青霉素酰化酶基因克隆到Ecoli菌株质粒上，获得了克隆酶的高效表达，从而实现了克隆酶的突破。人们应用基因重组技术，就可能建立高效表达特定酶制剂的基因工程菌或基因工程细胞了。新一代基因工程酶制剂的开发研制，使酶工程如虎添翼，它正成为酶工程应用的主角。

1984年A.M.Klibanov等打破了传统酶学思想的束缚，将酶引入到非水介质中进行催化反应，开辟了非水酶学这一新的研究领域，大大扩大了酶的应用范围。有机相酶反应研究的兴起为酶工程制药的发展确立了一个新的里程碑。我国在有机相酶反应的研究中也已取得了进展，如曹淑桂等用猪胰脂肪酶酶粉及其固定化酶催化酯合成和酯交换反应；许建和等在有机相中成功地实现了脂肪酶催化的薄荷醇的高效拆分；段钢等对有机相中脂肪酶催化酯化法拆分布洛芬的过程进行了比较深入的研究。酶工程发展历程中发生一系列重大事件（表7-1）。

表7-1　酶工程历史发展中重大事件表

时间	酶工程发展中重大事件
1894年	日本的高峰让吉用米曲霉制备淀粉酶，并将淀粉酶用作治疗消化不良的药物，从而开创了人类有目的地生产和应用酶制剂的先例
1913年	Leonor Michaelis和Maud Menten提出了描述酶反应速率和底物浓度之间关系的动力学模型
1949年	用微生物液体深层培养法进行细菌α-淀粉酶的发酵生产，揭开近代酶工业的序幕
1953年	德国的Grubhoger和Schleith首先将淀粉酶、胃蛋白酶等制成固定化酶
1969年	日本千田一郎首次在工业上应用固定化氨基酰化酶生产L-氨基酸
1973年	日本成功地利用固定化细胞生产L-天冬氨酸
1982年	美国科学家T.Cech等发现核酶也具有催化活性
1984年	Zaks和Klibanov报道了脂肪酶在有机溶剂中具有极高的热稳定性和较高的催化活性
1992年	发现了以催化氨基酸酯为底物的核酸类酶

酶是生物催化的核心，也是酶工程制药学的核心。酶工程制药已经成为当今生物工程研究的热点问题并取得了众多突破性的进展。酶工程制药未来发展趋势大体包括以下几个方面：①新酶的发现、筛选或利用基因工程构建新酶，特别是针对药物合成新型反应的酶；②针对制药特殊需要，对现有酶的修饰与改造，研制质量更高、催化速度更快、成本更低的酶；③提高酶的稳定性、活性和与溶剂的相容性，延长酶的使用寿命；④非水相技术研究；⑤发展分子模拟技术快速从头设计新酶等。

第二节　酶工程制药的基本过程和关键技术

一、酶工程制药的基本过程

酶工程制药主要包括药用酶的生产和酶催化制药两方面。

药用酶是指具有治疗和预防诊断功效的酶，如用于治疗白血病的天冬酰胺酶，用于防治血栓的组织纤溶酶原活化剂等。药用酶的生产主要以动植物和微生物为原料，采取各种提取分离纯化技术而获得。目前人们常通过选育优良的产酶材料、优化工艺条件、使用高效的生物反应器和添加诱导剂等方法提高药用酶的产量。

酶催化法制药是在一定条件下利用酶的催化作用，将底物转化为药物的技术过程。其基本过程主要包括酶的获得、酶和细胞的固定化、酶反应器的选择和操作、酶催化反应的条件确定等。其中酶和细胞固定化技术放在后续章节详细介绍。

（一）酶的获得

酶工程制药中所用酶的来源广泛。早期酶工程制药的酶来源于动植物等。为了减少生产成本，通常选择目的酶含量丰富的原料。但随着酶制剂应用范围的日益扩大，单纯依赖动植物来源的酶已不能满足需求。目前工业上用酶绝大多数来自于微生物。目前常用的产酶微生物主要有大肠杆菌、枯草杆菌、啤酒酵母、青霉菌、链霉菌等。为了提高酶的产量，除可以通过选育优良菌株、构建基因工程菌外，还可以通过优化发酵条件来实现，这些知识将在发酵工程制药中有介绍，不在此详述。

酶的抽提是将酶从生物组织或细胞破碎液中以溶解状态最大限度释放出来的过程，可根据目的酶的特点选用不同的溶剂进行提取。为了保护目的酶的生物活性，常采取以下保护措施：①采用缓冲液系统：为了防止酶提取过程中某些酸、碱基团的解离导致溶液 pH 的大幅度变化从而影响酶的提取效果；②添加保护剂：为了防止过冷、过热引起酶分子变性失活，可加入适量的二甲基亚砜、甘油加以保护，为防止酶的活性中心受破坏，如巯基是许多酶的催化活性基团，极易被氧化，因此常添加一些还原剂（半胱氨酸、巯基乙醇等）；③去除一些杂质：有些酶容易受重金属离子影响和氧化失活时，应考虑去除。大多数酶具有电解质性质，常用各种稀酸、稀碱或稀盐溶液浸泡提取，而疏水性较强的酶可用乙醇、丙酮或丁醇等有机溶剂提取。

经过细胞破碎和抽提过程，得到含目的酶的无细胞粗提物。在酶的分离纯化过程中，常先采用一些离心、沉淀和萃取技术将粗提物进行初步分离。常用的分离方法有离心、沉淀、盐析、有机溶剂沉淀等。采用离心、沉淀方法获得的酶的纯度一般较低，只有经过进一步纯化和精制才能用于医药中。

（二）酶反应器选择和操作

1. 酶反应器类型与特点　用于酶催化反应的容器及其附属设备称为酶反应器（enzyme reactor）。酶反应器为酶催化反应提供合适的场所和最佳的反应条件，是连接原料和产物的桥梁。目前按应用酶的状态区分，主要有直接应用游离酶进行反应的均相酶反应器和应用固定化酶进行反应的非均相酶反应器；按操作方式可分为间歇式反应器、连续式反应器和流加分批式反应器；按结构与功能分，主要有搅拌罐式反应器、鼓泡式反应器、填充床式反应器、流化床式反应器和膜反应器等（图 7-3）。

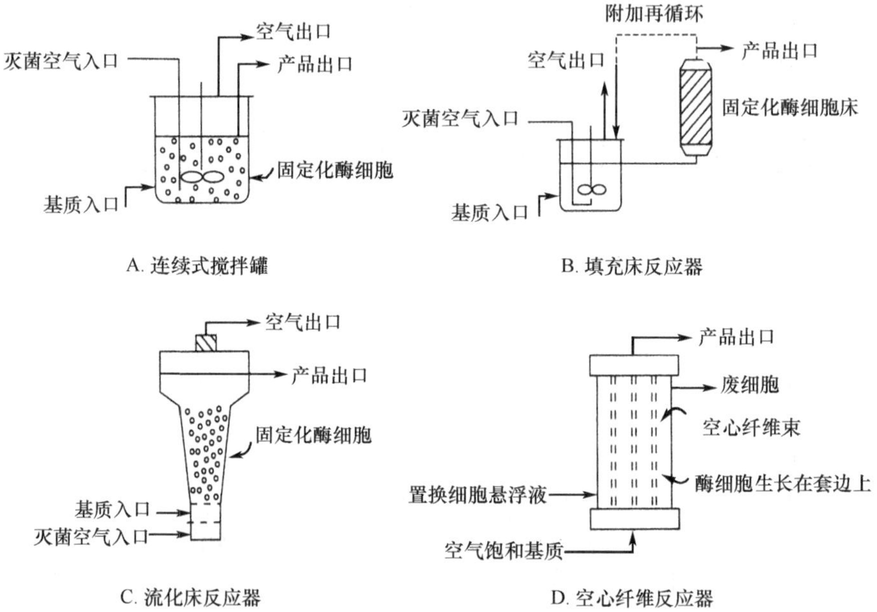

图 7-3　固定化酶（细胞）反应器的类型

目前也有新型的酶反应器类型应用，如含辅因子的酶反应器、两相或多相酶反应器、固定化多酶反应器等。

2. 酶反应器选择

（1）根据固定化酶的形状选择反应器：通常，颗粒状、片状、膜状或纤维状固定化酶均可采用填充床式反应器，而颗粒状、粉末状及片状固定化酶均适用于连续搅拌罐式反应器，但是，膜状、纤维状固定化酶不适用于连续搅拌罐式反应器。膜状固定化酶要用螺旋卷膜式反应器。粉状固定化酶易造成堵塞，并产生高压力降，而无法实现高流速，可采用流化床反应器见表 7-2。

表 7-2　不同形状的固定酶适宜的反应器

类型	特点	适用的反应器
颗粒状固定化酶	比表面积大，转化效率高	适用于各类型的反应器
纤维状固定化酶	比表面积大，转化效率高	适用于填充床反应器
膜状固定化酶	表面积大，渗透阻力小	适用于酶电极、填充床反应器
管状固定化酶	在化学分析中可连续测定	填充床、列管式反应器

（2）根据底物的性质选择反应器：底物的理化性质是影响反应器选择的重要因素。可溶性底物适用于各类反应器。难溶底物或者呈胶体溶液底物，易堵塞柱床，应选用流化床式反应器或搅拌罐式反应器，而不宜采用填充床和膜式反应器。若反应底物的分子质量较大时，由于底物难于透过膜的膜孔，因此不宜采用膜反应器。若底物为气体，通常采用鼓泡式反应器。

（3）根据酶反应动力学性质选择反应器：酶反应动力学特性也是选择反应器的一个重要依据。搅拌罐式反应器、流化床式反应器均具有较好的混合效果，能使酶与底物在反应器中混合均匀；在使用混合效果较差的膜反应器时，还可以采用辅助搅拌或者其他方法，以提高混合效果，防止浓差极化；有些酶催化反应，其反应产物对酶有反馈抑制作用，这种情况可以采用填充床式反应器。

3. 酶反应器性能评价　反应器的性能评价应尽可能在模拟原生产条件下进行，通过测定活性、稳定性、选择性、产物产量和底物转化率等，来衡量酶反应器的性能。一般测定的主要参数有空时、转化率和生产强度。

（1）空时：是指底物在反应器中的停留时间，数值上等于反应器体积与底物体积流速之比，又常称为稀释率。当底物或产物不稳定或容易产生副产物时，应使用高活性酶，并尽可能缩短反应物在反应器内的停留时间。对于均相反应，空时是空速的倒数。空时和空速一般用于连续反应器。

（2）转化率：是指每克底物中有多少被转化为产物。

（3）生产强度：酶反应器的生产强度是指每小时每升反应器体积所生产的产品克数表示，主要取决于酶的特性、浓度及反应器特性、操作方法等。使用高浓度酶及减小停留时间有利于生产强度的提高，但并不是酶浓度越高、停留时间越短越好，这样会造成浪费，在经济上不合算。

4. 酶催化反应条件确定与调控　在酶的催化反应过程中，实现酶反应的高效进行，必须确定合理的催化反应条件并根据情况的变化进行调控。酶催化反应条件主要包括温度、pH、底物浓度、酶浓度、反应液的混合与流动等。

（1）反应温度的确定与调控：酶催化作用受到温度的显著影响，酶催化反应有一个最适温度，温度过低使反应速度减慢；过高引起酶的变性失活，因此反应温度要控制在适宜的范围内。

（2）pH 的确定与调控：反应液的 pH 对酶催化反应有明显的影响，催化反应都有一个最适 pH，pH 过高或过低都会使反应速度减慢，甚至使酶变性失活。因此，根据酶动力学特性确定酶催化反应的最适 pH，将反应液的 pH 控制在最适范围。

（3）底物浓度的确定与调控：酶的催化作用是底物在酶的作用下转化为产物的过程，底物浓度是决定酶催化反应速度的主要因素。在底物浓度较低的情况下，酶催化反应速度与底物浓度成正比，反应速度随着底物浓度的增加而升高。当底物浓度达到一定的数值时，反应速度的上升不再与底物浓度成正比，而是逐步趋向平衡。因此，底物浓度不是越高越好，而是要确定一个适宜的底物浓度。

（4）酶浓度的确定与调控：酶反应动力学研究表明，在底物浓度足够高的条件下，酶催化反应速度与酶浓度成正比，提高酶浓度，可以提高催化反应的速度。然而，酶浓度的提高，必然会增加用酶的费用，所以酶浓度不是越高越好，特别是对于价值高的酶，必须综合考虑反应速度和成本，确定一个适宜的浓度。

（5）搅拌速度的确定与调控：搅拌速度过慢，会影响酶与底物混合的均匀性；搅拌过快，产生的剪切力会使酶的结构受到影响，尤其是会使固定化酶的结构破坏，而影响催化反应的进行。适当的搅拌实现均匀的混合。

（6）流动速度的确定与调控：在连续式酶反应器中，底物溶液连续地进入反应器，同时反应液连续地排出，通过溶液的流动实现酶与底物的混合和催化。流体流速过慢，固定化酶颗粒不能很好漂浮翻动，甚至沉积在反应器底部，影响酶与底物的均匀接触和催化反应的顺利进行；流体流速过高或流动状态混乱，则固定化酶颗粒在反应器中剧烈翻动、碰触，会使固定化酶的结构受到破坏，甚至使酶脱落、流失。为了使催化反应高速进行，必须确定适宜的流动速度和流动状态，并根据变化的情况进行适当的调节控制。

二、酶工程制药的关键技术

（一）酶和细胞的固定化技术

酶催化作用具有高选择性、高催化效率、反应条件温和、环保无污染等特点，但游离酶对热、酸、碱和有机溶剂等较敏感，且反应后混入底物等物质，纯化困难，不能重复使用。20 世纪 50 年代发展起来的固定化技术可以克服游离酶的上述缺陷。经过 40 多年的研究和发展，酶固定化技术取得了长足的进步。我国固定化酶研究开始于 1970 年，中科院微生物研究所和上海生物化学研究所最早开始固定化酶研究，此后许多单位相继开展固定化酶和固定化细胞的研究。

1. 固定化酶（细胞）的制备 固定化酶（immobilized enzyme）或固定化细胞（immobilized cell）是将具有一定生理功能的酶或生物细胞，用物理或者化学方法将其固定，使得酶或生物细胞的活动自由度受到限制，但仍具有生物催化剂的作用。固定化酶或固定化细胞具有延长酶的半衰期、提高酶的稳定性及可以重复使用等优点。

（1）传统的酶（细胞）的固定化方法：至今还没有一种固定化方法可以普遍地适用于每一种酶。每一种酶要根据具体的应用目的选择特定的固定化方法。传统的酶固定化方法大致可分为载体结合法、交联法和包埋法等（图 7-4）。

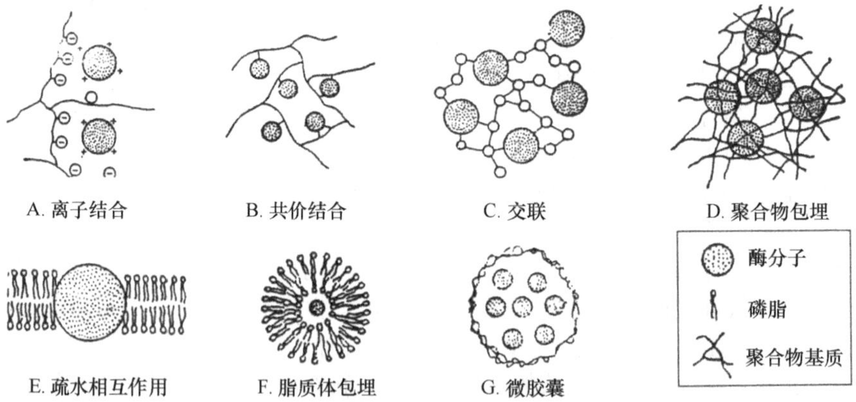

图 7-4 酶固定化方法示意图

1）载体结合法：是将酶结合于水不溶性载体的一种固定化方法。根据结合的形式不同，可分为物理吸附法、离子结合法和共价结合法三种。

A. 物理吸附法：这是酶被物理吸附于不溶性载体的一种固定化方法。此类载体很多，天然载体有活性炭、多孔玻璃、酸性白土、漂白土、高岭石、氧化铝、硅胶、膨润土、羟基磷灰石、磷酸钙、金属氧化物等；天然高分子载体有淀粉、谷蛋白等；最近大孔型合成树脂、陶瓷等载体也十分引人注目；此外还有具有疏水基的载体（丁基或己基-葡聚糖凝胶）可以疏水性吸附酶，以及以单宁作为配基的纤维素衍生物等载体。

物理吸附法具有酶活性中心不易被破坏和酶高级结构变化少的优点，若能找到适当的载体，这是一种很好的方法。但是它有酶与载体相互作用力弱，酶易脱落等缺点。物理吸附法也能固定微生物细胞，并有可能研究开发出固定化微生物的优良载体。

B. 离子结合法：这是酶通过离子键结合于具有离子交换基的水不溶性载体的固定化方法。作为此法的载体有多糖类离子交换剂和合成高分子离子交换树脂。例如，葡聚糖凝胶、CM-纤维素、AmberliteCG-50、Dowex-50 等。

离子结合法有操作简单，处理条件温和，酶的高级结构和活性中心的氨基酸残基不易被破坏，酶活性回收率较高等优点。但是载体和酶的结合力比较弱，容易受缓冲液种类或 pH 的影响，在离子强度高的条件进行反应时，酶往往会从载体上脱落。

迄今已有许多酶用离子结合法固定化。例如，1969 年应用于工业生产的固定化氨基酰化酶，就是使用多糖类阴离子交换剂 DEAE-葡聚糖凝胶固定的。离子结合法也能用于微生物细胞的固定化，但是由于微生物在使用中会发生自溶，故用此法要十分注意。

C. 共价结合法：这是酶以共价键结合于载体的固定化方法，是载体结合法中报道最多的方法。操作时可采用两种方式：一是将载体有关基团活化，然后与酶有关基团发生偶联反应，另一种是在载体上接上一个双功能试剂，然后将酶偶联上去。可与载体结合的酶的功能团有 α-或 ε-氨基，或 α-羧基、巯基、羟基、咪唑基、酚基等，但参与共价结合的氨基酸残基应当不是酶催化活性所必需的，否则往往会造成固定后酶活性完全丧失。

共价结合法与离子结合法或物理吸附法相比，反应条件苛刻，操作复杂；且由于采用了比较激烈的反应条件，会引起酶蛋白高级结构变化，破坏部分活性中心，因此往往不能得到活性高的固定化酶。酶活性回收率一般为 30%左右，甚至底物的专一性性质也会发生变化。但是酶与载体结合牢固，一般不会因底物浓度高或存在盐类等原因而轻易脱落。上述共价结合法只能用于酶的固定化，而不能用于微生物细胞的固定化。

2）交联法：这是双功能或多功能试剂使酶与微生物或微生物与微生物细胞之间交联的固定化方法。此法与共价结合法一样也是利用共价键固定酶，所不同的是它不使用载体。作为交联剂有形成希夫碱的戊二醛，形成肽键的异氰酸酯，发生重氮偶合反应的双重氮联苯胺或 N，N′-乙烯双马来酰亚胺等。参与交联反应的两蛋白的功能基团有 N 端的 α-氨基、赖氨酸的 ε-氨基、酪氨酸的酚基、半胱氨酸的巯基和组氨酸的咪唑基等。

交联法反应条件比较激烈，固定化酶活性回收率一般比较低，但是尽可能降低交联剂浓度和缩短反应时间将有利于固定化酶活性的提高。

3）包埋法：可分为网格型和微囊型两种。将酶或微生物包埋在高分子凝胶细微网格中的称为网格型；将酶或微生物包埋在高分子半透膜中的称为微囊型。包埋法一般不需要与酶蛋白的氨基酸残基进行结合反应，很少改变酶的高级结构，酶活性回收率较高，因此可以应用于许多酶、微生物和细胞器的固定化，但是在发生化学聚合反应时包埋，酶容易失活，必须巧妙设计反应条件。包埋法只适合作用于小分子底物和产物的酶，对于那些作用于大分子底物和产物的酶是不适合的，因为只有小分子可以通过高分子凝胶的网格扩散，并且这种扩散阻力还会导致固定酶动力学行为的改变，降低酶活性。

网格型 载体材料有聚丙烯酰胺、聚乙烯醇和光敏树脂等合成高分子化合物，以及淀粉、明胶、胶原、海藻酸和角叉菜胶等天然高分子化合物。合成高分子化合物常采用单体或预聚物在酶或微生物存在下聚合的方法，而溶胶状天然高分子化合物则在酶或微生物存在下凝胶化。网格型包埋法是固定化微生物中用得最多、最有效的方法。

微囊型　微囊型固定化酶通常为直径为几微米到几百微米的球状体，颗粒比网格型要小得多，比较有利于底物和产物扩散，但是反应条件要求高，制备成本也高。制备微囊型固定化酶主要可以采用界面沉淀法、界面聚合法、二级乳化法和脂质体包埋等方法。

（2）新型的酶（细胞）固定化方法：新型的酶固定化方法是为了实现在较为温和的条件下进行酶的固定化，尽量减少或避免酶活力的损失，并提高固定化效率。科学家们研发了一些新型固定方法如定向固定化、偶合固定化和无载体固定化。

1）定向固定化：该技术就是把酶和载体在酶的特定位点上连接起来，使酶在载体表面按一定的方向排列，使它的活性位点朝固体表面的外侧排列，有利于底物进入到酶的活性位点，酶的活力和固定量都有显著提高。定向固定化酶技术将成为今后固定化酶研究的热点，它解决了传统酶固定化方法中酶在任意位点与载体进行连接，使酶活性位点不能充分暴露，酶活力低等问题。目前，定向固定的方法有以下几种：共价固定法、氨基酸置换法、抗体偶联法、生物素-亲和素亲和法、酶与金属离子连接和疏水定向固定法等。

2）偶合固定化：新近发展起来的一种酶固定化方法，是指几种固定化方法或载体的联合使用，以及添加稳定因子和促进因子的固定化方法。偶合固定化基本上能够解决单一固定化方法酶活回收率低、稳定性差、传质阻力大等问题，并具有方法多样、操作简便等特点。随着人们对固定化酶微环境认识和研究的进一步深入，偶合固定化技术将逐步成为研究的热点。

3）无载体固定化：是直接利用交联剂交联各类酶而形成交联溶解酶、交联晶体酶、交联酶聚集体和交联喷雾干燥酶的酶固定化技术。

此外，研究人员还开发了其他定向固定化的方法，如通过辐射固定法、光偶联法、等离子体法、酶与金属离子连接和疏水定向固定法等新方法制备高活性的固定化酶。

知识链接：

酶的定向固定的方法

1. 共价固定法　选择酶表面远离活性位点的特定基团与载体的基团进行共价交联反应，从而固定酶蛋白，使其活性中心朝向溶液方向，以达到控制其空间取向的目的。共价固定需要蛋白质分子表面有远离活性中心的特异基团可供反应。

2. 氨基酸置换法　利用基因定点突变技术在蛋白质分子表面合适位置置换一个氨基酸分子，通过该氨基酸残基特殊的侧链基团控制固定方向。Huang 等通过定点突变在枯草蛋白酶分子表面远离活性中心的位置引入半胱氨酸残基。经蛋白质空间折叠后暴露出半胱氨酸，然后利用半胱氨酸残基上的巯基固定枯草蛋白酶分子，固定效率和固定后酶活性均有很大提高。

3. 抗体偶联法　大多数抗体分子中具有很多可供偶联用的官能团。Spitznagel 等用碘乙酸活化多孔玻璃珠来定向固定抗体酶 48G7-4A1 的 Fab′ 片段，抗体酶 Fab′片段保持了很好的催化活性[K_{cat}=20.0；K_m（μm）=520]。与随机固定相比固定后抗体稳定性提高的同时免疫吸附活性也提高了 3 倍。

4. 疏水定向固定法　细胞黏着分子和其他细胞表面分子通常通过疏水作用固定在脂质膜上，磷脂锚定是常选择的方式。疏水定向固定可保持蛋白质分子结构、生理活性及天然构象。通过该法固定的效率高，固定为非共价，且固定过程可逆，用去污剂可终止或消除固定反应。

（3）常用的固定化酶载体

1）固定化酶载体材料的性能要求载体材料对固定化酶的性质影响非常大，在选择酶载体材料时应考虑以下性能：①固定化过程不引起酶变性；②有一定的机械强度及有一定的亲水性和良好的稳定性；③一般来说，载体材料应带有能与酶发生反应的基团；④好的载体材料应具有大的表面积和多孔结构，同时要求载体材料最好不溶于水；⑤有耐受酶和微生物细胞的能力；⑥来源经济、丰富。

2）固定化酶载体材料从载体材料的组成来看，固定化酶所使用的载体可以分为高分子载体、无机载体、复合载体、新型载体，它们的优势见表 7-3。

表 7-3 常用的固定化酶载体类型

载体类型	优势及常用的载体
天然高分子载体	原料易得、无毒、传质性能好，如壳聚糖、海藻酸钠等
合成高分子载体	机械强度较大，对微生物腐蚀有强的抵抗力，如聚苯乙烯等
无机载体	稳定性好、机械强度高、不易被微生物分解等优点，如玻璃、硅凝胶、斑脱土
复合载体	易分离和回收、操作简便等优点，如磁性高分子微球
新型载体	反应条件温和，固定化酶活较高，如光敏性单体聚合物

2. 固定化酶（细胞）的性质和指标

（1）固定化酶（细胞）的性质：游离的酶经固定化后，酶本身的结构会受到影响，其催化作用由均相转到异相，由此带来的扩散限制效应、空间障碍、载体的分配效应等因素必然影响到酶的性质。这种变化的本质与酶的自身性质、固定化载体材料、底物和产物的特性有关。

1）固定化酶（细胞）活力的改变：在多数情况下，酶固定化后的活力比天然酶小，其专一性也会发生改变。例如，用羧甲基纤维素做载体固定的胰蛋白酶，对高分子底物酪蛋白只显示原酶活力的 30%，而对低分子底物苯酰精氨酸-对硝基酰替苯胺的活力保持 80%。因此，一般认为高分子底物受到空间位阻的影响比低分子底物大。有时也有个别情况，酶在固定化后反而比原酶活力提高，原因可能是偶联过程中酶得到化学修饰或固定化过程提高了酶的稳定性。

在相同测定条件下，固定化酶的活力低于等摩尔原酶的活力。一般认为其原因可能有以下几种：①酶分子在固定化过程中，空间构象会有所改变；②固定化酶存在空间位阻，会直接影响到活性中心对底物的定位作用；③内扩散阻力使底物分子与活性中心的接近受阻。

2）固定化酶（细胞）稳定性的改变：酶经固定化后，其稳定性会发生变化，可能变得更稳定，也可能变得不稳定，或者没有变化，从有关报道看，许多酶在固定化后，提高了稳定性，这一点对固定化酶的实际应用十分有利。能够导致固定化酶的稳定性改变的因素较多，因此其失活的类型也较多，归结起来主要包括以下几种：①热失活；②化学破坏；③蛋白酶降解；④pH 改变导致失活；⑤贮藏中失活；⑥操作过程中失活。需要指出的是上述这些不同类型的失活并非是相互独立的，如果发现酶的热稳定性有明显提高并不意味着贮藏稳定性或操作稳定性也会相应提高。虽然固定化并不能保证酶稳定性一定能得到提高，但它至少提供了一种提高酶制备中稳定性的方法。

3）固定化酶的最适温度变化：酶反应的最适温度是酶热稳定性与反应速度的综合体现，由于固定化后，酶的热稳定性提高，所以，一般固定化酶的最适温度也随之提高，这是非常有利的结果。

4）固定化酶的最适 pH 变化：酶的催化能力对外部环境特别是 pH 非常敏感。酶固定化后，对底物作用的最适 pH 和酶活力-pH 曲线常常发生偏移，曲线偏移的原因是微环境表面电荷性质的影响。一般来说，用带负电荷载体制备的固定化酶，其最适 pH 较游离酶偏高，这是因为多聚阴离子载体会吸引溶液中阳离子，包括 H^+，使其附着于载体表面，结果使固定化酶扩散层 H^+浓度比周围的外部溶液高，即偏酸，这样外部溶液中的 pH 必须向碱性偏移，才能抵消微环境作用，使其表现出酶的最大活力。反之，使用带正电荷的载体其最适 pH 向酸性偏移。

5）固定化酶的米氏常数（K_m）变化：K_m是研究酶促反应动力学的最重要常数。它的数值等于酶促反应达到其最大速度一半时的底物浓度。固定化酶的表观米氏常数 K_m 随载体的带电性能变化。当酶结合于电中性载体时，由于扩散限制造成表观 K_m 上升，带电载体和底物之间的静电作用会引起底物分子在扩散层和整个溶液之间不均一分布。由于静电作用，与载体电荷性质相反的底物在固定化酶微环境中的浓度比整体溶液中的高。与溶液酶相比，固定化酶的表观 K_m 值低于溶液的 K_m 值；而载体与底物电荷相同，就会造成固定化酶的表观 K_m 值显著增加。

（2）固定化酶（细胞）的评价指标：游离酶成为固定化酶，其催化功能也由原来的均相体系反应变为固液相不均一反应，酶的催化性质会发生变化，因此制备固定化酶（细胞）后，必须考察它的性质。常用的评价指标有固定化酶（细胞）的活性：偶联率及相对活性和其半衰期。

1）固定化酶（细胞）的活力：固定化酶（细胞）的活性即是固定化酶（细胞）催化某一特定化学反应的能力，其大小可用在一定条件下它所催化的某一反应的反应初速率来表示。固定化酶（细胞）的活力单位可定义为每毫克干重固定化酶（细胞）每分钟转化底物（或生产产物）的量，表示为 μmol/（min · mg）。如是酶膜、酶管、酶板，则以单位面积的反应初速来表示，即 μmol/（min · cm^2）。与游离酶相仿，表示固定化酶的活性一般要注明下列测试条件：温度、搅拌速度、固定化酶的干燥条件、固定化的原酶含量或蛋白质含量及用于固定化酶的原酶的比活力。

固定化酶通常呈颗粒状，所以一般测定溶液酶活性的方法要做改进才能适用于测定固定化酶，其活性可在两种基本系统——填充床或均匀悬浮系统在保温介质中进行测定。

2）偶联率及相对活性的测定：影响酶固有性质诸因素的综合效应及固定化期间引起的酶失活，可用偶联率或相对活性来表示。

固定化酶的活性回收是指固定化后固定化酶（或细胞）所显示的活性占被固定的等当量游离酶（细胞）总活性的百分数。

偶联率=（加入酶活力−上清液酶活力）/加入酶活力×100%

活性回收=固定化酶总活力/（加入酶的总活力−上清液中未偶联酶活力）×100%

偶联率=1 时，表示反应控制好，固定化或扩散限制引起的酶失活不明显；偶联率＜1 时，固定化对酶活力有影响。

3）固定化酶（细胞）的半衰期：是指在连续测定条件下，固定化酶（细胞）的活力下降为最初活力一半所经历的连续工作时间，以 $t_{1/2}$ 表示。固定化酶（细胞）的操作稳定性是影响实用的关键因素，半衰期是衡量稳定性的指标。

半衰期的测定可以和化工催化剂一样实测，即进行长期实际操作，也可以通过较短时间操作进行推算。

在没有扩散限制时，固定化酶（细胞）活性随时间呈指数关系。

$$t_{1/2}=0.693/K_D$$

式中，$K_D = -2.03/t \times \lg(E/E_0)$，$K_D$ 称为衰减常数，其中 E/E_0 是时间 t 后酶活力残留的百分数。

4）固定化酶的热稳定性：将固定化酶在不同温度下温育 1 小时之后，在最适温度下测酶活力，固定化酶的活力一般应保持在 60%以上。

（二）非水相酶催化技术

酶在非水介质中进行的催化作用称为酶的非水相催化。酶催化的非水介质主要包括有机介质中的酶催化、气相介质中的酶催化、超临界流体介质中的酶催化和离子液介质中的酶催化等，其中研究最多的非水介质是有机溶剂。

1. 非水相酶催化反应优点 长期以来，人们一直认为酶只能在水溶液中发挥生物功能。但在酶工程制药中，许多底物是脂溶性的，尝试在有机体系中完成酶促反应，可能找到一条大幅度提高投料浓度和产率的工艺路线。1984 年，Zaks 和 Klibanov 报道了脂肪酶在有机溶剂中具有极高的热稳定性和较高的催化活性，引起了人们的极大关注和兴趣。进入 20 世纪 90 年代后，人们把更多的目光投向了非水相酶催化技术的应用研究，特别是在制药工业的应用研究。30 多年来的研究表明，在有机介质中酶催化反应可以获得许多常规条件下所不具有的优势：①可进行水不溶性化合物催化转化，拓宽酶作用底物的范围；②改变反应的平衡点，使水溶液中不能发生的反应向所期望的方向进行；③提高酶的稳定性；④酶不溶于大多数有机溶剂，易于回收利用；⑤可避免长期反应中微生物的污染；⑥减少或防止水引起的副反应；⑦从低沸点的溶剂中易分离纯化产物。近年来非水相中酶催化技术在药物合成及立体异构药物拆分等方面显示了巨大应用潜力。

2. 酶的结构与性质 随着非水相酶学的发展，人们越来越重视非水相有机溶剂中酶的结构与功能关系的研究。Burke 等用固态核磁共振（SSNMR）研究胰凝乳蛋白酶在有机溶剂中活性中心的变化，发现在有机溶剂中残余活性中心的百分比与溶剂的疏水性之间明显相关，并认为有机溶剂中酶分子进一步脱水是导致活性中心构象变化的重要原因。Fitzpatric 等比较了枯草杆菌蛋白酶在水和有机溶剂中的晶体结构，发现在乙腈中酶分子的结构基本无变化，活性中心的电荷接力系统的氢键结构仍保持完整。酶在有机溶剂中能保持其整体结构及活性中心结构的完整，因此在有机溶剂中能发挥催化功能。但有机溶剂在很大程度上也会影响酶的性质。许多研究结果表明有机溶剂中酶的最适 pH 与水溶液中相差很大，Zaks 等发现酶对它所在的最后一个水溶液中 pH 有“记忆”能力。由于蛋白质在有机溶剂中的分子结构高度刚性化，因此酶在有机溶剂中比在水溶液中具有更高的热稳定性。如果用有机溶剂代替水，有可能改变酶的底物专一性及其催化效率等。

3. 非水相酶催化的溶剂体系 根据溶剂体系的组成和特点，目前非水相酶反应主要的溶剂体系主要包括绝对无水的有机溶剂，与水混溶的有机溶剂，水及有机溶剂形成的两相体系，胶束与反胶束体系，超临界流体及气相反应介质。它们的共同特点是不同于标准水溶液体系，这些体系中水含量均受到严格的控制。

4. 非水相中酶催化反应的主要影响因素

（1）水含量：非水相并不是说反应体系中不含有任何水分，只不过体系中含水量较少。一般认为，水在催化系统中起着两方面的作用。一方面水分子直接或间接地通过氢键等维持着酶分子催化活性所必需的构象。另一方面，水与大部分酶的失活作用有关，特别是酶的“热失活”。

（2）有机溶剂：在非水相酶反应中，最适于使用的有机溶剂是不同的。有机溶剂对酶的活力、酶的稳定性、酶的催化特性和酶催化速度等都有显著的影响。

酶的浓度及存在形式、底物种类和浓度、温度和 pH 等因素也会影响酶在有机相中的催化活性。

第三节 酶工程在制药工业中的应用

酶工程应用最为重要、最为活跃的领域是工业应用，尤其是在制药工业中的应用。酶工程在制药工业中的应用主要包括生产可直接作为药物的酶制剂和酶催化制药两方面。与化学合成法生产药物相比，酶催化生产药物具有许多优点：①产品收率高；②反应条件温和，能耗量低；③增加原料中原子的利用率；④废物排放少，污染轻微；⑤可以制造出化学方法不能制造的药物。正因为此，酶工程在制药工业应用日益增多。目前已有不少药物包括一些名贵药物都是由酶法生产（表 7-4）。

表 7-4 酶在药物制造方面的应用

酶	用途
青霉素酰化酶	制造半合成青霉素和头孢霉素
11-β-羟化酶	制造氢化可的松
L-酪氨酸氨基转移酶	制造多巴
β-酪氨酸酶	制造多巴
核糖核酸酶	生产核苷酸类物质
核苷磷酸化酶	生产阿糖腺苷
蛋白酶和羧肽酶	将猪胰岛素转化成人胰岛素
蛋白酶	生产各种氨基酸和蛋白质水解液
β-葡萄糖苷酶	生产人参皂苷-RH_2
多核苷酸磷酸化酶	生产聚肌苷酸
酰基氨基酸水解酶	生产 L-氨基酸

以下重点介绍制药工业中，固定化酶技术在生产手性药物、抗生素和氨基酸领域的应用。

一、手性药物的合成和拆分

手性药物（chiral drug）是指药物分子结构中引入手性中心后，得到互为镜像关系而不能重合的一对药物对映异构体。在许多情况下，药物的对映体在生物体内的药理活性、代谢过程及毒性存在着显著的差异，服用对映体纯药物可减少剂量和代谢负担。手性药物是当前国际新药研究的热点。手性拆分和利用前手性化合物不对称合成是获得手性药物的主要途径。

手性拆分是在手性助剂的作用下，利用酶催化消旋体中的一个对映体发生反应而成为不同的化合物，从而将外消旋体拆分为两个纯对映体。据统计到 1982 年为止大部分合成药物是以消旋体形式上市的，消旋体药物与光学纯药物的上市比例为 7∶1，到 2000 年合成的手性药物中以单一对映体上市的比例达 80%。随着酶固定化、多相反应器等新技术的日趋成熟，越来越多的酶已用于外消旋体药物的拆分。目前利用酶法对布洛芬、普萘洛尔、环氧醇、萘普生、酮洛芬等药物进行手性拆分。

不对称合成是在催化剂和酶的作用下合成得到单一对映体的方法。酶催化不对称法反应条件温和，具有高选择性、高效率和无毒性等优点，它是手性药物合成方法研究的热点。利巴韦林是一种抗病毒核苷类似物，运用嘌呤核苷磷酸化酶和嘧啶核苷磷酸化酶可实现利巴韦林的酶催化不对称合成。

知识链接：

手性药物——反应停事件

历史上沉痛的沙利度胺（Thalidomide，又名反应停、酞胺哌啶酮）导致孕妇生产畸形婴儿的事件，就是典型的手性药物，确切地说是混有 *S* 型和 *R* 型两种手性分子的外消旋体药物：酞胺哌啶酮的 *R*-对映体是一种有效的镇痛剂，但其 *S*-对映体则是致使胎儿畸形的罪魁祸首。

在反应停悲剧事件出现后的几十年，欧美学者始终没有停止过对反应停的研究工作。综合国外研究人员的报道，反应停是一种多功能药物。药理研究表明，反应停可治疗包括胃癌、卵巢癌、多发性骨髓瘤和肺癌等常见肿瘤疾病。2006 年，FDA 再次批准沙利度胺用于多发性骨髓瘤的治疗药物，销售额达到数十亿美元一年。2010 年，我国 SFDA 也批准丹东医药创业有限责任公司、常州制药厂有限公司、苏州长征-欣凯制药有限公司生产该药。

二、固定化酶法生产抗生素

抗生素是由微生物产生在低浓度下具有抑制或杀死其他微生物作用的化学物质。β-内酰胺抗生素是分子中含有 β-内酰胺环的一类天然和半合成抗生素的总称。它们的毒性低，且容易通过化学改造得到一系列高效、广谱、抗耐药的半合成抗生素，因而受到人们的高度重视，成为目前品种最多、使用最广泛的一类抗生素。青霉素是人们经常使用的一种抗生素。但多年的滥用导致不少病原菌对其产生抗药性。人们通过青霉素酰化酶的作用，改变其侧链基团从而获得新型抗生素。6-氨基青霉烷酸（6-APA）是生产药效更好、抗多种细菌尤其是耐药病菌的半合成青霉素的关键原料。目前 6-APA 世界年产量已超过 8000 吨。

青霉素酰化酶 (Pennicillin Acylase) 是在半合成抗生素生产上有重要作用的一种酶。 根据底物专一性，青霉素酰化酶可分为三类：①青霉素酰化酶（PA），优先水解青霉素；②青霉素 V 酰化酶（PVA），优先水解青霉素 V；③苄基青霉素酰化酶，优先水解苄基青霉素。目前工业上应用较多的是 PA。

青霉素 G（或 V）经青霉素酰化酶作用，水解除去侧链后得到 6-APA，以 6-APA 为原料已合成近 3 万种衍生物，并已筛选出数十种耐酸、耐酶、低毒及具有广谱抗菌作用的多种半合成青霉素（表 7-5）。

表 7-5 通过青霉素酰化酶作用得到的一些半合成青霉素

半合成青霉素	R	半合成青霉素	R
氨苄西林	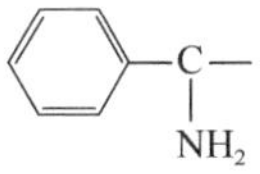	氨基环烷青霉素	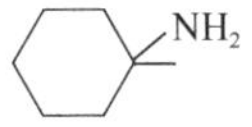
阿莫西林	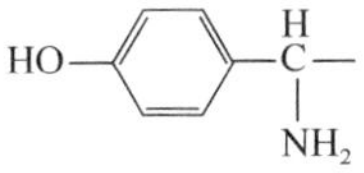	氯唑西林	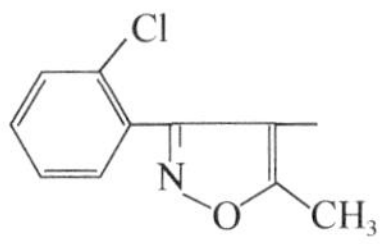
羧苄西林	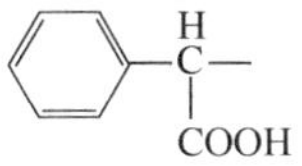	双氯青霉素	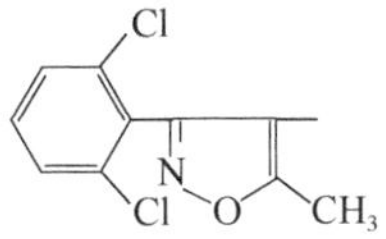
磺苄西林	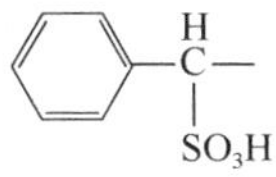	氟氯西林	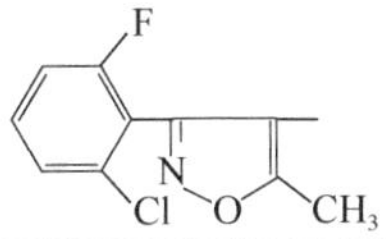

利用青霉素酰化酶（PA）生产 6-APA 的生产工艺过程如下：①青霉素的生产；②大肠杆菌培养与固定化；③固定化大肠杆菌反应堆制备；④转化反应；⑤6-APA 提取分离纯化等，其技术路线及工艺过程如图 7-5 所示。在生产 6-APA 的工业酶促反应过程中，pH、温度和酶浓度等都需控制。

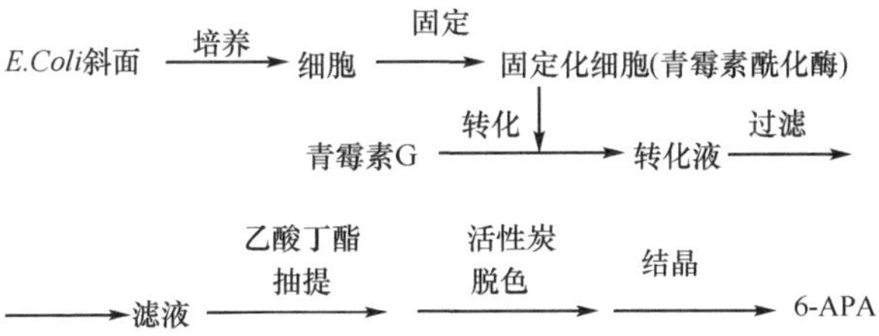

图 7-5 固定化细胞法生产 6-APA 技术路线图

三、固定化酶法生产 *L*-氨基酸

在天然氨基酸中，有 20 种参与蛋白质合成，其中 8 种人体不能合成，需外源供给。人体可利

用的氨基酸均为 *L*-氨基酸（甘氨酸除外）。*L*-氨基酸是常用的药物，对多种疾病有显著疗效。医药上用作解毒剂、肝功能促进剂和疲劳消除剂。工业上生产 *L*-氨基酸的一种方法是化学合成法，但由化学合成得到的氨基酸都是无光学活性的外消旋混合物，必须进行光学拆分获得 *L*-氨基酸。外消旋氨基酸拆分的方法有物理化学法、酶法等，其中以酶法最为有效，能够产生纯度较高的 *L*-氨基酸。

1969 年，日本田边制药公司从米曲霉中提取分离得到的氨基酰化酶，然后用 DEAE-葡聚糖凝胶为载体通过离子键结合法制成固定化氨基酰化酶。N-酰化 *D*/*L*-氨基酸经过氨基酰化酶水解生成 *L*-氨基酸和未水解的 N-酰化 *D*-氨基酸，这两种产物的溶解度不同，很容易分离。未水解的 N-酰化 *D*-氨基酸经过消旋化，生成 *D*-*L*-乙酰氨基酸，再进行拆分。我国、日本等利用米曲霉制得的固定化的脱乙酰基酶对 *D*-*L*-乙酰氨基酸进行了拆分，获得了很好的效果。

1973 年，日本千田一郎博士首次用聚丙烯酰胺凝胶为载体，将具有高活力天冬氨酸酶的大肠杆菌菌体包埋制成固定化天冬氨酸酶，用于工业化连续生产，将延胡索酸转化生产 *L*-天冬氨酸，开创了固定化酶和固定化细胞工业应用的新局面。1978 年以后，改用角叉菜胶为载体制备固定化酶，将天冬氨酸酶从大肠杆菌细胞中提取分离出来，再用离子键结合法制成固定化酶，用于工业化生产。

小　　结

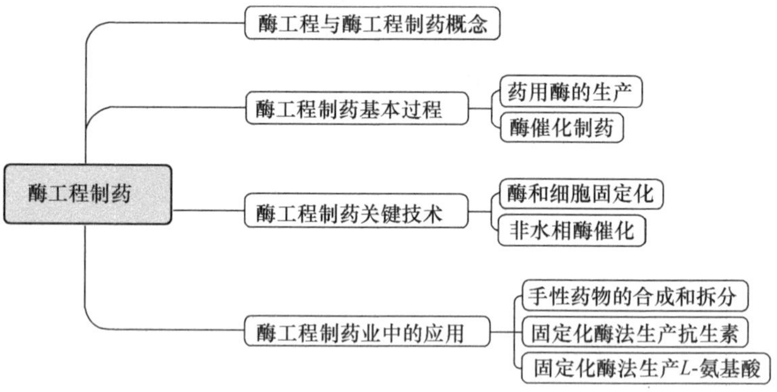

思考题

1. 简述酶工程制药的概念与基本过程。
2. 目前使用的酶制剂大多数都是利用微生物生产的，为什么？
3. 酶固定化方法有哪些，各有何优缺点？
4. 酶固定化后会发生哪些性质变化？固定化酶的评价指标有哪些？

拓展学习

请扫描右侧二维码阅读学习与酶工程制药相关的参考书、参考文献、国家精品资源共享课及慕课等拓展性学习资料。

（雷小勇　贺冬秀）

第八章 发酵工程制药

学习目标

1. 掌握：发酵工程制药的典型工艺过程。
2. 熟悉：发酵工程制药在抗生素药物、氨基酸药物和基因工程药物中的应用。
3. 了解：发酵工程发展的重要历史阶段及特点。

第一节 概 述

发酵工程（fermentation engineering）又称微生物工程，是以微生物学、生物化学和生物工程学为基础，又与工程技术紧密联系在一起而建立的一个新的科学与工程技术体系。它是由微生物学与工程技术有机结合、相互渗透而形成的。绝大部分的微生物产品都是通过发酵工程和生化工程来完成的，这些产品制药领域得到实际应用，产生巨大的经济效益、社会效益和生态效益。

一、发酵工程的概念

（一）发酵的定义

“发酵”一词最初来源于拉丁文“fervere”（发泡），是用来描述酵母菌作用于果汁或麦芽汁产生二氧化碳时的现象。著名法国科学家巴斯德（Louis Pasteur）研究了酒精发酵的生理意义，认为发酵是酵母菌在无氧状态下的呼吸过程，即无氧呼吸，是“生物获得能量的一种方式”。对生物化学家来说，发酵是指在无氧条件下，一个有机化合物能同时作为电子供体和最终电子受体并产生能量的过程。而现代生物学家把利用微生物在有氧或无氧条件下的生命活动来大量生产或积累微生物细胞、酶类和代谢产物的过程统称为发酵。

（二）发酵工程的概念

发酵工程是指利用微生物的特定性状和功能，通过现代工程技术生产有用物质或直接应用于工业化生产的技术体系。它是将传统发酵与现代的 DNA 重组、细胞融合、分子修饰和改造等新技术结合而发展起来的一门工业技术。由于主要是利用微生物发酵过程来生产产品，因此也可以称为微生物工程。

现代发酵工程所利用的生物，除传统的微生物外，还包含两类生物形态：一是通过生物工程，特别是基因工程构建的微生物菌种，简称“工程菌”，利用它们生产的产品中尚未发现新型生物产品；二是利用某些源于动物、植物细胞或“工程细胞”来生产原来很难获得的有用产物。因此，随着研究的深化，现代发酵的实质含义应该是培养不同生命体获取所需要的有用产品的过程。将发酵技术、细胞培养技术与工程技术有机结合起来，大量生产有价值的产品，以服务于工业、农业、医药卫生、能源、环保及人类日常生活之所需，正是微生物工程的现代目标。

（三）发酵工业发展简史

尽管人类利用微生物发酵制造所需产物有几千年的历史，但对其过程的原理、反应步骤、物质变化、调控机制等的认识和理解主要是在20世纪完成的（表8-1）。

表8-1 发酵工业发展简史

发展时期	主要产品	技术特点
1900年以前	酒、醋、奶酪等	多菌混合自然发酵
1900～1940年	面包酵母、甘油、柠檬酸、乳酸、丙酮丁醇	纯培养技术
1940年以后	青霉素、链霉素和其他抗生素等	液体深层发酵技术
1950年以后	谷氨酸及其他氨基酸、核苷酸、甾体转化	代谢调控技术
1979年以后	胰岛素、干扰素、白细胞介素、细胞生长因子等	基因工程技术

发酵工程的发展大体上可分为下述4个阶段。

1. 微生物纯培养技术阶段 1675年，安东尼-列文虎克（Antonie van Leeuwenhoek）利用自己发明制造的显微镜发现了微生物世界。但此后的200年间，微生物学的研究基本上停滞在形态描述和分门别类的阶段。直到19世纪中叶，被誉为“发酵之父”的巴斯德第一次证明了酒精发酵是由酵母菌引起的，指出发酵现象是微小生命体进行的化学反应，不同微生物进行的化学反应可以产生不同的化合物。1872年，德国人柯赫（Robert Koch）创建了细菌纯培养技术。1878年，荷兰人汉森（Hansen）建立了啤酒酵母的纯培养法，从而确立了单种微生物的分离和纯培养技术，使发酵技术从自然发酵转变为纯培养发酵。由于采用纯种培养和无菌操作技术，联合密闭式发酵罐的使用，发酵过程染菌的概率大大下降，生产规模逐渐扩大，产品质量得到提高。

2. 通气搅拌液体深层发酵技术阶段 1929年，英国细菌学家弗莱明（Fleming A.）发现能够抑制葡萄球菌生长的点青霉（*Penicillium notatum*）并证明了青霉素的存在。而当时弗莱明的研究成果并没有引起人们的重视。直到1939年，钱恩（Chain E.）和弗洛里（Florery H.）精制出青霉素，并确认青霉素对伤口感染症比当时的磺胺类药物更具疗效。这时，英国已战火弥漫无法试制，身处大战后方的美国承担了青霉素的试制任务。然而，要生产这种被视为灵丹妙药的青霉素谈何容易，它必须要有一种严格的将不需要的微生物排除在生产体系之外的无菌操作技术，必须要有从外界通入大量空气而又不污染杂菌的培养技术，还要想方设法从大量培养液中拿出这种在当时还产量极低的较纯青霉素。美国的研究者、生产者们齐心协力，攻克许多难关，花了3年的时间，到1942年就正式实现了青霉素的工业化生产。青霉素的研究过程形成了液态深层发酵技术，再配以离心、溶剂萃取和冷冻干燥等技术，使青霉素的生产水平有了很大提高。随后，链霉素、金霉素等抗生素相继问世，抗生素工业迅速崛起。与此同时，甾体转化、微生物酶与氨基酸发酵工业也得到迅速发展。通气搅拌液体深层发酵技术成为现代发酵工业最主要的生产方式，它使需氧菌的发酵生产从此走上大规模工业化生产的道路。

3. 人工诱变育种与代谢调控技术阶段 20世纪50年代，随着生物化学、酶化学、微生物生理学及遗传学等学科的飞速发展，发酵工业也有两个显著进步。其一是采用微生物进行甾体化合物的转化技术，其二是以谷氨酸和赖氨酸发酵成功为契机出现的代谢控制发酵技术。前者以美国为中心，利用微生物的生化反应，将甾体化合物转换成肾上腺皮质激素、性激素等，成功实现了多个甾体化合物的工业化生产。其技术特点是将微生物具有高度专一性的酶反应作为合成手段的一部分加以利用，极大地促进了酶制剂的工业化生产。后者是自1956年由日本木下祝郎（Kinoshita Shukuo）发明谷氨酸发酵技术开始而逐渐发展的，至今已成为发酵生产的一种基本思路和主要技术手法。代谢调控技术是应用动态生物化学的知识和遗传学的理论选育微生物突变株，从 DNA 分子水平上，控制微生物的代谢途径，进行最合理的代谢，积累大量有用发酵产物的技术。此技术不仅已在一系列氨基酸及核苷酸物质等初级代谢产物的发酵生产中得到广泛应用，而且在抗生素等次级代谢产物的发酵中也得到广泛应用。

4. 基因工程阶段 20 世纪 80 年代以后，随着世界生物技术的发展，发酵技术又有了突飞猛进的进步。在微生物育种上，应用分子生物学和分子遗传学的方法，人为地将任意生物的特定有用遗传基因组合到特定的微生物基因中去，在分子水平上选育新的有用微生物，这类菌被称为“基因工程菌”，从而达到定向改变生物性状与功能，创造新的“物种”，使发酵工业能够生产出自然界微生物所不能合成的产物，如胰岛素、干扰素、凝血因子Ⅶ、超氧化物歧化酶（SOD）等，使发酵工业发生革命性变化。基因工程技术也被用于改造传统发酵产品，如氨基酸、抗生素、有机酸、酶制剂等微生物的菌种选育，提高产品的产量、质量和降低成本。另外，基于节能、低碳和有利环境保护的需要，进行新型反应器的研究与设计，对特殊环境微生物进行研究，都将使传统的发酵工业向着综合性的生物技术工业发展，成为现代生物技术的重要组成部分。当前合成生物学（synthetic biology）迅猛发展，科学家实现了人工全合成微生物的壮举，实现了青蒿素等重要药物的微生物全合成，这些无疑将对发酵工程的进一步发展带来新的思路、技术和方法，推动发酵工程更好为人类服务。

二、发酵工程制药研究和发展方向

随着基因工程和细胞工程等现代生物技术的发展与结合，人们通过细胞水平和分子水平改良或创建微生物新的菌种，使得发酵工程的水平不断提高，产品的种类和范围不断增加。在部分发达国家，利用微生物发酵产生的微生物药物产值占发酵工程产品的 20%以上，而且经微生物发酵的抗生素或以微生物发酵产物改造而成的半合成抗生素占整个临床用药的 50%。

目前，我国发酵工程制药研究和发展方向包括：①传统抗生素生产工艺的改造；②发展氨基酸工业和开发甾体激素发酵产品；③利用工程菌开发活性蛋白与多肽类药物，如干扰素、生长激素及其他蛋白多肽类新型发酵药物；④以基因工程和细胞工程技术开发的工程菌或新型微生物来生产治疗或预防心血管疾病、糖尿病、肝炎、肿瘤、抗感染、抗衰老等新型药物；⑤开发各种疫苗、酶制剂及诊断试剂；⑥中草药微生物转化及新的有效生物活性成分的大量生产。

第二节 发酵工程制药的工艺过程和关键技术

一、发酵工程制药工艺过程

对于任何发酵类型（除一些转化过程外），发酵过程由 6 个部分组成：①菌种及种子培养基和发酵培养基的组成；②培养基、发酵罐和辅助设备的灭菌；③大规模的有活性、纯种的种子培养物的生产；④发酵罐中微生物最优的生长条件下产物的大规模生产；⑤产物的提取、纯化；⑥发酵废液的处理。它们的相互关系如图 8-1 所示。因此，有必要不断进行研究以逐步提高整个发酵过程的效率。如在一个发酵过程建立之前，生产菌种必须分离出来，通过改造使其合成目标产物并且其产量应具有经济价值。应确定微生物在培养上的需求，并设计相应的设备同时必须确定产品的分离提取方法。此外，整个研究计划也应包括在发酵过程中不断地优化微生物菌种、培养基和提取方法。

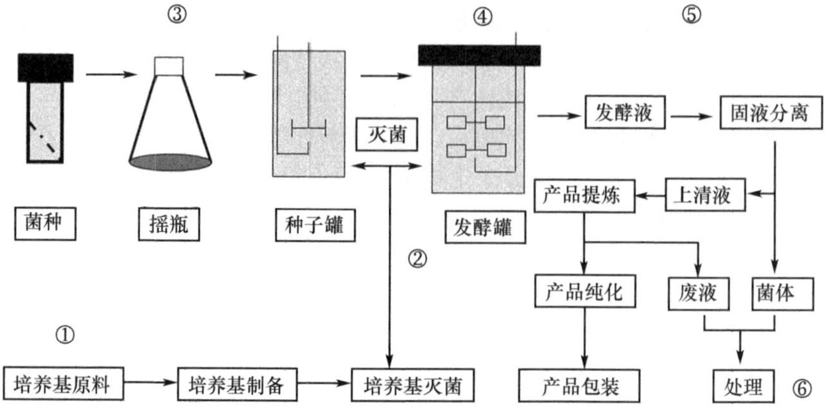

图 8-1　典型发酵过程的示意图

①菌种及种子培养基和发酵培养基的组成；②培养基、发酵罐和辅助设备的灭菌；③大规模的有活性、纯种的种子培养物的生产；④发酵罐中微生物最优的生长条件下产物的大规模生产；⑤产物的提取、纯化；⑥发酵废液的处理

（一）发酵罐

发酵罐是发酵工程中常用设备中最重要、应用最广泛的设备，可以说发酵罐是整个发酵工业的心脏。发酵罐的定义是指为特定一种或多种微生物所进行的生长代谢过程提供良好环境的容器。对于某些工艺来说，发酵罐是个密闭容器，同时附带精密控制系统；而对于另一些简单的工艺来说，发酵罐只是个开口容器，有时甚至简单到只要有一个开口的空间环境就可进行发酵。机械搅拌通风发酵罐见图 8-2。

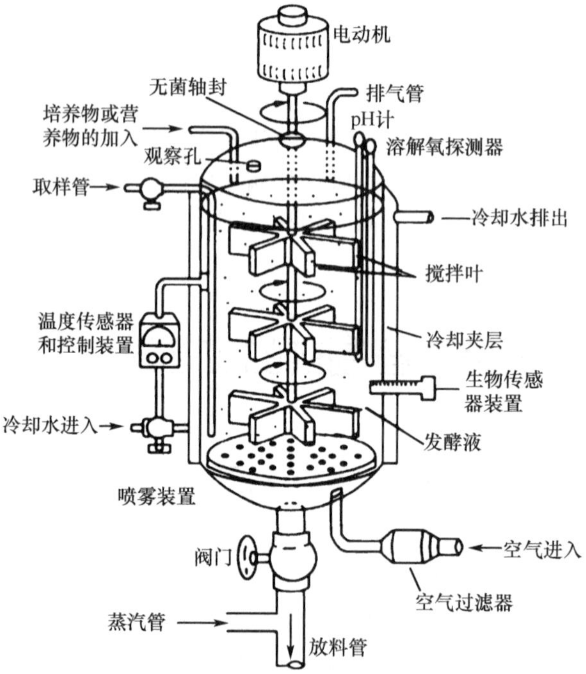

图 8-2　机械搅拌通风发酵罐示意

各种不同类型的发酵罐都可用于大规模的生物反应过程，它们在设计、制造和操作方面的精密程度，取决于某一产品的生物化学过程对发酵罐的要求。发酵罐的分类有以下几种。

1. 按微生物生长代谢需要分类 这种分类将发酵罐分为好氧的和厌氧的两大类，如抗生素、酶制剂、酵母、氨基酸、维生素等产品都是在好氧发酵罐中进行，而丙酮-丁醇、乙醇、啤酒、乳酸等采用厌氧发酵罐。它们的主要差别是由于对无菌空气的需求不同，前者需要强烈的通风搅拌，目的是提高氧在发酵液中的传质系数；后者则不需要通气。

2. 按照发酵罐设备特点分类 可以分为机械搅拌通风发酵罐和非机械搅拌通风发酵罐。前者包括循环式、非循环式的通风式发酵罐及自吸式发酵罐等。后者包括循环式的气升式、塔式发酵罐，以及非循环式的排管式和喷射式发酵罐。这两类发酵罐是采用不同的方式使发酵罐内的气、固、液三相充分混合，从而满足微生物生长和产物形成对氧的需求。

3. 按容积分类 一般认为 1～50L 的是实验室发酵罐；50～5000L 是中试发酵罐；5000L 以上是生产规模的发酵罐。

4. 按操作方式分类 可分为分批发酵和连续发酵。分批发酵时，发酵工艺条件随着营养液的消耗和产物的形成而变化。分批发酵过程结束，要放罐、清洗和重新灭菌，再开始新一轮的发酵，分批发酵系统是非稳定态的过程。连续发酵时，新鲜营养液连续流入发酵罐内，同时，产物连续地流出发酵罐。分批发酵的主要优点是污染杂菌的比例小，操作灵活性强，可用来进行几种不同产品的生产；其缺点是发酵罐非生产停留时间所占比重大，非稳定态工艺过程的设计和操作困难。连续发酵的主要优点是可连续运行几个月的时间，非生产时间短，它适用于不易染菌的产品如丙酮-丁醇发酵、乙醇发酵、啤酒发酵等。

（二）流加培养

流加培养是指在培养过程中按预定速率或根据培养过程的检测连续流加营养物。流加培养的特点是能够调节培养环境中营养物质的浓度，一方面可以避免在某种营养物质的初始浓度过高时影响细胞的生长代谢及产物的形成，另一方面能防止某些限制性营养成分在培养过程中被耗尽而影响细胞的生长和产物的形成。在流加培养过程中，由于有新鲜培养液的加入，因此整个过程的反应体积是变化的。

有些发酵操作中，微生物生长和代谢所需的某些营养成分可能需连续供应。例如，好氧培养中微生物所需的氧气就必须连续供应，这是因为氧在培养液中的溶解度很低，不可能在发酵开始时一次供足。又例如，在许多发酵生产中，氮源和碳源的加入也往往采用连续流加的方法。氮源的流加可能有两方面的原因：一是为了控制微生物的生长；二是当使用氨水、硫酸铵等碱性氮源时，采用流加的方法有利于 pH 的调节。谷氨酸发酵中，氮源的加入就是采用连续流加的。对于存在底物抑制的培养系统，采用连续流加培养基的方法，可使发酵液中一直保持较低的底物质量浓度，从而解除底物抑制。

由于流加培养方式操作简单、可靠和灵活，目前国内外的酵母生产行业大多采用这种操作方法。酵母的生产与代谢不仅取决于是否有足够的氧，而且与糖的质量浓度有关。当糖质量浓度很低时（0～28g/L），在有氧条件下，酵母不产生乙醇，其生长得率可达 50%；当糖质量浓度较高时，酵母菌在生长的同时，产生部分乙醇，酵母得率低于 50%；而当培养液中的糖质量浓度达 50 g/L 时，即使在有足够氧的条件下，酵母菌的生长也会受到抑制，且产生大量乙醇，酵母得率很低。因此，为了获取较高的生长速率和较高的酵母得率，必须使培养液中糖的质量浓度保持在较低的水平。显然，采用一次投料的方法是不行的，这样在发酵的初始阶段将会产生大量乙醇，影响酵母的生长和收得率。采用流加的方法可获得满意的结果，在整个发酵过程中，培养液中的糖质量浓度都保持在较低的水平（一般为 1～5g/L），酵母利用多少就加多少，流加速率等于酵母的耗糖速率。这样酵母处在较低糖浓度的培养条件下，以较快的速度生长，酵母的得率也能取得令人满意的结果，这就是酵母培养采用流加培养的原因。

二、发酵工程制药关键技术

（一）菌种选育技术

菌种选育（strain improvement）是按照生产的要求，以微生物遗传变异理论为依据，采用人工方法使菌种发生变异，再用各种筛选方法筛选出符合要求的目的菌种。菌种选育的目的包括改善菌种的基本特性，以提高产量，改进质量，降低成本，改进工艺等。选育菌种的基本方法包括自然选育、诱变选育、代谢工程育种、基因定向育种、基因组改组等一系列方法。此外，利用现代生物技术，重新构建所需的基因工程菌株或者对已有的出发菌株进行基因改造，从而获得能够产生所需药物的优良菌株（图 8-3）。

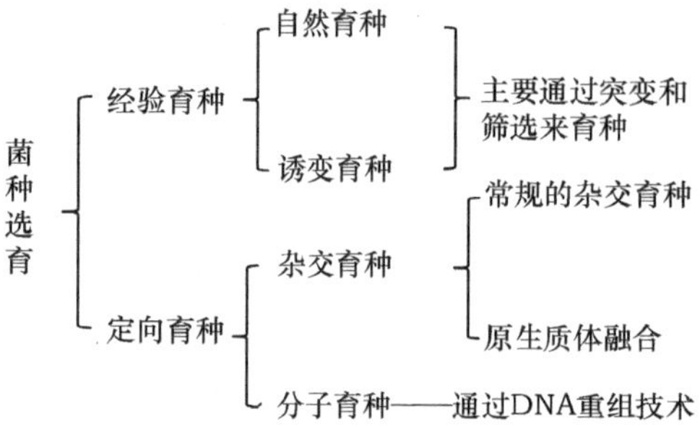

图 8-3　菌种选育的方法和技术

1. 发酵工程制药生产菌的选育

（1）诱变育种：要想通过发酵工程获得在种类、产量和质量等方面符合人们要求的产品，最重要的是要有优良的菌种。直接从自然界分离得到的菌株为野生型菌株，往往低产，无法满足生产需求。以微生物的自然变异作为基础的生产选种的概率并不很高，一个基因的自然突变频率仅 10^{-6}。为了加大变异率，用各种物理、化学的因素人工诱发基因突变进行的筛选，称为诱变育种。这是迄今为止国内外提高菌种产量、性能的主要手段。诱变育种的理论基础是基因突变，即 DNA 分子结构中某一部位发生变化。由各种物理、化学、生物的因素人工诱发基因突变，引起微生物的遗传变异，可使菌种发生突变的频率和变异的幅度得到提高，从而使筛选获得优良特性的变异菌株的概率得到提高，因而具有速度快、收效大、方法简便的优点。但是诱发突变缺乏定向性，因此必须与大量的筛选工作结合才能收到良好效果。诱变育种分为以下步骤（图 8-4）。

1）出发菌株的选择：选择对诱变剂敏感性大、变异幅度广、产量高的菌株作为出发菌株。一般从自然界新分离的野生型菌株，对诱变处理较敏感，容易达到好的效果。在生产中经生产选种得到的菌株与野生型较相像，也是良好的出发菌株。每次诱变处理都有一定提高的菌株，往往多次诱变能积累较多的提高。出发菌株最好已具备一些有利的性状，如生长速度快、营养要求低和产孢子早而多的菌株。要尽量选择单倍体细胞、单核或核少的多细胞体来做出发诱变细胞，这是由于变异性状大部分是隐性的，特别是高产基因。出发菌株开始时可以同时选 2 或 3 株，在处理比较后，将更适合的出发菌株留作继续诱变。

2）处理菌悬液的制备：待处理的菌悬液应考虑微生物的生理状态、悬液的均一性和环境条件。一般要求菌体处于对数生长期，并采取一定的措施促使细胞处于同步生长。悬液的均一性可保证诱变剂与每个细胞机会均等并充分地接触，避免出现不纯的菌落，给后续的筛选工作造成困难。菌悬液一般用生理盐水或缓冲液稀释。真菌孢子或酵母细胞菌悬液的细胞浓度一般控制在 10^6～10^7 个/ml，放线菌或细菌细胞菌悬液的细胞浓度为 10^8 个/ml。

3）诱变处理：需要考虑诱变方法和诱变剂量。常用的诱变方法分为物理诱变剂诱变和化学诱变剂诱变。物理诱变剂有紫外线、X 射线、γ 射线、快中子、等离子等。物理诱变剂中目前使用得最方便而且十分有效的是紫外线。许多高产菌株的选育都用过紫外线，对于一般实验室、中小型工厂都适用，也很安全。紫外线的诱变作用是由于它引起 DNA 分子结构变化而造成的。这种变化包括 DNA 链的断裂、DNA 分子内和分子间的交联、核酸与蛋白质的交联、嘧啶水合物和嘧啶二聚体的产生等，特别是嘧啶二聚体的产生对于 DNA 的变化起主要作用。化学诱变剂分为烷化剂、碱基类似物及吖啶类。化学诱变剂中使用最多、最有效的是烷化剂。

要确定合适的诱变剂量需要多次的摸索，积累经验。一般诱变效应随剂量的增大而提高，但达到一定剂量后，再增加剂量反而会使诱变率下降。变异率取决于诱变剂量，而变异率与致死率之间有一定关系，因此可以用致死率作为选择适宜剂量的依据。采用致死率高的剂量，如 90%～99.9%致死率的剂量，虽然负变株多，但变异幅度大；采用中等剂量如 75%～80%或更低的剂量，不会导致太多的负变株和形态突变株，出现高产菌株的概率高，而且低剂量诱变剂可能更利于高产菌株的遗传稳定。

诱变育种中可以利用复合因素来扩大诱变幅度、提高诱变效果。例如，可以将多种诱变剂分先后或同时使用，也可以同一诱变剂重复使用。

4）突变菌株的分离和筛选：诱变处理后，正向突变的菌种通常为少数，需进行大量的筛选才能获得高产菌株。初筛工作以量为主，测定的精确性还在其次。初筛的手段应尽可能快速、简单。复筛步骤以质为主，应精确测定每个菌株的生产指标（图 8-4）。筛选方法可以利用随机筛选、形态变异或从产物形成的生理生化途径着手，进行有的放矢的筛选，如营养缺陷型、结构类似物抗性突变株的筛选等。

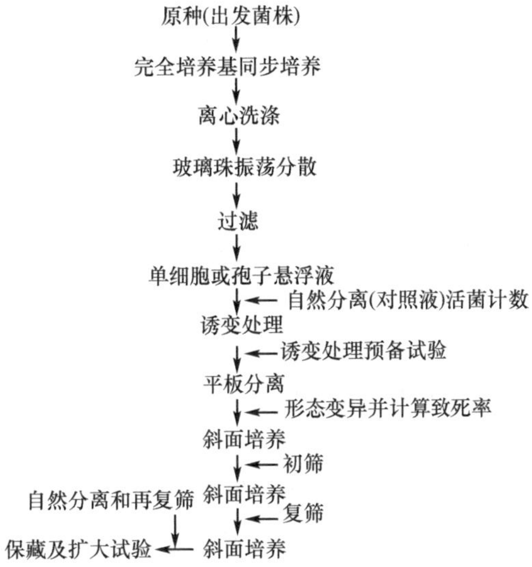

图 8-4 菌株选育的一般流程

（2）杂交育种、原生质体融合：诱变育种法是利用微生物基因的自身改变，除此之外，在育种方法上还可以选用杂交育种、原生质体融合及基因工程育种等方法，将不同微生物的基因重新组合以获得所需菌种。

杂交育种是将两个基因型不同的菌株经融合（或结合）使遗传物质重新组合，从中分离和筛选具有新性状的菌株。由于是选用已知性状的供体和受体菌种作为亲本，在方向性及自觉性方面，都比诱变育种前进了一大步，所以它是微生物菌种选育的另一重要途径。

原生质体融合（protoplast fusion）技术最初用于抗生素工业的菌种改良。所谓原生质体融合，就是将两个亲本的细胞壁分别通过酶解作用加以瓦解，使之形成原生质体，再使它们在高渗溶液的条件下进行混合，并加入助融条件来助融。助融条件可以是物理的（如电融合）、化学的（如聚乙二醇）或生物的（如仙台病毒）使亲本的原生质体之间发生相互凝集，通过细胞质融合、核融合，使两套基因组之间发生接触、交换，从而实现遗传重组。在适宜的条件下原生质体会再生出微生物的细胞壁，人们就可以在再生细胞的菌落中获得重组子。将微生物原生质体融合技术应用于菌种选育仍属于一种半理性化的或是推理性的，因为尽管所采用的两亲株的特性是已知的，但两亲株的基因组间的交换、重组是非定向的。

（3）基因工程育种：是指按照人的意志，将某一生物体（供体）的遗传信息在体外经人工与载体相接（重组），构成重组 DNA 分子，然后转入另一生物体（受体）细胞中，使被引进的外源 DNA 片段在后者内部得以表达和遗传。

大部分抗生素是链霉菌次级代谢产物，通过基因工程的方法扩增表达次级代谢过程限速酶的基因，敲除负调控基因，将整个次级代谢产物合成基因簇转移到易于工业化操作的宿主系统中，引入抗性基因、调节基因和引入血红蛋白基因等都能对次级代谢产物的生物代谢合成进行调控。

1）扩增表达次级代谢过程限速酶的基因：抗生素在链霉菌体内的生物合成是由一系列酶催化产生的，在整个合成过程所用酶系中，限速酶的浓度大小是影响抗生素产量的重要因素。

深入了解限速酶基因，通过扩增该酶基因的拷贝数，可提高目的抗生素产量。Malmberg 等对带小棒链霉菌（*S.clavuligerus*）生物合成头霉素和头孢霉素的过程进行研究，结果发现 α-氨基乙二酸前体的产生是生物合成的限速步骤之一。他们从带小棒链霉菌中克隆了赖氨酸氨基转移酶 LAT 编码基因，并使之在宿主染色体上多拷贝表达，增加了 LAT 酶数量，提高了头孢霉素的产量。

2）敲除负调控基因：敲除负调控基因，抑制无关代谢活动可增加细胞对目标产物合成在能量和碳源上的供应，从而提高目的抗生素的产量。Paradkar 等对带小棒链霉菌次生代谢产物进行研究发现，带小棒链霉菌同时合成 2 种结构上无关的次级代谢产物头孢霉素 C 和克拉维酸，虽然这 2 种次级代谢产物的生物合成具有完全独立的途径，但它们通过相互竞争初级代谢的能量和碳源来进行次级代谢的合成活动。通过敲除头孢霉素 C 合成所必需的基因，可以完全停止头孢霉素 C 的合成，而在突变株中克拉维酸的产量提高了 2～2.5 倍。

3）将整个次生代谢产物合成基因簇转移至易于工业化操作的宿主系统：若能深入了解用于大规模工业化生产链霉菌的生长特性、次级代谢过程、基因组序列，就可将其作为模式菌用于次级代谢产物异源合成的宿主系统。天蓝色链霉菌（*S.coelicolor*）就是最早应用于次生代谢产物异源合成的宿主系统的模式菌。McDaniel 等通过基因敲除放线紫红素合成基因构建了工程表达宿主天蓝色链霉菌 CH999，此外，还成功构建了在该菌株中表达大片段的低拷贝穿梭质粒 pRM5。pRM5 携带了 actⅠ-actⅢ双向启动子序列及 actⅢ-ORF4 基因。Pfeifer 等报道，在最佳表达情况下，表达的次级代谢产物可以达到 1～100 mg/L 细胞培养物。迄今为止，已在天蓝色链霉菌 CH999 异源宿主系统中表达的次级代谢产物有富伦菌素等 10 多种抗生素。

4）基因组重排：基因组重排（genome shuffling）技术是受 DNA 重排的启发，于 21 世纪出现的全基因组改组技术。这种技术将分子定向进化的对象从单个基因扩展到整个基因组，可以在更为广泛的范围内对菌种的目的性状进行优化组合。首先，利用经典的诱变育种技术获得含有目标性状的基因组库，然后利用原生质体融合技术将这些发生正向突变的菌株的全基因组进行多轮随机重组，从而快速筛选表型得到较大改进的杂交菌种。该技术巧妙地采用了多轮循环原生质体融合技，即递归原生质体融合（recursive protoplast fusion）的方法。与 DNA 重排技术相比，该法的最大特点是不必了解菌株的遗传背景，在细胞水平上即可进行定向进化。Zhang 等于 2002 年首次报道应用基因组重排方法快速地使弗氏链霉菌（*Streptomyces fradiae*）产生泰乐菌素的能力得到提高。该方法以营养缺陷型为出发菌株，仅用了 1 年时间，通过两轮基因组改组就从 24000 株菌株中分离到 2 组共 14 株泰乐菌素高产菌株，其泰乐菌素产量高于通过经典诱变育种方法所筛得的生产菌株 SF21，而后者是用经典诱变育种方法在长达 20 年的时间中先后筛选过约 1 000 000 个菌株后才获得的。由此可见，此技术大大减少了工作量，并缩短了筛选时间。成都大学四川抗菌素工业研究所的徐波等以产量性状为标记特征，应用基因组重排的方法在 1 年之内使替考拉宁产量提高了 65.3%。

知识链接：

2002 年美国 Zhang 在《Nature》上首次报道了他们利用基因组重排技术提高费氏链霉菌合成泰乐菌素能力的研究结果。他们首先对出发菌株进行一次经典诱变育种，共筛选了 22 000 个菌株，从中选得 11 个菌株作为基因组重排的亲本，经两轮基因组重排每轮基因组重排筛选 1000 个菌株，得到高产重组菌株 GS1 和 GS2，其生产能力分别达到 8.1 g/L 和 6.2 g/L。与经过 20 轮经典育种所得到的高产菌株的生产能力相当，比出发菌的生产能力提高了 8 倍。两轮基因组重排（加上一次经典诱变育种）共筛选了 24 000 个菌株，历时一年，然而如果想用经典诱变育种方法达到此效果，人们进行了 20 轮经典育种，共筛选了菌 1 000 000 株，历时 20 年。由此可见，基因组重排技术是一种高效、快速的菌株选育方法。

（二）菌种保藏技术

发酵工程制药生产菌的菌种保藏是保证制药生产顺利进行和延续的重要组成部分。其基本方法分为培养保存法和使菌种处于“休眠”状态两种，以保证通过选育所获得的优良性状不丢失。具体说来，常用的菌种保藏方法有以下几种（表 8-2）。

表 8-2 菌株保藏技术

保藏方法	保藏原理	保藏时间	保藏设备	菌种活性	保藏成本	操作性
定期移植法	低温	3～6 个月	冰箱	易退化	高	简单
液体石蜡法	低温，阻断氧气	1～2 年	冰箱	退化	较高	比较简单
真空冷冻干燥技术	干燥，低温，无氧，保护剂	8～10 年	–80°C 冰箱，真空冷冻干燥机、封管设备	退化	低	复杂
超低温冷冻保藏技术	低温（–80°C），保护剂	2～5 年	–80°C 冰箱	退化		复杂
液氮冷冻保藏技术	超低温（–150°C），保护剂	10 年以上	程序降温仪，液氮罐	不易退化		复杂

1. 定期移植法 亦称传代培养保藏法，包括斜面培养、穿刺培养、液体培养等，是指将菌种接种于适宜的培养基中，最适条件下培养，待生长充分后，于 4～6℃进行保存并间隔一定时间进行移植培养的菌种保藏方法。这种保藏方法简单、存活率高、易于推广，经常使用的菌种可采用这种方法。其缺点是菌种仍有一定强度的代谢活动条件，保存时间不长，而且传代多，因此菌种容易产生变异。

2. 砂土管保藏法 主要包括砂土制备和真空抽干两步。本方法是用人工方法模拟自然环境使菌种得以栖息，适用于细菌的芽孢、真菌和放线菌孢子的保藏，不适于对干燥敏感的无芽孢的细菌和酵母菌。

3. 石蜡油封保藏法 将生长好的新鲜斜面在无菌条件下倒入已灭菌的液体石蜡，油层要高出斜面上端 1cm，使之与空气隔绝，然后垂直放于室温或冰箱内保藏即可。这种方法也比较简便，且保藏时间一般可长达 1 年以上，适于保存部分真菌、酵母菌及放线菌。

4. 冷冻保藏法 分为普通冷冻保藏技术、超低温冷冻保藏技术（–80～–60°C）和液氮冷冻保藏技术 3 种，冷冻保藏法的缺点是培养物运输较困难。

（1）普通冷冻保藏技术：将菌种培养在小的试管或培养瓶斜面上，待生长适度后，将试管或瓶口用橡胶塞严格封好，于冰箱的冷藏室中或温度范围在–20～–5°C 的普通冰箱（–20°C）中储藏。用此方法可以维持若干微生物的活力 1～2 年。应注意的是，经过一次解冻的菌株培养物不宜再用来保藏。保藏过程中应注意控制保藏温度，培养瓶或试管应严格密封。这一方法虽简便易行，但不适宜多数微生物的长期保藏。要求长期保藏的微生物菌种，一般都要求在–60°C 以下进行保藏。

（2）超低温冷冻保藏技术：在超低温冷藏柜中保藏菌种的方法。首先离心收获对数生长中期至后期的微生物细胞，用新鲜培养基重新悬浮所收获的细胞，加入等体积的 20%甘油或 10%二甲基亚砜混匀后分装入冷冻指管或安瓿中，于 70°C 超低温冰箱中保藏。如果待保藏菌种生长在斜面上，则可用含 10%甘油的新配制液体培养基洗涤收获。干细菌和真菌菌种可通过此保藏方法保藏 5 年而活力不受影响。

（3）液氮冷冻保藏技术：本方法保藏的菌种保藏期长，存活率远比其他保藏方法高，且回复突变的发生率较低，已成为工业微生物菌种保藏的最好方法。最常用的冷冻保护剂是二甲基亚砜和甘油，最终使用浓度一般为甘油 10%、二甲基亚砜 5%。在冷冻时需要控制冷冻速度以减少对菌体细胞的伤害。

5. 真空冻干保藏法 此法的原理是在低温下迅速将细胞冻结以保持细胞结构的完整，然后在真空下使水分升华。这样菌种的生长和代谢活动处于极低水平，不易发生变异和死亡，因而能长期保存，一般为 5～10 年。该法存活率高，变异率低，并能广泛适用于细菌（有芽孢和无芽孢的）、酵母、真菌孢子、放线菌孢子和病毒等，因此是目前广泛采用的好方法。其缺点是手续麻烦、操作复杂、要求严格，并需有一定设备条件。

由于微生物的多样性，不同的微生物往往对不同的保藏方法有不同的适应性，因此，在具体选择保藏方法时必须对被保藏菌株的特性、保藏物的使用特点及现有条件等进行综合考虑。对于一些比较重要的微生物菌株，则要尽可能多地采用各种不同的手段。

（三）高密度发酵

高细胞密度发酵（high cell density fermentation，HCDF）就是要在单位时间、单位反位器体积内，在不影响胞内产物得率的基础上，尽可能地积累细胞量，使菌体浓度达到相对最大的状态。

菌体浓度（cell concentration）是指单位体积菌体的含量。它是发酵工业中一个重要的控制参数。它除了代表菌体的多少，还是菌体细胞生长过程生理特征不完全相同的分化阶段。菌体浓度可用来计算生产菌体的比生长速率和产物的比生产速率等动力学参数及它们之间的相互联系。菌体浓度与其生长速率直接相关，而菌体的生长速率与微生物的种类及自身的遗传特性密切关联。菌体生长速率首先取决于细胞结构和生长机制，如细菌、酵母、真菌及原生动物的倍增时间分别是 45 分钟、90 分钟、3 小时和 6 小时左右，也就是，随着细胞结构的复杂程度增加，物种等级的升高，细胞增殖速率减慢。其次，菌体生长速率与营养物质和环境条件有密切关系，虽然营养物质丰富有利于菌体的生长，但是也存在基质浓度过高产生的抑制作用，所以营养物质的浓度存在上限，超过这一限制时，会导致生长速率降低，引起渗透压增高、关键酶的酶活力受到抑制、细胞结构发生改变等负面现象。

菌体浓度的大小对发酵产物的产率可产生重要的影响。代谢产物的合成是靠菌体作为产者来完成的。菌体量越多，产量自然越大，但前提是将菌体的生产能力保持在最佳状态，并具备适当的生产条件，包括足够的产物合成所需的基质、前体、诱导物等原料及无有害代谢物的积。累例如，氨基酸等初级代谢产物的发酵产率与菌体浓度成正比，而抗生素等次级代谢产物的发酵则存在临界菌体浓度—摄氧速率与传氧速率相平衡时的菌体浓度。因为，如果菌体浓度过高，可能会引起培养基中营养成分明显变化，有毒物质积累，导致菌体的代谢途径改变。溶解氧传递受到限制时，会引发抗生素产量明显下降。高密度发酵适应了这一要求，目前有一些成功的实例，见表 8-3。

表 8-3 高密度发酵成功的实例

菌种	特征	基础培养基	发酵罐类型	培养方法	细胞干重（g/L）	培养时间/小时	日产率（g/L）
大肠杆菌	需氧，葡萄糖，生成乙醇	葡萄糖，矿物盐或甘油矿物盐	搅拌罐	葡萄糖（甘油），非限制指数培养	145	32	108
毕赤酵母	嗜温菌	葡萄糖，矿物盐，甲醇	搅拌罐	补料-分批 含甘油，补甲醇	100	46～130	120～150
酿酒酵母	嗜温菌	含葡萄糖完全培养基	搅拌罐	连续培养，流加葡萄糖	208	80	50～150

（四）发酵过程控制技术

发酵过程中，为了能对生产过程进行必要的控制，需要对有关工艺参数进行定期取样测定或进行连续测量。反映发酵过程变化的参数可以分为两类。一类是可以直接采用特定的传感器检测的参数，包括反映物理环境和化学环境变化的参数，如温度、压力、搅拌功率、转速、泡沫、发酵液黏度、浊度、pH、离子浓度、溶解氧、基质浓度等，称为直接参数。另一类是至今尚难于用传感器来检测的参数，包括细胞生长速率、产物合成速率和呼吸熵等。这些参数需要在一些直接参数的基础上，借助于电脑计算和特定的数学模型才能得到，因此被称为间接参数。

发酵工艺的控制主要取决于发酵的产物是初级代谢产物还是次级代谢产物。例如，抗生素是微生物的次级代谢产物，因此其发酵的工艺控制不同于一般的微生物发酵。抗生素的合成一般有两个阶段：第一阶段是产生各种初级代谢产物中间体，第二阶段是在初级代谢产物的基础上进一步合成抗生素。这些特点导致了抗生素发酵工艺控制的特殊性。培养基的成分，合成前体和发酵过程中的温度、pH、溶氧等因素都对发酵有重要的影响。

1. 供氧和需氧 发酵过程中所需的氧气供应是由通气和搅拌来实现的。由于所用菌种及产物种类的不同，发酵过程中的需氧要求各不相同。一般来说，在发酵初期菌数较少，需氧也较少；生产菌进入对数生长期，菌数剧增，需氧也随之达到高峰；产物合成期间，需氧也很大；发酵后期，需氧逐渐减少。

2. 温度 温度是发酵中需严格控制的参数，在菌体生长阶段和产物合成阶段应控制不同的温度。例如，青霉素生产菌的最适生长温度是30℃，青霉素合成的最适温度为20～25℃。

3. pH 微生物产物发酵过程中，前期pH以适合菌体的生长繁殖为主，中后期以利于产物合成为主。pH不仅影响菌体生长和抗生素合成的速度，而且还会改变它们的代谢途径。

4. 底物 底物浓度的变化和控制包括碳、氮、磷等元素及前体等因素。发酵前期，由于微生物生长繁殖迅速，碳耗较高；在发酵中后期，碳源主要用于产物的合成，故碳耗较平稳。中后期碳源浓度过高，会导致菌体生长太快，降低目的产物的合成效率。碳源浓度的控制方法有动力学方法和一般方法。动力学方法是以碳比消耗速率、菌体比生长速率、抗生素比生产速率等动力学参数为依据，控制流加碳源的速度。一般方法是根据将残糖按不同的发酵阶段维持在某一水平，以及pH、菌浓度、发酵液黏度等来综合考虑，这实际上是一种凭经验控制碳源浓度的方法。按照残氮的浓度，间歇补入各种有机氮和无机氮，或者连续通氨来控制氮浓度。

无机磷酸盐对许多微生物产物，特别是抗生素合成有抑制作用，在生产这些抗生素时，都应把磷酸盐浓度控制在合适的水平上，如链霉素控制为 1.5～15mmol，四环素控制为 0.14～0.2mmol，卡那霉素控制为 2.2～5.7 mmol。

前体的添加量和添加时机对菌的生长和产量的影响十分显著。添加时机过早或量过多，会抑制菌的生长，降低抗生素产量；添加时机过晚或量过少，影响抗生素的合成，也会降低产量。

5. 其他 发酵工艺控制还包括泡沫的控制、发酵终点的判断、发酵液黏度控制及异常发酵的处理和染菌控制等。

第三节 发酵工程在制药工业中的应用

发酵工程制药是指利用微生物代谢过程生产药物的技术。由于传统的从自然界直接获得的微生物或者经过筛选、诱变得到的微生物已难以满足人们的需要，因此 21 世纪用于发酵工程的微生物大多数都将是经过基因重组、改造、转移而获得的具有优良特性的工程菌。利用这些工程菌进行发酵并进行一系列的代谢调控，能获得理想的发酵效果并获得人们需要的各种代谢产物。发酵工程制药主要过程包括微生物菌种筛选和改良、菌种培养、发酵、产品提取及分离纯化等。发酵工程在抗生素、氨基酸、核酸、维生素、有机酸、酶抑制剂、激素、免疫调节物及其他生理活性物质的生产中，已被广泛应用。

一、发酵工程制药在抗生素药物中的应用

抗生素（antibiotics）是微生物、植物、动物在其生命过程中产生的一类天然有机化合物，具有能在低微浓度下选择性地抑制或杀灭它种微生物或肿瘤细胞的能力。抗生素可分为：天然抗生素（发酵工程抗生素），如四环类抗生素、大环内酯类抗生素；半合成抗生素，如氨苄西林、头孢菌素等；全合成抗生素，如环丙沙星。抗生素作为医用、农用及饲料添加剂等，已发展到近 200 个品种。化学合成法只能用于化学结构清楚且比较简单的抗生素，它是通过若干化学反应在化学反应釜中将底物转化成抗生素。应用化学合成法生产的抗生素只有氯霉素、磷霉素等少数抗生素。半合成法是将用发酵法制得的抗生素制品采用化学方法对其分子结构进行修饰，以得到高效低毒的抗生素衍生物，这种方法现已被广泛采纳，半合成青霉素类、半合成头孢菌素类、强力霉素等都是用半合成法生产的。微生物发酵法是利用抗生素生产菌在一定的培养基和培养条件下生长繁殖，并在代谢过程中产生次级代谢产物抗生素，然后经分离提纯制得成品的方法。微生物发酵法是抗生素生产的主要方法。

下面以青霉素为例说明抗生素发酵生产流程及一般工艺要求（表 8-4）。

表 8-4　青霉素发酵的一般工艺要求

操作变量	要求水平
发酵罐体积	150～200 m^3
装料率	约 80%
输入机械功率	2.4 kW/m^3
空气流量	30～60m^3/h
空气压力（表压）	0.2 MPa
发酵罐压（表压）	0.035～0.07 MPa
液相体积传氧系数	约 200 小时
发酵液温度	约 25℃
发酵液 pH	约 6.5
初始菌丝浓度	1～2 kg 干重/m^3
补料液中葡萄糖浓度	约 500 kg/m^3
葡萄糖补加率	1.0～2.5 kg/（m^3·h）
发酵液中氨氮浓度	0.25～0.34 kg/m^3
发酵液中前体（苯乙酸）浓度	约 1 kg/m^3
发酵液中溶解氧浓度	>30%饱和度
发酵周期	180～220 小时

（一）生产种子的制备

丝状菌的生产菌种保藏在沙土管内。由沙土孢子接入种子培养基的母瓶斜面上，经 25℃培养 6～7 天，长成绿色孢子，制成孢子悬浮液，接入装有大米的茄形瓶内，经 25℃、相对湿度 45%～50%培养 6～7 天，制成大米孢子，真空干燥，并以这种形式保存备用。

生产时按一定接种量移入种子罐内，25℃培养 40～45 小时，菌丝浓度达 40%（体积/体积）以上，菌丝形态正常，即按 10%～15%的接种量移入繁殖罐内。经 25℃培养 13～15 小时，菌丝体积 40%（体积/体积）以上，残糖 1.0%左右，无菌检查合格便可作为发酵罐的种子。发酵罐的接种量为 30%。

（二）发酵生产

青霉素发酵生产采用补料分批发酵的方式，通气搅拌培养。发酵过程分为菌体生长和产物合成两个阶段，进入产物合成阶段的必要条件是降低菌丝生长速度，这可以通过限制糖的供给来实现。在生产阶段维持一定的最低比生长率，对于抗生素的持续合成十分必要。因此，在快速生长末期所达到的菌丝浓度应有一个限度，以确保生产期菌丝浓度有继续增加的余地。

发酵以淀粉水解糖或葡萄糖为碳源；以花生饼粉、麸质粉、尿素、硝酸铵、棉籽饼粉、玉米浆等为氮源，其中以玉米浆为最好，因其含有多种氨基酸及前体物质；无机盐有硫、磷、钙、镁、钾等盐类，铁对青霉菌有毒害作用，应控制在 6 μg/ml 以下；采用苯乙酸或苯乙酰胺为青霉素发酵的前体，以低浓度流加的方法提供，一次加入量小于 0.1%，加入硫代硫酸钠能减少前体对菌种的毒性。

接种量约为 20%，发酵温度前期为 26℃，后期为 24℃，搅拌转速为 150 rpm～200r/min，通气量分别为 0.7～1.8 m^3/ min。发酵过程前 60 小时维持 pH 在 6. 8～7. 2，以后稳定在 6. 5 左右，可通过补糖来控制。

发酵前期泡沫主要是花生饼粉和麸质粉引起的，在前期泡沫多的情况下，可间歇搅拌，不能多加消泡剂；中期泡沫可加油控制，必要时可略微降低空气流量，但应开足搅拌，否则会影响菌的呼吸；发酵后期尽量少加消泡剂。

为了使发酵前期易于控制，可从基础料中抽出部分培养基另行灭菌，待菌丝稠密不再加油时补，即为前期补料。发酵过程中必须适当加糖，并补充氮、硫和前体。加糖主要控制残糖量，前期和中期在 0.3%～0.6%范围内，加入量主要决定于耗糖速度、pH 变化、菌丝量及培养液体积。

（三）提取和精制

从发酵液中提取青霉素，目前工业上多用溶剂萃取法。青霉素与碱金属所生成的盐类在水中溶解度很大，而青霉素游离酸易溶解于有机溶剂中。溶剂萃取法提取即利用青霉素这一性质，将青霉素在酸性溶液中转入有机溶剂（乙酸丁酯、氯仿等）中，然后再转入重型水相中。经过这样反复几次萃取，就能达到提取和浓缩的目的。青霉素（以青霉素 G 钾盐为例）的提取工艺流程如图 8-5 所示。由于青霉素的性质不稳定，其整个提取和精制过程应在低温下快速进行，并应注意清洗和保持体系在稳定的 pH 范围。

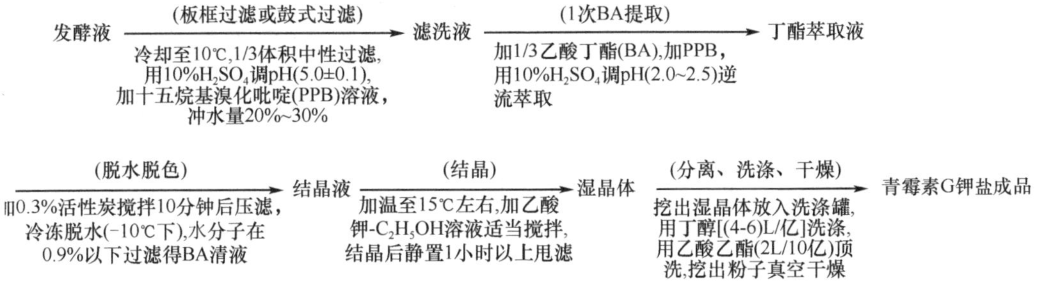

图 8-5 青霉素 G 钾盐的提取工艺流程

知识链接：

青霉素是抗生素的一种，是从青霉菌培养液中提制的药物，医疗中常用的是青霉素的钙盐、钾盐或钠盐。青霉素对葡萄球菌、链球菌、肺炎双球菌等均有抑制作用。青霉素的发现，引发了医学界寻找抗生素新药的高潮，人类进入了合成新药的时代。

1928 年，英国细菌学家亚历山大·弗莱明用葡萄球菌做实验时，发现一些青霉的孢子污染了他培养的葡萄球菌，而真菌的周围有一圈无葡萄球菌区。他研究后发现，该真菌中有一种物质，即使稀释 800 倍也能抑制细菌生长。通过鉴定，弗莱明知道了这种真菌属于青霉菌的一种。于是，他把经过过滤所得的含有这种真菌分泌物的液体叫作“青霉素”。接着弗莱明又把这种真菌接种到各种细菌的培养皿中，发现葡萄球菌、链球菌和白喉杆菌等都能被它抑制。经过一系列试验和研究，弗莱明认为青霉素很可能成为一种可以全身应用的抗菌药物。1929 年，弗莱明发表论文报告了他的发现。直到今天，青霉素仍是流行最广、应用最多的抗生素。

三、发酵工程制药在氨基酸药物生产中的应用

氨基酸是合成人体蛋白质、激素、酶及抗体的原料，可参与人体内正常的代谢和生命活动，也是新陈代谢、组织功能及免疫系统正常运行所必不可缺的物质，能全面修复、激活机体免疫系统，增强免疫力。氨基酸在医药上主要用来制备复方氨基酸输液，也用作治疗药物和用于合成多肽药物。目前，用作药物的氨基酸有 120 多种，其中包括构成蛋白质的氨基酸（有 20 种）和构成非蛋白质的氨基酸（有 100 多种）。

由多种氨基酸组成的复方制剂在现代静脉输液及“要素饮食”疗法中占有非常重要的地位，对维持危重患者的营养，抢救患者生命起积极作用，成为现代医疗中不可或缺的医药品种之一。

氨基酸及其衍生物可用于治疗各种疾病，目前氨基酸衍生物作为治疗药物已广泛应用于临床上，无论是治疗肝脏疾病、心血管疾病，还是溃疡病、神经系统疾病、消炎等方面都已广泛使用，用于治疗的氨基酸衍生物不下数百种。亦可作为营养剂、代谢改良剂，具有抗溃疡、防辐射、抗菌、治癌、催眠、镇痛及为特殊患者配制特殊膳食的功效。

氨基酸药物的生产方法主要包括蛋白水解法、化学合成法、酶法和发酵法。发酵法是利用微生物具有的能够合成其自身所需的各种氨基酸能力，通过对菌株的诱变等处理，选育出各种缺陷型及抗性的变异菌株，以解除代谢中的反馈与阻遏，达到过量合成某种氨基酸为目的的一种氨基酸生产方法。由于发酵法生产氨基酸，原料低廉易得，生产条件温和，所以目前大多数氨基酸都是利用此法生产。

下面以赖氨酸为例说明氨基酸发酵生产流程及一般工艺要求。赖氨酸的药用范围较广，既可单独使用，又可与多种氨基酸及其他药物配伍应用。法国把赖氨酸-抗坏血酸盐用作食欲促进剂；赖氨酸氯化钙合剂可治疗各种缺钙症；赖氨酸铝盐可治疗胃溃疡；赖氨酸泛酸盐可提高红细胞；赖氨酸乳清酸盐即赖乳清酸，临床适用于各种肝炎、肝硬化、高氨血症、乙醇中毒、痛风等。

目前，世界各国大规模生产赖氨酸，都采用微生物直接发酵法。本法工艺简单，成本合算。国内也是采用直接发酵法制造赖氨酸，扩大为工业化生产。

赖氨酸是天冬氨酸分支系的氨基酸，关键酶是天冬氨酸激酶，它受赖氨酸和苏氨酸的协调反馈抑制，单一氨基酸不能完全抑制酶的活性。工业上使用的菌种，几乎都是谷氨酸棒状杆菌的高丝氨酸营养缺陷型变异株，缺乏高丝氨酸脱氢酶。由于天冬氨酸激酶不受单独氨基酸的抑制，高丝氨酸缺陷型变异株通过限制苏氨酸的产生，解除其反馈抑制，使其进行赖氨酸发酵，生产菌株对糖收率可达 40%以上。中国科学院微生物研究所提供的用硫酸二乙酯处理北京棒状杆菌 A.S 1.299，获得了一株高丝氨酸营养缺陷型的 A.S 1.563，经中试产酸率可达 3.66%，对糖的收率为 30%，用甘蔗糖蜜收率可高达 42%（图 8-6）。

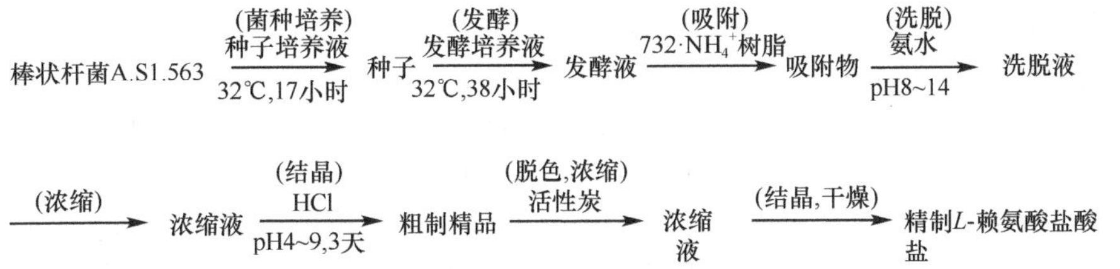

图 8-6 *L*-赖氨酸生产工艺

工艺过程如下：

1. 菌种培养 用中国科学院微生物研究所提供的高丝氨酸缺陷型菌株 A.S，1.563，菌种在 30～32℃条件下，经 24 小时进行活化，同样条件斜面培养，再进行一级种子培养。

种子培养基：葡萄糖 2%，玉米浆 2%，硫酸镁 0.05%，硫酸铵 0.4%，磷酸氢二钾 0.1%，豆饼水解液 1%。接种量 5%，温度 32℃，培养 17 小时。

2. 发酵 发酵培养基：葡萄糖 15%，硫酸铵 2%，磷酸氢二钾 0.1%，硫酸镁 0.04%，豆饼水解液 2%，尿素 0.4%。接种量 5%，温度 32℃，每分钟通气（V/V）为 1∶0.3，搅拌，培养 38 小时。

3. 吸附、洗脱、浓缩、结晶 将发酵液计量体积，80℃加热，搅拌 10 分钟，冷却，取样测含酸量至 40℃加硫酸调 pH 为 4～5，沉淀 2 小时后上 732-NHT 树脂柱。发酵液含酸量 2.5% 左右，树脂用量与发酵液量的体积比为 1∶3。采用正吸附，流速控制在 1000 ml/mm，流出液 pH 逐渐下降到 pH5.5～6，含酸量在 0.5%，表示树脂饱和。一般吸附 2～3 次。

饱和树脂用无盐水洗，反洗除去菌体及杂质，洗干净后，再正洗使流出液澄清为止。用 2～2.5 ml/L 的氨水解吸，流速 700～800 ml/min，从 pH 为 8 开始收集，为树脂体积 1.5～2 倍，最后 pH 为 13～14 洗脱结束。洗脱液除氨，薄膜真空浓缩，放冷，用浓盐酸调 pH 为 4.9，放置 3 天，结晶，用离心机甩干得粗品。母液浓缩再回收。

4. 脱色、浓缩、结晶、干燥 将粗品加新鲜蒸馏水溶解，加活性炭脱色（活性炭用量为粗品的 10%～12%，要用稀盐酸预先处理过，水洗至无钙镁离子），过滤，滤液呈略带微黄色。在 93 kPa 以上真空度浓缩，温度 40～45℃，至饱和为止，放出自然冷却结晶，离心，烘房内 60℃。干燥，得精制 *L*-赖氨酸盐酸盐。收率 50%以上，国外水平 70%。

四、发酵工程制药在基因工程药物生产中的应用

在表达重组基因产物的系统中，大肠杆菌和酵母菌（酿酒酵母和毕赤酵母）由于它的遗传特性及生理学行为了解得最清楚，被广泛用作受体菌。下面以重组人胰岛素的生产为例，说明发酵工程制药在基因工程药物生产中的应用。

重组人胰岛素的生产工艺：重组人胰岛素的生产应用两种宿主表达系统，即大肠杆菌和酵母表达系统。国内外几种重组人胰岛素的分离纯化技术不尽相同，但采取的技术路线在以下几个方面有共同点：①粗制提取，包括吸附、超滤和包涵体的洗涤；②色谱分离，一般先用离子交换色谱，而后用分子筛制作色谱，最后用反向色谱处理；③重结晶，虽然不作为去除杂蛋内的手段，但可去除色谱过程中加入的有机溶剂残留物及其他有害杂质。

大肠杆菌系统产生重组人胰岛蛋白用大肠杆菌表达胰岛素有两个优点：一是表达量高，一般表达产物可以达到大肠杆菌总蛋白量的 20%～30%；二是表达产物为不溶解的包涵体，所以经过水洗后表达产物的纯度就可达 90%左右，因而易于下游纯化。其缺点是表达出的胰岛素尚没有生物活性，需要变性和复性过程。

大肠杆菌中胰岛素的合成仿照胰岛素的天然合成过程，生产胰岛素原，然后再酶水解

形成具有活性的重组人胰岛素。首先分离纯化胰岛素原 mRNA，通过反转录得到胰岛素原 cDNA，在该 cDNA 的 5'端加上 ATG 起始密码子，通过基因工程技术将该 cDNA 与 β-半乳糖苷酶编码基因相连接构建重组质粒，转化大肠杆菌，构建工程菌。用强启动子构建高效表达载体，如色氨酸启动子，所用诱导物是 3-β-吲哚丙烯酸。重组大肠杆菌进行高密度发酵，当菌体达到一定密度时，把 3-β-吲哚丙烯酸加入到发酵液中，诱导胰岛素原的表达。一般胰岛素原表达量可达 3～5g/L。经发酵表达、纯化得到胰岛素原融合蛋白，继而以 CNBr 裂解、纯化得到胰岛素原，再在体外通过酶切除去除 C 肽，纯化后得到活性胰岛素。这条路线仅需一次发酵与纯化。

对于形成包涵体的胰岛素原，高压（80MPa）匀浆破碎菌体，离心、水洗等分离纯化包涵体，尿素溶解包涵体并复性，获得微小胰岛素原，经过 Trypsin（胰蛋白酶）和 CPB（体外循环）处理，获得胰岛素粗制品，离子交换和反相液相色谱纯化，三重结晶，得到胰岛素纯品。

酵母系统获得生产重组人胰岛素用酵母表达人胰岛素的工艺优点是表达 产物二硫键的结构和位置正确，不需要复性加工处理。其缺点是表达量低、发酵时间长。

酵母表达载体的结构基因由以下几个部分组成：信号肽、前肽序列（lead sequence）、蛋白酶切位点和微小胰岛素原。前肽序列是酵母交配因子的前序列，其作用是引导新合成的微小胰蛋白酶原通过正确的分泌途径，即从细胞内质网膜到高尔基体，随后分泌到胞外。在分泌过程中微小胰岛素原形成正确的二硫键，然后由酵母细胞内的蛋白酶在赖氨酸-精氨酸酶位点将前体肽链切除，最后有正确构象的微小胰岛素原分泌至细胞外。值得注意的是该表达结果中胰岛素 B 链没有第 30 位的苏氨酸，其原因是表达完整的 B 链会使微小胰岛素原的分泌降低。有正确构象的微小胰岛素原经初步纯化、胰蛋白酶消化和转肽酶反应加上 B30 苏氨酸后形成人胰岛素。

酵母菌分泌单链微小胰岛素原，微小胰岛素原是胰岛素 A 链、B 链的融合蛋白，连接 A 链、B 链的多肽比胰岛素原 C 肽短。发酵结束后离心去除酵母细胞，培养液经超滤澄清并浓缩，以离子交换柱吸附和沉淀去除大分子杂质，得到纯化的微小胰岛素原。用胰蛋白酶和羧肽酶处理，得到胰岛素粗品。再通过离子交换色谱、分子筛色谱、两次反相色谱去除链接肽和有关降解杂质，重结晶后得到的终产品纯度达 97%以上。

小　　结

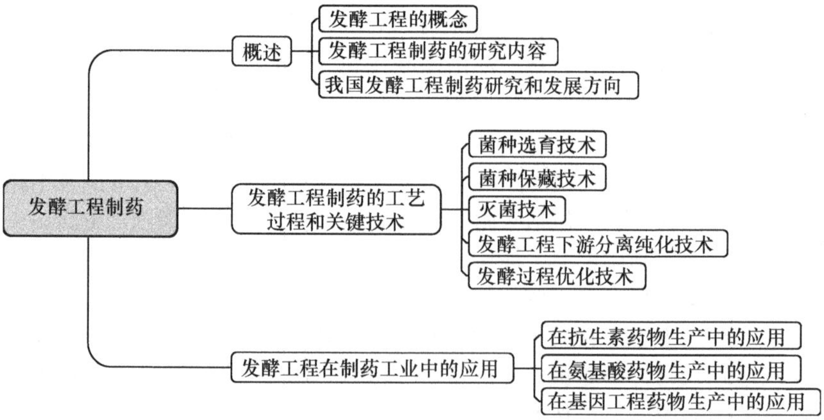

发酵工程制药的工艺流程

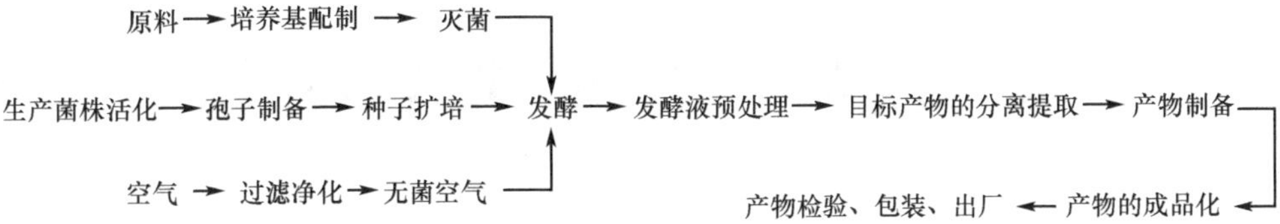

思考题

1. 诱变育种需经过哪些步骤?
2. 如何利用基因工程技术提高抗生素的产量?
3. 发酵工程制药的关键技术有哪些，对制药过程有何重要的影响?

拓展学习

请扫描右侧二维码阅读学习与发酵工程制药相关的参考书、参考文献、国家精品资源共享课及慕课等拓展性学习资料。

（廖国建）

第三篇　生物技术药物

第九章　蛋白多肽类药物

学习目标

1. 掌握：蛋白多肽类药物的概念、分类及特点。
2. 熟悉：蛋白多肽类药物的性质及作用机制。
3. 了解：蛋白多肽类药物的临床应用。

第一节　概　　述

蛋白质（protein）是有机大分子，是构成细胞的基本有机物，是一切生命的物质基础，是生命活动的主要承担者。蛋白质是由氨基酸以“脱水缩合”的方式按一定顺序结合形成一条多肽链，再由一条或一条以上的多肽链按照其特定方式结合而成的高分子化合物。蛋白质中一定含有碳、氢、氧、氮等元素。蛋白质是构成人体组织器官的支架和主要物质，在人体生命活动中，起着重要作用，可以说没有蛋白质就没有生命活动的存在。人体内蛋白质的种类很多，性质、功能各异，但都是由 20 多种氨基酸（amino acid）按不同比例组合而成的。氨基酸残基数量在 20 个以下的化合物称为寡肽（oligopeptides），介于 20～50 个的称为多肽（polypeptides），多于 50 个的称为蛋白质。多个蛋白质往往是通过结合在一起形成稳定的蛋白质复合物，折叠或螺旋构成一定的空间结构，从而发挥某一特定功能。不同的蛋白质其氨基酸的种类、数目、排列顺序和肽链空间结构不同，功能也不相同，在体内不断进行代谢与更新，对人的生长发育非常重要。

一、蛋白多肽类药物的概念

蛋白多肽类药物指来源于动物、植物和应用生物技术研究开发的具有一定生物活性，用于预防、诊断和治疗疾病，以蛋白质和多肽类物质为主要成分的生物药物。蛋白质药物具有活性高、特异性强、低毒性、生物功能明确、有利于临床应用等特点。由于其研发成本低、成功率高、安全可靠，已成为医药产品中的重要组成部分。1982 年美国 Lilly 公司首先将重组胰岛素投放市场，标志着第一个重组蛋白质药物的诞生。

二、蛋白多肽类药物的原理

蛋白和多肽是 α-氨基酸以肽键连接在一起而形成的化合物，自然界中存在着大量的具有生物活性的蛋白和多肽，它们在生理过程中发挥着极其重要的作用，涉及分子识别、信号转导、细胞分化及个体发育等诸多领域。药用的蛋白和多肽多数属于内源性和天然性蛋白和多肽，其结构清楚、作用机制明确，而且易于合成和改造，具有巨大的开发价值。随着生物技术的发展，蛋白和多肽作为药物在临床上的应用越来越广泛，相应的制剂学研究也日益受到重视。蛋白多肽类药物的研究应用主要包括疫苗、抗体、治疗性酶、治疗性激素、细胞因子、抗菌活性肽、诊断用多肽及其他药用小肽等。与化学药物相比，蛋白多肽类药物具有生物活性强、用药剂量小、毒副作用低、疗效显著，无代谢异化等突出特点（表 9-1），但其半衰期一般较短，稳定性差，在体内容易被快速降解，因此蛋白多肽类药物制剂需要低温保存。

表 9-1　蛋白质药物、多肽药物与传统化学药物的比较

药物	相对分子质量	稳定性	生物活性	特异性	免疫原性	纯度	成本
蛋白质药物	一般不高于 10 000	差	高	强	有	较低	更高
多肽药物	500～10 000	较好	高	强	无或低	高	高
传统化学药物	一般不高于 500	好	较低	弱	无	高	低

三、蛋白多肽类药物的发展历程

1. 蛋白质的发现　18 世纪，安东尼奥·弗朗索瓦（Antoine Fourcroy）和其他一些研究者发现蛋白质是一类独特的生物分子，他们发现用酸处理一些分子能够使其凝结或絮凝。1742 年 Beccari 将面粉团不断用水洗去淀粉，分离出麦麸，实际上就是谷蛋白之一。1838 年，荷兰科学家格里特发现蛋白质。1841 年 Liebig 发表了分析蛋白质的文章。此后于 1883 年 John Kjedahl 发明了一个准确测定氮元素含量进而测定蛋白质含量的分析方法，至今仍被广为应用。随后，氨基酸也被发现。1902 年 E.Fischer 测定了氨基酸的化学结构，还测定了肽键的性质。1927 年，J.B.Summer 证明了酶是一种蛋白质。20 世纪 50 年代，J.B.Summermi 描述胰岛素的氨基酸顺序时发现 DNA、RNA 和蛋白质之间的相互关联。1949 年，弗雷德里克·桑格首次正确地测定了胰岛素的氨基酸序列，并验证了蛋白质是由氨基酸所形成的线性（不具有分叉或其他形式）多聚体。1950 年，Armour Hot Dog Co.公司纯化了 1kg 纯的牛胰腺中的核糖核酸酶 A。原子分辨率的蛋白质结构首先在 1960 年代通过 X 射线晶体学获得解析；到了 1980 年代，NMR 也被应用于蛋白质结构的解析；冷冻电子显微学被广泛用于对于超大分子复合体的结构进行解析。

2. 蛋白多肽药物的发展历程　1953 年 Du Vigneaud 应用片段缩合技术成功地合成了第一个多肽药物 Oxytocin（缩宫素），至 1977 年有 9 个多肽用于 15 个药物中正式上市。1965 年，我国人工合成牛胰岛素，经鉴定，其结构、生物活性、物理化学性质、结晶形状都和天然的牛胰岛素完全一样，这是世界上第一个人工合成的蛋白质。1982 年美国 Lilly 公司首先将重组胰岛素投放市场，标志着第一个重组蛋白质药物的诞生。1993 年，我国研制成功第一个重组蛋白药物——干扰素 α-1b。

1989 年 Amgen 公司上市第一个重组人促红细胞生成素（rhuEPO）产品 Epogen（阿法依泊汀），在治疗肾病性贫血、恶性肿瘤放化疗导致的贫血等症状疗效显著。2002 年 Amgen 公司上市“高糖基化”的长效促红细胞生成素产品 Arnesp（阿法达贝泊汀）。20 世纪 90 年代初，S.Kent 将原始的化学连接方法运用到蛋白合成上，从而把多肽合成的范围扩展到生产小分子蛋白。2007 年 Roche 公司上市另一种长效促红细胞生成素产品 Mircera（聚乙二醇化的倍他依泊汀）。

20 世纪 80 年代 Astra Zeneca 公司的 Zoladex 是促黄体激素释放素 LHRH 拮抗剂中的一个杰出代表，此药现在仍然广泛地用于治疗前列腺癌，近年还被批准用于其他临床指征。

3. 国内外蛋白多肽类药物的发展现状　蛋白多肽类药物的开发研究是目前生物医药领域中最活跃、进展最快的部分之一，将是 21 世纪最有前途的产业之一。目前，世界各国都在努力抢占生物技术高点。发达国家中生物技术的年增长速度是整体经济增长平均值的 8～10 倍，且该领域中超过 60%的科研成果都集中在医药领域。绝大部分重组蛋白药物是人体蛋白或其突变体，主要包含细胞因子类药物、单克隆抗体、基因工程疫苗等。重组药物的表达系统分为原核生物和真核生物表达系统。原核生物表达系统主要是大肠杆菌表达系统，真核生物表达系统主要有酵母菌、哺乳动物细胞表达系统。美国在研药物中 70%是由以中国仓鼠卵巢细胞（CHO）为主的哺乳动物细胞表达的。应用哺乳动物细胞表达系统来生产重组蛋白药物已成为生物制药的主流，其市场份额已经超过全世界生物技术药物销售总额的 2/3。而我国上市的重组蛋白类药物主要是大肠杆菌生产的细胞因子类药物。截至 2010 年 6 月，美国食品药品监督管理局（FDA）总共批准了包括激素、细胞因子、重组抗体、酶及其各种长效修饰物等制品在内的 110 种蛋白多肽类药物上市，这些药物在严重影响人类健康的危重疾病治疗中，发挥着举足轻重的作用，蛋白多肽类药物在国民经济中所占的比重不断提升。据对 1995～2009 年关于重组蛋白、疫苗和单克隆抗体方面文献的统计，美国在这三个领域都排在第一位，分别占据了 40%以上的份额，我国在这三个领域分别排在第六（5.74%）、第八（4.89%）和第十（2.84%）。2010 年，世界药物销售额前三十名中有 1/3 是蛋白多肽类药物，生物技术药物的销售额占世界医药市场的比重约为 17%，此外，全球免疫类药物总销售额的 79%、肿瘤类药物销售总额的 35%都是蛋白多肽类药物。我国生物技术药物的研究和开发起步较晚，目前存在着研制开发力量薄弱、高技术含量的基因工程药物多为仿制、低水平重复等现象。我国整体产业规模和市场不大，但生物制药产业的初步格局已经形成，生物药品的市场销售额还比较小。我国重组蛋白药物的销售规模：2006～2010 年期间，生物医药产业由 790 亿元迅速增长到 1340 亿元，年平均增长率一直保持 15%以上。

4. 我国蛋白多肽类药物的发展趋势 截至 2016 年 4 月，我国国家食品药品监督管理局（SFDA）共批准了 33 种重组蛋白多肽类产品上市。我国蛋白多肽类药物的发展主要经历了三个发展阶段：第一阶段以国家科委及国家生物制品研究机构等为主体，研究项目主要是血液制品、肝炎疫苗等；第二阶段主要是利用国外产品在中国不受知识产权保护的时机，以仿制药为主；第三阶段是人类基因组框架的草图完成，人们对基因时代有良好的预期，纷纷投资于蛋白多肽类药物。在国家确定的发展高新技术计划中，生物技术产品一直作为优先开发的领域之一。进入 21 世纪以来，我国生物医药行业持续高速增长。据国家食品药品监督管理总局（CFDA）南方医药经济研究所发布的数据，2000～2013 年，我国生物医药产业销售收入从 1686 亿元增长到 21 543 亿元，年复合增长率达到 21.65%。

第二节 蛋白多肽类药物的分类及特点

蛋白多肽类药物按药物的结构分类可分为：氨基酸及其衍生物类药物、蛋白多肽类药物、酶和辅酶类药物、核酸及其降解物和衍生物类药物、糖类药物、脂类药物、细胞生长因子和生物制品类药物。按药物的性质可分为多肽药物、治疗性酶、治疗性激素、细胞因子类药物、单克隆抗体和基因工程抗体、重组疫苗。本章主要介绍多肽类药物、治疗性酶、治疗性激素和细胞因子类药物。

蛋白多肽类药物按药物具有以下特点：

1. 基本原料简单易得 蛋白多肽类药物主要以 20 种天然氨基酸为基本结构单元依序连接而得，代谢物氨基酸为人体生长的基本营养成分，可通过农产品发酵而制备。

2. 药效高，不良反应低 蛋白多肽类药物本身是人体内源性物质或针对生物体内调控因子研发而得，通过参与、介入、促进、抑制人体内或细菌病毒中生理生化过程而发挥作用，不良反应低，药效高，针对性强。

3. 用途广泛，品种繁多 蛋白多肽类药物是目前医药研发领域中最活跃、进展最快的领域之一。将 20 种基本氨基酸按不同序列相互连接、修饰，可得到品种繁多的蛋白多肽类药物用于治疗各种类型疾病。众多新型蛋白多肽类药物在治疗艾滋病、癌症、糖尿病、肝炎等疾病中效果显著。

4. 研发过程目标明确，针对性强　借助生命科学领域取得的大量研究成果，包括对各类疾病发病机制的揭示，对体内各种酶、辅酶、生长代谢调节因子的深入认识，可以针对性地开展蛋白多肽类药物的研发。

当前，蛋白多肽类药物按药物研发技术主要有：①化学合成方法；②改造生物活性多肽及现有多肽药物；③提高现有多肽药物药效、减少不良反应；④针对具生物活性的天然多肽开展研究；⑤生物技术制备蛋白多肽类药物。

蛋白多肽类药物研发需要解决的关键问题有：生物活性受结构影响，在体内外均不稳定，半衰期短、清除率高、易受体内酶和细菌及体液的破坏，非注射给药生物利用度低，扩散差、分配系数小、难以通过生物屏障及脂质膜等。

知识链接：

提高多肽药物稳定性的方法

1. 定点突变　通过基因工程方法替换引起多肽不稳定的残基或引入能增加多肽稳定性的残基，可提高多肽的稳定性。

2. 化学修饰　主要有侧链修饰、骨架修饰、组合修饰和聚乙二醇（PEG）修饰。适当修饰可保持或提高多肽的生物活性。

3. 添加剂　通过针对性地加入添加剂，如缓冲液、糖类、金属离子、盐及表面活性剂等，可影响多肽的聚集，提高多肽的稳定性。

4. 冻干　多肽发生的一系列化学反应，如脱酰胺、β-消除、水解等都需要水的参与，降低水含量可使多肽的变性温度提高。冻干可提高多肽的稳定性。

一、多肽类药物的分类及特点

人体内存在各种各样的天然多肽，它们参与调控人体多种生理和病理过程。生命活动中的细胞分化、神经激素递质调节、免疫调节及肿瘤病变等生理和病理过程均与活性多肽密切相关。多肽作为药物应用的研发时间虽然较短，但到 2015 年，全球已有 70 多种人工合成或基因重组的小分子多肽药物被批准应用于临床，其中多数来源于天然多肽的活性片段或根据蛋白质结构设计而成。这些多肽药物在治疗糖尿病、骨质疏松症、肿瘤、胃肠道疾病、心血管疾病、中枢神经系统疾病、肢端肥大症、免疫性疾病及抗病毒、抗细菌及抗真菌等方面具有显著效果。

现代药物在 20 世纪是小分子化合物的时代，这类药物一直占据着药物市场的统治地位。由于小分子药物的顺利发展和多肽自身的缺陷，多肽药物的发展在很长一段时间内一直未受到重视。随着小分子药物开发成本和风险越来越高，开发难度越来越大，直接导致开发成功率越来越低；与此同时，在多肽药物开发领域却不断取得进展。随着多肽合成与纯化的相关工艺技术和设备条件的改善和提高及基因重组和其他现代技术的逐渐成熟，人们逐渐把更多注意力投向多肽药物开发。几十年前，第一个多肽药物胰岛素（insulin）被用于治疗糖尿病，第一个化学合成的多肽药物缩宫素（oxytocin）被用于促进产妇分娩，从此，多肽药物迅速发展，从几乎一片空白发展到今天，已成为研发现代药物不可或缺的重要领域之一。20 世纪 70 年代以前，每年平均有不到 1 个多肽药物进入临床试验；70 年代，每年平均大约只有 1 个进入临床试验；而在 80 年代和 90 年代，每年平均进入临床试验的大约分别为 5 个和 10 个；21 世纪前 10 年，进入临床试验的多肽药物数量攀升，每年平均大约有 17 个。尤其是近一二十年来，与多肽合成相关的技术、设备和工艺等方面得以迅速发展，直接导致了多肽药物研发成本和生产成本的大幅度下降，多肽药物的开发也因此进入到黄金时期（表 9-2）。

表 9-2 近 10 年上市的多肽药物

年份	数量	医药公司	通用名	商标名	适应证
2015	4	Millennium Pharmaceuticals	Eptifibatide	Integrilin	治疗急性冠状静脉综合征
		Hospira	Bivalirudin	Angiomax	预防血管形成介入治疗不稳定型心绞痛前后的缺血性并发症
		Fresenius Kabi USA	Glucagon	Glucagon	低血糖
		Sandoz	Glatiramer	Copaxone	多发性硬化症
2014	3	Novo Nordisk	Liraglutide	Victoza	2 型糖尿病
		Par Sterile Products	Vasopressin	Pitressin	尿崩症
		Astrazeneca AB	Exenatide	Byetta	2 型糖尿病
2013	1	Sanofi	Lixisenatide	Lyxumia	2 型糖尿病
2012	6	NPS	Teduglutide	Gattex	成人短肠综合征
		Onyx	Carfilzomib	Kyprolis	复发性多发性骨髓瘤
		Ironwood	Linaclotide	Linzess	慢性便秘、成人便秘引起的肠易激综合征
		Discovery	Sinapultide	Lucinacant	早产儿呼吸窘迫综合征
		Affymax	Peginesatide	Omontys	慢性肾脏病肾透析导致的贫血
		Novartis	Pasireotide	Signifor	Cushing 氏病
2010	1	Theratechnologies	Tesamorelin	Egrifta	艾滋病毒相关的脂肪代谢障碍
2009	1	Novo Nordisk	Liraglutide	Victoza	2 型糖尿病
2008	2	Jerini	Icatibant	Firazyr	遗传性血管水肿
		Ferring	Degarelix	Firmagon	前列腺癌
2007	1	Ipsen	Lanreotide	Somatuline	肢端肥大症
2005	2	Amylin	Pramlintide	Symlin	1、2 型糖尿病
		Amulin	Exenatide	Byetta	2 型糖尿病

（一）多肽类药物的分类

依据多肽类药物的作用和分泌部位分为以下几类。

1. 加压素及其衍生物 有脑神经垂体素、加压素、鞣酸加压素、去氨加压素、苯赖加压素、鸟加压素（POR-8）等。

2. 催产素及其衍生物 有缩宫素、去氨缩宫素、催产素酒石酸等。

3. 促皮质素及其衍生物 有促皮质素、锌促皮质素（ACTH-Zn）、磷锌促皮质素、明胶促皮质素、羧纤促皮质素、丝赖促皮质 18 肽、甘精促皮质 18 肽、锌促皮质 24 肽、促皮质 24 肽、促皮质 25 肽、促皮质 28 肽等。

4. 下丘脑-垂体肽激素 有促性腺素释放激素、促甲状腺素释放激素、生长激素释放激素（CHRH）、生长激素抑制素（CHIH）、促黑色素细胞抑制激素（MRIH）、促黑色素细胞释放激素（MRH）、催乳素释放激素（PRH）、催乳素抑制激素（PIH）、促皮质素释放激素（LRH）等。

5. 消化道激素 有促胃液素 34 肽、促胃液素 17 肽、促胃液素 14 肽、促胃液素 5 肽、促胃液素 4 肽、促胰液素、胆囊收缩素 39 肽、胆囊收缩素 33 肽、胆囊收缩素 8 肽、抑胃肽、胃动肽、血管活性肽、胰多肽、P 物质、神经降压肽、蛙皮肽 14 肽、蛙皮肽 10 肽等。

6. 其他激素和活性肽　有胸腺素、胰高血糖素、降钙素、血管紧张肽Ⅰ、血管紧张肽Ⅱ、血管紧张肽Ⅲ、脑啡肽、内啡肽、睡眠肽、记忆肽、松果肽、胰蛋白酶抑制剂等。

（二）多肽类药物的特点

1. 基本原料简单易得　多肽和蛋白质类药物主要以 20 种天然氨基酸为基本结构单元依序连接而得，可通过农产品发酵而制备。

2. 药效高、不良反应低　多肽和蛋白质类药物本身与人体内源性物质相同或相似，通过参与、介入、促进或抑制人体内生理生化过程而发挥作用，不良反应低、药效高、针对性强、不会蓄积于体内而引起中毒。

3. 用途广泛、品种繁多、新型药物层出不穷　将 20 种基本氨基酸按不同序列相互连接，可得到品种繁多，可用于治疗各种类型疾病的多肽和蛋白质类药物。众多新型多肽和蛋白质类药物在治疗艾滋病、肿瘤、肝炎、糖尿病等疾病中效果显著。

4. 研发过程目标明确、针对性强　借助生命科学领域取得的大量研究成果，包括对各类疾病发病机制的揭示，对体内各种酶、辅酶、生长代谢调节因子的深入认识，可以针对性地开展多肽和蛋白质类药物的研发。

5. 稳定性差　与传统的小分子有机药物相比，多肽具有稳定性差的特点。多肽药物制剂的稳定性、控制释放、非注射途径给药，随着生物技术的发展，多肽作为药物在临床上的应用越来越广泛，相应的制剂学研究也日益受到重视。

知识链接：

多肽的固相合成法

1963 年，Merrifield 首次发展了多肽固相合成方法，由于其合成方便、迅速，成为多肽合成的首选方法，并且带来了多肽有机合成上的一次革命。

多肽固相合成的主要原理是先将目标多肽的第一个氨基酸的羧基以共价键的形式与不溶性固相载体连接，再以该氨基酸为起点，经过脱去氨基保护基使其与相邻氨基酸的羧基发生酰化反应，形成肽键，然后重复该操作步骤，达到所要合成的肽链长度。最后将肽链从固相载体上裂解下来，经过纯化获得目标多肽。

二、治疗性酶的分类及特点

酶（enzyme）是一类生物催化剂，生物体内含有数千种酶，它们支配着生物的新陈代谢、营养和能量转换等许多催化过程，与生命过程关系密切的反应大多是酶催化反应。酶的这些性质使细胞内错综复杂的物质代谢过程能有条不紊地进行，使物质代谢与正常的生理功能互相适应。若因遗传缺陷造成某个酶缺损，或其他原因造成酶的活性减弱，均可导致该酶催化的反应异常，使物质代谢紊乱，甚至发生疾病，因此酶与医学的关系十分密切。

生物体由细胞构成，每个细胞由于酶的存在才表现出种种生命活动，体内的新陈代谢才能进行。酶是人体内新陈代谢的催化剂，只有酶存在，人体内才能进行各项生化反应。人体内酶越多，越完整，其生命就越健康。当人体内没有了活性酶，生命也就结束。人类的疾病，大多数均与酶缺乏或合成障碍有关。人们对酶的利用可以追溯到 4000 多年前，主要表现为酿造活动，如酿酒、制醋等。直到 19 世纪，人类对酶的认识才有了实质性进展。酶化学本质的认识源于 1926 年，Sumner 首次从刀豆提取液中分离纯化得到脲酶结晶并证明它具有蛋白质的性质，提出酶的化学本质是蛋白质。直到 1982 年，Thomas Robert Cech 等在研究 DNA 遗传密码转录成 RNA 时，发现嗜热四膜虫细胞的 26SrRNA 前体具有自我剪切的催化作用，随后 Sidney Altman

等发现核糖核酸酶 P 的 RNA 部分 M1RNA 具有核糖核酸酶 P 的催化活性，说明某些 RNA 也具有催化活性，至此形成了酶是一种具有生物催化功能的生物大分子这一概念并沿用至今。随着生物技术和现代药剂学研究的进展，酶类药物的应用取得了快速发展，已成为生物药物的一个重要门类。

（一）治疗性酶的分类

酶是生物催化剂，在生理 pH 和温度下具有高度专一的催化活性，能迅速产生高效的特异性反应，随着科技的发展，酶类药物越来越多地应用到治疗上，早期酶制剂主要用于治疗消化道疾病、烧伤及感染引起的炎症疾病。近几十年来，酶类药物在治疗上有较大的进展，现在国内外已广泛应用于多种疾病的治疗，其制剂品种已超过 700 余种，主要分为以下 6 类。

1. 促进消化酶类 为最早的医用酶，包括蛋白酶、脂肪酶、淀粉酶、纤维素酶等水解酶。

2. 消炎酶类 溶菌酶、核酸酶等可以使细菌失活，激活白细胞的吞噬功能，增强机体抵抗力。

3. 与治疗心脑血管疾病有关的酶类 激肽释放酶、弹性蛋白酶、纤维蛋白溶解酶、尿激酶等，这类酶对于降血压、防止血栓形成、溶解血栓有独特效果。

4. 与纤维蛋白溶解作用有关的酶类 链激酶、尿激酶等，血纤维蛋白在血液的凝固与解凝过程中有重要作用，提高血液中蛋白水解酶的水平，有助于促进血栓的溶解。

5. 抗肿瘤的酶类 通过破坏肿瘤细胞所需的代谢物来抑制其生长，如 L-天冬酰胺酶可以治疗白血病等。

6. 其他治疗酶 细胞色素 C 是参与生物氧化的一种有效的电子传递体，用于组织缺氧治疗的急救和辅助用药；超氧化物歧化酶能专一清除超氧阴离子自由基，目前主要用于自身免疫性疾病。

（二）治疗性酶的特点

酶与一般催化剂相比，具有作用条件温和、催化效率高、专一性强、催化作用受到调节控制等显著特点。

1. 作用条件温和 由于大多数酶的主要成分是蛋白质，极易受到外界条件的影响而失去催化活性。酶蛋白的分子结构特别是催化作用的必需基团，在高温、高压、强酸、强碱、紫外线、重金属离子、生物碱等不利的物理或化学条件下容易发生结构变化，使酶蛋白变性从而失去催化活性。所以催化作用一般在常温、常压、接近中性的酸碱度等较温和的条件下进行。

2. 催化效率高 酶的催化效率比一般催化剂催化的反应高 10^6～10^{13} 倍，例如 1mol 马肝过氧化氢酶可以使 5×10^6mol 过氧化氢分解，而 1mol 铁离子只可以使 6×10^4mol 过氧化氢分解。

3. 专一性强 化学催化剂对底物的专一性较差，如金属镍和铂可以催化许多有机化合物的还原反应，而酶对底物及催化的反应有严格的选择性，一种酶通常只催化一种或一类化学反应，作用于某一类或某一种特定的物质。

4. 催化作用受到调节控制 生物体内酶的催化反应受到多种多样调节与控制作用，主要有酶原激活作用调节、激素作用调节、共价修饰或变构作用调节等，在多酶反应体系中调控机制更复杂，酶催化作用的可调控性也是其区别于一般催化剂的重要特征。

5. 多样性 酶的种类很多，迄今为止已发现约 4000 多种酶，在生物体中的酶远远大于这个数量。

6. 易变性 大多数酶是蛋白质，因而会被高温、强酸、强碱等破坏。

7. 有些酶的催化性与辅助因子有关

三、治疗性激素的分类及特点

激素是由内分泌腺或器官组织的内分泌细胞所分泌的一类含量极少的高效能生物活性物质，以体液为媒介，经血液循环至靶器官或组织，从而发挥作用。作为一种化学信使或信号分子，激素广泛参与对机体整体功能的调节作用，包括调节组织细胞的物质代谢和能量代谢，以维持机体的营养和机能平衡；参与水电解质平衡、体温及血压等调节过程；促进全身组织细胞的生长、分化和成熟，维持各器官组织的正常生长发育过程；维持生殖器官的生长发育成熟和生育的全过程等。激素在生理状态下含量极低，但其作用却十分强大。激素在体内含量的改变可引起各类疾病的发生，如体内胰岛素分泌不足可引起糖尿病的发生；生长激素分泌不足可严重影响生长发育，导致身材矮小；性腺激素的紊乱可使生育力低下，导致不孕不育等。治疗这类由于体内激素含量不足、过多或紊乱而引起的疾病，激素类药物在临床上发挥着不可替代的作用。

（一）治疗性激素的分类

激素是一类由机体内特殊腺体合成和释放，通过循环系统，作用于靶细胞受体的微量化学信息分子，是机体功能的重要调节因子。目前已经发现人和动物的激素有几十种，根据其化学结构不同，可分为胺类激素、多肽和蛋白质类激素和脂类激素三大类。

1. 胺类激素　多为氨基酸的衍生物，如甲状腺激素是由甲状腺球蛋白裂解后形成的含碘酪氨酸缩合物。

2. 多肽和蛋白质类激素　种类繁多且分布广泛，相对分子质量差异很大，从相对分子质量最小的三肽分子到最多的由 200 余个氨基酸残基组成的蛋白质。下丘脑、垂体、胰岛等部位分泌的激素大多属于此类。

3. 脂类激素　指以脂质为原料修饰合成的激素，如孕酮、雌二醇、醛固酮、睾酮等类固醇激素。

本章主要介绍临床上常用的蛋白多肽类治疗性激素，如胰岛素、生长激素、促性腺激素、甲状旁腺激素等。

（二）治疗性激素的特点

激素是调节机体正常活动的重要物质。它们中的任何一种都不能在体内发动一个新的代谢过程。它们也不直接参与物质或能量的转换，只是直接或间接地促进或减慢体内原有的代谢过程。例如，生长和发育都是人体原有的代谢过程，生长激素或其他相关激素增加，可加快这一进程，减少则使生长发育迟缓。激素对人类的繁殖、生长、发育、各种其他生理功能、行为变化及适应内外环境等，都能发挥重要的调节作用。一旦激素分泌失衡，便会带来疾病。

激素只对一定的组织或细胞（称为靶组织或靶细胞）发挥特有的作用。人体的每一种组织、细胞，都可成为这种或那种激素的靶组织或靶细胞。而每一种激素，又可以选择一种或几种组织、细胞作为本激素的靶组织或靶细胞。例如，生长激素可以在骨骼、肌肉、结缔组织和内脏上发挥特有作用，使人体长得高大粗壮。但肌肉也充当了雄激素、甲状腺素的靶组织。

激素的生理作用虽然非常复杂，但是可以归纳为五个方面。

（1）通过调节蛋白质、糖和脂肪等三大营养物质和水、盐等代谢，为生命活动供给能量，维持代谢的动态平衡。

（2）促进细胞的增殖与分化，影响细胞的衰老，确保各组织、各器官的正常生长、发育，以及细胞的更新与衰老。例如，生长激素、甲状腺激素、性激素等都是促进生长发育的激素。

（3）促进生殖器官的发育成熟、生殖功能，以及性激素的分泌和调节，包括生卵、排卵、生精、受精、着床、妊娠及泌乳等一系列生殖过程。

（4）影响中枢神经系统和自主性神经系统的发育及其活动。

（5）与神经系统密切配合调节机体对环境的适应。

上述五方面的作用很难截然分开，而且不论哪一种作用，激素只是起着信使作用，传递某些生理过程的信息，对生理过程起着加速或减慢的作用，不能引起任何新的生理活动。

（三）常用治疗性激素

1. 胰岛素及其类似物 胰岛素（insulin）是由胰岛 B 细胞分泌的含有 51 个氨基酸残基的小分子蛋白质，相对分子质量约为 6000。胰岛 B 细胞首先在内质网以一条 11.5k 的多肽链——前胰岛素原（preproinsulin）的形式合成，然后除去前面由 24 个氨基酸组成的信号肽，成为相对分子质量为 9000 的胰岛素原（proinsulin），进一步在高尔基体内通过蛋白水解加工，形成成熟的胰岛素和游离的连接肽（connecting peptide，也称 C 肽，C-peptide）。成熟的胰岛素是由 A 链和 B 链两条多肽链组成的二聚体，A 链有 21 个氨基酸，B 链有 30 个氨基酸，两链之间以两个二硫键连接（见第五章，图 5-10）。C 肽无胰岛素生物活性，但其合成与释放均与胰岛素同步。

2. 人生长激素（human growth hormone，hGH） 是腺垂体分泌和贮存的内分泌激素。hGH 是维持机体生长发育和代谢的基础激素，幼年时其缺乏可造成明显身体生长障碍，身材矮小。hGH 是由垂体前叶腺体嗜酸性细胞分泌的非糖基化单链蛋白质激素，由 191 个氨基酸残基组成，分子质量为 22kD 左右。在人体内，75%的生长激素是以 22kD 的形式分泌，分子中有 2 个二硫键，因而具有两个环状结构（图 9-1）。另有 10%的生长激素是以 20kD 的形式分泌，这是由于编码生长激素的基因的第二外显子在转录过程中丢失了 22kD 产物中的第 32～46 氨基酸残基，但体外仍有活性。此外，垂体提取物及血清中，尚存在少量分子质量高于 22kD 的大分子生长激素。

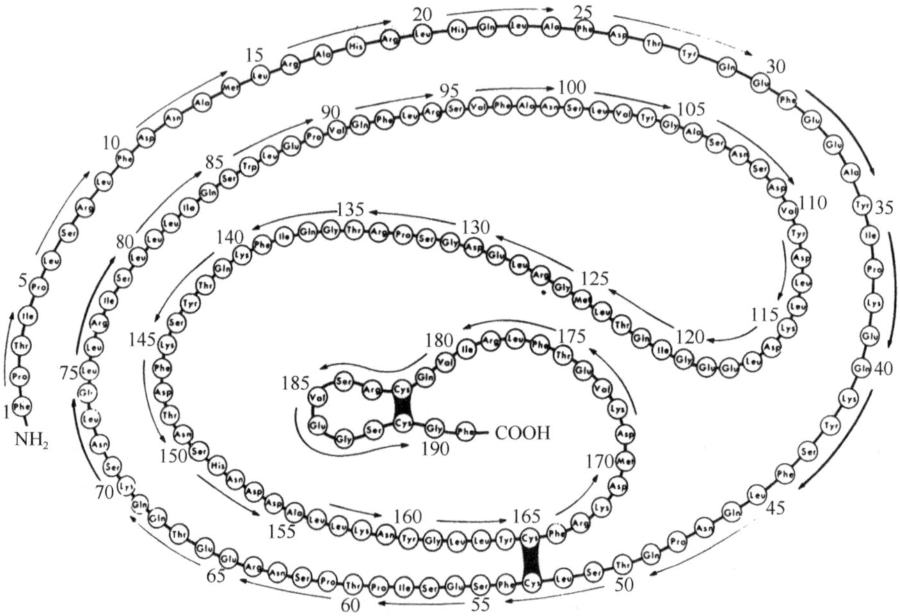

图 9-1 人生长激素分子结构图

hGH 的分泌主要受下丘脑激素的双重调节。在下丘脑分泌的生长激素释放激素（growth hormone releasing hormone，GHRH）作用下，可刺激垂体分泌 hGH，而在下丘脑分泌的生长激素释放抑制激素（growth hormone release inhibiting hormone，GHRIH）或生长抑素（somatostatin，

SS）作用下，可抑制垂体分泌 hGH。此外，各种激素内环境，如雌激素、睾酮、甲状腺激素水平，均有利于生长激素分泌的正调节作用，尤其是性激素与生长激素之间关系密切。

20 世纪 80 年代初期，应用 DNA 重组生物技术在大肠杆菌中表达 hGH 的 DNA 序列成为可能，出现了第一代 rhGH。1985 年，第二代 rhGH 正式获准在临床使用。第二代 rhGH 含有 192 个氨基酸，比天然 hGH 的氨基酸序列在氨基末端多一个蛋氨酸残基，故也被称为蛋氨酸生长激素。使用此药后，在治疗过程中容易出现较大的免疫反应，即使是纯度较高的制剂，在人体内抗 hGH 的抗体产生率仍可高达 64%。

其后，第三代 rhGH 上市，其序列与 hGH 完全相同，含有 191 个氨基酸，但仍使用了包涵体技术生产，在生产过程中，由于复性等环节造成蛋白质的二级、三级结构与天然 hGH 不同，故抗体的产生率仍较高。20 世纪 80 年代末上市的第四代 rhGH，是应用哺乳动物细胞重组 DNA 技术生产的 rhGH，该产品和天然的 hGH 结构更为接近，故抗体的产生率显著降低。

20 世纪 90 年代出现的第五代 rhGH 是用分泌型大肠杆菌基因表达技术生产的 rhGH。该方法是用分泌型载体将 hGH 成熟蛋白的序列直接转录入高表达、高分泌启动子和信号序列后面，在分泌过程中切除信号肽，成为成熟的 rhGH，其定位在细胞周质，既有利于消除临床应用上的抗原性，又有利于提取纯化。获得的 rhGH，其氨基酸含量、序列和蛋白质结构与天然 hGH 完全一致，生物活性、效价、纯度和吸收率极高。临床研究也表明，rhGH 和天然 hGH 具有一致的生物学作用，确保了产品的安全性、有效性和稳定性，是目前临床中最为理想的产品。除了大肠杆菌以外，目前用于临床的 rhGH 还可由芽孢杆菌系统表达，但以大肠杆菌表达系统占多数。

3. 促性腺激素　是由腺垂体分泌的一类激素，以性腺为靶器官，促进性腺分泌性激素，直接或间接地调节生殖功能，并影响男性与女性第二性征的发育。任何一种促性腺激素分泌不足都严重影响生殖功能，因此，促性腺激素类药物可用于各种内源性促性腺激素分泌不足的替代治疗。

卵泡刺激素、黄体生成素、人绒毛膜促性腺激素

卵泡刺激素（follicle-stimulating hormone，FSH，又称促卵泡激素）和黄体生成素（luteinizing hormone，LH）是由垂体合成和分泌的促性腺激素。人绒毛膜促性腺激素（human chorionic gonadotropin，hCG）是由胎盘滋养层细胞合成和分泌，在妊娠早期对胚胎的发育发挥着重要作用。这三种激素都是由 α 和 β 两个亚单位通过非共价键的方式结合而成的糖蛋白。它们的 α 亚单位的肽链相同，而 β 亚单位的肽链各不相同，决定了各自不同的生物学特性。单独的 β 亚单位无活性，必须与 α 亚单位结合才有活性。

女性在青春期开始后，卵巢在促性腺激素的作用下，生卵功能出现月周期性变化，分为卵泡期、排卵期和黄体期。卵泡期主要在 FSH 的作用下，一批卵泡（各含一个卵子）开始生长发育，随后出现一个优势卵泡，其余的退化。逐渐生长的卵泡合成和分泌雌激素，高浓度的雌激素对下丘脑起正反馈调节作用，促进腺垂体分泌 LH 和 FSH。FSH 和 LH 分泌增加，促使卵泡成熟，使卵泡破裂并释放卵细胞（图 9-2）。排卵后，卵泡转化为产黄体酮的卵泡残余物，即黄体。若排卵后未受精，黄体将不断退化，黄体激素、雌激素和黄体酮逐渐减少，黄体寿命仅为 12～15 天，此阶段 LH 和 FSH 处于较低水平。排卵后若卵子发生受精，则受精卵的滋养叶细胞开始分泌 hCG。hCG 从胎盘滋养层细胞分泌后，通

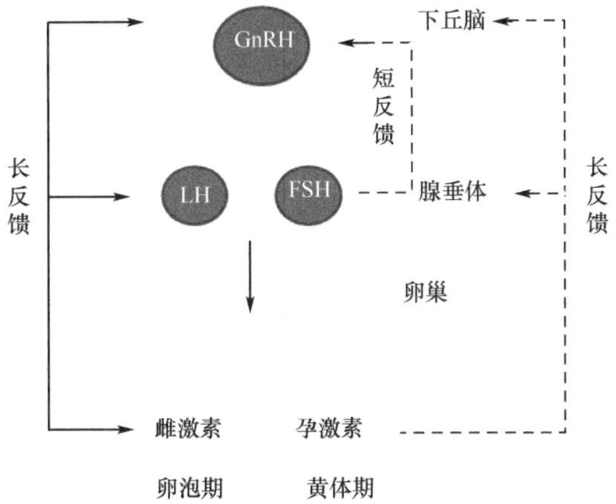

图 9-2　下丘脑-腺垂体-卵巢轴调控卵巢周期

过血循环进入卵巢，刺激黄体分泌孕酮维持黄体功能。在受孕后 60～70 天，hCG 分泌达到高峰，以后逐渐降低并维持至分娩，发挥促进胚胎发育、维持妊娠的功能。卵巢的周期性活动受下丘脑-腺垂体-卵巢轴的调控。下丘脑分泌的促性腺激素释放激素（gonadotrophin releasing hormone，GnRH）促进垂体前叶腺体合成和分泌 FSH 和 LH。此外，抑制素（inhibins）对下丘脑和腺垂体进行负反馈调节，抑制 FSH 的释放（图 9-3）。

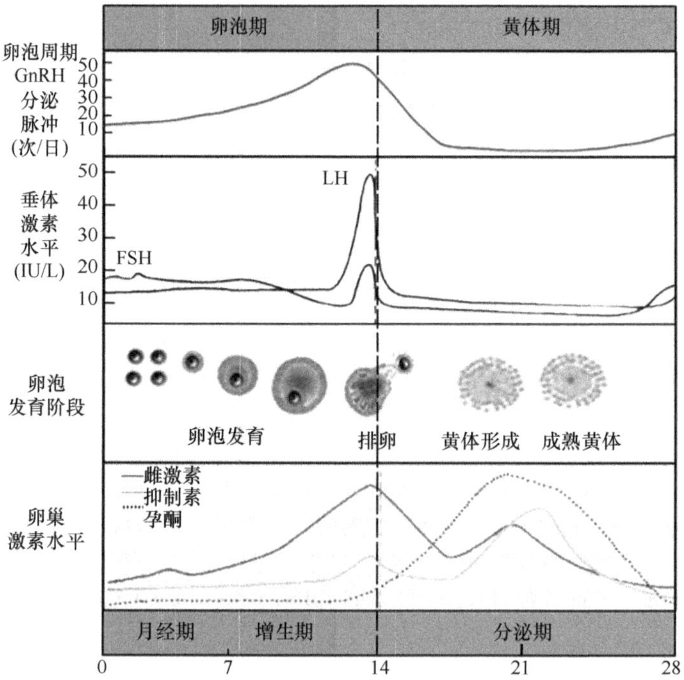

图 9-3 卵巢周期中垂体激素和卵巢激素水平的变化

4. 其他批准用于临床的重组激素 许多激素类药物在 DNA 重组技术建立之前虽已应用于临床治疗，但重组激素的出现，基于其安全性，更给患者的健康带来了福音，越来越受到欢迎。近年来，研究者仍不断探索更多品种的重组激素应用于临床治疗。重组人甲状旁腺激素就是其中之一。

甲状旁腺激素（parathyroid hormone，PTH）是脊椎动物体内调节钙磷代谢平衡的主要激素之一，是由甲状旁腺主细胞合成和分泌的含有 84 个氨基酸残基的直链多肽，分子质量 9.5kD，其氨基端第 1～27 位氨基酸残基决定了 PTH 的生物活性。PTH 与靶细胞上 PTH 受体结合后，通过激活 cAMP 和 PLC 信号转导途径，从而发挥生物效应。PTH 对人体的主要作用是升高血钙和降低血磷，通过动员骨钙入血，并影响肾小管对钙、磷的吸收，从而调节血钙和血磷水平的稳态。PTH 的分泌主要受血中钙离子浓度的负反馈调节，血钙水平是调节甲状旁腺激素分泌的最主要因素。

甲状旁腺激素多肽片段是应用 DNA 重组技术生产的具有天然 PTH 部分片段的重组甲状旁腺激素。重组人甲状旁腺激素 1-34（Recombinant Human Parathyroid Hormone 1-34，rhPTH1-34）即是一种甲状旁腺激素多肽片段，具有与天然 PTH 氨基端第 1～34 个氨基酸序列相同的结构，可以与 PTH 受体结合，发挥 PTH 对血钙和血磷的调节作用，同时避免了 PTH 羧基端肽对骨代谢的不利影响。重组人甲状旁腺激素 1-31（rhPTH1-31）是另一种甲状旁腺激素多肽片段，具有与天然 PTH 氨基端第 1～31 服务氨基酸序列相同的结构。

四、细胞因子类药物的分类及特点

细胞因子（cytokine，CK）是免疫原、丝裂原或其他刺激剂诱导机体各种细胞分泌的多肽类或蛋白质分子，绝大多数细胞因子为分子质量小于 25kDa 的糖蛋白，通过结合细胞表面的相应受体发挥调节免疫、抗炎、抗病毒、抗肿瘤、调节细胞增殖、分化等生理与病理反应等多种作用，是除免疫球蛋白和补体之外的另一类免疫分子。

（一）细胞因子类药物的分类

细胞因子的产生主要由活化免疫细胞和非免疫细胞完成，这些合成和分泌的细胞因子种类繁多，生物学作用表现多样。细胞因子的分类如图 9-4 所示。

- 细胞因子
  - 按来源分
    - 淋巴因子:IL-2、IL-6、IL-10、IFN-γ、TNF-β、GM-CSF等
    - 单核因子:IL-1、IL-6、IL-8、TNF-α、G-CSF和M-CSF等
    - 非淋巴细胞、非单核-巨噬细胞产生的细胞因子:EPO、IL-7、IL-11、SCF等
  - 按功能分
    - 干扰素:IFN-α、IFN-β、IFN-γ
    - 白细胞介素:IL-1~IL-38、IL-*n*···
    - 肿瘤坏死因子:TNF-α、TNF-β
    - 集落刺激因子:G-CSF、M-CSF、GM-CSF、Multi-CSF(IL-3)、EPO等
    - 生长因子:EGF、PDGF、FGF、VEGF等
    - 转化生长因子-β家族:TGF-β_1、TGF-β_2等

图 9-4　细胞因子的分类

1. 根据产生细胞因子的细胞种类不同分类

（1）淋巴因子（lymphokine）：主要由淋巴细胞产生，包括 T 淋巴细胞、B 淋巴细胞和 NK 细胞等。重要的淋巴因子有 IL-2、IL-3、IL-4、IL-5、IL-6、IL-9、IL-10、IL-12、IL-13、IL-14、IFN-γ、TNF-β、GM-CSF 和神经白细胞素等。

（2）单核因子（monokine）：主要由单核细胞或巨噬细胞产生，如 IL-1、IL-6、IL-8、TNF-α、G-CSF 和 M-CSF 等。

（3）非淋巴细胞、非单核/巨噬细胞产生的细胞因子：主要由骨髓和胸腺中的基质细胞、血管内皮细胞、成纤维细胞等细胞产生，如 EPO、IL-7、IL-11、SCF、内皮细胞源性 IL-8 和 IFN-β 等。

2. 根据细胞因子主要的功能不同分类

（1）白细胞介素（interleukin，IL）：1979 年开始命名。由淋巴细胞、单核细胞或其他非单个核细胞产生的细胞因子，在细胞间相互作用、免疫调节、造血及炎症过程中起重要调节作用，凡命名的白细胞介素的 cDNA 基因克隆和表达均已成功，已报道有 30 余种（IL-1～IL-38）。

（2）集落刺激因子（colony stimulating factor，CSF）：根据不同细胞因子刺激造血干细胞或分化不同阶段的造血细胞在半固体培养基中形成不同的细胞集落，分别命名为 G（粒细胞）-CSF、M（巨噬细胞）-CSF、GM（粒细胞、巨噬细胞）-CSF、Multi（多重）-CSF（IL-3）、

SCF、EPO 等。不同 CSF 不仅可刺激不同发育阶段的造血干细胞和祖细胞增殖的分化，还可促进成熟细胞的功能。

（3）干扰素（interferon，IFN）：1957 年发现的细胞因子，最初发现某一种病毒感染的细胞能产生一种物质可干扰另一种病毒的感染和复制，因此而得名。根据干扰素产生的来源和结构不同，可分为 IFN-α、IFN-β 和 IFN-γ，他们分别由白细胞、成纤维细胞和活化 T 细胞所产生。各种不同的 IFN 生物学活性基本相同，具有抗病毒、抗肿瘤和免疫调节等作用。

（4）肿瘤坏死因子（tumor necrosis factor，TNF）：最初发现这种物质能造成肿瘤组织坏死而得名。根据其产生来源和结构不同，可分为 TNF-α 和 TNF-β 两类。前者由单核-巨噬细胞产生，后者由活化 T 细胞产生，又名淋巴毒素（lymphotoxin，LT）。两类 TNF 基本的生物学活性相似，除具有杀伤肿瘤细胞外，还有免疫调节、参与发热和炎症的发生。大剂量 TNF-α 可引起恶病质，因而 TNF-α 又称恶病质素（cachectin）。

（5）转化生长因子-β 家族（transforming growth factor-β family，TGF-β family）：由多种细胞产生，主要包括 TGF-β_1、TGF-β_2、TGF-β_3、TGF$\beta_1\beta_2$ 及骨形成蛋白（BMP）等。

（6）生长因子（growth factor，GF）：如表皮生长因子（EGF）、血小板衍生的生长因子（PDGF）、成纤维细胞生长因子（FGF）、肝细胞生长因子（HGF）、胰岛素样生长因子-Ⅰ（IGF-Ⅰ）、IGF-Ⅱ、白血病抑制因子（LIF）、神经生长因子（NGF）、抑瘤素 M（OSM）、血小板衍生的内皮细胞生长因子（PD-ECGF）、转化生长因子-α（TGF-α）、血管内皮细胞生长因子（VEGF）等。

（7）趋化因子家族（chemokinefamily）：包括四个亚族。①C-X-C/α 亚族，主要趋化中性粒细胞，主要的成员有 IL-8、黑素瘤细胞生长刺激活性（GRO/MGSA）、血小板因子-4（PF-4）、血小板碱性蛋白、蛋白水解来源的产物 CTAP-Ⅲ和 β-thromboglobulin、炎症蛋白-10（IP-10）、ENA-78；②C-C/β 亚族，主要趋化单核细胞，这个亚族的成员包括巨噬细胞炎症蛋白 1α（MIP-1α）、MIP-1β、RANTES、单核细胞趋化蛋白-1（MCP-1/MCAF）、MCP-2、MCP-3 和 I-309。③C 型亚家族的代表有淋巴细胞趋化蛋白。④CX3C 亚家族，Fractalkine 是 CX3C 型趋化因子，对单核-巨噬细胞、T 细胞及 NK 细胞有趋化作用。

（二）细胞因子类药物的特点

细胞因子由抗原、丝裂原或其他刺激物激活的细胞分泌，通过旁分泌（paracrine）、自分泌（autocrine）或内分泌（endocrine）的方式发挥作用。若某种细胞因子作用的靶细胞即是其产生细胞，则该细胞因子对靶细胞表现出的生物学作用称为自分泌效应，如 T 淋巴细胞产生的白细胞介素-2（IL-2）可刺激 T 淋巴细胞本身生长。若细胞因子的产生细胞不是靶细胞，但两者邻近，则该细胞因子对靶细胞表现出的生物学作用称为旁分泌效应，如树突细胞产生的 IL-12 可支持近旁的 T 淋巴细胞增殖及分化。少数细胞因子如 TNF、IL-1 在高浓度时也可通过进入血液（体液）途径作用于远处的靶细胞，则表现内分泌效应。

体内的各种细胞因子之间并不是孤立存在的，而是有着复杂的相互作用，它们之间通过合成和分泌的相互调节、受体表达的相互调节及生物学效应的相互影响组成一个复杂的细胞因子调节网络。细胞因子发挥生物学作用表现出一些基本的特点。①多效性：一种细胞因子作用于多种靶细胞，产生多种生物学效应，如 IFN-γ 既可上调有核细胞表达 MHC Ⅰ类分子，也可激活巨噬细胞。②重叠性：几种不同的细胞因子作用于同一种靶细胞，产生相同或相似的生物学效应的累加效应，如 IL-6 和 IL-13 均可刺激 B 淋巴细胞增殖。③拮抗性：某种细胞因子抑制其他细胞因子发挥的生物学作用，如 IL-4 可抑制 IFN-γ 刺激 Th 细胞向 Th1 细胞分化的功能。④协同性：一种细胞因子强化另一种细胞因子的功能，两者表现协同性，如 IL-32 和 IL-11 共同刺激造血干细胞的分化成熟。细胞因子的基本特性如图 9-5 所示。

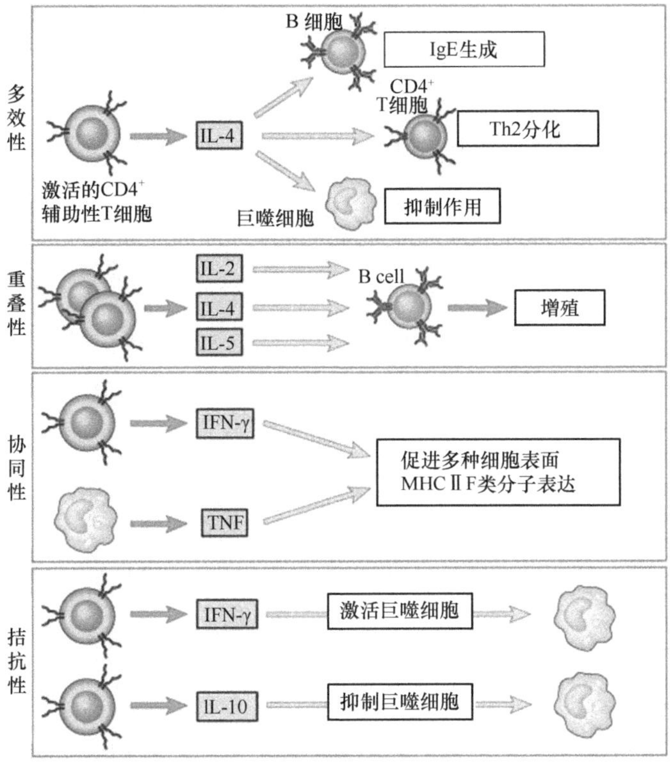

图 9-5　细胞因子的基本特性

1. 干扰素（interferon，IFN）　是由病毒或其他 IFN 诱生剂刺激单核细胞和淋巴细胞所产生的一组具有多种功能的分泌性蛋白质（主要是糖蛋白），它们在同种细胞上具有广谱的抗病毒、影响细胞生长，以及分化、调节免疫功能等多种生物活性。干扰素是一种广谱抗病毒剂，但并不直接杀伤或抑制病毒，而主要是通过细胞表面受体作用使细胞产生抗病毒蛋白，从而抑制病毒的复制。干扰素的产生其实是人体细胞对病毒的防御反应的结果。同时，干扰素还可增强自然杀伤细胞（NK 细胞）、巨噬细胞和 T 淋巴细胞的活力，从而起到免疫调节作用。干扰素可分为 α-（白细胞）型、β-（成纤维细胞）型、γ-（淋巴细胞）型。干扰素的相对分子质量小，对热较稳定，4℃可保存很长时间，–20℃可长期保存其活性。人体自然就能产生干扰素，经一定的制剂加工过程也能制造成药物-干扰素制剂。经近 30 年的临床研究和临床应用，干扰素已成为一种重要的广谱抗病毒、抗肿瘤治疗药物。

干扰素可以从来源分为两大类。第一类是天然 IFN，种类繁多，相对分子质量不同，抗原性亦不同；按动物来源可分为人 IFN（HuIFN）、牛 IFN（BovIFN）等。第二类是指基因工程 IFN，即以基因重组技术生产的 IFN。这类重组 IFN 具有与天然 IFN 完全相同的生物学活性。根据 IFN 蛋白质的氨基酸结构、抗原性和细胞来源，将人细胞所产生的几种 IFN 分为 IFN-α、IFN-β 和 IFN-γ。在此 3 型 IFN 中又因其氨基酸顺序不同，可分为若干亚型：IFN-α 至少有 20 个以上的亚型，而 IFN-β 则有 4 个亚型，IFN-γ 只有 1 个亚型。IFN-α 的亚型有 IFN-αl、IFN-α2、IFN-α3 等或 IFN-α1b、IFN-α2a、IFN-α2b 及 IFN-α2c 等。

IFN-α 主要由人白细胞产生，IFN-β 主要由人成纤维细胞产生，均表现出较强的抗病毒作用。IFN-γ 由 T 细胞产生，表现出较强的免疫调节作用。用仙台病毒刺激白细胞可以产生 IFN-α，用多聚核苷酸刺激成纤维细胞则可以产生 IFN-β，而用抗原刺激淋巴细胞则会产生 IFN-γ。IFN 的性质特点见表 9-3。

表 9-3 INF 的性质和特点

IFN 的性质特点		IFN-α	IFN-β	IFN-γ
物理性质	相对分子质量	18～20kDa	23kDa	20～25kDa
	氨基酸数	165/166	166	143
	酸稳定性（pH2）	稳定	稳定	不稳定
	热稳定性（56℃）	稳定	稳定	不稳定
	等电点	5.7～7.0	6.5	8
遗传学特征	基因定位	人 9 号染色体	人 9 号染色体	人 12 号染色体
	编码基因	>20	1	1
	同源性	与 β 有 30%～40%相似性	与 α 有 30%～40%相似性	与 α、β 无同源性
	内显子	无	无	有
生物学特征	来源	白细胞	成纤维细胞	T 细胞
	诱导剂	病毒	Poly I：polyC	抗原，PHA，ConA
	抗原型	α	β	γ
	活性结构	单体	二聚体	三或四聚体
	受体	与 β 作用同受体	与 α 作用同受体	γ 受体
作用特点	种属特异性	不严格，对牛肾细胞感受性高	不严格，对牛肾细胞感受性低	严格
	抑制细胞生长活性	较弱	较弱	强
	诱导抗病毒速度	快	很快	慢
	与 ConA 结合力	小或无	结合	结合
	免疫调节活性	较弱	较弱	强

IFN-α、IFN-β 和 IFN-γ 的种属特异性不同，IFN-α 和 IFN-β 的种属特异性并不严格，如人 IFN-α 不仅对猴有效，对家兔也有效，且对牛肾细胞也有较高的感受性，但 IFN-β 对牛肾细胞感受性较低。与此相对应，IFN-γ 则具有严格的种属特异性，如人的 IFN-γ 对猴则无效。

2. 白细胞介素（IL） 是由多种细胞产生并作用于多种细胞的一类细胞因子。由于最初发现是由白细胞产生又在白细胞间发挥调节作用，所以由此得名。IL 现在是指一类分子结构和生物学功能已基本明确，具有重要调节作用统一命名的细胞因子。IL 在传递信息，激活与调节免疫细胞，介导 T、B 细胞活化、增殖与分化及在炎症反应中起重要作用，是淋巴因子（lymphokine）家族中的成员，由淋巴细胞、巨噬细胞等产生。

研究者在对免疫应答的研究过程中，发现在各种刺激物处理的细胞培养上清中存在许多具有生物活性的分子，就以测得的活性进行命名，十几年陆续报道了近百种因子。后来借助分子生物学技术进行比较研究发现，以往许多以生物活性命名的因子实际上是能发挥多种生物学效应的同一物质。为了避免命名的混乱，1979 年第二届国际淋巴因子专题会议将免疫应答过程中白细胞间相互作用的细胞因子统一命名为白细胞介素，在名称后加阿拉伯数字编号以示区别，如 IL-1、IL-2 等，新确定的因子依次命名。白细胞介素是非常重要的细胞因子家族，只有获得克隆化的基因、明确产物的性质和活性才能得到国际会议的认可，截至 2013 年 12 月，得到承认的成员已达 38 个。白细胞介素的分类见表 9-4。

表 9-4 白细胞介素的分类

分类	性质	主要成员
IL-1 家族（IL-1F）	有 11 个成员，绝大多数是促炎性细胞因子，主要通过刺激炎症和自身免疫病相关基因的表达，诱导环氧化酶 2、磷脂酶 A_2、一氧化氮合酶、干扰素 γ、黏附分子等效应蛋白的表达，在免疫调节及炎症进程中扮演着重要的角色	IL-1α、IL-1β、IL-1 受体拮抗剂、IL-18、IL-36Ra、IL-36α、IL-37、IL-36β、IL-36γ、IL-38 和 IL-33
IL-2 家族（γc 家族）	有 5 个成员，是信号传导都依赖于 γc 链的一组细胞因子	IL-2、IL-4、IL-13、IL-15 和 IL-21
趋化因子家族	IL-3、IL-8 和一些不属于 IL 的细胞因子归类为趋化因子家族，IL-8 属于其 C-X-C/α 亚族	IL-3、IL-8
IL-12/IL-6 家族	IL-12 家族/IL-6 家族包含 5 个成员	IL-6、IL-12、IL-23、IL-27（IL-30）、IL-35
IL-10 家族	IL-10 家族是Ⅱ类细胞因子的一个亚家族，对免疫系统发挥着多种多样的调节作用	IL-10，IL-19，IL-20，IL-22/IL-TIF 和 IL-24/MDA-7、IL-26 等
IL-17 家族	IL-17 家族有两个白介素成员	IL-17 和 IL-25（IL-17E）
其他	其余的 IL 不明确属于任何一个家族	IL-5、IL-7、IL-9、IL-11、IL-14、IL-16、IL-31、IL-32

3. 肿瘤坏死因子 1975 年 Carswell 等发现接种卡介苗的小鼠注射细菌脂多糖后，血清中出现一种能使多种肿瘤发生出血性坏死的物质，将其命名为肿瘤坏死因子（TNF）。TNF 系由激活的巨噬细胞、NK 细胞及 T 淋巴细胞产生的一种能直接杀伤肿瘤细胞的糖蛋白，是具有广泛生物学功能的一种可溶性细胞因子。由单核/巨噬细胞产生的 TNF 是一种单核因子，被称为 TNF-α；由 T 淋巴细胞产生的 TNF 是一种淋巴因子，被称为 TNF-β。TNF-α 的生物学活性占 TNF 总活性的 70%～95%，因此目前常说的 TNF 多指 TNF-α。

TNF-α 与 TNF-β 氨基酸水平仅有约 36%的相似性，但拥有共同的受体。存在于细胞上的 TNF 受体主要有 TNFR 1 和 TNFR 2 两种，血清中存在的是可溶性的 TNFR（sTNFR 1，sTNFR 2）。TNF 与其相应受体的相互作用不仅对多种肿瘤细胞有细胞毒作用，还与炎症、发热反应、关节炎、败血症及多发性硬化等疾病有密切关系。目前已经能用基因工程的方法大量生产 TNF，并发现除能杀伤瘤细胞外，TNF 还有多种生物学作用。TNF 是第一个用于肿瘤生物疗法的细胞因子，但因其缺少靶向性且有严重的不良反应，目前仅用于局部治疗。

4. 集落刺激因子（CSF） 是指可刺激骨髓未成熟细胞分化成熟，并在体外可刺激集落形成的造血调控生长因子。根据集落刺激因子的作用范围，分别命名为粒细胞 CSF（granulocyte colony-stimulating factor，G-CSF）、巨噬细胞 CSF（macrophage colony-stimulating factor，M-CSF）、粒细胞和巨噬细胞 CSF（granulocyte macrophage：colony-stimlulating factor，GM-CSF）和多能集落刺激因子（multi-CSF，又称 IL-3）。它们对不同发育阶段的造血干细胞起促增殖、分化及成熟的作用，并增强其成熟细胞功能。广义上，凡是刺激造血的细胞因子都可统称为 CSF，如刺激红细胞生成素（erythropoictin，EPO）、刺激造血干细胞的干细胞因子（stem cellfactor，SCF）、可刺激胚胎干细胞的白血病抑制因子（leukemia inhibitory factor，LIF），以及刺激血小板的血小板生成素（thrombopoietin）等均有集落刺激活性。此外，CSF 也作用于多种成熟的细胞，促进其功能具有多相性的作用（表 9-5）。重组 DNA 技术的发展，使利用基因工程方法大量生产细胞因子成为可能。目前，G-CSF、GM-CSF 基因重组产品已广泛应用于临床。在血液病的治疗，造血干细胞移植及恶性实体瘤的放化疗支持治疗等方面发挥着重要作用。

表 9-5　集落刺激因子及特点

细胞因子	产生细胞	效应
Multi-CSF	活化的 T 细胞	刺激造血干细胞增殖，促进肥大细胞，嗜酸、嗜碱粒细胞增殖分化
GM-CSF	活化的 T 细胞，巨噬细胞，成纤维细胞等	刺激粒细胞、巨噬细胞集落形成刺激粒细胞功能
G-CSF	成纤维细胞，骨髓基质细胞，膀胱癌细胞株等	刺激粒细胞集落，刺激粒细胞功能
M-CSF	巨噬细胞	刺激巨噬细胞集落、刺激粒细胞功能，降低血胆固醇
SCF	成纤维细胞，骨髓和胸腺的基质细胞	刺激髓系、红系、巨核系及淋巴系定向造血干细胞
Epo	肾细胞	刺激红系定向造血干细胞
LIF	基质细胞、单核细胞	促进某些白血病细胞株的分化促进胚胎干（ES）细胞的增殖，抑制 ES 细胞的分化

5. 组织型纤溶酶原激活剂（tissue-type plasminogen activator，t-PA）　又名纤溶酶原激活因子，是体内纤溶系统的生理性激动剂，在人体纤溶和凝血的平衡调节中发挥着关键性的作用，是一种新型的血栓溶解剂。t-PA 属于糖蛋白，是丝氨酸蛋白酶类，由血管内皮细胞合成，广泛存在于各组织细胞中。当这些组织受损时，其中的 t-PA 就可释放入血，促进纤溶酶原的激活，这可以解释在这些器官手术时常有较多出血和伤口溶血的现象。

t-PA 是采用基因重组技术开发的首批生物技术药物之一，同时也是目前市场上销售额最高的基因工程药物之一。由于血栓性疾病的逐年上升，对溶栓药物的需求量逐年增加，使对溶栓药的研究成为热点，而目前又以对 t-PA 及其突变体、嵌合体的研究最多。

t-PA 是一单链分子，分子质量 67～72kD，为含 527 个氨基酸的糖蛋白，有 17 对二硫键和 3 个糖基化位点，当受纤溶酶、组织激肽释放酶等作用时，Arg^{275}-Ile^{276} 的肽键则被裂解形成双链。C 端为轻链或 B 链，N 端为重链或 A 链。重链按顺序依次分别为指状结构区（F 区）、生长因子同源结构区（G 区）和 2 个环状或 Kringle 结构区（K1 区和 K2 区）。而轻链与其他丝氨酸酶有同源性，其活性中心则由 His^{325}、Asp^{374} 和 Ser^{481} 组成。t-PA 的结构特点与其功能休戚相关，t-PA 必须糖基化才具有生物学活性（表 9-6）。而根据其糖基化程度可将 t-PA 分为两种类型，Ⅰ型在 120、181 和 451 位糖基化，Ⅱ型仅在 120 和 451 位糖基化。

表 9-6　t-PA 的结构与功能的关系

结构分区	F 区	G 区	K 区（K1 和 K2）
肽链定位	6～13	44～92	93～297
同源性	与牛纤维连接蛋白第一指状区有 34% 相似性	与 t-PA 的体内清除关系有关	与 t-PA 和纤维蛋白的亲和性有关
缺失影响	蛋白酶降解，N 端丢失一段肽序列，则 t-PA 与纤维蛋白的结合力减弱	无 G 区的变异型 t-PA，在血液循环中的清除率低	

第三节　蛋白多肽类药物的临床应用

在过去的几十年间，蛋白多肽类药物在临床应用得到了逐步推广。治疗用蛋白、多肽药物的研究正在经历一场革命，各种蛋白多肽类药物如雨后春笋般出现。

一、多肽类药物的临床应用

多肽药物主要用于治疗癌症、代谢紊乱相关的重大疾病，这些疾病相关的药物拥有全球非常重要的市场。目前，全球药物市场上有 60～70 种多肽药物，如索马杜林（Somatuline）、Copaxone、诺雷德（Zoladex）、Sandostatin、促胰液素（Secretin）、亮丙瑞林（Leuprolide）、艾替班特（Icatibant）、雨蛙素（Ceruletide）、比伐卢定（Bivalirudin）、加压素（Vasopressin）、伐普肽（Vapreotide）、普兰林肽（Pramlintide）、促肾上腺皮质激素（Corticotropin）和杆菌肽（Bacitracin）等，有 200～300 种多肽药物在临床试验中，有 500～600 种正在临床前试验中，更多的多肽药物在实验室研究阶段。有些药物如格拉替雷和奥曲肽的全球销量达到每年 10 亿美元以上。治疗骨质疏松的特立帕肽（Teriparatide，Forteo）和治疗糖尿病的艾塞那肽也接近 10 亿美元的年销量。到 2015 年 12 月，美国 FDA 批准上市的多肽药物有 51 个（表 9-7）。尽管如此，在近万亿美元的全球药物市场中，多肽药物的市场份额仍然非常小，每年市场不到 200 亿美元，占全球药物市场<2%。从另一方面而言，这刚好显示出多肽药物具有很广阔的上升空间。估计到 2018 年，整个生物类药物市场（包括合成多肽、重组表达多肽、蛋白和抗体）将达到每年 700 多亿美元，而多肽药物市场也将达到每年 250 亿美元，其市场成长也比整体药物市场成长快约两倍。在全球多肽药物市场中，美国是最主要的市场，拥有超过 60%的市场份额；而欧洲拥有约 30%的市场份额；亚洲和其他各地约 10%的市场份额。其中，亚洲多肽药物市场又以日本为主，中国市场则非常小。中国目前在市场销售的只有不到 20 个多肽药物，它们全为进口或仿制产品，还没有一个自主创新的多肽新药。

表 9-7　美国 FDA 批准上市的多肽药物

批准日期	汉语名	通用名	商品名	给药途径	适应证
2015/12/8	埃替非巴肽	Eptifibatide	Integrilin	静脉注射	治疗急性冠状静脉综合征
2015/7/14	比伐卢定	Bivalirudin	Angiomax	静脉注射	预防血管形成介入治疗不稳定型心绞痛前后的缺血性并发症
2015/5/8	胰高血糖素	Glucagon	Glucagon	静脉注射	低血糖
2015/4/16	格拉替雷	Glatiramer	Copaxone	皮下注射	多发硬化症
2014/12/23	利拉鲁肽	Liraglutide	Victoza	皮下注射	2 型糖尿病
2014/4/17	加压素	Vasopressin	Pitressin	输液	尿崩症
2014/2/28	埃塞那肽	Exenatide	Byetta	皮下注射	2 型糖尿病
2012/12/21	替度鲁肽	Teduglutide	Gattex	皮下注射	短肠综合征（SBS）
2012/12/14	帕瑞肽	Pasireotide	Signifor	皮下注射	库兴病
2012/8/30	利那洛肽	Linaclotide	Linzess	口服	肠易激综合征引起的便秘（IBS-C）

注：1982 年 1 月至 2012 年 3 月上市的多肽药物信息见附录

除此之外，在其他一些疾病的治疗及辅助治疗方面，多肽药物同样发挥了重要的作用，如丙氨酰谷氨酰胺（Alanyl Glutamine）可用于肠外营养，补充氨基酸溶液；精氨酸加压素（Arginine Vasopressin）用于预防和治疗术后腹胀和尿崩症；阿托西班（Atosiban）用于抑制宫缩，推迟早产；环孢素（Ciclosporin）用于抑制器官移植排斥反应等。

国内上市的多肽药物品种中，从动植物及昆虫中提取的多肽占很大比例，如氨肽素是由猪蹄甲经提取制得的活性物质，用于治疗原发性血小板减少性紫癜、白细胞减少症和再生障碍性贫血；蜂毒注射液主要成分为蜂毒腺和副腺分泌的一种微黄色透明液体，用于治疗风湿性关节炎、类风湿关节炎及强直性脊柱炎等；鹿瓜多肽是从鹿科动物梅花鹿的骨骼和葫芦科植物甜瓜的干燥成熟种子中分别提取后制成的，主要用于治疗关节炎、促进骨折愈合、抗炎镇痛等。除此之外，还有骨肽、尿多酸肽注射液、脾氨肽、胎盘多肽注射液、蝎毒注射液、心肌肽、眼氨肽等。

由于糖尿病、肿瘤、心血管疾病、中枢神经系统疾病等这些疾病与人类的生命健康息息相关，代表着全球非常重要的消费市场，而多肽药物在这些方面具有独特的优势，因此，多肽药物在未来的发展过程中将具有极其重要的应用价值和广阔的发展前景。

二、治疗性酶的临床应用

生物体由细胞构成，每个细胞由于酶的存在才表现出种种生命活动，体内的新陈代谢才能进行。酶是人体内新陈代谢的催化剂，只有酶存在，人体内才能进行各项生化反应。人体内酶越多，越完整，其生命就越健康。当人体内没有了活性酶，生命也就结束。人类的疾病，大多数均与酶缺乏或合成障碍有关。

酶疗法已逐渐被人们所认识，广泛受到重视，各种酶制剂在临床上的应用越来越普遍。临床上广泛应用的酶类药物已达上百种，2015 版《中国药典》收载了酶类药物 15 种、33 个规格，英美药典收载的酶类药物也有十余种。酶类制剂品种已超过 100 种，主要应用于：①酶替代治疗，如腺苷脱氨酶、β-葡萄糖脑苷酶、α-半乳糖苷酶等；②胃肠道疾病的治疗，如胰酶、胃蛋白酶、纤维素酶、脂肪酶、木瓜蛋白酶等；③炎症的治疗，如溶菌酶、胰凝乳蛋白酶、菠萝蛋白酶、胰蛋白酶等；④促进纤维蛋白溶解的抗凝溶栓治疗，如链激酶、尿激酶、纤溶酶、抗凝血酶Ⅲ、组织纤溶酶原激活剂（t-PA）等；⑤抗肿瘤酶，如门冬酰胺酶、谷氨酰胺酶、神经氨酸苷酶等；⑥其他治疗用酶，如青霉素酶用于治疗青霉素过敏，透明质酸酶用作药物扩散剂，弹性蛋白酶用于降血脂、防治脂肪肝等。

近年来对治疗酶的作用机制更加明确，涌现出一批特效的新酶品种，许多新技术得到了广泛应用，从而使酶类药物的疗效更确切、不良反应更小、使用更安全，也更易被临床所接受，使酶类药物更具良好的应用前景。临床常用的治疗性酶类代表药物见表 9-8。

表 9-8 临床常用治疗性酶类代表药物

治疗性酶分类	代表性药物	主要成分	作用机制	适应证
促进消化酶类	胃蛋白酶颗粒	胃蛋白酶	分解蛋白质成胨及多肽	胃蛋白酶缺乏或消化功能减退引起的消化不良
消炎酶类	溶菌酶肠溶片	溶菌酶	水解细菌细胞壁肽聚糖	慢性鼻炎、急慢性咽喉炎、口腔溃疡、水痘、带状疱疹和扁平疣等
与治疗心脑血管疾病有关的酶类	弹性酶肠溶片	弹性蛋白酶	加水分解结缔组织蛋白质中的肽键、酰胺键及酯键	辅助调节血脂
抗肿瘤酶类	注射用左旋门冬酰胺酶	*L*-天冬酰胺酶	降解 *L*-天冬酰胺、*L*-谷氨酰胺及甘氨酸	急性白血病、恶性淋巴瘤
与纤维蛋白溶解作用有关的酶类	纤溶酶注射液	蛋白水解酶	直接溶解纤维蛋白与纤维蛋白原	急性心肌梗死、血流不稳定的急性大面积肺栓塞及急性缺血性脑卒中的溶栓治疗
其他治疗酶	细胞色素 C 注射液	细胞色素 C	进入细胞及线粒体内，增强细胞氧化，提高氧的利用	组织缺氧急救的辅助治疗

（一）治疗性酶的作用机制

酶是一类生物催化剂，生物体内含有数千种酶，它们支配着生物的新陈代谢、营养和能量转换等许多催化过程，与生命过程关系密切的反应大多是酶催化反应。酶的这些性质使细胞内错综复杂的物质代谢过程能有条不紊地进行，使物质代谢与正常的生理功能互相适应。若因遗传缺陷造成某个酶缺损，或其他原因造成酶的活性减弱，均可导致该酶催化的反应异常，使物质代谢紊乱，甚至发生疾病，因此酶与医学的关系十分密切。

酶（E）与底物（S）形成酶-底物复合物（ES）。酶的活性中心与底物定向结合生成 ES 复合物是酶催化作用的第一步。定向结合的能量来自酶活性中心功能基团与底物相互作用时形成的多种非共价键，如离子键、氢键、疏水键，也包括范德瓦耳斯力。它们结合时产生的能量称为结合能（binding energy）。若酶只与底物互补生成 ES 复合物，不能进一步促使底物进入过渡状态，那么酶的催化作用不能发生。这是因为酶与底物生成 ES 复合物后尚需通过酶与底物分子间形成更多的非共价键，生成酶与底物的过渡状态互补的复合物，才能完成酶的催化作用。

当酶与底物生成 ES 复合物并进一步形成过渡状态，这过程已释放较多的结合能，现知这部分结合能可以抵消部分反应物分子活化所需的活化能，从而使原先低于活化能阈的分子也成为活化分子，于是加速化学反应的速度。

酶作用的详细机制仍不太清楚，主要有下列四种作用。

（1）趋近效应（approximation）和定向效应（orientation）：酶可以将它的底物结合在它的活性部位，由于化学反应速度与反应物浓度成正比，若在反应系统的某一局部区域，底物浓度增高，则反应速度也随之提高。此外，酶与底物间的靠近具有一定的取向，这样反应物分子才被作用，大大增加了 ES 进入活化状态的概率。

（2）张力作用（distortion or strain）：底物的结合可诱导酶分子构象发生变化，比底物大得多的酶分子的三、四级结构的变化，也可对底物产生张力作用，使底物扭曲，促进 ES 进入活性状态。

（3）酸碱催化作用（acid-base catalysis）：酶的活性中心具有某些氨基酸残基的 R 基团，这些基团往往是良好的质子供体或受体，在水溶液中这些广义的酸性基团或广义的碱性基团对许多化学反应是有力的催化剂。

（4）共价催化作用（covalent catalysis）：某些酶能与底物形成极不稳定的、共价结合的 ES 复合物，这些复合物比无酶存在时更容易进行化学反应。

一种酶的催化反应常常是多种催化机制的综合作用，这是酶促进反应高效率的重要原因。

（二）实例——组织纤溶酶原激活剂（t-PA）的作用机制及临床应用

组织纤溶酶原激活剂（t-PA）、纤溶酶、尿激酶、链激酶、米曲去纤酶、蛇毒去纤酶、重组活性蛋白质 C（γh-APC）、纳豆激酶、蚓激酶等血栓溶解酶临床用于治疗脑血栓、肺栓塞、四肢与周围血管血栓、视网膜血管栓塞及心肌梗死等多种血栓栓塞病。

（1）组织型纤溶酶原激活剂的作用机制：t-PA 是最经典的纤溶酶原激活剂，又称组织型纤溶酶原激活物（tissue-type plasminogenactivator，t-PA）或纤溶酶原激活因子（tissue plasminogen activator），属于糖蛋白，丝氨酸蛋白酶类，是体内纤溶系统的生理性激动剂，在人体纤溶和凝血的平衡调节中发挥着关键性的作用。它是一种分子质量 70 kD，由 527 个氨基酸残基组成的丝氨酸蛋白酶，基本分为 5 个独立的结构域：F 区、EGF 区、K1、K2 及蛋白酶区，F 区、EGF 区和 K2 区的突变对血纤维蛋白的亲和性和刺激作用都有影响，F 区和 EGF 区与 t-PA 在血液中的清除速率有关。

正常人血浆中 t-PA 的浓度为 2～5μg/L。t-PA 的半衰期约为 5 分钟，其主要在肝中代谢，并且严重肝病时血浆 t-PA 可升高。除了血管内皮细胞合成 t-PA 外，单核、巨噬及内皮细胞等均能产生 t-PA。IL-l、脂多糖等也可不同程度影响血管内皮细胞中 t-PA 的基因表达。此外，外科手术创伤、缺氧、酸中毒、应激状态等内源性物质或因素也都可促进 t-PA 从血管内皮细胞中释放，从而使血浆中的 t-PA 升高；高脂血症、口服避孕药等情况均可导致 t-PA 释放减少。

（2）组织型纤溶酶原激活剂的临床应用：目前临床上将重组 t-PA 用于治疗肺栓塞和急性心肌梗死。其阻塞血管再通率比链激酶高，且不良反应小。t-PA 可广泛用于临床治疗血栓，与肝素联合使用，可提高冠状动脉开通率，达 75%左右，优点为血栓选择性高。由于 t-PA 是存在于人体内的天然酶蛋白，不像链激酶那样会引起变态反应，因此是一种相对较安全的血栓溶剂。

迄今已有三代重组 t-PA 类产品上市。第一代是由美国 Genentech 公司研制的重组天然 t-PA

产物（Alteplase，阿特普酶），于 1987 年由美国 FDA 批准上市，用于急性心肌梗死、急性缺血性卒中（脑中风）和肺栓塞。Alteplase 含天然 t-PA 完整结构，由 CHO 细胞表达，能与血栓特异性结合，无抗原性，可用于重栓塞的反复使用。该药疗效很好，使冠状动脉血栓再通率达 60%～70%。但在体内很快被肝细胞和血管内皮细胞清除，半衰期非常短，仅有几分钟。

第二代是由德国 Boehringer Mannheim 开发的 t-PA 缺失突变体（Reteplase，瑞替普酶），于 1996 年在欧洲上市。该产品是单链、无糖基化、分子中仅含有 K2 功能域和蛋白酶功能域的缺失突变体 Reteplase 在大肠杆菌系统中表达，由 355 个氨基酸残基组成，分子质量为 39kD。相比于天然 t-PA，其在体内的半衰期延长了 4～5 倍，但与纤维蛋白的结合能力降低了 5 倍。

第三代是由美国 Genentech 公司研制的新一代点突变 t-PA （Tenecteplase/rhTNK-tPA，替奈普酶）于 2000 年由美国 FDA 批准上市，用于治疗急性心肌梗死。Tenecteplase 是针对天然 t-PA 的不足进行定点突变而成，在延长半衰期、增强特异性和降低剂量等方面都取得了明显效果。

知识链接：

冠状动脉内血栓溶解疗法

冠状动脉内血栓溶解疗法是用外源性激活物激活体内溶解系统，溶解冠状动脉内的血栓，使冠状动脉再通，改善心肌灌注，抢救受累心肌，缩小梗死面积，改善心肌功能，并达到降低病死率的目的。

由于冠状动脉内血栓溶解及时，缺血心肌得以再灌注，可使梗死范围自外向内的缩小。目前临床常用的血栓溶解药物有链激酶、APSAC（对甲氧苯甲酰化纤维蛋白溶酶原-链激酶活化剂复合物）、尿激酶、重组尿激酶原活化剂、组织型纤维蛋白溶酶元激活剂（t-PA）、重组 t-PA 和蛇毒制剂。

三、治疗性激素的临床应用

由于激素在人体内的含量极少，来源困难。因而从动物体内提取激素用于治疗，可缓解临床用药困难。但由于存在种属差异性，该类激素在人体内可成为抗原，引起过敏反应，增加了不良反应的发生，极大地限制了其使用。现在利用基因工程手段生产多肽和蛋白激素类药物已成为一种既安全又经济的策略。利用基因工程技术不仅可以人工合成各种天然的激素蛋白，还可以通过定点突变等方法有目的地改造蛋白质结构，获得性能更为优越的或全新的治疗性激素类药物。目前已采用基因工程技术成功研制出重组胰岛素、人生长激素、人促卵泡激素、甲状旁腺激素等药物。这些重组激素类药物在临床治疗中均发挥着极其重要的作用，基于其安全性，越来越受到青睐。临床常用的治疗性激素代表药物见表 9-9。

表 9-9　临床常用治疗性激素代表药物

治疗性激素类	代表性药物	主要成分	作用机制	适应证
降低血糖类	甘精胰岛素注射液	甘精胰岛素	促进靶组织中的脂肪和糖原的储存	需用胰岛素治疗的糖尿病
生长激素类	注射用重组人生长激素	重组人生长激素蛋白	与细胞表面的生长激素受体结合来发挥相关作用	内源性生长激素缺乏引起的儿童生长缓慢、重度烧伤治疗
促性腺激素类	注射用重组人促卵泡激素	重组人促卵泡激素 α	刺激卵泡发育	不排卵等
甲状旁腺激素类	重组人甲状旁腺激素	甲状旁腺激素多肽	促进体内成骨细胞增殖、分化并抑制其凋亡，促成骨作用超过促破骨作用，骨量增加，骨的力学强度增强	原发性骨质疏松症

（一）治疗性激素的作用机制

多肽蛋白质类激素及胺类激素作用在靶细胞表面，并不进入细胞内部，而是与细胞膜表面特异的受体结合，这种结合使腺苷酸环化酶激活产生 cAMP（环磷酸腺苷），cAMP 再去激活细胞内的一些特定系列的酶，从而引起各种生理效应。

脂类激素由于是脂溶性的小分子，能直接进入靶细胞，与靶细胞的细胞质中的受体分子结合成"激素-受体复合物"，在一定条件下穿过核膜进入核内，与染色质上的一种酸性蛋白质相互作用，促进 DNA 样板转录相应的 mRNA。mRNA 扩散出核膜进入细胞质，导致某种蛋白质（酶）的合成，从而引起这种激素的生理效应。

脊椎动物的激素靠血液循环系统运输。在血液中，激素大部分与血浆蛋白相结合，小部分游离于血浆之中，两者形成平衡的关系。游离的激素分子在循环过程中，一部分与靶细胞结合发挥作用，一部分入肝后为肝所破坏而失去活性，还有一部分则随尿排出。与血浆蛋白结合的激素分子，可随时与血浆蛋白分离，以补充失去的游离激素分子。固醇类激素，如肾上腺皮质激素和甲状腺素很难溶于水，它们不能游离于血浆中，必须以蛋白质分子为载体在血液中运行。激素分子周游全身，与各种细胞接触，但只能识别它们的靶细胞。这是因为只有靶细胞带有能和激素分子结合的受体。有些激素的靶细胞，表面带有受体，另一些激素的靶细胞，受体不在表面而在细胞内部。这两类激素的作用机制有所不同。

（二）实例——胰岛素的作用机制与临床应用

1. 胰岛素的作用机制 胰岛素的生物学作用复杂，对各种组织代谢具有广泛影响。胰岛素作用的靶组织主要包括肝、肌肉及脂肪组织，主要促进靶组织中的脂肪和糖原的储存，是调节糖代谢的重要激素，同时对脂肪和蛋白质代谢也有一定影响。其主要作用如下：

（1）胰岛素能降低血糖，是体内唯一能降低血糖水平的激素。胰岛素可促进组织细胞摄取葡萄糖，加速葡萄糖在组织细胞中的氧化和利用；胰岛素还可通过抑制糖原分解，维持糖原合成酶的活性，进而促进肝糖原的合成；抑制糖异生途径中关键酶的活性，减少糖原异生。

（2）胰岛素可促进脂肪合成、抑制脂肪分解。脂肪组织属于胰岛素敏感组织，是体内最大的能源储备库。胰岛素可明显促进脂肪储备，同时抑制激素敏感性脂肪酶的活性，减少体内脂肪的分解和动员。当糖尿病患者出现胰岛素缺乏时，可出现脂肪代谢的紊乱，血脂升高，脂肪酸在肝内氧化加速，生成大量酮体，以致引起酮血症和酸中毒。

（3）胰岛素可促进蛋白质的合成、抑制蛋白质的分解。胰岛素能促进氨基酸转运入细胞的过程，并促进 mRNA 的合成，使蛋白质合成增加。同时抑制蛋白质的分解，减少氨基酸的氧化。

胰岛素的作用是通过靶细胞膜上的胰岛素受体（insulin receptor，IR）介导完成。IR 是由两个 α 亚单位和两个 β 亚单位组成的异四聚体。α 亚单位位于细胞膜外侧，是受体结合胰岛素的主要部位。β 亚单位为跨膜蛋白，其胞内部分含有酪氨酸蛋白激酶（tyrosine protein kinase，TPK）。胰岛素与 IR 的 α 亚单位结合后，激活 β 亚单位上的 TPK，进而引起细胞内一系列信号蛋白活化的过程，从而产生降血糖等作用（图 9-6）。

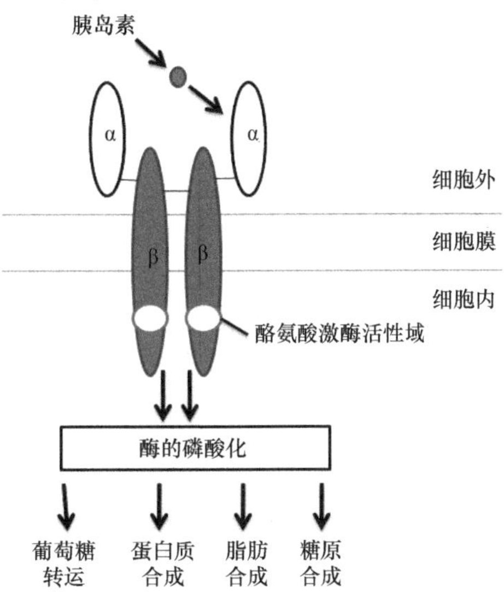

图 9-6 胰岛素受体结构及信号转导示意图

2. 胰岛素的临床应用 胰岛素主要用于治疗糖尿病，对胰岛素缺乏的各类型糖尿病均有效。

包括：

（1）IDDM（胰岛素依赖型糖尿病）的替代治疗；

（2）发生各种急性或严重并发症的糖尿病患者，如糖尿病酮症酸中毒、非酮症高渗性糖尿病昏迷等；

（3）糖尿病患者围术期及妊娠糖尿病等；

（4）合并重度感染、消耗性疾病等的糖尿病患者；

（5）NIDDM（非胰岛素依赖型糖尿病）经饮食控制或其他类口服降糖药无效者。

DNA 重组技术的应用不仅促进了人源化胰岛素在微生物体系中的大量生产，而且也促进了胰岛素的结构改造。应用 DNA 重组技术，通过对人胰岛素蛋白结构中的氨基酸序列进行生物改造，可获得胰岛素类似物（insulin analogues）。这些胰岛素类似物与人胰岛素相比，具有更高的活性，生物学特性更好。目前应用于临床的主要有两类：速效胰岛素类似物和超长效胰岛素类似物。

胰岛素中，与胰岛素受体相互作用的氨基酸残基已经被相继确定，如 A1、A5、A19、A21、B10、B16 等，这些位点上的氨基残基由不同的氨基酸残基所替代的胰岛素类似物已经被制备成功。胰岛素二聚体中单个胰岛素分子间的连接点有 B8、B9、B12、B13、B16、B23 到 B28 位的氨基残基，为增大胰岛素单体间的电子斥力和空间位阻，应用 DNA 重组技术在这些位点加入带电氨基酸或大分子氨基酸，又获得了在这些位点被不同氨基酸所替代的胰岛素类似物。

门冬胰岛素（insulin aspart）是 1999 年应用 DNA 重组技术生产的超短效胰岛素类似物，也是目前第一个经 FDA 批准的泵入治疗胰岛素类似物。门冬胰岛素就是应用上述 DNA 重组技术，将人胰岛素氨基酸链上 B28 位的脯氨酸由天冬氨酸替代而成，通过增大胰岛素单体间的电子斥力和空间位阻，进而阻止胰岛素单体或二聚体的自我聚合过程，从而达到加快胰岛素起效时间的目的。常规的人胰岛素起效时间为 30 分钟，而门冬胰岛素皮下注射后 5～15 分钟起效。该类药物模拟了人的生理性胰岛素分泌模式，能快速起效并迅速恢复，更好地控制了餐后血糖水平。

赖脯胰岛素（insulin lispro）是目前临床应用的另一速效胰岛素类似物。赖脯胰岛素是通过改变人胰岛素 B 链 28 位、29 位脯氨酸和赖氨酸的顺序，进而改变 B 链末端的空间结构，减少胰岛素单体间的非极性接触，达到改善胰岛素自我聚合特性的目的。该类药物具有吸收快、起效快、作用持续时间短等特点。

甘精胰岛素属超长效人胰岛素类似物，是通过 DNA 重组技术在人胰岛素 B 链的羧基末端加上两个带正电荷的精氨酸残基，再用天门冬酰胺替代 A 链 21 位的甘氨酸，从而改变胰岛素的等电点，并使其在酸性环境下保持稳定，显著延长其活性。甘精胰岛素比常规胰岛素作用时间更长，皮下注射后 1～2 小时起效，作用可维持 24 小时以上，每天只需给药一次，即可保持 24 小时内持续释放胰岛素而无峰值变化，临床使用方便。

知识链接：

胰岛细胞移植

众所周知，胰岛素用于控制血糖、治疗糖尿病。胰岛素制剂有动物胰岛素、人胰岛素和胰岛素类似物。根据作用时间分为短效、中效和长效胰岛素，目前已有混合制剂，如诺和灵 30R、优泌林 70/30。

波士顿大学助理教授 ArturoVegas 在 2016 年 3 月的《Nature Medicine》杂志上，发表了他们团队的研究成果，他们合成了一种藻酸的衍生物，然后把人胰岛细胞包于其制成的胶囊中，并植入免疫功能正常的糖尿病小鼠的腹腔内。植入小鼠体内的胰岛细胞立即开始根据血糖水平产生胰岛素，并一直正常发挥其功能长达 174 天。这项研究成果用于临床，将有可能使 1 型糖尿病患者不再需要每天注射胰岛素。

知识链接：

人生长激素产品优猛茁

HuMatrope【注射用基因重组人生长激素（rhGH）】是采用 rDNA 技术合成的多肽激素。HuMatrope 是将人类生长激素基因从染色体 DNA 链上分离出来，重组到质粒上，并用大肠杆菌株 *Eschericjia coli* 进行表达。它的氨基酸序列及空间构象和人垂体来源人生长激素完全相同，采用皮下或肌内注射方式给药。

用于内源性生长激素缺乏、慢性肾衰竭及特纳综合征所致儿童生长缓慢和重度烧伤的治疗。

四、细胞因子类药物的临床应用

细胞因子已经广泛应用于疾病的预防、诊断和治疗过程中。随着分子生物学、细胞生物学及基因重组等各项生物工程技术的飞速发展，目前大多数细胞因子的制备均可利用基因工程技术而获得。自干扰素成为第一个得到美国 FDA 批准上市细胞因子药物以来，多种细胞因子的应用在临床特别是肿瘤生物治疗领域取得了较好的成果，其以低剂量、高疗效的特点受到了人们的广泛关注。相信在不久的将来，会有更多的细胞因子药物在临床治疗中得到更广泛的应用。临床常用的细胞因子类代表药物见表 9-10。

表 9-10　临床常用细胞因子类代表药物

细胞因子类	代表性药物	主要成分	作用机制	适应证
干扰素类	重组人干扰素 α2b 凝胶	干扰素 α2b	通过诱导细胞合成抗病毒蛋白（AVP）发挥效力	治疗尖锐湿疣、口唇疱疹及生殖器疱疹
人白细胞介素类	注射用重组人白细胞介素-2	重组人白细胞介素-2	促 T 细胞生长作用、诱导细胞毒作用等	肾细胞癌、黑色素瘤、乳腺癌、膀胱癌、肝癌、直肠癌、淋巴癌、肺癌等恶性肿瘤的治疗等
肿瘤坏死因子类	注射用重组改构人肿瘤坏死因子	重组改构人肿瘤坏死因子	杀伤或抑制肿瘤细胞、提高中性粒细胞的吞噬能力等	与 CAP 化疗方案联合适用于经其他方法治疗无效或复发的晚期非小细胞肺癌患者
粒细胞集落刺激因子类	重组人粒细胞集落刺激因子注射液	重组人粒细胞集落刺激因子	作用于中性粒细胞系造血细胞的增殖、分化和活化	癌症化疗等原因导致中性粒细胞减少症、骨髓发育不良综合征引起的中性粒细胞减少症等
组织型纤溶酶原激活剂类	重组人组织型纤溶酶原激酶衍生物	瑞替普酶	调节人体纤溶和凝血的平衡	治疗肺栓塞和急性心肌梗死

（一）细胞因子类药物的作用机制

细胞因子发挥广泛多样的生物学功能是通过与靶细胞膜表面的受体相结合并将信号传递到细胞内部，启动复杂的细胞内分子间的相互作用，最终引起细胞基因转录的变化。根据细胞因子受体 cDNA 序列及受体胞膜外区氨基酸序列的同源性和结构性，可将细胞因子受体主要分为四种类型：免疫球蛋白超家族（IGSF）、造血细胞因子受体超家族、神经生长因子受体超家族和趋化因子受体。

细胞因子受体中的共享链：大多数细胞因子受体是由两个或两个以上的亚单位组成的异源二聚体或多聚体，通常包括一个特异性配体结合 α 链和一个参与信号的 β 链。α 链构成低亲和力受体，β 链一般单独不能与细胞因子结合，但参与高亲和力受体的形成和信号转导。通过配体竞争结合试验、功能相似性分析及分子克隆技术证明在细胞因子受体中存在着不同细胞因子受体共享同一种链的现象。

在自然状态下，细胞因子受体主要以膜结合细胞因子受体（mCK-R）和存在于血清等体液中可溶性细胞因子受体（sCK-R）两种形式存在。细胞因子复杂的生物学活性主要是通过与相应的 mCK-R 结合后所介导的，而 sCK-R 却具有独特的生物学意义。

（二）实例——干扰素的作用机制与临床应用

IFN 为第二大重组蛋白药物，IFN 产品已上市 20 多年，2003～2013 年重组 IFN 在全球的销售额由 45.1 亿美元增加到 91.5 亿美元，仅次于重组人胰岛素，为全球第二大重组蛋白药物，年复合增长率为 7.33%。2013 年，原研干扰素产品市场 β 干扰素占据约 79%份额，α 干扰素占据约 21%。

2013 年全球重组干扰素市场格局中，前五大公司占据 98%。其中，Biogen Idec 以 30.1 亿美元的销售额位居首位，占据 33%的市场份额；Merck Serono 以 28%的市场占有率位居第二；Bayer 市场份额为 16%；Roche 市场份额为 16%；美国 MSD 市场份额为 5%。我国干扰素市场规模最近几年增长较快，在国内样本医院的销售额由 2005 年的 1.7 亿元增加到 2013 年的 7.2 亿元，年复合增长率为 19.7%，市场推动力为进口产品（罗氏和默沙东的长效干扰素），两者在国内干扰素市场的占比由 2005 年的 37.3%逐年提高到 2013 年的 70.7%。

知识链接：

干扰素药物的发展历程

1957 年，英国病毒生物学家 Alick Isaacs 和瑞士研究人员 Jean Lindenmann 发现干扰素。

1966～1971 年，Friedman 发现干扰素抗病毒的作用机制。

1986 年，世界上第一个重组人干扰素（IFN-α2b）产品 Intron A 上市（Schering Plough），用于治疗慢性乙型肝炎。

1990 年，第一个 rh IFN-γ 产品 Actimmune 上市（InterMune）。

1993 年，第一个 rh IFN-β1b 产品 Betaseron 上市（Bayer）。

2001 年，长效干扰素聚乙二醇 IFN-α 2b 上市（Schering Plough）。

2014 年，长效 IFN-β 1a 上市（PlegridyBiogen Idec）。

1. 干扰素的作用机制 不同类型的 IFN 因其性质、结构等差异，其生物学活性及临床应用也有所不同。

（1）抗病毒作用：IFN 作为一种广谱抗病毒的细胞因子药物，其抗病毒作用并不是直接杀伤或抑制病毒，而是通过诱导细胞合成抗病毒蛋白（AVP）发挥效力。IFN 首先作用于细胞的 IFN 受体，经信号转导等一系列过程，激活细胞基因表达多种抗病毒蛋白，从而实现对病毒的抑制作用。

IFN 抗病毒的作用具有以下特点：①间接性：通过诱导细胞产生抗病毒蛋白等效应分子发挥抗病毒作用。②广谱性：抗病毒蛋白属于广谱性酶类，对多数病毒均有一定抑制作用。③种属特异性：一般在异种细胞中无活性，而在同种细胞中活性较高。④发挥作用迅速：IFN 既能限制病毒扩散又能中断受染细胞的病毒感染。在感染初期，即体液免疫和细胞免疫发生作用之前，干扰素发挥了重要的抗感染作用。此外，IFN 还可增强自然杀伤细胞（NK 细胞）、巨噬细胞和 T 淋巴细胞的活力，从而起到免疫调节作用，并提高机体抵抗力。

（2）抗肿瘤作用：IFN 有明显的抗肿瘤作用，早在 IFN 发现后不久就已经被证明，IFN 可以抑制某些 RNA 或 DNA 肿瘤病毒在试管内的细胞转化作用。在动物实验中也已证实，IFN 不论对由肿瘤病毒引起的动物肿瘤，还是对动物移植肿瘤均有明显的抑制作用。此外，IFN 不仅能抑制细胞的 DNA 合成，还能减慢细胞的有丝分裂速度。而且，这种抑制作用有明显的选择性，对肿瘤细胞的作用比对正常细胞的作用强 500～1000 倍。

现代研究表明，IFN 抗肿瘤机制如下：①直接抑制肿瘤细胞的增殖；②通过调节免疫应答间接抗肿瘤。例如，IFN-α/β 杀伤肿瘤细胞主要是通过促进机体免疫功能，提高巨噬细胞、NK 和细胞毒 T 淋巴细胞（CTL）的杀伤水平。还能促进主要组织相容性抗原（MHC）的表达，使肿瘤细胞易于被机体免疫力识别和攻击。

知识链接：

TNF 杀伤肿瘤细胞机制

①直接杀伤或抑制作用。②通过 TNF 对机体免疫功能的调节作用，促进 T 细胞及其他杀伤细胞对肿瘤细胞的杀伤。③TNF 作用于血管内皮细胞，损伤内皮细胞或导致血管功能紊乱，使血管损伤和血栓形成，造成肿瘤组织的局部血流阻断而发生出血、缺氧坏死。④提高中性粒细胞的吞噬能力，增加过氧化物阴离子产生，增强 ADCC 功能，刺激细胞脱颗粒和分泌髓过氧化物酶。⑤促进细胞增殖和分化：TNF 促进 T 细胞 MHC Ⅰ类抗原表达，增强 IL-2 依赖的胸腺细胞、T 细胞增殖能力，促进 IL-2、CSF 和 IFN-γ 等淋巴因子差生，增强有丝分裂原或外来抗原刺激 B 细胞的增殖和 Ig 分泌。

（3）免疫调节作用：IFN 对于整个机体的免疫功能（包括免疫监视、免疫防御、免疫稳定）均有不同程度的调节作用。

A. 对巨噬细胞的作用。IFN-γ 可促进巨噬细胞吞噬免疫复合物、抗体包被的病原体和肿瘤细胞。并可使巨噬细胞表面 MHC Ⅱ类分子的表达增加，从而增强其抗原递呈能力。

B. 对淋巴细胞的作用。IFN 对淋巴细胞的作用可受剂量和时间等因素的影响而产生不同的效应。应用低剂量 IFN 或者在抗原致敏之后加入 IFN 能产生免疫增强的效果，而在抗原致敏之前使用大剂量 IFN 或将 IFN 与抗原同时投入则会产生明显的免疫抑制作用。

C. 对其他细胞的作用。研究表明，IFN-γ 有刺激中性粒细胞，从而增强其吞噬能力的作用；IFN-γ 也可以使某些正常情况下不表达 MHC Ⅱ类分子的细胞（如血管内皮细胞、某些上皮细胞和结缔组织细胞）表达 MHC Ⅱ类分子，从而发挥抗原呈递作用。

2. 实例——干扰素的临床应用　由于干扰素几乎能抵抗所有病毒引起的感染，如水痘、肝炎、狂犬病等病毒引起的感染，因此它是一种抗病毒的特效药。目前，IFN-α 用于治疗乙型、丙型肝炎疗效是肯定的。利巴韦林联合 IFN-α 治疗丙型肝炎，对于 40%慢性丙型肝炎患者具有不同程度的疗效。而且，基因重组技术为 IFN 的临床推广应用提供了重要保障。例如，新开发的一种药物聚乙二醇干扰素，由于其独特的药动学特点，在机体内耐受性要优于普通干扰素，临床试验中显示出比普通干扰素更好的疗效。聚乙二醇干扰素联合利巴韦林是目前临床治疗慢性丙型肝炎的常用疗法，也是中国市场上第一个长效 IFN 类药物，可以在丙肝病毒基因分型基础上进行抗病毒治疗。此外，IFN-α 还可以用来治疗尖锐湿疣、流行性感冒、带状疱疹、病毒性角膜炎等常见病毒性疾病。

IFN 对部分肿瘤疗效确切，尤其在肿瘤负荷小鼠作用明显。抗肿瘤 IFN 已应用于乳腺癌、骨髓癌等多种癌症的临床治疗。目前多主张 IFN-α 长期低剂量使用，同时配合采用瘤内或区域内给药，并与放疗、化疗合用效果更佳。IFN-γ 单独应用对抗肿瘤无效，但与一些细胞因子合用则有抗肿瘤活性。如 IFN-γ+TNF 配合其他化疗药物治疗胃肠道肿瘤、黑色素瘤和肉瘤有一定的治疗作用。

临床研究表明，通过观察接受 IFN 治疗的肿瘤患者，其周围血淋巴细胞的 NK 活力有明显增加，甚至在每日注射 IFN 长达 9 个月的患者，这一增加仍然持续。在用大剂量的人 IFN-α 制剂治疗病毒性疾病的过程中，也发现接受 IFN 治疗患者的周围血淋巴细胞对植物血凝素（PHA）

的反应受到抑制。此外，IFN 可用于治疗多发性硬化病；IFN 可以治疗慢性肉芽肿；利用 IFN 的免疫调节作用还可用于脓毒性休克、类风湿关节炎的治疗等。

小　结

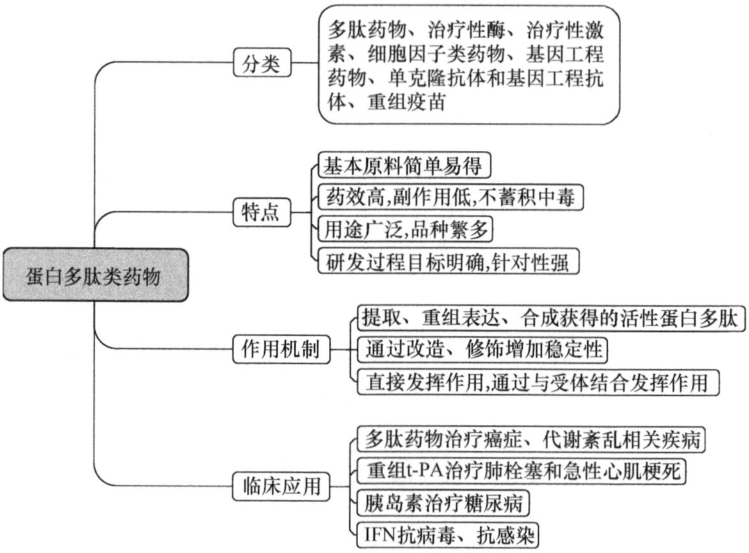

思考题

1. 简述蛋白多肽类药物的分类。
2. 简述细胞因子类药物的临床应用。
3. 多肽类药物的特点有哪些?
4. 酶类制剂的临床应用主要有哪些?
5. 简述治疗性酶的分类。

拓展学习

请扫描右侧二维码阅读学习与蛋白多肽类药物相关的经典科研文献、参考书、精品资源共享课及慕课等拓展性学习资料。

（刘开云）

第十章　抗体类药物

学习目标

1. 掌握：抗体药物的概念、分类及其特点。

2. 熟悉：单链抗体、重组人源化单克隆抗体和抗体药物偶联的结构和性质及其临床应用。

3. 了解：抗体药物的发展和趋势。

第一节　概　　述

一、抗体药物的概念与特点

抗体（antibody）是由 B 淋巴细胞增殖分化成为浆细胞后所产生的，能与相应抗原发生特异性结合的一种蛋白质，具有结合抗原、中和毒素及介导细胞毒等功能。应用于临床治疗的抗体，就称之为抗体药物（antibody pharmaceutics）。

抗体药物从组成上来讲可分为两类，一类是抗体本身即是药物；而另一类是由抗体本身与治疗药物（如放射性核素，毒素等）结合构成。相对于化学小分子药物，抗体药物有如下特点：

（1）具有高特异性、高亲和力的特点，其对靶标特异的高亲和力，使得药物脱靶所造成不良反应大大减少。

（2）抗体药物半衰期长，平均为 10～20 天，给药次数较少，患者容易接受。

（3）抗体药物的化学本质是蛋白质，有确定的序列，可以通过基因工程手段对抗体药物序列进行改造，以获得更佳的疗效。

近年来，抗体药物研究取得了快速进展，使得抗体的安全性、特异性及非免疫原性得到了明显改善，成为了治疗癌症及其他疾病的新宠，在治疗和商业上取得了巨大的成功。

二、发 展 简 史

抗体作为药物来使用的有据可查的历史可追溯到我国北宋时期，彼时就出现了种人痘预防天花的方法。但是，真正意义上的抗体治疗，是 19 世纪的德国医生 Behring 和日本学者 Kitasato 提出基于抗体的血清治疗（serum therapy）。1890 年，Behring 和 Kitasato 在研究白喉发病机制时，发现注射了白喉外毒素动物的血清可用于治疗白喉外毒素导致的人类疾病，并用这种免疫血清治愈了一例患白喉病的女孩。1901 年，由于在血清疗法和被动免疫上的贡献，Behring 医生获得了诺贝尔生理学或医学奖。随后，来自人类或动物的免疫血清被广泛用于细菌或病毒性疾病的治疗和预防，拉开了抗体治疗的序幕。这些治疗用血清的药效成分实际上就是多克隆抗体。20 世纪 40 年代，由于抗生素的发现和抗血清本身的局限如免疫原性、疗效不稳定等，大多数细菌传染性疾病的血清治疗都逐渐被放弃。

1975 年，英国剑桥大学的 Kohler 和 Milstein 发明了杂交瘤技术。利用该技术，可以获得一种能大量无限生长繁殖，又具有合成和分泌抗体能力的杂交瘤细胞。这种杂交瘤细胞就如同一个抗体加工厂，能持续合成性质相同的单克隆抗体（monoclonal antibody）。自此，抗体药物的发展获得了实质性的进步。1984，由于在单克隆抗体生产技术和相关理论上的贡献，Kohler 和 Milstein 被授予了诺贝尔生理学或医学奖。美国斯坦福医学中心的研究人员 Levy 等使用杂交瘤技术制备了一个抗 B 细胞淋巴瘤的特异性单克隆抗体，并应用到淋巴瘤的治疗上。经过一段时间治疗，淋巴瘤消失，患者病情得到缓解，展现了抗体药物的良好前景。1986 年，OKT3 的上市标志抗体药物的研究和应用达到了高峰。但是由于当时开发的单克隆抗体均为鼠源性，反复使用后会引起人抗鼠抗体（human anti-mouse antibody，HAMA）反应，不仅降低疗效，还会引起过敏反应，减少了人们对抗体药物的热情。20 世纪 90 年代初，用于脓毒症治疗的抗内毒素单抗不仅疗效没有达到预期，反而增加了患者死亡率，使得抗体药物产业进入了低谷。

知识链接：

B 淋巴细胞的发现

美国科学家 Max Dale Cooper 等对摘除胸腺或法氏囊的鸡进行辐射，来研究这两个器官的功能。他们发现，胸腺摘除的鸡经过辐照后，表型与摘除胸腺的初生小鼠相似，淋巴细胞数量减少并且伴随严重的细胞免疫缺陷与体液免疫缺陷；而法氏囊摘除的鸡经过辐照后，表型则明显不同，它们没有浆细胞，体内抗体量也大幅降低，但总淋巴细胞数量丰富且细胞免疫完好。Cooper 博士的实验完美地证明了法氏囊与胸腺不同的生理功能，并在此基础上，最终鉴定出了两种不同的免疫细胞类型——T 细胞和 B 细胞。

单克隆抗体已经作为诊断和治疗分子广泛地应用于临床，拯救了无数生命，而 B 淋巴细胞的发现是单克隆抗体技术发明的前提。让我们记住这个为人类健康做出突出贡献的科学家吧——Max Dale Cooper。

随着分子生物学技术的发展和抗体工程技术的不断进步，20 世纪 90 年代后期，抗体药物又获得了新的发展。一方面抗体药物的给药方式不断改良，如使用抗体偶联药物、抗体片段等；另一方面利用基因工程对抗体进行改造，开发出免疫原性更低，疗效更高的抗体。1994 年，科学家培养出了能产生全人源抗体的转基因小鼠。1997 年，第一个人鼠嵌合抗体阿昔单抗（Abciximab，ReoPro）被 FDA 批准上市。1998 年，第一个人源化抗体赫赛汀（Trastuzumab，Herceptin）上市。2002 年，便出现了利用噬菌体展示技术研发的全人源化抗体阿达木单抗（Adalimumab，Humia）。短短不到十年的时间，抗体药物就得到了飞速发展。

根据抗体药物的发展历史，可以将抗体药物分为三类：第一代免疫血清药物，第二代单克隆抗体药物和第三代基因工程抗体药物。

（一）第一代抗体药物——免疫血清

抗原决定簇（antigenic determinant）是在抗原分子上具有一定组成和结构的特殊化学基团，能与相应抗体或致敏淋巴细胞发生特异性结合。一个 B 细胞只能识别一种抗原决定簇，并产生相应的抗体，我们将该抗体称为单克隆抗体。抗原（antigen）通常由多个抗原决定簇组成，当该抗原进入机体后，会有多种抗原决定簇刺激免疫系统，从而激活多种 B 细胞克隆，产生各种各样的单克隆抗体。这些单克隆抗体混杂在一起，就称之为多克隆抗体（polyclonal antibody，pAb），简称多抗（制备原理如图 10-1 所示）。免疫血清即是一种含有多克隆抗体的血清制剂。

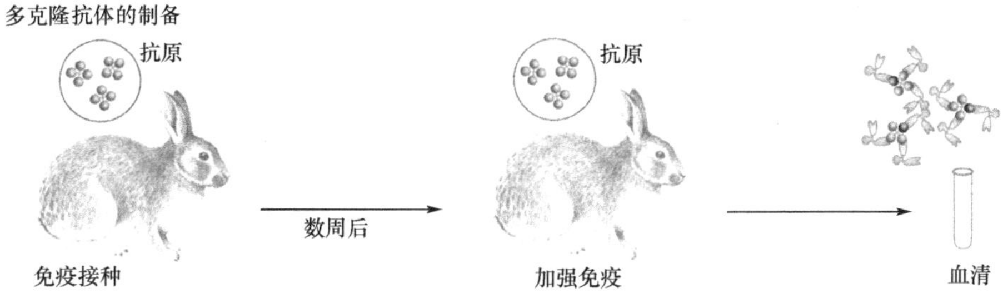

图 10-1　多克隆抗体的制备

通过注射免疫血清可以使受者获得被动免疫（passive immunity），从而治疗或预防疾病。免疫血清种类主要包括抗毒素血清（antitoxic serum）、抗菌免疫血清（antibacterial immune serum）、抗病毒免疫血清（antiviral immune serum）及抗淋巴细胞丙种球蛋白（anti-lymphocyte γ-globulin）等。由于人血浆来源有限，所以大多数抗血清来源于动物。

1. 抗毒素血清　将类毒素多次注射到免疫动物体内（通常用马作为免疫动物），效价和特异性鉴定合格后，取动物血清，再进行浓缩纯化制备成制剂。获得的血清制剂中含有能中和外毒素的大量抗体，常用于外毒素所致疾病的治疗和紧急预防。临床常用抗毒素血清的有白喉抗毒素、破伤风抗毒素。

2. 抗菌免疫血清　将病菌多次注射到动物体内而获得的免疫血清。在磺胺类药物和抗生素大量应用之前，抗菌血清曾用于治疗鼠疫、痢疾、肺炎、百日咳、炭疽等疾病，但疗效不佳。目前抗菌血清已极少应用于临床治疗。但对一些耐药菌株如铜绿假单胞菌引起的感染，可用抗菌血清治疗。

3. 抗病毒免疫血清　由病毒免疫动物产生的血清。由于尚未有特效药物治疗病毒病，故在某些病毒病的早期或潜伏期，可考虑用抗病毒血清进行治疗和预防。虽然此类血清有较为显著的预防效果，但是治疗效果不明显，所以相关制剂也不多。目前在国家食品药品监督管理总局的数据库中，仅能查到抗狂犬病血清一种抗病毒免疫血清。

4. 抗淋巴细胞免疫球蛋白　用 T 淋巴细胞免疫动物制备免疫血清，然后从血清中提纯的免疫球蛋白，具有 T 淋巴细胞抑制作用。在人体内补体的协同下，抗淋巴细胞免疫球蛋白能溶解 T 淋巴细胞，减少外周血中的 T 淋巴细胞。常用于系统性红斑狼疮、重症肌无力等自身免疫疾病的治疗，也用于减少器官移植术后的免疫排斥反应。

多价免疫血清虽然有一定疗效，但是由于其含有的抗体是极不均一的，不仅特异性差，而且易导致超敏反应。例如，抗体的化学本质是蛋白质，本身就含有多种抗原决定簇，抗血清中的免疫蛋白类、亚类、型和独特型可以刺激机体产生多种抗抗体。抗抗体再与抗毒素结合，很可能就会导致超敏反应，严重时可危及患者性命。

（二）第二代抗体药物——单克隆抗体

由一个淋巴 B 细胞（单克隆细胞）针对一个抗原决定簇产生的抗体，我们称之为单克隆抗体。该抗体能与刺激其产生的抗原决定簇特异性结合。如果能将产生单克隆抗体的浆细胞在体外扩增并使其分泌抗体，那么就有可能获得大量的单克隆抗体。但是浆细胞的寿命较短，扩增和培养条件也较苛刻，不利于单抗的大规模生产。1975 年，Kohler 和 Milstein 将来源于小鼠骨髓的骨髓瘤细胞和可以分泌抗体的啮齿动物细胞融合，形成杂交细胞（制备过程如图 10-2 所示）。该杂交细胞功能如免疫细胞般可分泌特异性抗体，又具有肿瘤细胞的无限繁殖的能力。科学家将这种杂交细胞系称为杂交瘤（hybridoma）。通过效价筛选，分离出能针对特异性抗原，且亲和力达到要求的杂交瘤细胞，就能在适当培养条件下，大量扩增该细胞，从而实现单克隆抗体的大规模生产。

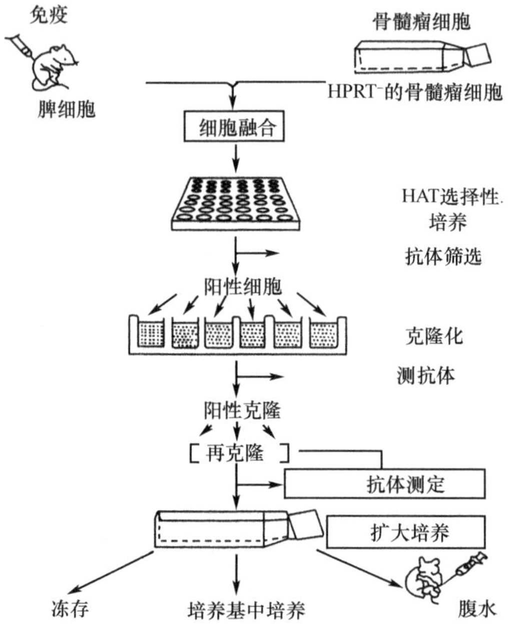

图 10-2 单克隆抗体的制备过程

知识链接：

可敬的单克隆抗体之父——Kohler 和 Milstein

1984 年，Kohler 和 Milstein 因为构建了杂交瘤体系而获得诺贝尔生理学或医学奖。有人问到为何不申请杂交瘤技术专利——如果申请专利，上亿美金唾手可得。Kohler 回答说："Milstein 教授认为，我们虽然找到了可以申请专利的东西，但是不需要任何回报。所以我们将对这一方法公之于众没有什么顾虑。我们是科学家，而不是商人。我并不认为科学家能给任何东西申请专利。当时我们做这个决定时并没有考虑很多而是自然而然、由心而发的。否则我就得学习怎样处理钱的问题，怎样得到执照，而没有时间去获得今天的成就。这就完全违背了我的个性，我不认为这样对我会有任何好处。"

与含多克隆抗体的免疫血清相比，以杂交瘤技术的制备的单克隆抗体具有纯度高、特异性强、可重复大量生产的优点。这种用杂交瘤技术制备的抗体，可视为第二代抗体药物。单克隆抗体基本取代了多克隆抗体，广泛应用于基础研究、临床诊断和体内治疗等方面，不仅提高了各种传染病和恶性肿瘤诊断的准确性，也为肿瘤等疾病的治疗提供了新的途径。早期研发的单抗大多是鼠源的单克隆抗体，由于人鼠之间存在的遗传差异，临床反复用药，人体内会因为鼠源性蛋白抗原的刺激而产生抗鼠抗体，使得单抗临床疗效减弱或消失，而且增加患者后续应用的临床风险，极大地限制了单克隆抗体在疾病治疗上的应用。鼠源单抗存在的种种问题，使得制备人源化抗体成了抗体药物研究的主要发展方向（表 10-1）。

表 10-1 部分已上市的鼠源单抗

抗体名称	药物名称	适应证	批准时间
Muromonab-CD3	Orthoclone（OKT3）莫罗单抗	抑制排斥反应	1986 年
Ibritumomab	Zevalin 替伊莫单抗	非霍奇金淋巴瘤	2002 年
Tositumomab	Bexxar 托西莫单抗	非霍奇金淋巴瘤	2003 年
Fanolesomab	Neutrospec	造影剂	2004 年

（三）第三代抗体药物——基因工程抗体

最初的上市的单抗药物大多是鼠源性的，由于不良反应较大，目前已经很少使用。理想的临床应用单克隆抗体应是人源抗体，但是目前人-人杂交瘤技术还尚未得到突破，即使构建成功人-人杂交瘤细胞，也存在传代不稳定、抗体亲和力低、产量不高等问题。目前较好办法是利用 DNA 重组技术对鼠源单克隆抗体进行改造，来避免人体免疫反应，同时保留抗体特异性。在 20 世纪 80 年代，科学家便开始探索用基因工程的方法来改造鼠源单克隆抗体，降低或去除单克隆抗体中鼠抗体的成分，并替代以相应的人源抗体成分，以克服鼠源单克隆抗体的异源性反应。经历 20～30 年的时间，抗体已经完成了从鼠源性到人源性的转变。

典型的免疫球蛋白（immunoglobulins，Ig）单体是由四条多肽链组成——两条轻（L）链和两条重（H）链（图 10-3）。一条 L 链（约 25 kDa）通过二硫键和非共价键和一条 H 链（约 55kDa）结合在一起通过疏水作用而结合在一起，由二硫键连接。两条 H 链同样也通过二硫键及非共价亲水和疏水作用结合在一起。抗体近 N 端轻链的 1/2 区段与重链的 1/4 或 1/5 段的氨基酸组成及排序多变，称为可变区（V 区）。近 C 端轻链的 1/2 区段和重链的 3/4 或 4/5 则比较恒定，称为恒定区（C 区）。因此，H 链和 L 链可分为多个功能域，分别是 VH、VL、CH1 和 CH2。H 链 N 端半条链和整条 L 链一起组成的部分，我们称之为 Fab 片段，主要起到结合抗原的作用。H 链 C 端的 1/2，称之为 Fc 段，主要起到结合细胞表面的 Fc 受体和激活补体等作用。

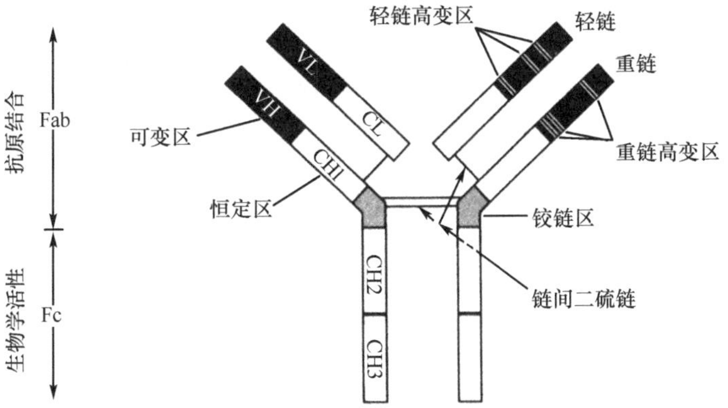

图 10-3　免疫球蛋白单体结构模式

基因工程抗体（genetically engineered antibodies，gAb）就是利用 DNA 重组技术，在基因水平上对抗体分子进行切割拼接，甚至人工全合成基因，与适当载体重组后导入合适的表达系统产生的抗体。基因工程抗体包括嵌合抗体、人源化抗体、单链抗体及单域抗体等。

人鼠嵌合抗体由鼠源免疫球蛋白的可变区和人源免疫球蛋白的恒定区拼接组合而成。改造后的抗体异源性大幅降低，且保留了原有特异性和亲和力。嵌合抗体已被批准应用于临床治疗，如治疗心血管疾病的 Reopro 和治疗非霍奇金淋巴瘤和类风湿关节炎的 Rituxan 分别于 1994 年和 1997 年上市。和鼠源单抗相比，虽然嵌合抗体能很大程度上降低异源性，但仍可引起不同程度的 HAMA 反应，所以存在着进一步降低其鼠源性的必要性。利用基因工程技术进一步改造鼠源单抗，保留鼠源单抗与抗原特异结合的部分基因，而其余部分用人源抗体基因代替，这样得到的抗体，称之为人源化抗体。与鼠源单抗相比，人源化抗体的免疫原性明显减弱，半衰期明显延长，效果在临床得到了验证。

由于完整抗体分子质量较大（15 万 Da 左右），限制了其在临床上的应用。通过分子生物学技术改造，可以使抗体分子小型化，来改善抗体的组织渗透力。单链抗体技术使抗体的相对分子质量减少到 28 kDa，仅为原抗体分子的 1/6。由于人为去除了 Fc（fragment crystallizable region）片段，单链抗体不会与细胞上的 Fc 受体结合，故其血管壁或组织屏障穿透力明显增强，而且体内半衰期也变短，与抗原形成的复合物更易被清除，很适合用作中和抗体来阻断病毒或其他胞内毒性损伤的病理过程。为进一步小型化单链抗体，研究人员又开发了单域抗体技术。但单域抗体的亲和性较差，需要进一步改进。

三、抗体药物的研发现状与趋势

（一）抗体药物研发现状

随着现代生物技术的发展，抗体药物进入了一个新的快速发展期，成为生物技术产业中的主力，是增长最快的治疗药物类。抗体药物全球年销售额从 1997 年的 3.1 亿美元上升到 2007 年的 270 亿美元；单抗药物 2008 年的全球销售额为 370 亿美元，而 2010 年就上升到了 480 亿美元。截至 2014 年底，全球有近 50 多种抗体药物被批准上市，销售额达到 680 亿美元，占全球生物药物市场的 40%。在 2015 年全球销售额排名前 10 的药物中（表 10-2），抗体药物占据了 5 席，并且已有 350 多个抗体药物进入了临床研究阶段。

表 10-2　2015 年全球药品销售榜 top10

排名	药品	适应证	公司	2015 销售额（亿美元）
1	Humira（阿达木单抗）	自身免疫疾病	艾伯维	140.12
2	Harvoni（来地帕韦/索非布韦）	慢性丙肝	吉利德科学	138.64
3	Enbrel（依那西普）	自身免疫疾病	安进/辉瑞	86.97
4	Remicade（英夫利昔单抗）	自身免疫疾病	强生/默沙东	83.55
5	Lantus（甘精胰岛素）	糖尿病	赛诺菲	71.84
6	Mabthera/Rituxan（利妥昔单抗）	肿瘤/自身免疫	罗氏	68.97
7	Avastin（贝伐珠单抗）	实体瘤	罗氏	64.84
8	Herceptin（曲妥珠单抗）	乳腺癌	罗氏	64.00
9	Prevnar 13（肺炎球菌疫苗）	肺炎	辉瑞	62.45
10	Revlimid（来那度胺）	多发性骨髓瘤	瑞士 Celgene	58.01

目前，抗体药物主要是单克隆抗体类，已被广泛用于肿瘤、自身免疫性疾病和感染性疾病的治疗，尤其是在癌症方面，疗效突出。自 1986 年美国 FDA 批准第一个抗体药物上市以来，FDA 已经批准了 40 多个抗体药物上市（表 10-3）。新的抗体药物，如用于哮喘、骨质疏松等慢性疾病的抗体药物还在不断增加。截至 2012 年，有 160 多个抗体药物进入了Ⅲ期临床，180 多个抗体药物处于Ⅱ期临床，40 多个抗体药物在Ⅰ期临床研究阶段。

表 10-3　部分已上市的抗体药物

序号	学名	商品名称	生产厂家	靶点	临床适应证	年份
1	Muromonab-CD3	Orthoclone（OKT3）	Ortho Biotech	CD3	抑制排斥反应	1986
2	Abciximab	Reopro	Centocor	PⅡb/Ⅲa	心血管疾病	1997
3	Natalizumab	Tysabri	Biogen	α4-integrin	多发性硬化	2004
4	Bevacizumab	Avastin	Genentech	VEGF	直肠结肠癌	2004
5	Fanolesomab	Neutrospec	Palatin Technologies，Inc.	CD15	造影剂	2004
6	Ustekinumab	STELARA	Janssen-Cliag	IL-12/23 P40	银屑病	2009
7	Ofatumumab	Arzerra	GSK	CD20	淋巴瘤	2009
8	Tocilizumab	Actemra	Roche	IL-6	类风湿关节炎	2010
9	Denosumab	Prolia	Amgen	RANKL	骨质疏松	2010
10	Belimumab	Benlysta	Human Genome Sciences，Inc.	TNFSF13B	系统性红斑狼疮	2011

续表

序号	学名	商品名称	生产厂家	靶点	临床适应证	年份
11	Ipilimumab	Yervoy	Bristol-Myers Squibb	CTLA-4	晚期黑色素瘤	2011
12	Brentuximab	Adcetris	Seattle Genetics	CD30	霍奇金淋巴瘤	2011
13	Aflibercept	Eylea	Genetech/Roche	VEGF	老年黄斑病	2011
14	Pertuzumab	Perjeta	Genentech，Inc.	EGFR2	乳腺癌	2012

目前抗体药物在中国也得到了越来越多的关注和重视。早在20世纪80年代初，我国科研人员就利用杂交瘤技术成功开展了单克隆抗体的研制，成功地获得了抗CD3的人-鼠嵌合抗体和改形抗体。抗VEGF、CEA、TNF-α等抗原的人-鼠嵌合抗体和单链抗体的研发随后也都获得了成功。经过20余年的发展，我国已经形成了一些抗体药物的中试及产业化基地。国家食品药品监督管理总局已经批准了近30种单抗药物上市，其中有6个为我国自主研发，如抗人IL-3单抗乳膏、重组人源抗人表皮因子受体单抗注射液等。尽管我国在抗体药物研发生产上取得了较大的进步，但是原创性和创新性不足，生产技术水平较低，并且相关法规缺位，整体水平与西方先进国家还是有很大的差距。

单抗药物已经被列入“十二五”、“十三五”计划，国家重点攻关项目和地方政府的重点科技攻关专项。近两年来国内抗体市场中，不管是创新药还是仿制药，都取得很大的发展。在2016年1月，就有多个全人源单抗获批临床，包括重组抗肿瘤坏死因子全人源单克隆抗体、重组抗人表皮生长因子受体人源化单克隆抗体、重组抗 VEGF 人源化单克隆抗体等药学质量研究结果与原研药高度相似的优质品种。相信通过政府的扶持和引导，我国自主研发的抗体药物必能赶上国际同类先进水平。

（二）抗体药物的发展趋势

虽然抗体药物目前已经取得了很大的成功，但是仍然有许多难以克服的问题，限制了其进一步的发展。例如，抗体靶抗原的不确定性，以及抗体自身的抗原性会导致使用抗体药物会出现不良反应。靶细胞和组织上的靶抗原的确切分布和功能并没有被完全阐释，使得临床应用上出现了很多不确定性，会导致出现安全问题。例如，2004年被FDA批准那他珠单抗用于多发性硬化病的治疗，在5000例患者中，出现了5例多灶性白质脑病，其中有2例死亡。那他珠单抗能阻断免疫细胞向脑部迁移，这可能导致脑部免疫监视功能的丧失，从而致病。此外，抗体药物的研发与生产成本高昂。抗体药物价格昂贵，普通患者难以承受这一经济负担，因此抗体药物也被患者归为“富贵药”。其成本必将成为抗体药物生产和被市场接受的一个瓶颈问题，也是决定抗体药物未来发展的一个关键问题。

单克隆抗体药物蕴含的巨大经济效益，吸引着越来越多的生物技术公司进入单抗药物研发序列。这支研发队伍中，不仅有全球所有大型制药公司，还有其他数百家中小型生物技术公司。众人的参与、庞大的投入和技术的进步，使得单抗药物的开发速度显著加快，单克隆抗体药物即将迎来新的飞跃。目前抗体生产的技术已经趋于成熟，除了传统嵌合抗体和人源化抗体外，科学家们已经开发出了利用转基因动物和转基因植物来生产单克隆抗体药物的技术。这些技术经过发展和完善，达到大规模生产水平后，必将扩展抗体药物的新来源，从而降低抗体药物的价格。在研发策略上，从近几年上市的抗体可以看出，下一代抗体药物研发趋势方向一是改善抗体的分子，使之相对分子质量更小，从而更有利于药代动力学及药效学参数。二是改善制剂的属性，使之更容易生产。例如，单链抗体以及抗体的结构域。三是抗体靶向分子的新发现与再确认，或通过已知的药物分子的模型，将两个或两个以上的生物功能的分子形成融合蛋白，抗体片段，形成多价或多特异性。例如双特异抗体、抗体偶联类药物。四是通过探索降低抗体免疫原性的新策略。

第二节　抗体药物的分类及特点

得益于 Kohler 和 Milstein 创立的杂交瘤技术，人类第一次获得了专一识别并结合抗原单一表位的单克隆抗体。自此，单克隆抗体技术迅速发展，并大量应用到了临床。但是鼠源性单抗有较强的免疫原性，可诱发 HAMA 反应，导致抗体在人体内迅速被清除，半衰期缩短，甚至产生严重的免疫反应疾病等不良反应。从 20 世纪 80 年代中期开始，科研人员便试图以基因工程方法改造鼠源性单克隆抗体，以达到减少或避免 HAMA 反应，并提高抗体药物疗效的目的。1984 年，科研人员通过将鼠单克隆抗体的可变区与人抗体恒定区嵌合拼接，构建出第一个嵌合抗体，从而大大降低了鼠单克隆抗体的免疫原性。随后兴起的人源化抗体技术、抗体小型化技术、抗体库技术，使得人们现在已经能够通过修改抗体各功能区序列、结构来达到构建高效安全的新型抗体的目的。由此出现多种形式的单克隆抗体药物，如嵌合抗体、重组人源化抗体、小型化抗体（包括单链抗体、单域抗体）、双特异性抗体和抗体偶联药物等。本节我们将对双特异性抗体这些抗体药物进行一一介绍。

一、嵌 合 抗 体

由于 90%的 HAMA 反应是由鼠抗体恒定区引起的，因此如果用人抗体恒定区来替换鼠抗体恒定区，则可能明显减弱鼠单抗的免疫原性。嵌合抗体是指利用 DNA 重组技术将鼠抗体的恒定区替换为人抗体的相应恒定区所形成的抗体。由于未对抗体的基因序列进行改变，鼠-人嵌合抗体的各个结构域相对保持完整，因此大部分鼠-人嵌合抗体可保持亲本鼠源性单克隆抗体的特异性和亲和力，同时其人源性抗体的恒定区不仅可减少 HAMA 反应，还能有效地介导补体依赖性细胞毒和抗体依赖的细胞介导的细胞毒等免疫调节作用，通过连接不同的人恒定区基因，还能在一定程度上改变抗体的效应功能。

嵌合抗体的研究始于 1984 年。科学人员将从杂交瘤细胞中获得的鼠抗体可变区基因和人抗体恒定区基因重组到同一表达载体中，再用该重组载体转染哺乳动物细胞，首次成功表达了抗半抗原磷酸胆碱的全分子人-鼠嵌合抗体。这种嵌合抗体含 75%～80%的人抗体，20%的鼠抗体，不仅能大大减少鼠源性单克隆抗体的免疫原性，同时又能保留亲本抗体的特异性和亲和力。近年来，嵌合抗体发展十分迅速，并已成为抗体应用研究中的一个重要领域，也有相关产品应用于临床。目前，嵌合抗体主要有嵌合 IgG（图 10-4）和嵌合 Fab 两种应用形式。

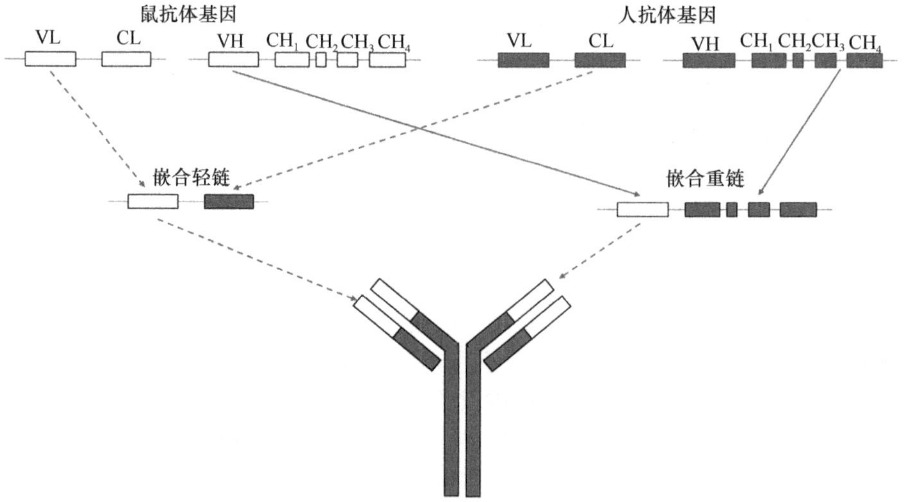

图 10-4　人鼠嵌合 IgG 抗体示意

1. 嵌合 IgG 抗体　人-鼠嵌合 IgG 是目前嵌合抗体的主流形式，其构建的基本原理如图 10-4 所示。在人-鼠嵌合抗体的构建过程中，鼠抗体可变区基因的准确克隆是最为重要的。鼠抗体可变区基因可利用噬菌体从基因组或 cDNA 库中获得，但是两种途径都有局限性。从基因组中克隆抗体可变区基因难度较大，而从 cDNA 库中获得的抗体可变区基因必须经过修饰，才能用于构建重组表达载体。由于小鼠抗体重链和轻链 V 区基因的 5′端和 3′端相对保守，可以用来设计引物扩增 VH 和 VL 区，因此近年来多采用 PCR 技术克隆重链可变区（VH）或轻链可变区（VL）基因。目前，根据引物配对的位置不同，扩增鼠抗体可变区基因的引物设计方式主要分两种：一种是以抗体可变区基因骨架区（FR 区）序列设计合成引物；另一种是以抗体可变区基因的信号肽区序列设计合成引物。两种方式各有长处，可视实际情况来选择。

在与补体和 FC 受体的相互作用及触发免疫调节能力上，不同亚类的人抗体恒定区各不相同。因此在构建嵌合抗体恒定区时也应对抗体恒定区的类型进行有目的的选择。有研究人员通过对恒定区进行改造，突变个别氨基酸位点，来改善抗体的部分生物学功能，使之更有效地发挥抗体的效应功能，并减少不良反应的发生。

2. 嵌合 Fab 抗体　大分子抗体渗透性通常较差，为解决这一不足，研究人员还利用基因工程技术设计和制备了嵌合 Fab 抗体。将鼠源抗体轻、重链可变区基因分别与人抗体的 κ 链和重链 CH1 恒定区基因进行重组后，克隆到表达载体中，再转染到宿主细胞中，表达出来的目的产物就是嵌合 Fab 抗体。Fab 为单价的活性抗原结合片段，其表观亲和力较低，并且 Fab 的相对分子质量较小，只有 50 kDa 左右，容易被肾小球过滤而从血液中清除，在靶组织滞留时间短，故大部分嵌合 Fab 抗体不适合于单独用作临床治疗剂。但 Fab 段保持了抗原结合能力，并且由于缺少 Fc 段，嵌合 Fab 抗体在正常组织和细胞很少发生非特异性黏附，所以可以作为药物的良好运输载体，用于免疫导向诊断和治疗。

近几年来，嵌合抗体技术有了长足的进步，已有多个人-鼠嵌合抗体获得 FDA 认证，如可特异性阻断 TNF-α 的英夫利昔单抗（Infliximab）、能抗血小板凝聚的阿昔单抗（Abciximab）、抗 CD20 的利妥昔单抗（Rituximab）等。以含人 IgG1 恒定区的小鼠抗 CD20 抗体为例，该抗体可用于 B 淋巴瘤的治疗，其抗淋巴瘤作用可能与补体依赖性细胞毒作用和抗体依赖的细胞介导的细胞毒性作用相关。2011 年仅此单一产品便达到了 66 亿美元的销售额。这些药物在临床上已得到了广泛使用，均取得一定疗效，而且 HAMA 反应较鼠源性单克隆抗体有所下降，不过和预期相比，效果仍不够理想。嵌合抗体发展方向之一就是不断降低抗体中的鼠源性成分，因此有不少科研人员将目光投向了人-灵长类嵌合抗体。不少科学研究证实，人-灵长类嵌合抗体免疫原性较人-鼠嵌合抗体弱，并且和人抗体相比，人-灵长类嵌合抗体筛选更容易，所以人-灵长类嵌合抗体可以作为全人抗技术的一个有益的补充。目前，人-灵长类嵌合抗体都处在临床试验阶段，尚无上市产品。

二、重组人源化抗体

尽管嵌合抗体通过将鼠源抗体的恒定区替换人抗体的相应部分，使得嵌合抗体中人抗体成分所占比例占到 75%及以上，免疫原性大幅降低。但是嵌合抗体中的鼠源成分依然会诱导抗抗体反应。互补决定区（complementarity-determining region，CDR）是抗体识别和结合抗原的区域，直接决定抗体的特异性。为了进一步降低抗体中的鼠源成分，研究人员将鼠源单抗的 CDR 移植至人源抗体可变区，替代人源抗体 CDR，所得到的抗体就是人源化抗体（humanized antibody，hAb），亦称为 CDR 移植抗体（CDR grafting antibody）或改型抗体（reshaping antibody），这种抗体的人源成分可达 90%以上（图 10-5）。

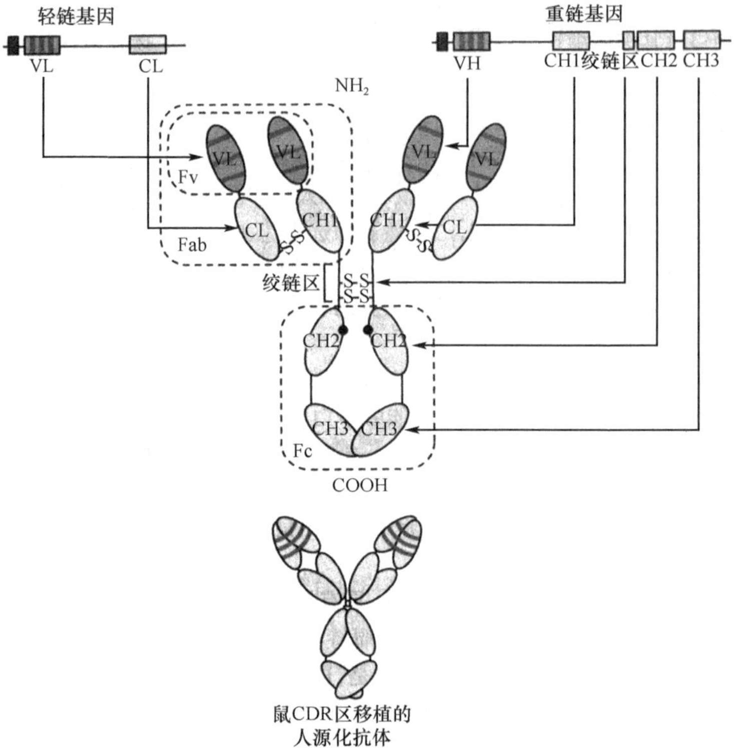

图 10-5　CDR 移植抗体示意

人源化抗体不但具有鼠源单抗的抗原结合特异性，其人抗体的功能也得到了保持，并且免疫原性也得到了降低。然而，抗原虽然主要和抗体的 CDR 接触，但 FR 区也常参与作用，其不仅提供了 CDR 的空间构象环境，有时还参加抗体结合位点正确构象的形成，甚至参加与抗原的结合。因此换成人源 FR 区后，这种鼠源 CDR 和人源 FR 相嵌的 V 区，可能改变了单抗原有的 CDR 构型，结合抗原的能力会下降甚至明显下降，常使得 CDR 移植抗体达不到原有鼠源单抗的亲和力。因此，在构建抗体时，还必须对影响抗原结合位点的空间结构的框架序列进行操作，目前主要有以下 4 种策略。

1. 模板替换策略　用有较大同源性的人 FR 来替换鼠 FR，使鼠 CDR 在替换后有类似的折叠环境，从而保持原来的构象。

2. 表面重塑策略　对鼠 CDR 及 FR 表面残基进行修饰或重塑，使之类似于人抗体 CDR 的轮廓或人 FR 的形式。不过目前尚无临床报道表面重塑抗体消除异源性的效果。

3. 补偿变换策略　在人 FR 中，改变对与 CDR 有相互作用、与抗体亲和力密切相关或与 FR 空间折叠起关键作用的残基，优化 CDR 移植抗体的亲和力。抗体的晶体数据和三维结构数据是此方法实施的前提。

4. 定位保留策略　在 CDR 移植抗体中，保留鼠源单抗中参与抗原结合的 CDR 和 FR 中的一些关键残基，其余残基进行人源化，以此保证抗体的抗原结合能力并降低抗体的抗原性。

人源化抗体在疾病治疗中优于鼠源抗体。这是因为人源化抗体中鼠源成分的减少降低了机体的免疫排斥反应，并且人源化抗体中的 Fc 段能够诱发机体的效应功能——募集效应因子或效应细胞，后者对靶细胞具有杀伤作用。人源化抗体的另一大优点是它在体内的半衰期长。鼠抗的半衰期不到 20 小时，而人源化抗体可达数天甚至有时接近 21 天。因此，人源化抗体的出现被誉为是继单克隆抗体之后，抗体研究领域的第二个里程碑，它使沉寂多年的治疗性抗体再次成为生物医药研究的热点。

三、全人源抗体

抗体的人源化技术大大降低了治疗用抗体的免疫原性，但是即使是人源化程度非常高的人源化鼠单抗，依然会含有 1%～5%的鼠源成分，依然能引发 HAMA 反应。全人源抗体（human antibody）是指利用基因工程构建的、全人源的、没有异源成分的抗体。全人源抗体逐渐成为了治疗性抗体的发展趋势。目前生产全人抗体的方法已达到比较成熟的阶段，截止到 2014 年，已有 13 个全人源抗体通过 FDA 的审批，如 Adalimumab、Panitumumab、Denosumab 等。

全人源抗体的制备技术主要包括抗体库技术和转基因小鼠技术两种。

1. 抗体库技术 是指将某物种的所有抗体可变区在质粒或噬菌体表达载体中表达，利用不同的抗原筛选出携带特异性抗体基因的克隆，从而获得新颖的特异性抗体。抗体库技术的发展使得我们能不经过免疫便可在体外获得抗体。将编码蛋白质的基因重组到噬菌体的基因组 DNA 中，并使噬菌体表面表达该蛋白分子，这种方法称为噬菌体展示（phage display）。如果将 B 细胞全套可变区基因克隆到噬菌体载体，转染工程细菌进行表达，抗体分子就会在噬菌体表面表达，形成一个抗体群，即成为噬菌体抗体库（surface display antibody library）。经抗原筛选后即可获得特异性抗体。该技术首先用 PCR 技术从人免疫细胞中扩增出整套的抗体重链可变区（VH）和轻链可变区（VL）基因，克隆到噬菌体载体上并以融合蛋白的形式表达在其外壳表面。这样一来噬菌体 DNA 中有抗体基因的存在，同时在其表面又有抗体分子的表达，就可以方便地利用抗原-抗体特异性结合而筛选出所需要的抗体，并进行克隆扩增（图 10-6）。噬菌体抗体库技术制备的全人源抗体的亲和力通常都不能满足临床的要求，因此需要进行进一步的亲和力成熟改造。这不仅增加了工作量，还可能增高抗体的免疫原性，因此也出现了多种抗体库技术。核糖体展示技术（ribosome display）是一种利用功能性蛋白相互作用进行筛选的新技术（图 10-7）。该技术将每个新生的单链抗体和其 mRNA 连接起来形成 mRNA-核糖体-单链抗体的三元复合物，随后与固相化的抗原分子相互作用，与抗原有高亲和力单链抗体的 mRNA 得到富集，此 mRNA 通过反转录 PCR 就可以得到扩增。在核糖体展示中，如果 PCR 中用没有读码校正功能的 DNA 多聚酶时就会产生基因突变，筛选过程就可以增加蛋白质的多样性。因为核糖体展示不受细菌转化效率的制约，其库容高，且亲和力成熟容易，展示速度快，可以合成对体内表达系统有毒的分子，体外转录、翻译和筛选易行，大大缩短了实验周期，具有省时省力、方便快速、抗体亲和力高的特点。

2. 转基因小鼠制备全人源抗体技术 是目前全人源抗体研究的主流，截止 2013 年，至少有包括阿达木单抗在内的 5 个由转基因小鼠制备的全人源抗体上市。转基因小鼠已经形成了若干技术平台，其中一种是将已产生一定免疫反应的或癌症患者的淋巴细胞导入严重联合免疫缺陷小鼠，然后取鼠脾细胞与人骨髓瘤细胞杂交就可能获得分泌人抗体的杂交瘤。但是这种系统必须依赖已产生一定免疫反应的供体，而且不可能用预先选择的抗原进行免疫。所以绝大部分人们感兴趣的针对治疗性靶标的抗体都无法用这种技术获得。另一种技术是通过基因敲除技术使小鼠自身的基因失活并导入新基因，创造出携带人抗体重、轻链基因簇而自身抗体基因失活的转基因小鼠。这种转人抗体基因小鼠（human antibody mouse）所带的人 DNA 片段具有完备的功能，可以有效地进行同种型转换和亲和力成熟。任何靶抗原均可被用来免疫该小鼠使其产生高亲和力的人抗体。为了使用更低廉的生产成本获得更大的生产能力，研究者发展了动物乳腺反应器技术，将抗体基因转移至山羊或牛的体内，特异地在乳腺中表达，表达的抗体被分泌到动物的乳汁中从而可被收集纯化。如果能更好地解决畜群的传代问题，转基因动物生产人源化抗体的技术必将得到广泛的应用，极有可能代替动物细胞培养，成为大规模生产人源化抗体药物的常规技术。

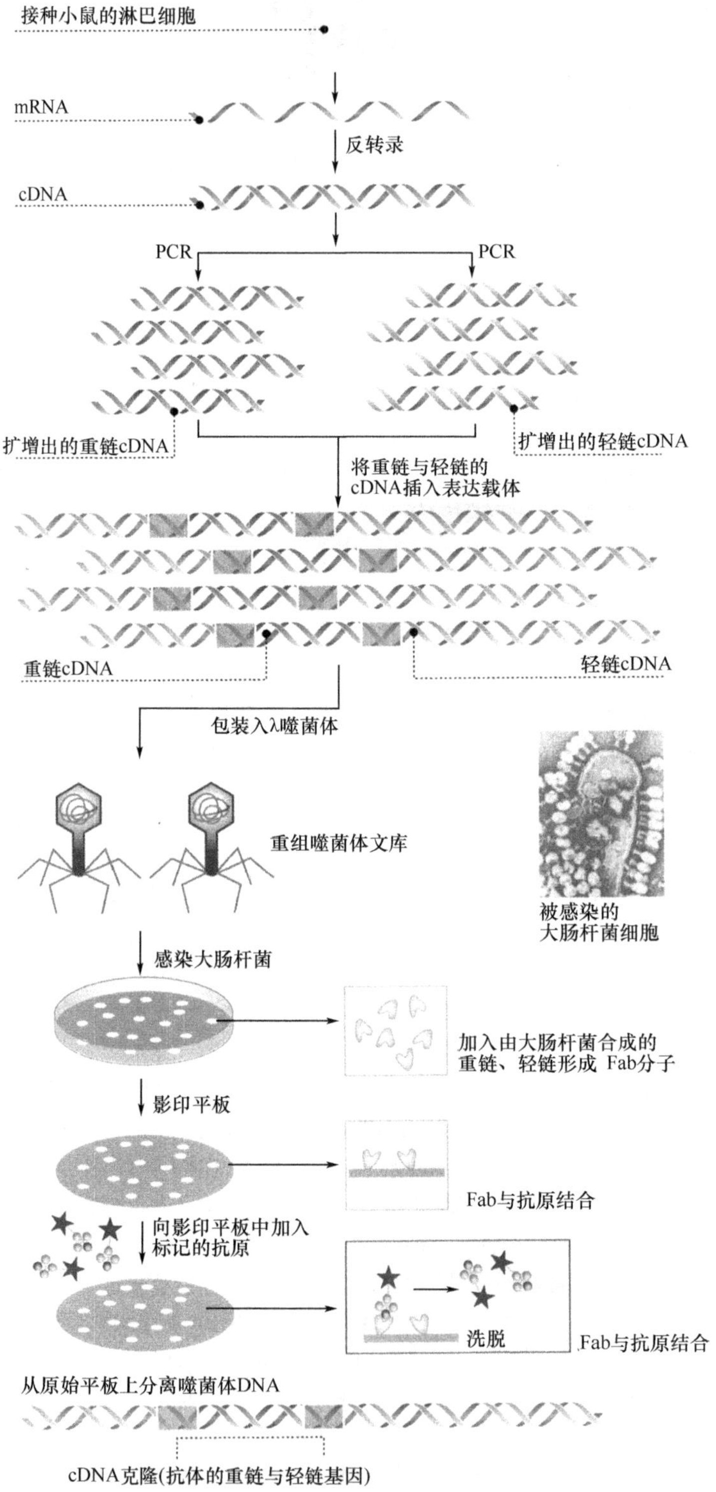

图 10-6　噬菌体文库构建示意

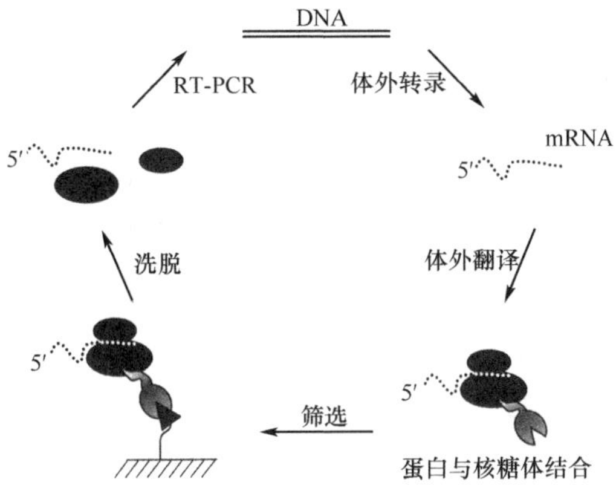

图 10-7　核糖体展示技术示意图

四、小型化抗体

小型化抗体（small-sized antibody）是以完整抗体分子中的抗原结合位点序列为基础，通过基因工程构建的相对分子质量较小且具有抗原结合活性的新型分子和片段。抗体药物一贯被称为“富贵药”。抗体药物价格昂贵的首要原因是因为目前上市的抗体药物都为完整抗体药物，需要进行复杂的糖基化修饰。而糖基化抗体需要由哺乳动物细胞表达产生，技术含量和生产成本较高。其次，完整抗体药物在临床用药时，通常用药量较大，治疗费用也随之增加，这给患者带来了极大的经济负担。因此，降低抗体药物的价格成为了研究人员的努力方向。抗体药物的小型化便是方向之一。小型化抗体药物不需要糖基化修饰，可以在原核细胞中表达，不仅操作方便而且生产成本较低。

研究表明，删除了 Fc 段的小型化抗体，其免疫原性大大降低；此外，小型化抗体还可以克服抗体的相对分子质量庞大，难以通过毛细管内皮质和细胞外间隙到达实体瘤深部的肿瘤细胞的缺点。根据抗原结合位点结构的不同，可以将小型化抗体分为单链抗体和单域抗体。

1. 单链抗体（single chain fragment of variable region，scFv）　由抗体重链可变区（VH）和轻链可变区（VL）通过一段连接肽（Linker）连接而成，分子质量为 27～30 kDa，是实现抗原特异性结合的最小功能结构单位（图 10-8）。单链抗体的制备可以通过多种技术平台来实现，如噬菌体展示、核糖体展示、酵母表面展示等。

图 10-8　单链抗体示意

单链抗体主要应用于两个方面。

（1）细胞内免疫：细胞内抗体是一种在细胞内表达的单链抗体。该抗体定位于亚细胞区室如细胞核、细胞质或某些细胞器中，通过特异性结合目标蛋白而发挥抑制功能。其抑制功能的机制主要有：①干扰蛋白质与蛋白质相互作用或蛋白质与 DNA 相互作用；②改变目标蛋白质的位置；③与酶或其亚基的活性位点相互作用。

（2）通过重组 DNA 技术将单链抗体基因与其他效应蛋白基因连接在一起，转入宿主细胞表达，可得到具有单链抗体特性和效应蛋白活性的单链抗体融合蛋白。此外，利用单链抗体相对分子质量小，易穿透血管壁进入组织的特点，将 scFv 与放射性核素合用，用于疾病的临床诊断。

单链抗体技术经过了 20 多年的发展，取得了巨大的成就，但是在应用中仍然存在一些问题，如亲和力较低、稳定性较差、半衰期短等。单链抗体相对于其亲本单克隆抗体，亲和力低了 10～1000 倍，制约了它的临床应用。不过可以通过亲和力成熟等技术，来改进单链抗体的亲和力，或者通过构建多价抗体来增加抗体的功能亲和性。单链抗体稳定性差，常常显示聚集倾向，可以引入二硫键模拟天然状态来稳定其结构，可使 VH 和 VL 形成稳定的二聚体。到目前为止，尚无单链抗体通过 FDA 批准，但是有 10 多个项目在进行临床试验。

2. 单域抗体 适应性免疫系统的核心成分是抗原受体，主要包括免疫球蛋白和 T 细胞受体。在高等脊椎动物中，Ig 分子通常被认为是由两条轻链（light chain，L）和两条重链（heavy chain，H）组成的蛋白四聚体（H2L2）。1993 年，在哺乳类骆驼科动物（Camelidae）的体液免疫系统中发现其免疫球蛋白 IgG 有两类结构：一类是 IgG1，为重链和轻链的异型四聚体（heterotetramer），相对分子质量约 150 kDa；另一类是在血清 IgG 中占 50%左右的，相对分子质量约 92 kDa 的 IgG2 和约 90 kDa 的 IgG3，均为重链的同型二聚体（homo-dimeric heavy-chain）。这种天然缺失轻链的抗体，又被称为重链抗体（heavy-chainantibodies，HCAb），存在于多种偶蹄目胼足亚目骆驼科动物中。不同种类的骆驼科动物的 HCAb 单体的相对分子质量不尽相同，为 43～47kDa，比 IgG1 的重链单体小约 10kDa。重链二聚体并不是骆驼在疾病条件下意外产生的。1995 年以后，又相继在护士鲨（Ginglymostoma cirratum）、银鲛、鳐等软骨鱼中发现了无轻链或其他蛋白分子伴随的类似于 HCAb 的新的或护士鲨抗原受体（new or nurse shark antigen receptor，NAR）。由于 NAR 分子与 Ig 亚型在跨膜和分泌方式等几个功能特征方面近似，因此也称为免疫球蛋白新抗原受体（Ig new antigen receptor，IgNAR）。通过基因工程技术获得的保留抗原结合活性的 HCAb 或 IgNAR 的重链可变区，称为单域抗体（single-domain antibody，sdAb）。

用基因工程方法获得的单域抗体主要有三类：第一类是从骆驼科动物 HCAb 获得的重链可变区，为单一的折叠单元，保留了完整的抗原结合活性，是最小的天然抗体片段。HCAb 中的这种由重链可变区结合抗原的单一结构域构成的抗体称为单域重链抗体（variable domain of the heavy-chain of heavy chain antibody，VHH）。第二类是从鲨鱼等软骨鱼 IgNAR 获得的重链可变区，用 V_{NAR} 表示。第三类是从人源或鼠源单克隆抗体获得的重链或轻链可变区，它们虽保留了抗原结合特异性，但亲和性和可溶性不尽如人意。

由于骆驼科动物比软骨鱼类更容易饲养和免疫，因而更易被研究人员选择使用。VHH 比单链抗体结构更简单，易与受体结合，可以识别嵌入配体沟槽或夹在两个亚基之间的隐藏抗原表位，而且相对分子质量更小，免疫原性低、积聚沉淀趋势低、生物分散性好，具有易表达、可溶性好、稳定性强、可以口服或呼吸道给药。已有生物制药公司用骆驼科动物研发了针对多种疾病的单域抗体，其中抗血栓单域抗体已进入 II 期临床。

五、双特异性抗体

双特异性抗体（bispecific antibody）又称为双功能抗体或双价抗体，指含有两个不同抗原决定簇结合位点的双链抗体。双特异性抗体可以同时特异性结合 2 个不同的抗原，由于其双功能性特点，现已成为抗体工程领域的研究热点。

一般来说，双特异性抗体可以分为两种主要的类型，带有 Fc 片段的类型和缺少 Fc 片段的类型。带有 Fc 片段的双特异性抗体可以利用纯化 IgG 的既有方法来制备，具有较好的溶解性和稳定性。该抗体所带的 Fc 片段也有利于抗体依赖的细胞毒性（antibody-dependent cellular cytotoxicity，ADCC）和补体结合（complement fixation，CDC）等生物效应的实现。并且因其相对分子质量大和新生儿 Fc 受体（neonatal Fc receptor，FcRn）介导的循环过程，还可以增加抗体的半衰期。通过进一步的基因工程改造，还可以消除 ADCC 或 CDC 效应，但同时保留其长半衰期的属性。相比之下，缺少 Fc 片段的双特异性抗体，完全依赖其与抗原结合发挥治疗作用。缺少 Fc 片段的双特异性抗体，因其分子小，很容易被机体清除，需要频繁给药。但其分子小的特性，却使得抗体具有较高的组织渗透性，可用于肿瘤治疗。通过与聚乙二醇（polyethyleneglycol，PEG）结合，可延长缺少 Fc 片段的双特异性抗体的半衰期。

目前，双特异性抗体已经被应用到多个领域：

（1）在免疫检测中的应用。双特异性抗体的双臂可分别结合靶抗原和酶，通过抗原抗体反应，特异地将酶引入检测系统。

（2）在肿瘤放射免疫显像中的应用。双特异性抗体双臂可分别结合肿瘤细胞表面抗原和半抗原螯合剂。半抗原螯合剂可与放射性核素结合，从而对肿瘤进行显像检测。这种检测方法，清晰度和灵敏度较常规放射免疫显像要高。

（3）在介导药物杀伤中的应用。双特异性抗体以抗原抗体反应替代化学偶联的方法，可避免抗体和药物偶联后发生失活的现象。

（4）在介导细胞杀伤中的作用。双特异性抗体可同时结合免疫活性细胞的效应分子和肿瘤的抗原分子，来起到细胞杀伤的导向作用。

双特异性抗体可用化学或生物学方法来制备，如化学偶联或基因重组。起初，研究人员利用化学偶联法来生产双特异性抗体。之后，随着基因工程技术的发展，双特异性抗体多通过基因工程来生产，包括如缺失恒定区的小型双特异性抗体和包含恒定区的 IgG 样双特异性抗体。通过基因工程设计生产的具有特定结构的重组双特异性抗体相较化学偶联法产生的抗体具有更好的稳定性。并且基于基因重组的分子设计方法有较大的自由性，可调节抗体分子大小和结合价。可以预见，随着大量双特异性抗体从设计优化逐步进入临床研究，必然刺激该领域技术的进一步发展。但是，细胞因子风暴、神经毒性等不良反应依然是双特异性抗体面临的主要问题，如何平衡半衰期与不良反应、加强给药期间免疫监控、优化临床应用方案仍然亟待解决。

六、抗体偶联药物

在和肿瘤斗争的过程中，研究人员发现，虽然许多单独给药的抗体药物有较好的靶向性，但是临床疗效有一定局限性。但如果将有良好靶向性的抗体药物与具有特定功能的小分子化学药物偶联起来，则可以达到进一步提高抗体药物疗效的目的。抗体偶联药物（antibody-drug conjugate，ADC）就是指通过一个化学链接（连接子）将具有细胞毒性的小分子药物连接到单抗上所形成的偶联物，如图 10-9 所示。

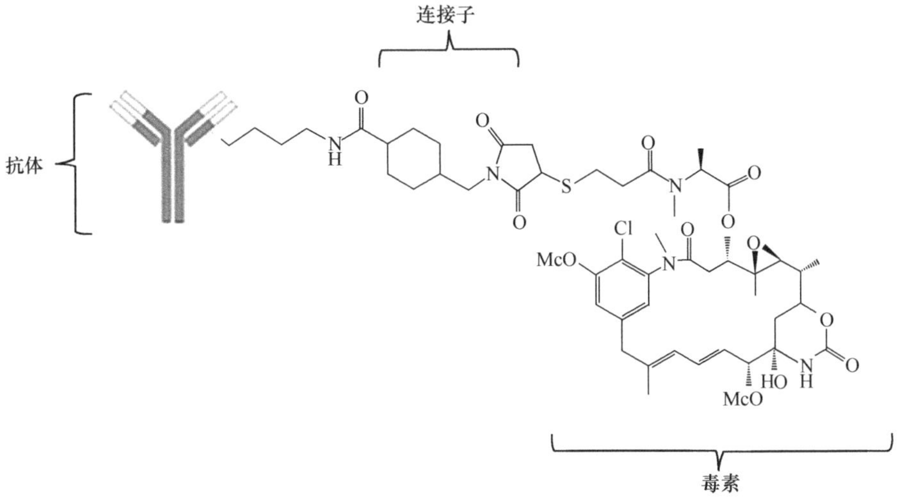

图 10-9　ADC 结构示意

抗体药物和小分子药物都可以单独用来治疗疾病，ADC 则利用了两者的长处，从而弥补单独使用的缺陷。抗体对肿瘤细胞抗原具有高特异性亲和力，具有很高的专一性，但是通常药效不强，往往需要与小分子药物治疗并用；小分子药物活性强，缺点是专一性较差，可能存在毒性，从而导致不良反应，并且有些小分子药物，特别是肽类药物在血液中的半衰期过短，影响了药效。ADC 将两者结合，利用抗体对肿瘤细胞表面特异性抗原的高亲和力，将化疗或其他可杀伤肿瘤细胞的药物靶向输送至肿瘤病灶部位，形成一个针对肿瘤细胞的药物靶向递呈系统。当抗体与肿瘤细胞结合或被肿瘤细胞内吞后，小分子药物在肿瘤细胞周围或肿瘤细胞内以活性形式释放并发挥杀伤肿瘤的作用（图 10-10）。由于具有以上优点，ADC 能灵敏地区分出健康和疾病组织，限制与非目标细胞的作用，降低毒性，还能够明显改善药代动力学和向目标组织的传递。

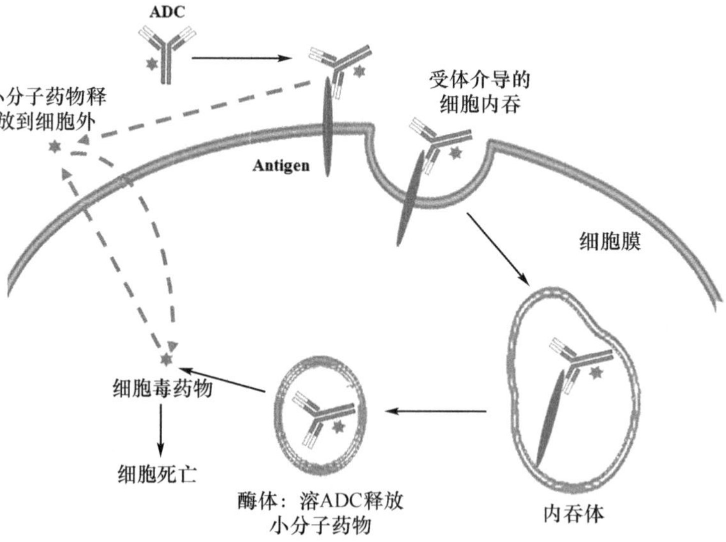

图 10-10　ADC 释放小分子药物过程

治疗靶标的选择是抗体偶联药物实现良好临床疗效的重要因素。理想的靶标应该在肿瘤细胞表面表达数量相对较多或者是肿瘤细胞特异性表达的抗原。从而确保 ADC 药物在机体内的靶向性。目前在研的 ADC 药物靶点几乎涵盖了所有已经确证的药物靶点，除了 Her 2、EGFR、CD19、CD22 和 CD70 等已有上市抗体药物靶点，AGS-5、Mesothelin 等新型靶点也成为 ADC 药物研究的方向。

ADC 研发中，所选抗体应该是针对目标细胞上高表达的抗原，最好是人源抗体，这样可以使目标细胞结合更多的 ADC 而增强药效，身体其他部位的浓度相对降低而降低毒副作用。所选抗体还需要的其他性质包括较长的半衰期、免疫效应功能和对目标细胞的抑制作用。目前约 15%的 ADC 使用的是处于临床期的抗体，使用较多的还有双特异抗体和抗体片段等修饰抗体。许多正在研发的 ADC 也拯救了许多临床前的抗体，这些抗体在单独使用时对细胞没有足够的活性，可能是由于它们针对的抗原对于细胞的存活并不是必要的。虽然一些新的抗体也在使用，但是新老抗体之间并没有冲突，对于 ADC 来说，任何抗体都是潜在有用的。

将 ADC 安全有效地运输到靶标组织中，是一个充满挑战的过程。在稳定性上，ADC 在血液循环中必须保持完整以减少对健康组织的损伤——过早的裂解会将尚未到达目标组织的小分子药物释放出来。在非特异性免疫反应上，ADC 必须保持很高的免疫亲合性，需要将小分子药物结合到单抗而不能破坏单抗本身的特异结合能力。

到达靶细胞后，ADC 一般都是通过单抗与目标细胞结合，发生内化，在细胞内释放出小分子药物。为了避免干扰抗原识别，药物分子应该连接在单抗的重链区，这部分不影响单抗与抗原的结合。细胞内小分子药物要达到一定的有效浓度才能发挥细胞毒作用。通过调节在单抗上连接的药物分子的数量可以控制所需要达到的药效。为了获得足够的药物活性，一个单抗上需要连接多个药物分子，但如果连接了过多的药物分子，ADC 就会加快聚合，失去对抗原的亲合性，在体内也会被识别成有害物质并被很快清除，达不到发挥药效的要求。药物分子取代的程度同样也会影响药代动力学。此外，小分子药物的活性是一个需要充分考虑的因素——释放出来的小分子药物需要在皮摩尔级浓度下也能表现出较高的活性。早期的负载药物主要使用具有明确临床疗效的化疗药物，如多柔比星、甲氨蝶呤、丝裂霉素 C、氟尿嘧啶和长春花生物碱等，然而由于这些药物相对效价较低，需要使用较大的量才能达到一定的临床疗效。因此，从 20 世纪 90 年代末，人们开始寻找效价更高的小分子药物。目前，ADC 所使用的小分子药物主要有奥瑞他汀类的 MMAE 和 MMAF、美登素类的 DM1 和 DM4。此外，还有一些新的细胞毒性药物正处于临床前研究阶段，如作用于 DNA 的毒素 pyrrolobenzodiazepines（PBDs）。

链接技术对 ADC 的药效、亲合性和安全性有着很大的影响。ADC 药物在进入靶细胞前，要保证抗体与化学药物的完整结合。而接近或进入靶细胞后，化学药物又要准确释放。此过程取决于连接物的“稳定性”。早期 ADC 使用的是腙衍生物，但是由于在血液中不稳定，连接单抗和小分子的链接易被血液中的内源性蛋白酶破坏，提前释放出小分子，导致了与单独使用化学治疗时同样的不良反应，所以被放弃。目前，ADCs 药物中使用化学共价键（二硫键、肽键、硫醚键等）来实现抗体与化学药物的连接。这些连接物根据其解离特性，可分为“可降解类”和“非降解类”。非裂解链接的 ADC 是最稳定的，在整个药物作用过程中，始终保持抗体与化学药物的偶联完整性，能够避免影响正常细胞。这就为 ADC 的发展开辟了一个新的方向，即给小分子药物修饰上一个合适的非裂解链接，而小分子药物和非裂解链接作为一个整体仍能保持原有的活性。非裂解链接的 ADC 必须进入细胞并在细胞内降解，降解物为氨基酸、抗体、化学药物等组分的混合物。而裂解链接的 ADC 可在不同 pH 或胞内酶的作用下降解，实现化学药物与抗体分离，即使其很难进入细胞，也能通过在细胞外裂解释放出小分子药物再穿透细胞到达靶标发挥药效。但是细胞内的小分子药物也能够渗出细胞，杀死邻近的不表达抗原细胞。在偶联过程中会有一部分抗体没有和小分子偶联，已经偶联的抗体中小分子数量和位置也不一样，所以需要寻找一种可以控制抗体上结合小分子数量和位置的方法，这样可以得到更加一致的 ADC，这种 ADC 将具有独特的药代动力学、药效学和毒理性质。

ADC 具有特异性强、活性高、毒副作用小等特点，能更好地应对单抗和化疗药物的耐药性问题。截止到 2014 年，约有 45 个 ADC 药物处于临床开发，有两种药物经 FDA 批准上市（表 10-4），分别为 Adcetris 和 Kadcyla。Adcetris 由作用于 CD30 的单抗 Brentuximab 和微管蛋白抑制剂 Vedotin 偶联而成，用于治疗霍奇金淋巴瘤和系统型间变性大细胞淋巴瘤。该药上市第一年销售额便达 1.36 亿美元。Kadcyla 由靶向 her2 的曲妥单抗和细胞毒素美登素衍生物 DM1 偶联而成，用于 her2 阳性的转移性乳腺癌的治疗。由于 DM1 的癌细胞毒性是常规化学药物的 1000 倍，因此在临床上该药被寄予厚望。

表 10-4　常见的抗体类型

药物	偶联物组成	适用症
Adcetris	抗 CD30 的抗体 Brentuximab + 微管蛋白抑制剂 Vedotin	霍奇金淋巴瘤和系统型间变性大细胞淋巴瘤
Kadcyla	抗 her2 的曲妥单抗 + 美登素衍生物 DM1	HER2 阳性的转移性乳腺癌

ADCs 在实体瘤中的应用仍面临很多问题，如与单纯的单克隆抗体相比，抗体偶联药物在结构上更加复杂，除了抗体药物具有的质量属性外，还会引入与接头、偶联工艺、负载药物相关的其他关键质量属性，这给 ADC 药物的质量控制带来巨大的挑战。其次，抗体分子的相对分子质量大也是限制 ADC 发展的主要原因，所以生产新型、活性更高、相对分子质量更小、渗透力更强的单抗是一个重要的课题。如今，抗体片段如 scFv、Fab、F（ab′）$_2$等在 ADC 的设计中得到了广泛应用。可以预见，随着医学研究、生物技术的不断发展和完善，ADC 能更好地发挥其优势，造福人类。

第三节 抗体药物的临床应用

抗体药物已经应用于各种疾病的治疗，处于临床前、临床Ⅰ～Ⅲ期研究的各类生物药物中以抗体药物数量最多。目前，抗体药物主要用于以下疾病的治疗：①恶性肿瘤的治疗；②抗器官移植排斥、哮喘、银屑病、类风湿性关节炎、红斑狼疮等免疫性疾病；③病毒感染性疾病；④心血管等其他疾病。

一、用于恶性肿瘤治疗的抗体药物

相对于化疗，在肿瘤治疗上抗体药物具有选择性强、不良反应小、机制明确、药效显著、安全性好等优点。抗 CD20 嵌合抗体利妥昔单抗是第一个用于人肿瘤治疗的抗体，于 1997 年 FDA 批准上市。利妥昔单抗最初被用于非霍奇金淋巴瘤的治疗，现在正在探索用于中枢神经系统淋巴瘤。利妥昔单抗（Rituximab）治疗非霍奇金淋巴瘤的病例数已达到了 30 多万人，治疗总反应率为 50%，疗效与化学药物相同，但是毒性作用更低，临床使用更安全。抗血管内皮生长因子（vascular endothelial growth factor，VEGF）的贝伐单抗（Bevacizumab），可以有效延长晚期结肠癌患者的生存期达 5 个月左右。目前贝伐单抗已经被 FDA 批准为治疗晚期结肠癌的一线用抗体药物。

抗体药物对肿瘤细胞的抑制与杀伤作用的机制主要包括：①阻断配体结合；②补体依赖的细胞毒作用；③抗体依赖的细胞介导的细胞毒性作用；④补体依赖的细胞毒性作用；⑤抑制血管生成作用；⑥靶向放射作用（抗体和放射物质偶联）；⑦介导细胞毒作用（抗体和毒素小分子偶联）。这些机制使得抗体药物在肿瘤临床治疗中具有较好的治疗作用和较低的不良反应。据统计，目前上市与临床在研的约 500 种抗体药物中，大约 50%用于肿瘤治疗。

利妥昔单抗（图 10-11）是全球首个获准用于临床治疗非霍奇金淋巴瘤的人-鼠嵌合单克隆抗体药物，于 20 世纪 90 年代上市。该单抗的主要适应证是非霍奇金淋巴瘤、慢性淋巴细胞性白血病和类风湿关节炎。利妥昔单抗销售额 2015 年达到了近 69 亿美元。

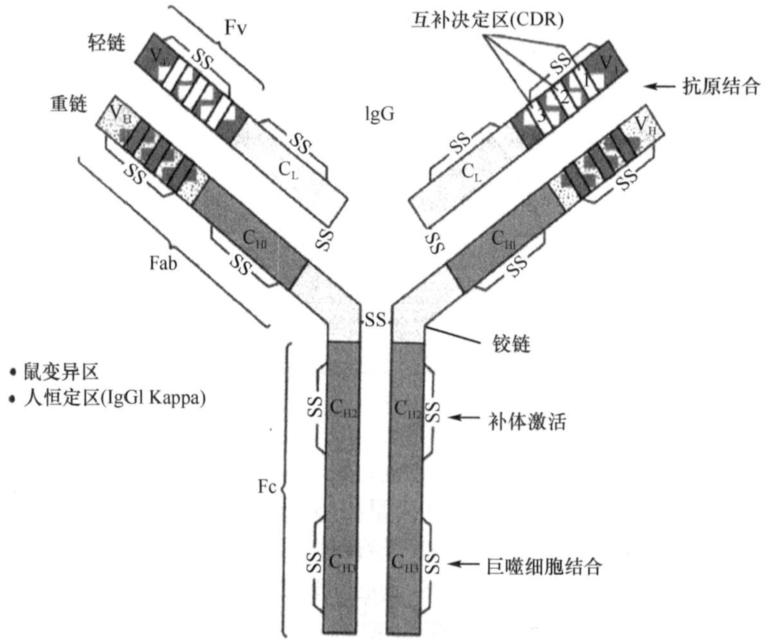

图 10-11 利妥昔单抗的结构

B 细胞表面的 CD20 是利妥昔单抗的靶标。CD20 是一种跨膜的表面抗原，只在前 B 细胞和成熟 B 细胞中表达，参与 B 淋巴细胞成熟与分化过程，在促进钙离子跨膜内流、维持细胞内钙离子浓度和促进 B 细胞活化等方面发挥重要作用。正常情况下，B 细胞、干细胞、正常成熟浆细胞或其他正常细胞表面并不表达 CD20 分子。但在非霍奇金淋巴瘤、20%的多发性髓性淋巴瘤、50%的浆细胞白血病及 95%以上的 B 细胞淋巴瘤的患者中，其 B 细胞表面和白血病恶性浆细胞表面均有表达 CD20。利妥昔单抗结合到表达 CD20 抗原的肿瘤细胞上，通过多种作用机制发挥治疗效应，其中补体依赖的细胞毒和抗体依赖的细胞介导的细胞毒作用可能是利妥昔单抗最主要的作用机制。另外，利妥昔单抗可促进抗原提呈细胞——树突细胞摄取和交叉提呈淋巴瘤衍生肽，诱发树突细胞突变，产生特异的细胞毒 T 细胞效应。但不同的细胞微环境可能对利妥昔单抗诱导的细胞毒性产生影响，因此组织学特征不同的淋巴瘤细胞对利妥昔单抗的敏感性不同。

利妥昔单抗通过抑制 IL-10 的产生，下调凋亡蛋白 Bcl-2 表达的方式，增强靶细胞对化疗药物的致细胞凋亡效应的敏感性，与其他化疗药物联合应用可产生协同效应。例如，耐药的 B 细胞淋巴瘤细胞系接触利妥昔单抗后，对多柔比星、顺铂、克拉屈滨、米托蒽醌和苯达莫司汀的作用会更加敏感。

大量临床应用证明，利妥昔单抗安全、耐受性良好。多数患者首次静脉滴注利妥昔单抗后，会出现流感样症状，其他症状还有头痛、恶心、皮疹及疲倦等。绝大多数患者不会发生严重不良事件，可以持续接受利妥昔单抗治疗，只有大约 10%的血液恶性肿瘤患者在首次治疗后会有较重的症状，如支气管痉挛、缺氧和低血压等。

二、用于免疫系统疾病治疗的抗体药物

免疫系统疾病抗体药物可以分成 3 种类型：①抗移植排斥反应类，如莫罗单抗。②抗自身免疫病类，如于 1998 年被 FDA 批准上市的 TNF-α 抗体——英夫利昔单抗（Infliximab），就被用于局限性回肠炎。2010 年，FDA 还批准托珠单抗（Tocilizumab）用于类风湿关节炎的治疗。③抗哮喘类，如 2003 年上市的人源化奥马珠单抗（Omalizumab），在临床上应用重症哮喘的治疗。免疫系统疾病抗体药物的作用机制主要有：①阻断细胞因子和生长因子，如英夫利昔单抗；②受体阻断和受体调节，如托珠单抗（Tocilizumab）能和细胞 IL-6 受体结合，从而阻断细胞因子的信号传导；③耗竭抗体和信号抗体，如抗 CD20 的抗体与相应抗体结合，能耗竭抗原产生细胞。其中，TNF-α 因在免疫过程中的重要作用，成为了抗体类药物研发最重要的靶点（表 10-5）。

表 10-5　截至 2015 年获批和在研的部分治疗性抗 TNF-α 抗体（未包括仿制药）

抗 TNF-α 抗体	类型	主治疾病	开发公司/机构	研发阶段
英夫利昔单抗	人鼠嵌合型单抗	强直性脊柱炎、克罗恩病、银屑病、溃疡性结肠炎	强生、默克和三菱田边制药公司	获 FDA 批准
依那西普	TNFR2-Fc	强直性脊柱炎、RA、幼年型类风湿	安进、辉瑞和竹田制药公司	获 FDA 批准
阿达木单抗	全人源化 IgG1	强直性脊柱炎、克罗恩病、关节炎	艾伯维和卫材公司	获 FDA 批准
赛妥珠单抗	聚乙二醇化 Fab 片段	类风湿关节炎	优时比公司	获 FDA 批准
戈利木单抗	全尺寸、全人源化抗体	强直性脊柱炎、溃疡性结肠炎	山陶、杨森生物技术和奥多生物技术公司	获 FDA 批准
Valpha	可抑制 TNF-α 和 VEGF 的嵌合融合蛋白	银屑病	南特大学医院	Ⅰ、Ⅱ期临床
ESBA-105（DLX-105）	抗体片段	眼干燥症、急性前葡萄膜炎	ESBATech 和 Delenex 制药公司	Ⅱ期临床
SSS-07（APX001）	TNF-α 单抗	类风湿关节炎	三生制药和 Apexigen 公司	Ⅰ期临床

续表

抗 TNF-α 抗体	类型	主治疾病	开发公司/机构	研发阶段
PRX-106	hTNFR-Fc	炎症性肠道疾病	Protalix 生物制药公司	Ⅰ期临床
COVA-322	TNF-α/IL-17 抗体融合蛋白	斑块性银屑病	Covagen 公司	Ⅰ、Ⅱ期临床
ABT-122	同时靶向 TNF-α 和 IL-17 的双可变域免疫球蛋白	银屑病、类风湿关节炎	艾伯维公司	Ⅱ期临床
GSK2800528	TNF-α 单抗	银屑病	葛兰素史克公司	Ⅰ期临床
Ozoralizumab（ATN30）	纳米抗体	类风湿关节炎	Ablynx 公司	Ⅱ期临床
AVX-470	牛源多抗	溃疡性结肠炎	Avaxia Biologics 公司	Ⅰ期临床
AZD9773	牛源多抗人 TNF 片段	重度脓毒症	阿斯利康公司	Ⅱ期临床

TNF 可发挥多种生物学功效以保护机体免受感染和损伤的影响，在炎症过程中也发挥一定作用。TNF 可与内皮细胞、角质形成细胞、树突细胞和免疫系统的其他成分相互作用以介导损伤引起的级联反应，也可以促进验证细胞的聚集，激活内皮黏附分子，并促进其他促炎细胞因子如白细胞介素-1（interleukin-1，IL-1）、白细胞介素-6（interleukin-6，IL-6）、粒细胞-巨噬细胞集落刺激因子（granulocyte-macrophage colony stimulating factor，GM-CSF）等和趋化因子的合成。尽管 TNF 在免疫反应中具有重要的保护作用，单 TNF 水平长期升高也是诱发疾病的因素，如类风湿关节炎、银屑病、银屑病关节炎、强直性脊椎炎和克罗恩病等。目前，已有多种 TNF 拮抗剂被批准上市，用于类风湿关节炎及其他炎性关节病的治疗。作为常用的 TNF 拮抗剂，阿达木单抗的年销售额已经增长至 140 亿多美元。

阿达木单抗（Adalimumab，Humira）是首个抑制肿瘤坏死因子-α（tumor necrosis alpha，TNF-α 或 TNF）的完全人重组免疫球蛋白（immunoglobulin G1，IgG1）单克隆抗体。先前的抗 TNF-α 单抗为人-鼠嵌合抗体，由于免疫原性的原因不能长期使用。由于阿达木单抗为完全人重组单抗，免疫原性低，可长期使用。阿达木单抗通过噬菌体展示技术而得，由人重链、轻链的可变区和人 IgG1 的 κ 链恒定区组成，其与可溶性 TNF 的结合具有特异性强和亲和力高的特点。两者结合后，可抑制 TNF 与细胞表面的肿瘤坏死因子受体Ⅰ/肿瘤坏死因子受体Ⅱ（tumor necrosis factor alpha receptor Ⅰ/ tumor necrosis factor alpha receptor Ⅲ，TNF-RⅠ/Ⅱ）的结合（图 10-12），从而中和 TNF 的促炎活性。患者给予阿达木抗体后，基质金属蛋白酶Ⅰ和基质金属蛋白酶Ⅲ的水平下降超过 6 个月。长期单独使用阿达木单抗治疗可调节软骨和滑膜的转化，有助于改善其影像学结果。阿达木抗体也可改变主要介导白细胞迁移的黏附分子的表达。

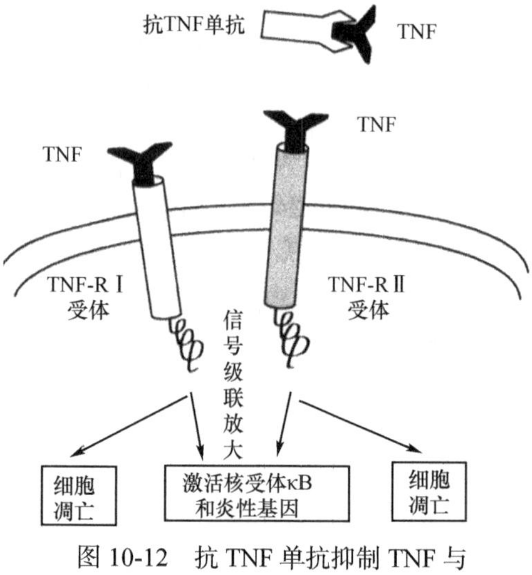

图 10-12 抗 TNF 单抗抑制 TNF 与 TNF-RⅠ/Ⅱ受体的结合

全人源化阿达木单抗不仅可改善疾病症状，提高患者生活质量。更为重要的是，阿达木单抗可以抑制多种疾病的进展。目前，阿达木单抗在类风湿关节炎、银屑病关节炎、强直性脊柱炎、斑块状银屑病/银屑病、克罗恩病、多关节型幼年特发性关节炎和溃疡性结肠炎等疾病的治疗中具有广泛的临床应用前景。

1. 类风湿关节炎 阿达木单抗的首个适应证为类风湿关节炎的治疗。在美国，阿达木单抗用于缓解类风湿关节炎的体征和症状，包括主要的临床反应，抑制结构性损伤的发展，以及改善中重度活动性类风湿关节炎成年患者的身体功能。在欧洲，阿达木单抗适用于改善抗风湿药疗效不佳的患者的病情。

2. 银屑病关节炎　阿达木单抗也能用于银屑病关节炎的治疗。在美国，药品说明书中介绍阿达木单抗可用于缓解银屑病关节炎患者活动性关节炎的体征和症状。与类风湿关节炎的表述相似，欧洲药品说明书规定阿达木单抗适用于抗风湿药疗效不佳的患者。

3. 强直性脊柱炎　阿达木单抗可用于缓解活动性强直性脊柱炎患者的体征和症状。在欧洲，阿达木单抗适用于传统疗法效果不佳时的重度活动性强直性脊柱炎成年患者。

4. 幼年型类风湿关节炎　多关节型幼年型特发性关节炎是以多个关节炎性病变为主的罕见儿童期疾病。在美国，阿达木单抗可用于缓解 4 岁及以上中重度活动性多关节型幼年型特发性关节炎患者的体征和症状。在欧洲，阿达木单抗适用于抗风湿药疗效不佳的 2～17 岁多关节型幼年型特发性关节炎患者，并可与甲氨蝶呤合用或单独使用。

5. 克罗恩病　阿达木单抗可用于治疗传统疗法效果不佳的中重度活动性克罗恩病。FDA 特别提到，对英夫利昔单抗疗效不佳或无法耐受的患者，应用阿达木单抗治疗也可缓解体征和症状。

6. 斑块状银屑病/银屑病　阿达木单抗在美国和欧洲可分别适用于中重度慢性成年银屑病患者和其他治疗效果不佳的成年银屑病患者。

7. 溃疡性结肠炎　2012 年，欧盟和美国分别批准阿达木单抗的新适应证——溃疡性结肠炎。阿达木单抗用于治疗中重度活动性溃疡性结肠炎成年患者；患者对传统治疗药物如皮质类固醇激素、6-巯基嘌呤或硫唑嘌呤疗效不佳或有禁忌证时，可选用阿达木单抗治疗。

在临床上，阿达木单抗主要与甲氨蝶呤联合使用。在随机、双盲、安慰剂对照的多中心试验中，患者除了给予甲氨蝶呤外，还分别隔周皮下注射阿达木单抗或安慰剂。1 周后，阿达木单抗组达到 20%的临床改善的患者为 25%～32%；24 周后，阿达木单抗组的临床改善患者人数明显高于安慰剂组。说明阿达木单抗与甲氨蝶呤联用，具有协同增效的作用。

三、用于病毒感染性疾病治疗的抗体药物

1998 年被 FDA 批准上市的帕利珠单抗（Palivizumab）是第一个，也是目前唯一一个用于病毒感染性疾病治疗的抗体药物，临床上用于预防儿童呼吸道合胞病毒感染。FDA 也正在进行另一个抗呼吸道合胞病毒抗体——莫维珠单抗（Motavizumab）的审批。莫维珠单抗具有超高亲和力，是帕利珠单抗亲和力的 70 余倍。Ⅲ期临床研究表明，莫维珠单抗能降低 83%因儿童呼吸道合胞病毒感染导致的住院率，远高于帕利珠单抗。到目前为止，大多数抗病毒的抗体药物都处于临床研究阶段，包括抗狂犬病抗体，抗 HCV 和 HIV-1 抗体等。

四、治疗心脑血管疾病的抗体药物

按作用靶点不同，可以将治疗心脑血管疾病的抗体药物分为三类：①溶栓类抗体药物。该类药物通过将抗人活化血小板单抗的 Fab 片段和人尿激酶型纤溶酶原激活物的 B 链偶联，形成免疫偶联物，来发挥抗血小板溶栓作用。②抗白细胞类抗体药物。该类药物利用特异性抗黏附受体，来降低白细胞、血小板表面黏附受体的功能。③抗血小板类抗体药物。第一个被 FDA 批准上市的药物是抗人血小板膜糖蛋白Ⅱ b/Ⅲ a受体阿昔单抗。该药于 1994 年上市，已经广泛用于多种心血管疾病的治疗。而溶栓类抗体药物和抗白细胞类抗体药物目前还没有上市产品。

小　　结

- 抗体药物
  - 概述
    - 抗体药物的概念与特点
    - 抗体药物的发展简史
      - 第一代抗体药物——免疫血清
      - 第二代抗体药物——单克隆抗体
      - 第三代抗体药物——基因工程抗体
    - 抗体药物研发现状与趋势
      - 抗体药物研发现状
      - 抗体药物的发展趋势
  - 抗体药物的分类及特点
    - 嵌合抗体
    - 重组人源化抗体
    - 全人源抗体
    - 小型化抗体
    - 双特异抗体
    - 抗体偶联药物
  - 抗体药物的临床应用
    - 治疗恶性肿瘤的抗体药物
    - 治疗免疫系统疾病的抗体药物
    - 治疗病毒感染性疾病的抗体药物
    - 治疗心脑血管疾病的抗体药物

思考题

1. 鼠源单克隆抗体在治疗应用上有哪些缺陷？
2. 人源化抗体的制备方法有几种，各有什么特点？
3. 小型化治疗抗体目前分成几类，各有什么应用？
4. 抗体偶联药物的连接子有几种裂解方式？分别有何特点？

拓展学习

请扫描右侧二维码阅读学习与抗体类药物相关的经典科研文献、参考书、动画视频、国家精品资源共享课及慕课等拓展性学习资料。

（刘　亭）

第十一章 疫　苗

学习目标

1. 掌握：疫苗概念、疫苗的种类及其优缺点；佐剂的概念及种类。
2. 熟悉：疫苗设计的关键技术与环节，主要人用疫苗的性状与用途。
3. 了解：疫苗与佐剂的作用机制、疫苗产业的特点与发展趋势。

第一节 概　述

一、疫苗的概念

疫苗（vaccine）是指为了预防、控制传染病的发生、流行，用于人体预防接种的免疫生物制品，经人工减毒、灭活或利用基因工程等方法获得微生物的全部、部分成分或其代谢产物而制成。疫苗接种后会刺激人体产生特异性免疫应答，继而产生抵御外界某种有害微生物侵袭的防护能力，对于预防控制感染性疾病，保护人类健康，具有十分重要的社会效益与经济价值。随着生命科学的飞速发展，特别是基因工程、细胞工程、发酵工程、蛋白质工程等现代生物工程技术的发展，疫苗学理论和技术工艺都得到了极大提高和突破，现代疫苗的概念也已经超越了预防传染病的传统含义，包含治疗性疫苗与非感染性疾病（肿瘤、自身免疫性疾病等）疫苗范畴。

二、疫苗的发展简史及发展趋势

在人类同传染病作斗争的历史长河中，通过接种疫苗来防控疾病的历史并不长。从 20 世纪开始，大规模的疫苗接种才推广开来，但在世界范围内已有效控制了许多重要的传染病，如天花、白喉、黄热病、破伤风、脊髓灰质炎、麻疹、流行性腮腺炎、狂犬病及伤寒等（表 11-1）。疫苗学已发展为一门复杂的多学科交叉科学，既依赖于理论研究又依赖于现代生物技术。其宗旨不仅在于研究基础理论，还需要研究如何获取有实际应用价值的成果。纵观疫苗学的发展史，它的发展过程大体上分为发现阶段、经验阶段和现代阶段。其中，现代阶段是疫苗的多产时期，研发出许多新的疫苗和新技术，并沿用至今。

表 11-1　主要人用疫苗的发展进程

时间	疫苗或对应感染性疾病
18 世纪	天花
19 世纪	狂犬病、伤寒、霍乱、鼠疫
20 世纪前半叶	结核病（卡介苗）、黄热病、百日咳、流感、斑疹伤寒、白喉类毒素、破伤风类毒素
20 世纪后半叶	脊髓灰质炎（口服）、麻疹、腮腺炎、风疹、腺病毒、乙型脑炎、伤寒、水痘、轮状病毒、霍乱、脊髓灰质炎（注射）、狂犬病（细胞培养）、森林脑炎、甲型肝炎、肺炎链球菌多糖、脑膜炎球菌多糖、b 型流感嗜血杆菌多糖、脑膜炎球菌结合疫苗、b 型流感嗜血杆菌结合疫苗、乙型肝炎（血源）、伤寒（Vi）多糖、无细胞百日咳、炭疽（分泌性蛋白）、重组乙型肝炎病毒表面抗原、莱姆病、重组霍乱毒素 B 亚单位

续表

时间	疫苗或对应感染性疾病
21世纪	轮状病毒（减毒和新的基因重配株）、带状疱疹、肺炎链球菌结合疫苗、四价脑膜炎球菌结合疫苗、重组人乳头瘤病毒疫苗

（一）疫苗的发明

目前已知最早使用的疫苗接种可溯源至人痘接种术。古代中国首先发现有两种人对天花有抵抗力：一是从天花中康复的人，二是护理过天花患者的人。在这种现象的启发下，开创了用人痘接种预防天花的方法。早在宋真宗时期（998—1023年），已有关于人痘法的记载。由于接种人痘具有一定的危险性（1%左右的感染率），所以此法未能广泛应用，但其发明对启发人类寻求预防天花的方法具有重要的意义。之后这项技术沿丝路传播到欧洲。18世纪后叶，英国医生琴纳（Jenner）从一正患牛痘的挤奶女工的痘疱中，取出疱浆，接种于8岁男孩的手臂上，然后先后让其接种牛痘和天花脓疱液，结果该男孩均未感染，证明其对天花具有了免疫力。1798年，医学界正式承认"疫苗接种确实是一种行之有效的免疫方法"。1978年，世界卫生组织宣布全球通过疫苗接种消灭了天花。

（二）减毒活疫苗技术的出现

1870年，法国科学家巴斯德（Pasteur）在对鸡霍乱病的研究中发现，鸡霍乱弧菌经过连续培养几代，毒力可以降到很低，给鸡接种这种减毒细菌后，可使鸡获得对霍乱的免疫力，从而发明了第一个细菌减毒活疫苗——鸡霍乱疫苗。此后，以此理论巴斯德将炭疽杆菌在42～43℃的环境下培养2周后，制成人工减毒炭疽活疫苗。在以上研究获得成功后，巴斯德又开始研究狂犬病疫苗。虽然狂犬病毒不能像细菌那样分离培养，但已确证引起狂犬病的病原微生物存在于患病动物的脊髓或脑组织中。因此，巴斯德通过兔脑传代来获得减毒株，然后再制成活疫苗，并成功地用该疫苗抢救了被狂犬病狗咬伤的杰库麦斯特的生命。

巴斯德作为微生物学奠基人之一，开创性地充分运用物理、化学和微生物传代等方法，有目的地处理病原微生物，使其减低或失去毒力，并以此作为疫苗给人接种而达到预防烈性传染病的目的。巴斯德将此归纳为对机体接种什么细菌疫苗就可以使其不受该病菌感染的免疫接种原理，从而奠定了疫苗的初始理论基础。因此，人们把巴斯德称为疫苗之父。

根据巴斯德疫苗理论，1891年，研究者将霍乱弧菌在39℃的条件下连续培养，制成减毒活疫苗。其后，印度的临床实验结果证明霍乱活疫苗具有保护作用。

从19世纪末至20世纪初，以炭疽疫苗、狂犬疫苗、卡介苗等减毒活疫苗为标志的第一次疫苗技术革命，拯救了人类无数的生命，大量的烈性传染病得到了有效控制，人类的平均寿命得到了延长。这是科学家们对人类的伟大贡献，是疫苗立下的丰功伟绩。

（三）重组亚单位疫苗技术的发展

减毒活疫苗或灭活疫苗是基于全菌细胞研制的，存在抗原复杂、效果受影响及安全性较差等不足。采用成分较单一的亚单位疫苗可有效解决这些问题，但用传统方法很难获得大量高纯度的抗原。基因重组技术的发展较好地解决了这一问题。该技术不仅可以精确提供足量的目标抗原蛋白，而且还可对大量的候选疫苗进行反复的筛选。此外，基因重组技术使得对病原微生物的操作变得更加安全，因为研究的对象是基因和它们的蛋白质产物，而不是能引起传染病的致病微生物。

乙肝疫苗最初是从人乙型肝炎表面抗原（HBsAg）携带者血浆中提取（血源乙肝疫苗），对健康人来说，其接种的危险性显而易见。20世纪80年代有人将乙肝表面抗原基因克隆到酵母菌或真核细胞中，其表达的抗原分子具有和血源疫苗一样的结构和免疫原性，不仅安全、有效，而且生产简便、快速、成本低，可以源源不断地供应临床，不必像血源乙肝疫苗那样担心阳性血浆的安全和供应问题。以该重组抗原作为乙肝疫苗用于临床，成为最具典型意义的第二次疫苗革命的代表。

利用基因重组技术也可以在基因水平上对细菌毒素进行脱毒，制备类毒素疫苗。例如，在体外采用基因突变技术可以使白喉毒素蛋白中的一个氨基酸发生改变，结果既保留了毒素的免疫原性又使其失去了毒性。此外，基因重组技术和传统的遗传技术相结合可以构建无毒或减毒活疫苗。例如，将霍乱弧菌的毒素 A 基因、志贺样毒素基因和溶血素 A 基因都去掉，就可以获得安全有效的霍乱活疫苗。

基因重组技术在疫苗上的另外一种应用是构建活载体疫苗。将外源性目的基因插入在临床常规使用的活疫苗株的病毒或细菌基因组中使之高效表达，也就是将这种安全的细菌或病毒活疫苗作为载体来表达目的基因，但不影响疫苗株的抗原性，从而达到针对某种传染病的免疫保护作用。常用的载体有卡介苗、腺病毒和痘苗病毒等。例如，现在采用重组核酸技术将γ-干扰素（IFN-γ）、白细胞介素 2（IL-2）等细胞因子基因导入卡介苗中，成为重组卡介苗（γ-BCG）。重组卡介苗不仅保留传统卡介苗的特性，同时还分泌γ-干扰素和白细胞介素-2，这样重组卡介苗既可用于结核病的预防，又能用于肿瘤或其他免疫性疾病的治疗。

（四）新型疫苗技术的突破

随着疫苗学的发展，人类许多疾病得以很好地控制，但既有疫苗仍存在诸多问题，如某些疫苗免疫原性不强、防控效果不佳，或疫苗不能持续表达，免疫保护持续时间不长，或者仅有预防作用。这些不足限制了疫苗在疾病防治上的进一步推广应用。近些年来，疫苗学理论与技术在不断发展，其中尤以核酸疫苗和治疗性疫苗研制最为凸显。

核酸疫苗的出现，标志着第三次疫苗革命的到来。这种疫苗通过肌内注射核酸片段，能在肌细胞中获得较持久的抗原表达，该抗原能诱导抗体产生、T 细胞增殖和细胞因子释放，尤其是能诱导细胞毒性 T 细胞（CTL）的杀伤作用。而细胞毒性 T 细胞介导的特异性免疫应答在抗肿瘤、抗病毒及清除胞内寄生物感染方面起着重要作用。1991 年 Williams 等发现外源基因输入体内的表达产物可诱导产生免疫应答。1992 年 Tang 等将表达人生长激素的基因质粒 DNA 导入小鼠皮内，小鼠产生特异性抗体，从而提出了基因免疫的概念。1993 年 Ulmer 等证实小鼠肌内注射含有编码甲型流感病毒核蛋白（NP）的重组质粒后，可有效地保护小鼠抗不同亚型、分离时间相隔 34 年的流感病毒的攻击。随后的大量动物实验都说明在合适的条件下，DNA 接种后既能产生细胞免疫又能引起体液免疫。因此，1994 年在日内瓦召开的专题会议上将这种疫苗定名为核酸疫苗。

1995 年前医学界普遍认为，疫苗只能发挥疾病预防的作用。随着免疫学研究的发展，人们发现了疫苗的新用途，即可以治疗一些难治性疾病。

治疗性疫苗是指在已感染病原微生物或已患有某些疾病（肿瘤、自身免疫病等）的机体中，通过诱导特异性的免疫应答，达到治疗或防止疾病恶化的天然、人工合成或用基因重组技术表达的制品。作为一种新型的疾病治疗手段，治疗性疫苗通过打破机体的免疫耐受，提高机体特异性免疫应答，清除病原体或异常细胞，因而其相比目前常见的化疗药物或生物类药物有着特异性高、不良反应小、疗程短、效果持久、无耐药性等优势，这也使得治疗性疫苗有望成为继单克隆抗体之后基于人体免疫系统开发的又一类革命性新药物，在癌症、艾滋病、乙型肝炎、丙型肝炎、1 型糖尿病、类风湿关节炎、老年痴呆症等多个复杂疾病的治疗中具有广阔的应用开发潜力。

（五）疫苗发展的未来方向

随着科学技术不断地更新，人类对于疫苗的理解经历了重大的改变，为疫苗发展提供了更有利的条件。

核酸疫苗作为一新型疫苗方式，其投递方法非常重要，目前主要包括：裸 DNA、吸附 DNA 的金颗粒基因枪注射及细菌载体（弧菌、沙门菌、李斯特菌和分枝杆菌）和病毒载体（痘病毒、腺病毒载体和腺病毒相关载体）。由于与天然的感染过程类似，细菌与病毒特别适合作为有效投递和表达相应靶抗原的载体。为了更好地理解保护性免疫应答中抗原结合表位的精确机制，研究人员将肽和肽类似物开发出多肽疫苗。该类疫苗包括类似抗原表位的片段，抗原表位可由单克隆抗体识别和鉴定，可作为疫苗的免疫原部分。

佐剂是疫苗发展的另一重要环节。现在只有铝盐和 MF-59 作为通用佐剂用于人用疫苗。近年来，一些佐剂和投递系统的发展，不仅增强了疫苗效果，而且可改善疫苗应答的特异性和质量。如一些佐剂设计用于提高特异性黏膜免疫。通常黏膜免疫是防止感染的第一道防线，大部分接触介导的病原菌感染均发生于鼻黏膜、胃肠、呼吸道及生殖道等部位，有效激发由抗体和细胞特异性介导的黏膜免疫应答是未来研究的关键。此外，人类对免疫应答规律的理解有了新的突破，可充分利用细胞因子、共刺激分子和专一的抗原呈递细胞（如树突细胞）等特定的机制和方法来提高或者修饰免疫应答。人用疫苗佐剂研究的新方向包括 APC 佐剂、T 细胞佐剂、黏膜佐剂及结合物型佐剂的研究，从不同方面对综合解决佐剂的有效性与安全性问题展开研究。尽管人用疫苗佐剂研究中仍存在不少问题，随着对佐剂作用的分子机制、细胞因子的作用及参与免疫应答的不同类型细胞的认识深化，以及对免疫与各种疾病的关系进一步了解，人用疫苗佐剂将为疫苗研制的突破作出更大的贡献。

科学家预测，疾病谱和疫苗的应用范围都会扩大。在 21 世纪人类仍将面临新的挑战，如新病原体高致病性禽流感病毒的出现、旧病原体结核菌的死灰复燃等。人类仍需不断努力以改善目前存在的疫苗。生物恐怖的威胁也是生产疫苗的重要需求。最后，疫苗的应用不应仅局限于预防传染病。广义上讲，疫苗可促进和修饰体内的免疫系统以达到治疗效果。这些“治疗性疫苗”的例子包括进入高级临床试验阶段的癌症疫苗、避孕疫苗和抗心脏病、糖尿病、自身免疫病和酗酒及毒瘾等疾病的疫苗。因此，疫苗的概念和功能将会得到极大的提升。

知识链接：

人用疫苗的临床试验

疫苗临床试验一般分为三期。Ⅰ期是有关安全性和免疫原性的研究，在很少的受试者中进行。Ⅱ期是有关剂量范围的研究，可能会招募几百名受试者。Ⅲ期通常要招募几千名受试者，并且提供有效性重要记录和重要的额外安全数据以符合许可要求。成功完成三期临床研究后，可以提交生物制品注册和生产许可申请。

2010 年 12 月 31 日国家食品药品监督管理局《关于进一步加强疫苗质量安全监管工作的通知》中提出，为进一步提高疫苗质量安全保障水平，需强化疫苗上市后研究及评价工作。新批准注册的疫苗，生产企业应按照要求开展上市后的Ⅳ期临床试验。Ⅳ期临床试验是疫苗注册上市后，对疫苗实际应用人群的安全性和有效性进行综合评价。

三、疫苗的组成及作用机制

1. 疫苗组成 疫苗主要成分包括诱导特异性免疫保护性的抗原（antigen，Ag）和发挥免疫增强剂作用的佐剂（adjuvant），此外还包含防腐剂、稳定剂、赋形剂及其他成分。

抗原或称免疫原是指能刺激机体产生特异性免疫应答反应的免疫原性物质，是疫苗最主要的有效活性组分。通常情况下，抗原具有免疫原性（immunogenicity）和免疫反应性（immuno-reactivity）。免疫原性是指抗原能刺激机体特异性免疫细胞，使其活化、增殖、分化，最终产生免疫效应物质（抗体和致敏淋巴细胞）的特性。免疫反应性是指抗原与相应的免疫效应物质（抗体和致敏淋巴细胞）在体内或体外相遇时，可发生特异性结合而产生免疫反应的特性。

2. 疫苗的作用机制 当人体或动物机体通过注射或口服等途径接种疫苗后，机体的抗原提呈细胞将疫苗抗原分子进行处理、加工和递呈给特异性淋巴细胞（T 和 B 淋巴细胞），使后者活化、增殖、分化，最后产生特异性免疫效应分子（抗体和细胞因子）及免疫效应细胞，当机体再次接触到相同病原菌抗原时，机体的免疫系统便会依循其免疫记忆，迅速制造出更多的效应物质来阻断病原菌的入侵，从而使机体获得针对病原体特异性的免疫力，使其免受侵害而得到保护（图 11-1）。

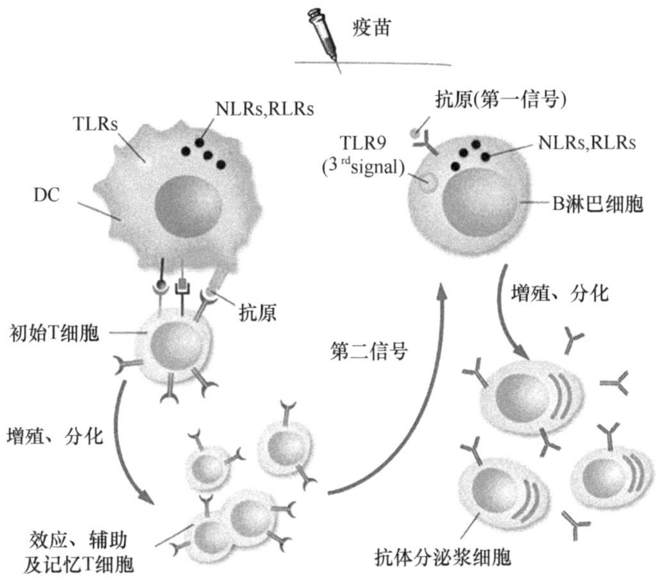

图 11-1 疫苗激发的免疫应答

疫苗诱发的这个过程称为免疫应答，具有三大特点。一是特异性，即我们用什么样的疫苗只能产生针对这种疫苗的免疫效应分子和免疫效应细胞。二是具有一定的免疫期，就是当我们用疫苗免疫机体后，刺激体内产生的免疫应答会在一定的时期内保护机体不受这种病原的侵袭，不同的疫苗免疫保护期限不同，从数月至数年，甚至终身。三是具有免疫记忆，在疫苗刺激机体产生免疫应答的过程中，产生了一类细胞叫免疫记忆细胞，这种细胞具有记忆能力，能识别与注射的疫苗相同的抗原。

四、免 疫 佐 剂

（一）免疫佐剂的概念

免疫佐剂也称佐剂（adjuvant），是一种非特异性免疫增强剂或免疫调节剂，本身不具有免疫原性。佐剂同抗原一起或于抗原之前预先注射到机体内能增强机体对该抗原的特异性免疫应答或改变免疫反应类型，发挥其免疫辅佐作用。

（二）免疫佐剂的作用机制

佐剂种类较多，发挥的作用机制不一，目前尚未完全探明，可能的作用机制包括（图 11-2）：

（1）抗原物质混合佐剂注入机体后，改变了抗原的物理性状，可使抗原物质缓慢地释放，并延缓抗原的降解和排除，从而延长抗原在体内的滞留时间和作用时间，使抗原与淋巴系统细胞有充分接触时间。

（2）佐剂吸附了抗原后，增加了抗原的表面积，使抗原易于被巨噬细胞吞噬，提高单核/巨噬细胞对抗原的募集、处理和递呈能力。

（3）佐剂可促进淋巴细胞之间的接触，增强辅助 T 细胞的作用。

（4）佐剂可刺激致敏淋巴细胞的分裂和浆细胞产生抗体，提高机体初次和再次免疫应答的抗体滴度，也可改变抗体的产生类型及促进迟发型变态反应的发生。

（5）也有研究认为佐剂可激活模式识别受体（PRR），促进固有免疫应答启动，激活炎性体（inflammasome）。

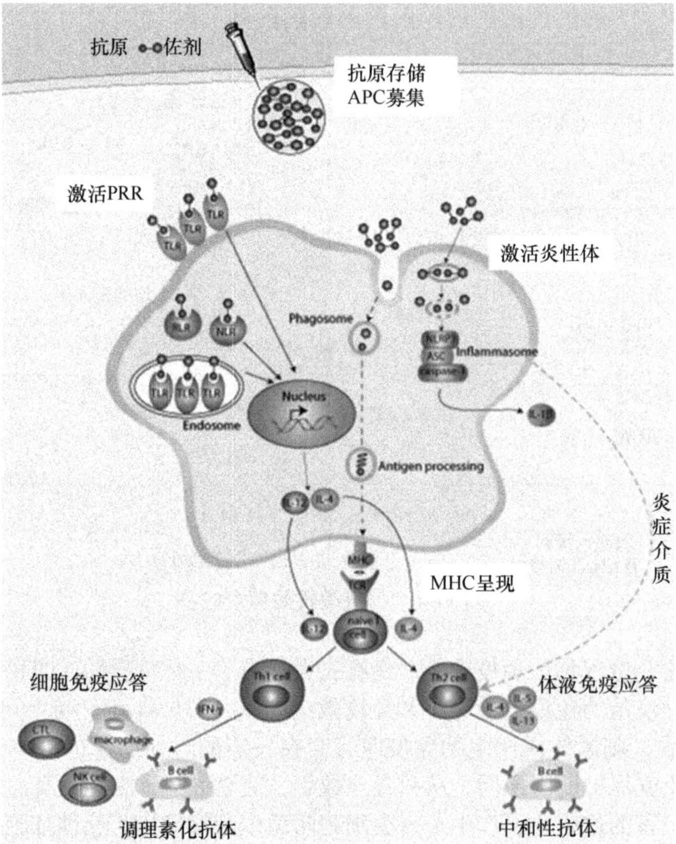

图 11-2　免疫佐剂的作用机制

（三）佐剂应具备的条件

（1）与单独使用抗原相比，佐剂与抗原联用能刺激机体产生更强的免疫反应，用较少的免疫剂量即可产生免疫效力。

（2）佐剂的化学成分和生物学性状清楚，制备批间差异小且易于生产。

（3）安全，无毒或不良反应低。

（4）进入体内的佐剂可容易被降解且易于从体内清除。

（四）佐剂种类和特点

佐剂的种类繁多，目前尚无统一的分类方法，大致可分为以下几类。

1. 矿物质　矿物质佐剂是传统佐剂中的一类，使用广泛，包括氢氧化铝、磷酸铝和磷酸钙等。铝佐剂是目前被 FDA 批准用于人体的两个疫苗佐剂之一，安全性较高。常用佐剂中效果

较好的是 $Al(OH)_3$ 明胶和磷酸铝佐剂。铝佐剂主要诱导体液免疫应答，抗体以 IgG1 类为主，刺激产生 Th2 型反应，还可刺激机体迅速产生持久的高水平抗体，对于胞外繁殖的细菌及寄生虫是良好的疫苗佐剂。但其仍存在一些不足，如有轻度的局部不良反应，可以形成肉芽肿，极个别发生局部无菌性脓肿；铝胶疫苗不耐冻存；可能对神经系统有影响；不能明显地诱导细胞介导的免疫应答。

已批准的含铝佐剂疫苗包括百日咳疫苗 DTP、乙型肝炎（HB）疫苗、无细胞 DTP（DTaP）、b 型流感嗜血杆菌（HIB）疫苗（不是所有的），以及所有的 DTaP、HIB 或 HB 的联合疫苗，还包括甲型肝炎疫苗、莱姆病疫苗、炭疽疫苗和狂犬病疫苗等。

2. 矿物油乳佐剂

（1）弗氏佐剂（FA）：分为弗氏完全佐剂（FCA）和弗氏不完全佐剂（FIA）两种。弗氏不完全佐剂是由油剂（石蜡油或植物油）及乳化剂（羊毛脂或吐温-80）组成的一种贮藏性佐剂。弗氏完全佐剂是在不完全佐剂的基础上加一定量的分枝杆菌而成。弗氏完全佐剂是 Th1 亚型细胞强有力的激活剂，能引起迟发型超敏反应，又可以促进细胞免疫，但其不良反应较大，可引起慢性肉芽肿和溃疡，且有潜在的致癌作用，故仅限用于兽医。

（2）MF-59：一种鲨烯水包油乳剂，是一种有效且具有可接受安全性的较新型佐剂。MF-59 可以增强流感疫苗的免疫原性，刺激机体体液免疫及细胞免疫。对于对抗潜在全国流行性流感病毒株特别有优越性，对于乙肝病毒也是一种比明矾更有效的佐剂。临床试验证明 MF-59 用于人是安全可耐受的，作为 HIV 疫苗用于新生婴儿也是安全的。1997 年由意大利首先批准上市，2005 年成为美国 FDA 批准上市的第二个用于人体的佐剂。

（3）白油司盘佐剂：是用轻质矿物油（白油）作油相，用司盘-80 或司盘-85 及吐温-80 作为乳化剂制成的油乳佐剂，是当前兽医生物制品中最常用、最有效的佐剂之一。

（4）SAF 系列配方：由苏氨酰胞壁酰二肽、吐温-80、非离子嵌段表面活性剂、角鲨醇等组成。由于其中双亲性和表面活性剂的作用，抗原在乳鲨的表面排列，使抗原更好地靶向抗原提呈细胞，并更有效地提呈到淋巴细胞，可活化补体及诱导一系列的细胞因子产生。

3. 微生物类佐剂

（1）卡介苗（BCG）：是巨噬细胞的激活剂，同时还能刺激骨髓的多功能干细胞发育成为免疫活性细胞，从而明显提高机体的免疫力，但大量应用可能会引发严重的不良反应。卡介苗可用于弗氏完全佐剂中。

（2）细菌脂多糖（LPS）：可起到多克隆 B 细胞有丝分裂原的作用，也可促进巨噬细胞等分泌单核因子，如白细胞介素-1，还可调节巨噬细胞表面 Ⅰa 分子的表达，从而改变抗原的提呈。由于 LPS 具有内毒素作用，所以不能直接用于人用疫苗。

（3）细菌毒素类：传统疫苗大都是通过注射的方法（肌内注射或皮下注射）进行接种。近年来，通过黏膜途径接种（如经口服和鼻腔免疫），以激发黏膜免疫应答的疫苗佐剂受到了广泛重视。霍乱毒素（CT）、大肠杆菌热稳定肠毒素（LT）及其衍生物是一种较好的黏膜佐剂。缺点是两者均具有一定的毒副作用，目前尚无法应用于人类。但通过分子生物学技术将 CT 和 LT 定点突变，改造成无毒而又保留佐剂活性是黏膜疫苗佐剂一个很有前景的研究方向。

（4）短小棒状杆菌（CP）：经加热或甲醛灭活制成，对机体毒性低，没有严重的不良反应，能非特异性刺激淋巴样组织增生，加强单核/巨噬细胞系统的吞噬能力，加速抗原处理，增加 IgM 和 IgG 的生成。此外，胞壁酰二酞（MDP）及其合成的亲脂类衍生物、类化物也是一类可发挥调节及活化单核/巨噬细胞作用的佐剂，吸引吞噬细胞，进一步增强吞噬细胞和淋巴细胞捕获抗原的能力。

4. 脂质体（Liposomes）：是人工合成的双分子层的磷脂单层或多层微囊体，能将抗原传递给合适的免疫细胞，促进抗原对抗原提呈细胞的定向作用。已证明，小于 5μm 的脂质体微粒能被派尔集合淋巴结提取并传递给巨噬细胞。且脂质体包封抗原后，可使抗原延缓释放，脂质体颗粒还有刺激机体免疫反应的作用。因此，用脂质体包封的抗原免疫动物可提高免疫效果。脂质体既无毒性，又无免疫原性，在体内可生物降解，不会在体内引起类似弗氏佐剂所引起的损伤，是一种优良的佐剂。

5. 细胞因子类 细胞因子在机体免疫应答调节方面发挥着重要作用，可调节体液免疫与细胞介导免疫应答的相互关系。细菌毒素与 CpG 均通过细胞因子发挥佐剂效应，而大多数细胞因子又具有调整和重建免疫应答的能力，因此可直接作为佐剂发挥作用。

IL-2 可以提高 T 细胞依赖型和非依赖型反应。主要不良反应为严重的低血压，此外还有疼痛、呼吸和血液学改变，但是在低剂量时免疫刺激活性明显高于其不良反应。IL-12 用于加强 Th1 依赖型细胞介导的免疫，是一种非常有希望进入临床试验的细胞因子佐剂。GM-CSF 具有刺激骨髓粒细胞、单核细胞、巨噬细胞等活性，也可作为疫苗和单抗的复合佐剂，在上述适应症范围内有较好的耐受性。

但是，细胞因子都表现出剂量依赖关系的毒性作用，而且由于其蛋白质属性，存在稳定性方面的问题。体内半衰期很短，生产费用也相对较高，这些限制了其在常规免疫中作为佐剂的应用。

6. 核酸类 含有未甲基化的 DNA、细菌的质粒 DNA 及人工合成的寡核苷酸均统称为 CpG DNA，具有佐剂的作用。当与蛋白抗原组成疫苗使用时，可诱导以细胞免疫为主的免疫反应。它们可以诱导 B、T 淋巴细胞和巨噬细胞的增殖、分化；诱导抗原递呈细胞分泌 IL-12 和其他细胞因子，调节免疫网络；刺激 NK 细胞分泌 IFN 及促进溶细胞活性。例如，含有 CpG 基序的合成寡脱氧核苷酸（ODN）能增强口服、直肠或鼻腔内免疫的破伤风类毒素和流感疫苗的局部与全身免疫应答，是良好的 Th1 类候选人用疫苗佐剂。

此外，具有佐剂作用的物质还包括中草药类（如蜂胶、皂苷、免疫刺激复合物 ISCOMS、多糖、糖苷及复方中药等）和一些化学物质（如左旋咪唑、西咪替丁、红霉素等）。

五、现代疫苗设计与研制的关键技术

疫苗发展到今天，疫苗领域几乎涵盖化学、生物化学与分子生物学、细胞生物学、微生物与免疫学等学科，它的设计、研发、生产和应用及评估所涉及的技术领域非常广泛。在疫苗研发和设计中包含了众多的技术关键和环节，如菌（毒）株的选择、有效靶抗原的筛选、抗原的高效制备、佐剂的选择、投递方式与剂型的优化及 T 细胞反应的诱导等。下面以基因工程细菌类疫苗的研制相关技术为例进行介绍。

（一）基于反向疫苗学技术的抗原筛选

诱导特异性高保护性免疫应答反应是疫苗的任务，而抗原是其中的关键。以往候选抗原的筛选基于病原微生物的表型研究，对某一毒力分子进行功能研究和保护性验证，之后进行疫苗的开发。高效的抗原筛选一直是困扰疫苗开发的难题。基因组全序列的获得为疫苗和药物设计提供了新的研究平台。随着后基因组学时代的到来，生命科学从基因组学到蛋白质组学的新的研究模式已经初步形成，疫苗研究也开始改变过去从表型分析入手的思维方式，而是从全基因水平来筛选具有保护性免疫反应的候选抗原。这种以基因组为基础的疫苗发展策略，有人称之为反向疫苗学（reverse vaccinology）。它采取高通量、自动化和生物信息学的研究方法，可以在短期内同时完成大量候选抗原及其相互关系的分析，为解决用传统疫苗学方法研究失败的疫苗发展提供了一条新的途径，成为当前和未来疾病防治研究的前沿和方向。

基因组测序和分析技术飞速发展，越来越多的病原微生物及生物体完成了基因组序列的测定，丰富的基因及蛋白数据库资源为基因编码蛋白质的生物功能、免疫原性、重要保守结构特征预测带来了便利。运用数据库和计算机程序可以对 DNA 片段的编码蛋白进行初筛，然后对预测的 ORF 进行同源性分析和蛋白质保守结构域分析，排除一些编码胞内功能性蛋白的编码序列，而编码胞外蛋白区域的序列则可用于进一步的免疫保护性研究。

（二）高效的抗原克隆表达技术

1. 表达宿主菌的选择 有许多细菌和哺乳动物表达系统具有商业性的使用价值。在开始一项疫苗研究时，就应从众多的表达系统选择合适的载体。对于一个重组的微生物表达载体，除了考虑是否适用于后期的 GMP 生产制备外，还应对其进行生物安全限制的风险评估，包括病原体在人体或动物体中的增殖能力、载体向其他生物体的转移能力、产品的属性及操作规模的大小。在小规模的研发期间完成一种操作控制所需的安全限制程度要比其产业化后的低，故对预期生产规模下可能出现的潜在问题应进行早期评估。

依据所使用的表达载体的不同，产物可以进行胞内表达或胞外表达，但表达的类型会影响下游的产物分离过程。胞内和胞外表达系统各有其优缺点，因此要根据具体情况选择一种对目标产物最合适的表达系统，在具体的选择过程中，可以参考下列条件。

（1）虽然使用酵母（如毕赤酵母）可以使表达达到非常高的水平，但大多数酵母细胞很难破碎，需要进行多次匀浆，这将会破坏和减少对剪切 / 热敏感蛋白的产量。

（2）某些微生物分泌的蛋白酶可能会迅速降解目标蛋白，选用某些蛋白酶缺陷的宿主株可以尽量降低这个问题的影响。

（3）某些细菌可能表达不溶性重组蛋白，需要大量使用变性剂（如盐酸胍等）以促溶。也可依靠调控生长的生理性条件（如温度或诱导参数）来提高可溶目标蛋白的表达。

（4）许多商业化的快速表达系统可以利用融合于目标蛋白上的亲和标签，以亲和层析的方式迅速分离目标蛋白。在研究期间评价这些系统时，要确定能够有效地从融合蛋白中切下亲和标签，并通过亲和层析步骤以去除这些标签。

2. 工程菌的发酵控制

（1）培养基：培养基质的选择是设计过程中的一个重要问题，认真地考虑这个步骤可以减少研究开发过程的时间和花费。在细菌表达研究中，尽量使用标化的培养基质（如 L 肉汤培养基），但由于其中含有动物制品的成分和（或）仅适用于少数细菌种类的繁殖，因此它并不非常适用于疫苗的生产。选择可用于生产的生长性培养基的研究工作应尽早开始，以便抗原的表达能在标准的培养基中达到稳定的水平。此外，培养基的使用应尽量避免复杂的配方。例如，一种需要分别加入许多种氨基酸的培养液不但价格昂贵，而且不切合 GMP 生产的实际情况。另外，若生长性培养基需要某些进口原料，则有可能由于难以供货而影响生产，这显然是应该避免的。

（2）生长条件的优化：一旦选定了一种生产用培养基，便可进行小规模的抗原表达条件的摸索，主要包括几个方面的因素。①温度；②pH；③充气率（振荡速度）；④初始碳源水平；⑤消泡剂需要量；⑥生产起始反应的时间（针对非结构性表达而言）；⑦收获时间。所得到的数据将有助于转入利用小型反应器进行疫苗生产，在其中可确定影响抗原表达的各种因素。

（三）下游分离纯化工艺的优化

从工程菌的产物和生长培养液中分离所需抗原的方法，主要依据宿主菌本身和产物的性质及疫苗的生物特性来决定。因此，在开始进行生产制备之前尽可能多地掌握这些决定因素的信息是非常有用的。由于生产过程中宿主菌可能会生成许多不需要的成分，如核酸、蛋白质和内毒素，而在制备工艺的前期减少甚至避免这些宿主成分的进入，肯定要比在工艺流程后面的步骤中对其加以处理更为理想。

在进行纯化的实验设计时，应当充分考虑特定工艺对生产规模化的限制因素。例如，在实验研究过程中常用的透析法进行除盐和其他小分子物质，但在大规模生产中，这种方法却是不切实际的。因为透析需要太多的缓冲液量，透析达到平衡也需要过长时间，因此，规模化生产中常用切线流过滤的方式来取代透析工艺。

（四）佐剂及剂型的选择

获得疫苗抗原后，还面临佐剂及剂型的选择。佐剂如前所述，不再赘述。

对于疫苗的最终产品剂型是一个重要的问题，但其在研制的早期常常会被忽略。事实上，早期的动物实验就应该确定该疫苗是否需要佐剂和剂型。而早期积累的有关产品稳定性的各种资料亦可用于确定该疫苗的最终产品形式是设计为无菌液体、冻干制剂还是应加入稳定剂。

知识链接：

疫苗保存和运输的特殊性——疫苗冷链

疫苗冷链是指为保证疫苗从疫苗生产企业到接种单位运输过程中的免疫活性而装备的储存、运输冷藏设施、设备及管理规范。由于疫苗蛋白对温度敏感，为了保证疫苗从生产、贮存、运输、分发到使用的每一个环节均使疫苗始终处于规定的保冷状态之下，保证疫苗的有效性，我国与联合国儿童基金会建立了冷链合作项目。全国绝大部分县(区）已基本完成了冷链装备。冷链的配套设备包含低温冷库、冰徘速冻器、普通冷库、运送疫苗专用冷藏车、疫苗运输车、冰箱、冷藏箱、冷藏背包以及计算机和零配件等。除了设备外，还有一套完善的冷链设备管理制度，建立冷链设备台账，记录各种设备的品名、型号、到货时间、数量；建立设备运转与维修记录簿，记录发生故障与维修情况。

2016 年 3 月，山东查处一起涉案金额达 5.7 亿元的非法经营疫苗案件。该案含 25 种儿童、成人用二类疫苗，涉及 24 个省份近 80 个县市。这起案件中令疫苗变得“不安全”的关键一环在于疫苗未经严格冷链存储运输。

第二节　疫苗的分类及特点

疫苗类型较多，疫苗可按照制备的技术方法或疫苗特点进行分类，常见的疫苗种类如表 11-2 所示：

表 11-2　疫苗的主要类型

疫苗类别	疫苗名称
减毒活疫苗	乙脑疫苗、卡介苗、小儿麻痹糖丸疫苗等
灭活疫苗	灭活霍乱疫苗、灭活甲型肝炎疫苗等
纯化亚单位疫苗	伤寒 Vi 多糖疫苗、无细胞百白破疫苗等
基因工程亚单位疫苗	重组乙型肝炎疫苗，人乳头瘤病毒（宫颈癌）疫苗等
联合疫苗	麻疹-流行性腮腺炎-风疹联合疫苗、无细胞百白破联合疫苗、乙型肝炎-b 型流感嗜血杆菌联合疫苗、百白破-b 型流感嗜血杆菌联合疫苗等
治疗性疫苗	前列腺癌疫苗 Sipuleucel-T、治疗性乙肝疫苗等
核酸疫苗（未上市）	埃波拉 （Ebola）疫苗、HCV 和 HIV 疫苗等

一、传 统 疫 苗

传统的疫苗利用整个病原体，通过生物、化学或物理的方法减弱或减除致病性而保留其免疫原性。换句话说，一个好的疫苗要有诱导有效免疫应答的能力，但不会诱导机体产生病理反应。传统疫苗分为减毒活疫苗和灭活疫苗，各自特点如表 11-3 所示。

表 11-3 减毒活疫苗与灭活疫苗的特点比较

比较内容	减毒活疫苗	灭活疫苗
优点	用弱毒或无毒活病原微生物制成；通过自然感染的途径免疫，增殖产生大量抗原；进入机体内可停留一段时期；能刺激黏膜免疫系统产生分泌型抗体 sIgA	用灭活的病原微生物制成；在制备过程中，能杀灭任何可能污染的其他生物学因子
缺点	疫苗在机体内有毒力恢复的潜在危险性，有可能形成潜在感染或传播	可能损害或改变保护性抗原决定簇；可能产生毒性或潜在的有害免疫反应
保存期及有效期	疫苗不稳定，不易保存和运输，有效期相对较短	疫苗较稳定，易于保存和运输，有效期较长
接种剂量及次数	多数只需一次免疫，接种剂量小，类似人自然感染过程	需要多次免疫，接种剂量较大
免疫效果	免疫效果巩固，维持时间较长	免疫效果较差，维持时间较短，常需免疫佐剂

（一）减毒活疫苗

减毒活疫苗（live attenuated vaccine）是指通过不同的方法手段，人为使病原体的毒力减弱或丧失后获得的一种由完整的微生物组成的疫苗制品。它能感染机体并在体内繁殖，但不发生临床症状，而其免疫原性又足以能刺激机体的免疫系统产生针对该病原体的免疫反应，并在以后机体暴露于该病原体时，能保护机体不患病或减轻临床症状。许多全身性感染，均可通过临床感染或亚临床感染（隐性感染）产生持久性的乃至终身的免疫力，减毒活疫苗的原理即是类似一次轻型的人工感染过程，模拟自然发生的感染后免疫过程。

减毒活疫苗的优点：①通过自然感染途径接种，可以诱导包括体液免疫和细胞免疫在内的全面免疫应答，使机体获得较广泛的免疫保护。②由于活的微生物在体内有再增殖的特性，它们可以长时间起作用而诱导较强的免疫反应。理论上只需接种一次，即可以达到较牢固的免疫效果。③可引起水平传播，扩大人群免疫效果，增强群体免疫屏障。④一般不需要在疫苗中添加佐剂，且生产工艺一般不需要浓缩纯化，制备简便、价格低廉。

减毒活疫苗的缺点：①一般减毒活疫苗均保留一定残余毒力，对一些抵抗力低下的个体如免疫缺陷者可能诱发严重疾病；②由于种种原因如基因修饰等，减毒活疫苗有可能出现毒力回复，即“返祖”现象；③减毒活疫苗是活微生物制剂，可能成为传染源而引发交叉感染；④非完整的疫苗缺损颗粒可能干扰疫苗的免疫效果，造成产品的评估较为困难；⑤保存、运输等条件要求较高，如需冷藏等。但分子生物学、现代免疫学、生物工程学等的进展使疫苗的开发发生了革命性变化，可赋予减毒活疫苗以更高的靶向性，因而可创制更为安全、有效的新一代减毒活疫苗。

减毒活疫苗分为细菌性活疫苗和病毒性活疫苗两大类，目前常用减毒疫苗有伤寒疫苗、卡介苗、天花疫苗、狂犬病疫苗、黄热病疫苗、脊髓灰质炎疫苗、腺病毒疫苗、水痘疫苗、轮状病毒疫苗等。

（二）灭活疫苗

人类对疫苗的应用始于减毒活疫苗，但为克服减毒活疫苗存在的缺陷，科学家们相继开展了灭活疫苗的研究。

将病原微生物经培养增殖，采用物理的（如加热、紫外线或γ射线）或化学的（如甲醛、醚等）方法进行灭活处理，使其完全丧失感染性，但保留了病原体的几乎全部组分和免疫原性，这样制成的疫苗称为灭活疫苗（inactivated vaccine）。因此灭活疫苗具有较强的免疫原性和较好的安全性。至今使用的灭活疫苗已有数十种，包括伤寒疫苗、霍乱疫苗、鼠疫疫苗、百白破疫苗、立克次体疫苗、流感疫苗、脊髓灰质炎疫苗、狂犬病疫苗、乙脑疫苗、甲肝疫苗、森林脑炎疫苗等。

灭活疫苗常需多次接种。接种 1 剂不能产生具有保护作用的免疫，仅仅是“初始化”免疫系统，必须接种第 2 剂或第 3 剂后才能产生保护性免疫。这样所引起的免疫反应通常是体液免疫，很少甚至不引起细胞免疫。体液免疫产生的抗体有中和、清除病原微生物及其毒素的作用，对细胞外感染的病原微生物有较好的保护效果，但是对病毒、细胞内寄生的细菌和寄生虫的保护效果较差或无效。此外，接种灭活疫苗产生的抗体滴度容易随着时间而下降。因此，一些灭活疫苗需定期加强接种。它在体内不能复制，可以用于免疫缺陷者。

由于制备灭活疫苗需要大量抗原，这给难以培养或尚不能培养的病原体带来了困难，如乙型、丙型和戊型肝炎病毒及麻风杆菌等；对一些危险性大的病原体如艾滋病病毒，按传统方法制备灭活疫苗在应用中还存在较大风险。

疫苗发展至今，虽然现在我国批准使用的疫苗仍以传统疫苗为主，但部分已经不是原始的经典方法制备的传统疫苗，而是经过了各种改造和优化，如基因工程改造的减毒新型活疫苗。因此，传统疫苗无论从狭义或广义上讲都将继续发挥其预防、控制传染病的作用。

二、亚单位疫苗

疫苗的首要作用是诱导机体产生抗体，而这些抗体应该能够同时阻止由胞外和胞内微生物引起的感染。对病原体来说，被这些抗体所识别的表位通常局限为一种或几种表达在其表面的蛋白质或糖类分子。亚单位疫苗（subunit vaccine）即是除去病原体中无免疫保护作用的有害成分，保留其有效的免疫原成分制成的疫苗。其在安全性上极大地优于传统疫苗。亚单位疫苗的不足之处是免疫原性较低，需与佐剂合用才能产生好的免疫效果。这类疫苗过去通常采用化学方法分离或合成制备，如今已能采用生物化学或分子生物学技术制备。

1. 纯化亚单位疫苗　是指从病原微生物中分离、纯化及灭活方式制备的单个抗原蛋白或糖类分子组成的疫苗，如细菌脂多糖、病毒表面抗原及类毒素等。目前，23 价肺炎多糖疫苗、伤寒 Vi 多糖疫苗、无细胞百白破疫苗等亚单位疫苗已经在全世界广泛使用，效果良好。但这些疫苗的生产通常需要大规模培养致病微生物，成本较高，也具有一定的病原微生物扩散的隐患。

2. 合成肽亚单位疫苗　合成肽疫苗是一类通过人工方法按天然蛋白质的氨基酸顺序合成含抗原决定簇组分的保护性短肽，并与载体连接加佐剂所制成的疫苗。在短肽上连接一些化合物作为分子内佐剂，可大大提高免疫效应。也可合成多个肽段分子以制备多价疫苗，接种后可同时预防多种疾病。

合成肽亚单位疫苗具有诱发细胞反应强烈、特异性强、持续时间长、有记忆功能等优点，而且可大规模化学合成，易于纯化、保存和应用，是最为理想的安全新型疫苗，也是目前研制预防和控制感染性疾病与恶性肿瘤的新型疫苗的主要方向之一，特别适用于不能通过体外培养而获得足够量抗原的微生物病原体。但该类疫苗缺点也很明显：存在抗原表位的局限性，某些肽段构象必须与完整病毒上的抗原决定簇构象一致才能发挥免疫保护效应；多肽合成和纯化技术的局限；免疫原性差及相对的功效低以及半衰期短等。目前还没有上市的合成肽亚单位疫苗，尚处于研究阶段。

合成肽亚单位疫苗可分为 3 类：第一类是抗病毒相关肽疫苗，包括 HBV、HIV、呼吸道合胞病毒等；第二类是抗肿瘤相关肽疫苗，包括肿瘤特异性抗原肽疫苗、癌基因和突变的抑癌基因肽疫苗；第三类是抗细菌、寄生虫感染的肽疫苗，如结核杆菌短肽疫苗、血吸虫多抗原肽疫苗和恶性疟疾的 CTL 表位肽疫苗。

3. 重组亚单位疫苗　又称基因工程亚单位疫苗（genetic engineering subunit vaccine），主要是通过 DNA 重组技术，将病原体的保护性抗原编码基因克隆出来，构建表达载体，在受体菌或细胞中高效表达抗原蛋白，通过目的蛋白的分离、纯化和（或）修饰等，再加入佐剂而制成。该疫苗仅含有病原体的免疫保护成分，不存在有害成分，其诱导的免疫反应针对单一蛋白质，也不需要培养大量的有害性的病原微生物，因此具有安全性好、便于生产等优点。目前乙型肝炎病毒疫苗、人乳头瘤病毒（宫颈癌）预防性疫苗等都是基因工程亚单位疫苗的典型代表。

目前原核表达系统（如大肠杆菌）是比较成熟的，但表达出的蛋白与天然蛋白构象存在一定差异，抗原性较差，而真核系统（如酵母）的表达产物好，有巨大发展潜力。酵母是一种低等真核细胞，用酵母来表达真核细胞的基因产物如HBV表面抗原代表了疫苗的一次重大突破。从破碎的酵母细胞中提纯的HBV表面抗原具有从HBV携带者血浆中获得的抗原相同的生物化学特性和免疫原性。临床试验证明采用该系统制备的HBV表面抗原基因工程亚单位疫苗是安全和有效的。我国也已经用它取代了以前使用的乙肝血源疫苗。

除了采用工程菌表达制备亚单位蛋白疫苗外，根据所用表达载体的不同，基因工程亚单位疫苗还可包括基因工程活载体疫苗、转基因植物疫苗。

基因工程重组活载体疫苗是用基因工程技术将疫苗弱毒或减毒株病毒或细菌构建成一个载体，再把外源基因插入其中使之表达的活疫苗。该类疫苗具有减毒活疫苗和亚单位疫苗的双重特点，可诱导包括体液免疫、细胞免疫，甚至黏膜免疫在内的多种免疫效应，不仅免疫效力高、成本低，而且安全性好。另外活载体疫苗可构建多价或多联疫苗，取得一针防多病的效果。所以其是当今与未来疫苗研制与开发的重要方向之一。以细菌为载体的基因工程疫苗中，最重要和用途最广的包括沙门菌载体和卡介苗载体。以病毒为载体的基因工程疫苗最常使用的是痘病毒和腺病毒载体。活载体疫苗也不可避免地带有活病毒一些潜在的问题：一是病毒可能在不断的繁殖过程中出现自身修复、出现毒力返祖现象；二是大量排毒可能造成对环境的污染，特别是一些已被消灭的传染性疾病。如人类已经不再接种痘苗预防的天花，如果使用痘苗病毒做载体就有潜在的危险性。

三、联合疫苗

广义上的联合疫苗（combined vaccine）是指将两种或两种以上的抗原采用联合疫苗、结合疫苗、混合或同次使用等方式进行免疫接种，以预防多种或不同血清型的同种病原微生物，以及不同生活周期传染病的一种手段（表 11-4）。其意义不仅可以提高疫苗覆盖率和接种率，减少多次注射给婴儿和父母所带来身心的痛苦，减少疫苗管理上的困难，降低接种和管理费用，还可减少疫苗生产中必含的防腐剂与佐剂的剂量，减低疫苗的不良反应等。

表 11-4 国内外现用联合疫苗的种类

国外	国内
百白破联合疫苗	百白破联合疫苗
三价口服脊髓灰质炎减毒活疫苗	三价口服脊髓灰质炎减毒活疫苗
三价脊髓灰质炎灭活疫苗	全细胞百日咳、白喉类毒素二联疫苗
麻疹、流行性腮腺炎、风疹联合疫苗	伤寒、副伤寒联连疫苗
麻疹、风疹联合疫苗	伤寒、副伤寒甲乙三联疫苗
乙型肝炎、b 型流感嗜血杆菌联合疫苗	冻干福氏、宋内双价痢疾疫苗
百白破、b 型流感嗜血杆菌联合疫苗	流行性出血热疫苗（双价）
无细胞百白破、b 型流感嗜血杆菌联合疫苗	二十三价肺炎多糖疫苗
百白破、乙型肝炎联合疫苗	ACYW135 群四价脑膜炎球菌多糖疫苗
百白破、b 型流感嗜血杆菌、乙型肝炎联合疫苗	
百白破、灭活脊髓灰质炎联合疫苗	
百白破、灭活脊髓灰质炎、b 型流感嗜血杆菌联合疫苗	
甲型肝炎联合疫苗	
二十三价肺炎多糖疫苗	
ACYW135 群四价脑膜炎球菌多糖疫苗	

联合疫苗是由疫苗厂家将不同抗原进行物理混合后制成的一种混合制剂，包括多联疫苗（multi-combined vaccine）和多价疫苗（multivalent vaccine）。前者可用以预防由不同病原微生物引起的传染病，如百白破联合疫苗可以预防白喉、百日咳和破伤风等 3 种不同的传染病；多价疫苗预防由同一种病原微生物的不同亚型引起的传染病，如 23 价肺炎多糖疫苗，由代表 23 种不同血清型的细菌多糖所组成，只能预防肺炎球菌的感染。而结合疫苗（conjugate vaccine）是通过化学方法将两种以上的抗原相互偶联而制成的疫苗。

四、核 酸 疫 苗

1. 概念 核酸疫苗（nucleic vaccine）又名基因疫苗（gene vaccine），包括 DNA 疫苗和 RNA 疫苗。目前研究得最多的是 DNA 疫苗，所以一般泛指的基因疫苗就是 DNA 疫苗。基因疫苗是通过重组 DNA 技术，定向插入保护性抗原基因至动物细胞表达载体，直接导入机体细胞后，通过宿主细胞的转录系统表达蛋白抗原，诱导宿主产生特异性细胞免疫和体液免疫应答，从而达到预防和治疗疾病的目的（图 11-3）。其合成的抗原蛋白类似于亚单位疫苗，但核酸疫苗的抗原蛋白是在免疫对象体内产生，并能引起全面的免疫反应。

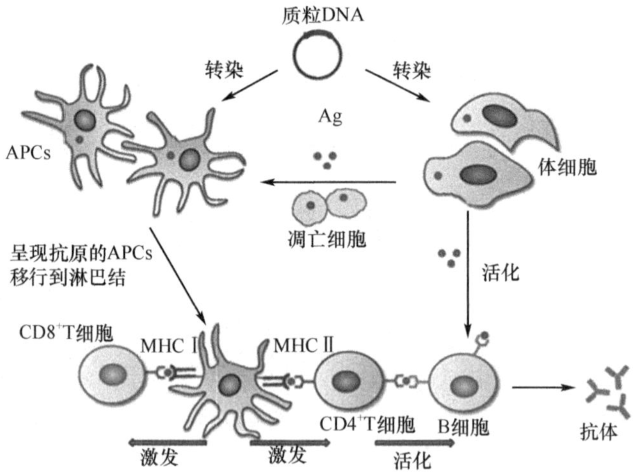

图 11-3 核酸疫苗作用模式图

2. 核酸疫苗的优势 与传统蛋白疫苗相比，核酸疫苗具有许多显著的优点。

（1）提高免疫持久性：质粒 DNA 在宿主体内可较长时间存在，抗原基因在体内持续表达产生抗原蛋白，不断刺激机体免疫系统产生长程免疫，免疫具有持久性。一次接种可获得长期免疫力，无需反复多次加强免疫。

（2）增强免疫保护效力：接种后抗原蛋白在宿主细胞内表达，直接与组织相容性复合物 MHC Ⅰ或Ⅱ类分子结合，同时引起细胞和体液免疫，对依赖细胞免疫清除病原的慢性病毒感染性疾病预防更加有效。

（3）加大交叉免疫防护：用针对编码病毒保守区的核酸序列作为目的基因，可通过对基因表达载体所携带的靶基因进行改造，从而选择抗原决定簇。其变异可能性小，可对多型别病毒株产生交叉免疫防护，所以核酸疫苗特别适用于流感病毒、HIV、HCV 等多基因型、易变异病毒的免疫防护。此外，一个质粒载体可克隆多个抗原基因组成多价苗，从而一种基因疫苗可预防多种疾病。

（4）可精细设计、便于操作、制备简便：核酸疫苗作为一种重组质粒，易在工程菌内大量扩增，提纯方法简单，易于质控，且稳定性好，不需低温保存，储存运输方便。

（5）可用于免疫治疗：核酸疫苗诱导机体产生的CTL，不仅可预防病原体的感染，还可对已感染病原体的靶细胞产生免疫攻击，对细胞的恶变进行免疫监视，对癌变的细胞产生免疫应答，发挥免疫治疗作用。此外，在遗传疾病、心血管疾病等领域，核酸疫苗均有其独特的免疫治疗作用。

3. 核酸疫苗的不足 虽然核酸疫苗具有传统疫苗所没有的优越性，但是尚存在无法解决的难题，目前国际上核酸疫苗仍处于研究探索阶段，尚无核酸疫苗上市。

（1）安全性尚不确定：质粒DNA一般不会整合到宿主细胞的基因组上，但不能完全排除少数质粒DNA插入到染色体上引起突变的可能性。这可能使宿主细胞抑癌基因失活或癌基因活化，从而转化成癌细胞。如果疫苗基因整合到生殖细胞，则影响更为深远。此外，质粒长期高水平地表达外源抗原，也可能导致机体对该抗原的免疫耐受。

（2）免疫效果与稳定性有待提高：持续低水平表达的抗原可能会被血中的中和抗体清除，不能引起足够的免疫应答，从而使疫苗的预防作用得不到充分的体现。基因疫苗的免疫效率很难达到百分之百的免疫保护，且存在明显的种属个体差异。

（3）可能有抗核酸免疫反应：质粒核酸可能诱发机体产生抗双链核酸的自身免疫反应，引起自身免疫性疾病（如系统性红斑狼疮等）。

（4）免疫效力受影响因素多：影响核酸疫苗诱发机体免疫应答的因素很多，目前已知的主要有载体设计、核酸疫苗的导入方法、佐剂及辅助因子等。另外受试者年龄和性别因素、肌内注射剂量和体积、预先注射蔗糖溶液等都会对肌内注射质粒DNA表达有影响。

传统疫苗与新型疫苗的特点比较见表11-5。

表11-5 传统疫苗与新型疫苗的特点比较

类别	减毒活疫苗	灭活疫苗	重组载体活疫苗	蛋白疫苗	肽疫苗	核酸疫苗
抗体反应	有	有	有	有	有	有
CTL反应	有	无	有	无	不一定	有
T辅助细胞反应	有	有	有	有	有	有
完整抗原	是	是	否	否	有	不一定
针对载体的免疫反应	无	无	不一定	无	无	元
反应持续时间	长	短	长	短	无	长
需要免疫次数	一次	多次	多次	多次	短	一次或多次
安全性	否	是	是	是	是	可能
转化危险	是	否	否	否	否	否
生产成本	不一定	昂贵	昂贵	昂贵	昂贵	低廉

五、治疗性疫苗

（一）概念

传统疫苗主要诱发健康机体对某种病原微生物的免疫预防能力，但对已感染的个体却不能诱生有效的免疫清除。随着免疫学研究的发展，人们发现了疫苗也可能具有新用途，即可以治疗一些难治性疾病。治疗性疫苗（therapeutic vaccine）即是指在已感染病原微生物或患有某些疾病的机体中，能够诱导特异性的免疫应答，起到治疗或防止疾病恶化作用的天然、人工合成或用基因重组技术表达的产品或制品，是一种新型并具有很大潜力的特异性主动免疫疗法。

（二）分类及特点

根据目前治疗性疫苗集中研究的领域和主要的设计原则，主要有以下几类。

1. 基于疫苗组成的分类

（1）蛋白质重构的治疗性疫苗：治疗性疫苗所针对的主要对象是已经感染或已患病者。在这些感染者或患者中存在不同程度的免疫禁忌、免疫无能和免疫耐受状态。通常，预防性疫苗的靶抗原多为天然结构抗原成分，无法有效地打破和逆转这一免疫耐受状态。因此治疗性疫苗必须改造靶抗原的结构或组合，使其相似而又异于传统疫苗，才有可能重新唤起患者的功能性免疫应答。对于蛋白质疫苗而言，改造可从几方面开展：在蛋白质水平上进行修饰，如脂蛋白化；在结构或构型上加以改造，如固相化、交联、结构外显及构象限定等；在组合上可有多蛋白的复合及多肽偶联等，抗原-抗体复合物治疗性疫苗则将两种蛋白质组合为一体，使免疫原性得以提高。

（2）基因疫苗：如前所述，基因疫苗具有超越传统疫苗的诸多优点，可用于治疗性疫苗的开发。

（3）多水平基因修饰细胞类疫苗　肿瘤细胞中包含有广谱的肿瘤抗原，但通常缺乏协同刺激分子以有效识别和激活免疫细胞，同时也因缺乏正常体内环境中多种细胞因子、趋化因子的调理而失去对免疫应答的启动、方向性选择和级联放大。以经分子修饰的细胞为效应成分的疫苗是肿瘤治疗性疫苗设计的主要策略，主要有肿瘤细胞和 DC 细胞疫苗。

2. 基于治疗疾病种类的分类

（1）肿瘤疫苗：恶性肿瘤是威胁人类生命的疾病，至今尚无有效的治疗手段。肿瘤治疗性疫苗的研制迫在眉睫，但肿瘤特异性抗原的不明确性一直限制着治疗性疫苗的发展。除以肿瘤细胞为疫苗外，抗原修饰 DC 疫苗及肿瘤相关抗原疫苗研制在不断地开发中。

美国 FDA 于 2010 年正式批准前列腺癌疫苗 Sipuleucel-T 的上市申请，使其成为批准上市的首个肿瘤治疗性疫苗，成为新一类“重磅炸弹”医药产品。

（2）抗感染的治疗性疫苗：感染性疾病主要包括由病毒、细菌、原虫、寄生虫等病原体感染所导致的疾病，其病程也与感染过程密切相关，例如，HBV 持续感染导致慢性肝炎和肝损伤。感染性疾病通常伴随病原体的持续存在和 Th1 型免疫应答的下调。因此，针对这些特点设计的治疗性疫苗重点在于清除病原体的持续性感染和上调 Th1 型免疫应答。

（3）自身免疫性疾病的治疗性疫苗：自身免疫病如系统性红斑狼疮、类风湿关节炎、自身免疫脑脊髓炎（EAE）等发病率较高，严重危害人类的生命和健康，也是治疗性疫苗致力解决的一类疾病。

（4）移植用治疗性疫苗：用于抗移植慢性排斥反应的治疗性疫苗可通过封闭协同刺激分子、诱导对移植物的免疫耐受来延长移植物的存活期。未成熟 DC 疫苗诱导免疫耐受是当前的一个热点。

（三）治疗性疫苗与传统意义上的预防性疫苗的比较

1. 抗原性质不同　天然结构的病原体蛋白一般难以诱导机体产生特异性的免疫应答，必须经过分子设计和重新构建以获得与原天然病原体蛋白结构类似的靶蛋白。

2. 诱导的免疫作用机制不同　预防性疫苗接种后主要产生的是保护性抗体，即激发体液免疫反应。治疗性疫苗能“教会”人体免疫系统正确识别“敌人”，打破机体的免疫耐受状态，以激发细胞免疫反应为主要目的，对胞内病原体可有免疫攻击作用。

3. 监测指标不同　预防性疫苗接种后监测手段主要是看有无保护性抗体产生。可通过实验室进行监测，结果准确可靠。而治疗性疫苗接种后看疾病是否改善，需要结合临床症状、体征、疾病相关的实验指标进行综合测试，使用时可能有一定的不良反应，伴有不同程度的免疫损伤，因此，较为复杂且其准确性尚有争议。

治疗性疫苗使人们在患严重疾病之后通过激发的免疫力再次获得对疾病的控制力，可能改变疾病的病程和预后，甚至可能改写生命科学及医药治疗史。当前，治疗性疫苗已成为现代生物技术、免疫学及疫苗学发展的新领域。

知识链接：

我国疫苗市场的分类

按照疫苗接种费用支付主体的不同，我国人用疫苗划分为两类。第一类疫苗是指政府免费向公民提供，公民应当依照政府规定接种的计划内疫苗，包括国家免疫规划疫苗（如乙型肝炎疫苗、卡介苗、麻疹疫苗等）、特种储备疫苗（用于出国人员等特殊人群免疫接种，以及防御生物恐怖袭击和生物战）等，由政府制定使用计划并集中采购。其中，国家免疫规划疫苗主要以儿童常规免疫疫苗为主。近年来，我国每年新生婴儿约1600万人，需接种各种免疫规划、扩大免疫规划补种及加强免疫的疫苗。第二类疫苗是指由公民自费并且自愿接种的疫苗，供需主要依靠市场调节，人用肺炎链球菌疫苗、狂犬病疫苗、成人乙型肝炎疫苗等一些常用品种利润相对较高，市场竞争激烈，目前第二类疫苗接种率稳步上升。第二类疫苗预防的虽不是危害巨大、流行风险高的疾病，但也有其重要意义，可根据自身经济情况及孩子的体质，选择接种。

第三节 疫苗的临床应用

从某种意义上来说，人类繁衍生息的历史就是人类不断同疾病和自然灾害斗争的历史，控制传染性疾病最主要的手段就是预防，而接种疫苗被认为是最行之有效的措施。通过群防群治，威胁人类几百年的天花在牛痘疫苗出现后便被逐渐消灭了，迎来了人用疫苗迎战病毒的第一个胜利，也更加证明疫苗对控制和消灭传染性疾病的作用。此后200年间疫苗家族不断扩大发展，目前用于人体的疫苗有20多种，主要针对感染性疾病的预防，可分为病毒类疫苗和细菌类疫苗。下面分别以卡介苗、乙型肝炎疫苗、脑膜炎疫苗及百白破疫苗代表减毒活疫苗、基因工程疫苗、结合疫苗及联合疫苗进行介绍。

一、卡 介 苗

（一）概述

结核分枝杆菌是细胞内寄生菌，因此人体抗结核的特异性免疫主要是细胞免疫。卡介苗（BCG）是由法国科学家Calmette和Guerin研制成功的疫苗，用有毒力的牛型结核分枝杆菌反复传代获得减毒菌株而制成，对于预防结核性脑膜炎和血行播散性结核有效。接种的主要对象是新生婴幼儿，接种后可预防发生儿童结核病，特别是能防止那些严重类型的结核病，如结核性脑膜炎。目前，世界上多数国家都已将卡介苗列为计划免疫必须接种的疫苗之一。接种人体后，引起轻微感染，菌体经过巨噬细胞的加工处理，将其抗原信息传递给免疫活性细胞，使T细胞分化增殖，形成致敏淋巴细胞，当机体再遇到结核菌感染时，巨噬细胞和致敏淋巴细胞迅速被激活，执行免疫功能，引起特异性免疫反应，从而产生对人型结核杆菌的免疫力。

（二）制备与性状

1. 生产用菌种 采用卡介菌 D_2 PB 302菌株，应符合“生物制品生产检定用菌毒种管理规程”规定。

2. 种子批的建立及检定 种子批的建立应符合“生物制品生产检定用菌毒种管理规程”规定。工作种子批启开至菌体收集传代应不超过 12 代。建立的种子批应进行以下全面检定，包括培养特性检定、毒力试验、有毒分枝杆菌检测试验及免疫力检测。

3. 原液的制备 挑取生长良好的菌膜，移种于苏通马铃薯培养基、胆汁马铃薯培养基或液体苏通培养基。置 37～39℃静止培养。培养结束后，收集菌膜压干，移入盛有不锈钢珠瓶内，钢珠与菌体的比例应根据研磨机转速控制在一适宜的范围，并尽可能在低温下研磨。加入适量无致敏原稳定剂稀释，制成原液。

4. 半成品的制备 用稳定剂将原液稀释成 1.0mg/ml 或 0.5mg/ml，即为半成品。

5. 成品的制备 分装过程中应使疫苗液混合均匀。疫苗分装后应立即冻干，冻干后应立即封口。

6. 性状 本品系用卡介菌经培养后收集菌体，加入稳定剂冻干制成。为白色疏松体或粉末，复溶后为均匀悬液。

（三）接种对象

出生 3 个月以内的婴儿或用 5IU 结核菌素试验（PPD）阴性的儿童（注射后 48～72 小时局部硬结在 5mm 以下者）。

（四）接种方法

10 次人用剂量卡介苗加入 1 ml 所附稀释剂，5 次人用剂量卡介苗加入 0.5ml 所附稀释剂，放置约 1 分钟，摇动使之溶解并充分混匀，用灭菌的 1ml 蓝芯注射器（25～26 号针头），于上臂外侧三角肌中部略下处皮内注射，0.1ml / 次。疫苗溶解后必须在半小时内用完。

（五）不良反应

1. 常见不良反应 ①90%以上的受种者接种后 2 周左右，局部出现红肿浸润，随后化脓，形成小溃疡，一般 8～12 周后结痂，最后愈合形成瘢痕，俗称卡疤。②局部脓肿和溃疡直径超过 10mm 及长期不愈（大于 12 周），应及时诊治。③淋巴结反应：接种侧腋下淋巴结可出现轻微肿大，一般不超过 10mm，1～2 个月后消退。如遇局部淋巴结肿大软化形成脓疱，应及时诊治。④接种疫苗后可出现一过性发热反应。其中大多数为轻度发热反应，持续 1～2 天后可自行缓解，一般不需处理；对于中度发热反应或发热时间超过 48 小时者，可给予对症处理。

2. 罕见不良反应 ①严重淋巴结反应：在临床上分为干酪性、脓肿型、窦道型等。接种处附近如腋下、锁骨上下或颈部淋巴结强反应，局部淋巴结肿大软化形成脓疱，应及时诊治；②复种时偶见瘢痕疙瘩。

二、基因重组乙肝疫苗

（一）概述

乙型病毒性肝炎（乙肝）是由乙型肝炎病毒（HBV）引起的、以肝脏为主要病变的一种传染病。我国是乙肝的高发区，全世界乙型肝炎病毒携带者（HBsAg 携带者）超过 2.8 亿，我国约占 1.3 亿。人群中有 60%的人被乙型肝炎病毒感染，10%的人群乙肝表面抗原（HBsAg）阳性。乙肝病程迁延，易转变为慢性肝炎、肝硬化及肝癌，是一个严重的公共卫生问题。

注射乙肝疫苗是预防和控制乙肝的最有效的措施之一。乙型肝炎疫苗的研制先后经历了血源性疫苗和基因工程疫苗阶段。血源乙型肝炎疫苗经过十年上亿人份人群接种，证明具有良好的免疫原性，但由于安全性、来源和成本等原因已被淘汰。基因工程乙型肝炎疫苗技术已相当成熟，中国自行研制的疫苗经多年观察证明安全有效，亦已批准生产用于临床。疫苗主要成分是 HBsAg，即一种乙肝病毒的包膜蛋白，并非完整病毒。这种表面抗原不含有病毒遗传物质，不具备感染性和致病性，但保留了免疫原性，具有刺激机体产生保护性抗体的能力。

（二）制备与性状

基因工程乙型肝炎疫苗即基因重组乙型肝炎疫苗，是利用转基因技术，构建含有乙型肝炎病毒 HBsAg 基因的重组质粒，然后转染相应的宿主细胞，如酵母、CHO 细胞，在繁殖过程中产生未糖基化的 HBsAg 多肽颗粒，经细胞破碎，多肽释放，经纯化，灭活，加氢氧化铝后制成。利用重组酵母生产的叫重组酵母乙肝疫苗，利用 CHO 细胞生产的叫重组 CHO 乙肝疫苗。

现已重组酵母乙肝疫苗为例进行介绍。

1. 生产用菌种 生产用菌种为转基因技术构建的表达 HBsAg 的重组酿酒酵母原始菌种。

2. 种子批的建立及检定 构建的重组原始菌种经扩增 1 代为主种子批，主种子批扩增 1 代为工作种子批。应符合“生物制品生产检定用菌毒种管理规程”规定。分别进行培养物纯度检测，HBsAg 基因序列测定，质粒保有率、活菌率及抗原表达率的检测。

3. 原液的制备 取工作种子批菌种，于适宜温度和时间经锥形瓶、种子罐和生产罐进行三级发酵，收获的酵母菌应冷冻保存。然后用细胞破碎器破碎酿酒酵母，除去细胞碎片，以硅胶吸附法粗提 HBsAg，疏水色谱法纯化 HBsAg，用硫氰酸盐处理，经稀释和除菌过滤后即为原液。原液于 2～8℃保存不超过 3 个月。

4. 半成品的制备 原液中按终浓度为 100μg/ml 加入甲醛，于 37℃保温适宜时间。每 1μg 蛋白质和铝剂按一定比例置 2～8℃吸附适宜的时间，用无菌生理盐水洗涤，去上清液后再恢复至原体积，即为铝吸附产物。蛋白质浓度为 20.0～27.0μg/ml 的铝吸附产物可与铝佐剂等量混合后，即为半成品。

5. 成品的制备 所配制的半成品应按照《中国生物制品规程》规定进行相应的分批、分装及冻干后包装。

6. 性状 本品系由重组酿酒酵母表达的乙型肝炎病毒表面抗原（HBsAg）经纯化，加入铝佐剂制成。为乳白色混悬液体，可因沉淀而分层，易摇散，不含任何防腐剂。

（三）接种对象

中国大多数乙型肝炎病毒携带者来源于新生儿及儿童期的感染。因此，新生儿的预防尤为重要，所有新生儿都应当接种乙型肝炎疫苗。此外，HBsAg 阳性者的配偶及其他从事有感染乙型肝炎危险职业的人，如密切接触血液的人员、医护人员、血液透析患者等也需重点接种。

（四）接种方法

乙型肝炎疫苗全程基础免疫程序共接种 3 针，分别在 0、1、6 个月接种。新生儿接种乙型肝炎疫苗越早越好，要求尽可能在出生后 24 小时内接种，之后间隔 1 个月及 6 个月注射第 2 针及第 3 针疫苗。16 岁以下人群每 1 次剂量为 5μg，16 岁或以上人群每 1 次剂量为 10μg。新生儿的接种部位为大腿前部外侧肌肉内，儿童和成人为上臂三角肌中部肌内注射。

（五）不良反应

经过 20 多年大规模的使用和观察，目前还没有接种乙型肝炎疫苗后有严重不良作用的病例。只有少数人接种后会产生接种部位红肿、疼痛、发痒、手臂酸重等症状，或者是产生低热、乏力、恶心、食欲缺乏等与一般疫苗相似的轻微反应。多数情况下于 2～3 天内自行消失。

三、ACYW135 群四价脑膜炎球菌多糖疫苗

（一）概述

脑膜炎球菌为流行性脑脊髓膜炎（流脑）的病原菌。带菌者和患者是传染源。脑膜炎球菌经飞沫传染，也可通过接触患者呼吸道分泌物污染的物品而感染。本病的发生和机体免疫力有密切的关系，当机体抵抗力低下时，侵入鼻咽腔细菌大量繁殖而侵入血流，引起菌血症和败血症，患者出现恶寒、发热、恶心、呕吐、皮肤上有出血性皮疹，皮疹内可查到本菌。严重者侵犯脑脊髓膜，发生化脓性脑脊髓膜炎。根据本菌的夹膜多糖抗原的不同，通过血凝试验分为 A、B、C、D 四个血清群，之后又发现了 X、Y、Z、29E、W135 等 5 个群。以 A、B、C 群为多见。

接种脑膜炎球菌多糖疫苗后，可使机体产生体液免疫应答，预防流脑的发生。脑膜炎球菌多糖疫苗分为单价 A 或 C、双价 A 和 C 及 4 价疫苗。目前最好的是四价疫苗。

（二）制备与性状

本疫苗系用 A、C、Y、W135 群奈瑟氏脑膜炎球菌培养液，经提纯获得的荚膜多糖抗原，纯化后加入适宜稳定剂（乳糖）冻干制成。成品外观为白色疏松体，加入所附稀释液复溶后为无色澄明液体。

（三）接种对象

目前在国内仅推荐本品在以下范围内 2 周岁以上儿童及成人的高危人群使用：一是旅游到或居住在高危地区者，如非洲撒哈拉地区（A、C、Y 及 W135 群奈瑟脑膜炎球菌传染流行区）；二是从事实验室或疫苗生产工作可从空气中接触到 A、C、Y 及 W135 群奈瑟脑膜炎球菌者；三是根据流行病学调查，由国家卫生和计划生育委员会和疾病控制中心预测有 Y 及 W135 群脑膜炎奈瑟菌暴发地区的高危人群。

（四）接种方法

将上臂外侧三角肌附着处皮肤消毒后皮下注射本品。

剂量：2 岁以上儿童和成人接种 1 剂，每次 0.5ml。接种应于流脑流行季节前完成。

（五）不良反应

主要为接种部位 1～2 天的红肿和疼痛，全身不良反应主要为发热，大多数可自行缓解，并在 72 小时内消失。

四、吸附百日咳、白喉、破伤风联合疫苗

（一）概述

百日咳、白喉、破伤风混合疫苗简称百白破疫苗，它是由百日咳疫苗、精制白喉和破伤风类毒素按适量比例配制而成，用于预防百日咳、白喉、破伤风三种疾病。目前一般认为对破伤风、白喉的免疫效果更为满意。目前使用的有吸附百日咳疫苗、白喉和破伤风类毒素混合疫苗（吸附百白破）和吸附无细胞百日咳疫苗、白喉和破伤风类毒类混合疫苗（吸附无细胞百白破）。

（二）制备与性状

吸附百日咳、白喉、破伤风联合疫苗系由百日咳菌苗原液、精制白喉类毒素及精制破伤风类毒素，加氢氧化铝佐剂制成。全细胞百白破三联混合剂（WPDT）和无细胞百白破三联混合制剂（APDT）区别主要在于其中的百日咳菌体成分的不同。前者由百日咳全菌体疫苗配制，除含有有效成分外还含有多种引起副反应的有害成分如脂多糖等，预防接种后不良反应较多、较严重，给儿童的日常生活带来苦恼。后者配制时去除百日咳全菌体疫苗中的有害成分，保持免疫效果的同时，降低其严重的副反应，更具安全性、没有毒性逆转。本品为乳白色悬液，放置后佐剂下沉，摇动后即成均匀悬液，含防腐剂。

（三）接种对象

3 月龄至 7 周岁的儿童。

（四）接种方法

我国现行的免疫程序规定，新生儿出生后 3 足月就应开始接种百白破疫苗第一针，连续接种 3 针，每针间隔时间最短不得少于 28 天，在 1 岁半至 2 周岁时再用百白破疫苗加强免疫 1 针，如果超过 3 岁则不应再接种白百破疫苗，应等 7 周岁时用精制白喉疫苗或精制白破二联疫苗加强免疫 1 针。吸附百白破疫苗采用肌内注射，接种部位在上臂外侧三角肌附着处或臀部外上 1/4 处。

（五）不良反应

局部可有红肿、疼痛、发痒、硬结，全身可有低热、疲倦、头痛等，一般不需特殊处理即自行消退。

知识链接：

我国儿童计划免疫程序

新生儿（24 小时内）	乙型肝炎疫苗（1 次）、卡介苗
1 个月龄	乙型肝炎疫苗（2 次）
2 个月龄	脊髓灰质炎糖丸（1 次）
3 个月龄	脊髓灰质炎糖丸（2 次）、百白破疫苗（1 次）
4 个月龄	脊髓灰质炎糖丸（3 次）、百白破疫苗（2 次）
5 个月龄	百白破疫苗（3 次）
6 个月龄	乙型肝炎疫苗（3 次）
8 个月龄	麻疹疫苗
1.5～2 岁	百白破疫苗（加强）、脊髓灰质炎糖丸（部分地区）
4 岁	脊髓灰质炎疫苗（加强）
7 岁	麻疹疫苗（加强）、白破二联疫苗（加强）
12 岁	卡介苗（加强，农村）

小　　结

- 疫苗
  - 主要成分
    - 抗原:有效免疫活性组分
    - 佐剂:非特异性免疫增强剂
  - 发展简史
    - 三次疫苗革命
  - 分类
    - 传统疫苗:减毒活疫苗、灭活疫苗;实例:卡介苗
    - 亚单位疫苗:合成、基因工程;实例:基因重组乙型肝炎疫苗
    - 联合疫苗;实例:百白破联合疫苗,ACYW135群四价脑膜炎球菌多糖疫苗
    - 新型疫苗:核酸疫苗、治疗性疫苗
  - 关键技术环节
    - 高通量抗原筛选
    - 高效重组表达
    - 下游工艺优化
    - 载体及剂型研制

思考题

1. 在基因工程亚单位疫苗研制中,如何利用现代基因组学和蛋白质组学筛选和优化抗原?
2. 请阐述核酸疫苗的基本特点。举例说明核酸疫苗与传统疫苗相比较，其优势何在?
3. 举例说明 3～4 种常规免疫佐剂的特点和应用现状。

拓展学习

请扫描右侧二维码进行阅读学习与疫苗相关的参考书、参考文献、国家精品资源共享课及慕课等拓展性学习资料。

（郭　刚）

第十二章　核酸类药物

学习目标

1. 掌握：核酸的分类与生物学功能，核酸类药物的定义，核酸类药物的分类，反义寡核苷酸的定义，siRNA的定义，基因治疗的定义。

2. 熟悉：基因编辑技术、核酸类药物的性质与特点、核酸药物的发展趋势。

3. 了解：各种核酸药物的机制及其应用。

第一节　概　　述

一、核酸类药物的概念

核酸是以核苷酸为基本组成单位的生物信息大分子，具有复杂的结构和重要的功能。天然存在的核酸根据化学组成不同可以分为两大类：脱氧核糖核酸（deoxyribonucleic acid，DNA）和核糖核酸（ribonucleic acid，RNA）。核酸储存并传递生物遗传信息，决定生物遗传特征，对蛋白质生物合成有重要作用，核酸改变是遗传病、肿瘤等疾病发生的关键因素。核酸具有储存遗传信息、进行信号调控、催化活性等重要的生物学功能。核酸的功能即是其作为生物重要物质的基础，也是开发核酸类药物的基础。

通过对核酸的不断深入研究，科学家逐步阐明了核酸的物质结构、生理功能和在疾病发生发展过程中的作用，并不断开发出用于疾病预防、诊断和治疗的核酸类药物。

核酸类药物是指从生物中提取或者人工合成的、具有药用价值的碱基、核苷、核苷酸及不同长度的核酸链，是一类药物的统称。核酸类药物包括碱基及其衍生物、核苷与核苷酸类药物、反义寡核苷酸药物、多肽核苷酸药物（PNA）、小干扰 RNA 药物（siRNA）、微小 RNA 药物（miRNA）和基因治疗药物。

核酸类药物在生物信息流的上游阶段起作用，与特定的疾病基因结合或使其裂解，针对性强、效果显著。肿瘤、遗传性疾病、基因突变疾病都与核酸的生理功能的改变密切相关，因此影响核酸代谢的药物在抗肿瘤和抗病毒的治疗中广泛使用。利用核苷酸衍生物抑制肿瘤细胞或病毒的核酸代谢与蛋白质表达，发挥治疗效果。例如，临床治疗中使用的氟尿嘧啶、阿糖胞苷等碱基类似物与核苷类似物，用于治疗恶性肿瘤；阿昔洛韦等核苷类似物用于治疗病毒感染。除了小分子核酸类药物的开发，研究人员也在不断探索寡核苷酸、基因载体等大分子核酸类药物的开发。例如，用于抑制巨细胞病毒复制的反义寡核苷酸药物福米韦生（Fomivirsen），用于治疗脂蛋白酯酶缺乏症的腺相关病毒（AAV）载体基因治疗药物 Alipogene tiparvovec 等。目前以反义寡核苷酸、小干扰 RNA 为代表的小核酸药物和基因治疗药物已经成为新药开发的热点。

二、核酸类药物的发展历程

核酸类药物中包括不同化学本质和作用机制的几类药物，这些类型的药物有各自的发展历程。

（一）碱基、核苷与核苷酸及其类似物

这一类药物的研发是基于对核酸物质结构与代谢过程的深入理解。最早用于抗肿瘤的核酸类似物药物是6-巯基嘌呤，于1953年在美国上市。1959年合成的5-碘代脱氧尿苷（IDU）是第一个临床有效的抗病毒核苷类似物，用于治疗疱疹角膜炎和疱疹病毒感染的其他眼部疾病。1997年首次合成了选择性抗病毒核苷酸类似物阿昔洛韦，这是一类非环核苷酸类抗病毒药物。至今，这类药物仍然是抗病毒治疗最重要的药物。

（二）反义核苷酸药物

反义寡核苷酸的设想最早由Belikova于1967年提出，最早在实验室中利用反义寡核苷酸抑制RNA翻译的实验是1978年由Zamecnik和Stephenson完成。第一个反义寡核苷酸药物福米韦生于1998年美国上市，推动了反义寡核苷酸药物研究的热潮。截止到2016年1月，全球共有3个反义寡核苷酸药物上市，是目前反义寡核苷酸抑制病毒、肿瘤的重要候选药物。

（三）小干扰 RNA 药物

基因共抑制现象最早由Jorgensen研究组于1990年研究矮牵牛花的查耳酮合成酶的过程中提到。1998年，Andrew Fire和Craig Mello研究RNA阻断基因表达的实验，首次提出RNAi概念，并于2006年获得诺贝尔生理学或医学奖。siRNA从发现之后迅速成为研究的热点。目前虽然没有正式获准上市的siRNA药物，但有46个药物的101项临床试验正在进行中，其中5个处于Ⅲ期临床试验。

（四）微小 RNA 药物

miRNA最早于2001年由Lee、Lau和Lagos Quintana等3个研究组在同一期的《Science》期刊上报道，之后科学家从各种生物体中发现数以千计的miRNA。miRNA参与生命中的一系列重要过程，包括正常的生理过程和肿瘤发生过程，因此，miRNA是研究抗肿瘤核酸药物的重要候选分子。

（五）基因治疗

科学家在研究生物体的遗传现象中发现，基因工程可能成为治疗遗传病的新途径。1966年，Edwrd Tatum发表了研究成果，展示了病毒用于体细胞遗传和基因治疗领域的有效性。1982年Cline成功地将外源基因导入到小鼠的骨髓干细胞中，并且被修饰的干细胞能够在其他小鼠体内分裂繁殖；1998年美国重组DNA顾问委员会（Recombinant DNA Advisory Committee，RAC）批准了在肿瘤患者体内使用外源基因，用于追踪肿瘤浸润的血细胞运动的研究。

1990年9月14日美国食品药品监督管理局（FDA）批准了第一例基因治疗临床试验，两个患有腺苷脱氨酶缺乏症（adenosine deaminase deficiency，ADA-SCID）儿童接受了基因治疗试验。此后基因治疗经历一段爆发式的发展，每年的临床试验数量直线上升，直到1999年患者Jesse Gelsinger的意外死亡遏制了其上升势头。Jesse Gelsinger是一位鸟氨酸转氨甲酰酶缺陷的患者，他在接受宾夕法尼亚大学的基因治疗临床试验过程中，对大剂量注射的腺病毒载体产生强烈的免疫反应，并于4天之后死于多器官衰竭。

然而，基因治疗的发展并未中断，2012年欧洲药品监督管理局（EMA）批准了第一个基因治疗药物Glybera，用于治疗脂蛋白脂酶缺乏遗传病（lipoprotein lipase deficiency，LPLD），极大地推动了基因治疗的发展。截止到2016年2月，累计有2356例被批准开展的基因治疗临床试验，基因治疗为人类治疗肿瘤、遗传病等难治性疾病提供了新手段和治疗前景。

三、核酸研究前沿技术简介

遗传病和肿瘤等疾病与基因突变和异常表达有关，利用基因编辑技术，可以修正基因序列中的错误突变或者消除突变基因，从基因水平对疾病进行研究，开发新的治疗方法。目前基因编辑技术主要有：锌指核酸酶（Zinc-finger nuclease，ZFN）技术、转录激活样效应因子核酸酶（transcription activator-like effector nuclease，TALEN）技术与成簇规律间隔短回文重复（clustered regulatoryinterspaced short palindromic repeat，CRISPR）技术。基因编辑技术为建立遗传病、肿瘤、免疫疾病等难治性疾病的基因治疗方案提供了更为有力的方法。在此，简要介绍三种基因编辑技术。

（一）锌指核酸酶

锌指核酸酶（zinc-finger nuclease，ZFN），也被称为锌指蛋白核酸酶（ZFPN），是一类人工合成的限制性内切酶，由负责特异性识别靶标基因序列的锌指 DNA 结合域（zinc finger DNA-binding domain）与限制性内切酶的 DNA 切割域（DNA cleavage domain）融合而成。锌指 DNA 结合域部分一般包含 3 个独立的锌指（zinc finger，ZF）结构，每个锌指结构能够识别 3 个碱基，因而一个锌指 DNA 结合域可以识别 9bp 长度的特异性序列（图 12-1A、图 12-1B）。目前识别不同三联碱基的 64 种锌指组合中已有大部分被发现，从而为组合不同的锌指 DNA 结合域识别特异性的靶标基因序列提供重要基础。

锌指核酸酶的切割域通过连接区（linker）与 DNA 结合域结合。在 ZFN 中应用最广泛的 DNA 切割域来自 IIS 型限制性内切酶 *Fok* Ⅰ。由于切割域与 DNA 链的结合能力较弱，因此 DNA 切割域必须以二聚体的形式发挥作用（图 12-1C、图 12-1D）。

锌指核酸酶的 DNA 结合域与靶标基因结合后，DNA 切割域剪切靶标基因形成 DNA 双链断裂区（Double-StrandedBreaks，DSB）；通过破坏非同源末端链接（non-homologous end joining，NHEJ）使目的基因失活，或借助同源重组（homologous recombination，HR）等方式完成 DNA 的修复连接，可以使断裂的 DNA 双链重新黏合。利用该技术既可进行基因的敲除，也可导入目标基因，使基因激活或阻断，或者编辑基因序列，用于研究 HIV 和 21-三体综合征等疾病的治疗方案。同时，由于锌指核酸酶对 DNA 的剪切需要同源二聚化的内切酶，如果出现异源二聚化很可能造成脱靶效应；另一方面，锌指核酸酶在体内使用，可能引发免疫反应。这些因素限制了锌指核酸酶的推广应用。

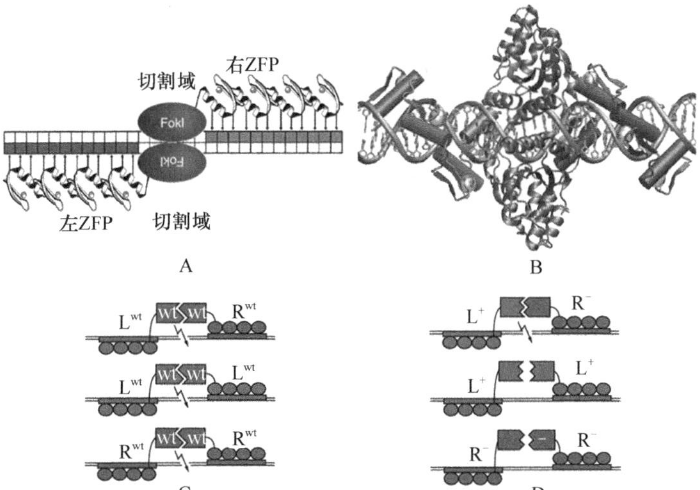

图 12-1　锌指蛋白结构和作用原理

A. 锌指蛋白结构示意；B. 锌指蛋白结构模拟；C 和 D.锌指蛋白的作用原理

（二）转录激活样效应因子核酸酶技术

转录激活样效应因子核酸酶（transcription activator-like effector nuclease，TALEN）是由具有序列特异结合能力的 TAL 效应因子（TAL effector，TALE）片段与限制性内切酶 *Fok* I 核酸酶融合表达而成。典型的 TALEN 由 3 个结构域组成：一个包含核定位信号（nuclear localization signal，NLS）的 N 端结构域，一个包含可识别特定 DNA 序列的典型串联 TALE 重复序列的中央结构域，以及一个具有 *Fok* I 核酸内切酶功能的 C 端结构域（图 12-2A、图 12-2B）。不同类型的 TALEN 元件识别的特异性 DNA 序列长度有很大区别。一般来说，天然的 TALEN 元件识别的特异性 DNA 序列长度一般为 17～18bp；而人工 TALEN 元件识别的特异性 DNA 序列长度则一般为 14～20bp。TALEN 发挥作用的过程由核定位区域引导进入细胞核，由串联 TALEN 重复序列识别特异的靶标基因序列，由 *Fok* I 核酸内切酶进行剪切，并借助细胞内固有的同源定向修复（HDR）或非同源末端连接途径（NHEJ）修复过程完成特定序列的插入（或倒置）、删失及基因融合。

TALEN 技术自 2010 年被发明以来，它的特异性切割活性被全球范围内多个研究小组利用体外培养细胞、酵母、拟南芥、水稻、果蝇及斑马鱼等多个动植物体系所证实。随着 TALEN 技术逐渐成熟，全球范围内很多实验室已广泛使用 TALEN 技术来完成基因敲除。TALEN 也被用于基因治疗、慢病毒感染、肿瘤等疾病的研究中。

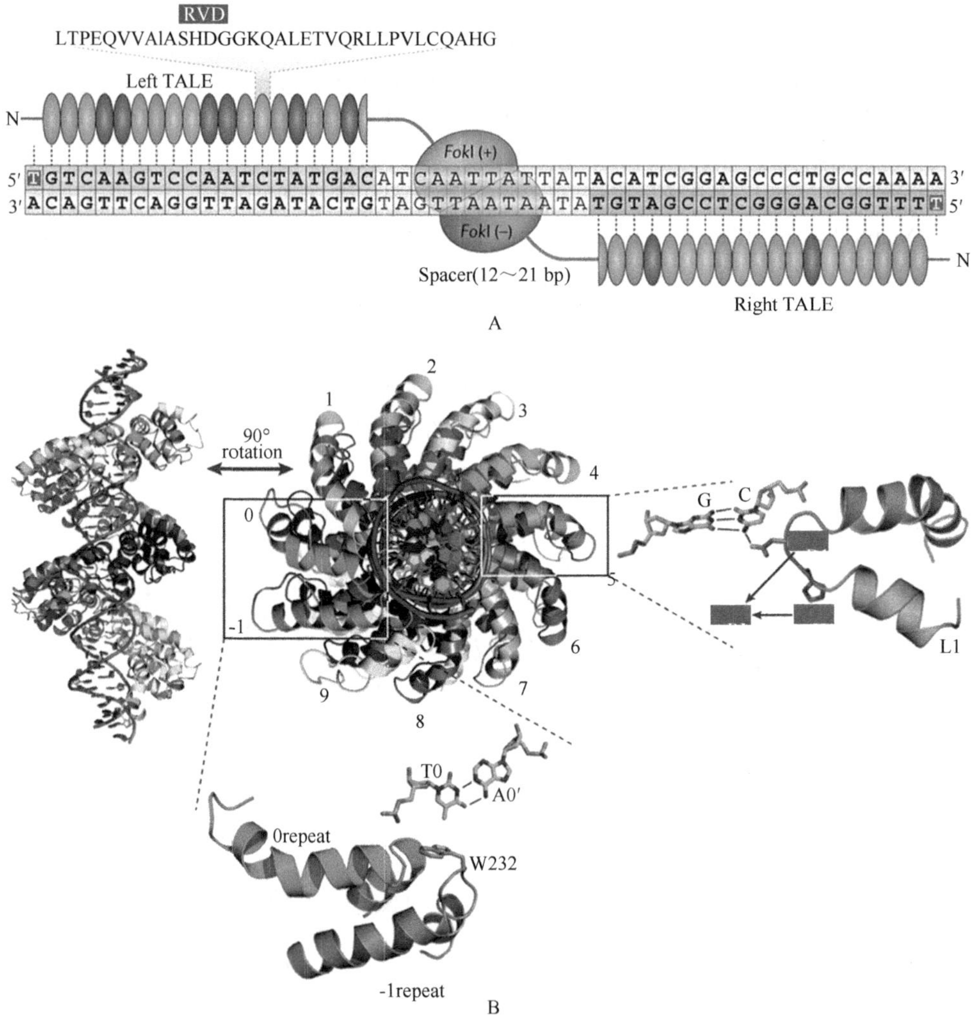

图 12-2　TALEN 结构和原理

A. TALEN 结构示意；B. TALEN 结构模拟

（三）成簇规律间隔短回文重复技术

成簇规律间隔短回文重复（clustered regulatory interspaced short palindromic repeat，CRISPR）/Cas系统作为一种新的基因组编辑工具，实现由 RNA 靶向的 DNA 识别及编辑，免去 ZFN 和 TALEN 技术翻译出 DNA 结合蛋白的繁琐费时的过程。CRISPR/Cas 技术使用一段序列特异性向导 RNA 分子（sequence-specific guide RNA）引导核酸内切酶到靶点处，从而完成基因组的编辑。

CRISPR/Cas 系统的首次发现是在细菌的天然免疫系统内，其主要功能是对抗入侵的病毒及外源 DNA。CRISPR/Cas 系统由 CRISPR 序列元件与 *Cas* 基因家族组成。其中 CRISPR 由一系列高度保守的重复序列（repeat）与同样高度保守的间隔序列（spacer）相间排列组成。而在 CRISPR 附近区域还存在着一部分高度保守的 CRISPR 相关基因（CRISPR-associated gene，Cas gene），这些基因编码的蛋白具有核酸酶活性的功能域，可以对 DNA 序列进行特异性切割。

CRISPR/Cas 系统剪切靶标基因的过程分两步进行——crRNA 的合成及在 crRNA 引导下的 RNA 结合与剪切（图 12-3）。CRISPR 区域第一个重复序列上游有一段 CRISPR 的前导序列（leader sequence），该序列作为启动子来启动后续 CRISPR 序列的转录，转录生成的 RNA 被命名为 CRISPRRNA（简称 crRNA）。crRNA 与 tracrRNA（反式激活的 crRNA）形成嵌合 RNA 分子，即单向导 RNA（single guide RNA，sgRNA）。sgRNA 可以介导 Cas9 蛋白在特定序列处进行切割，形成 DNA 双链断裂（double-Stranded Break，DSB），完成基因定向编辑等各类操作。

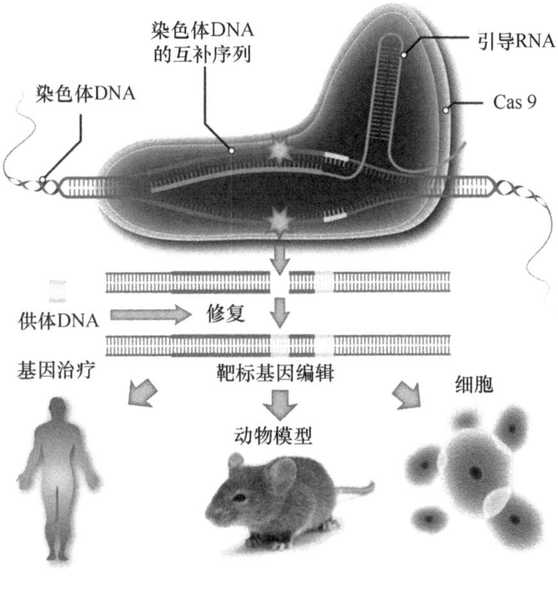

图 12-3　CRISPR 技术原理与应用

CRISPR/Cas 系统的开发为构建更高效的基因定点修饰技术提供了全新的平台。近年来，由于基因工程技术的突飞猛进，CRISPR/Cas 已经成为科学界最热门的研究内容，被广泛应用于各类体内和体外的遗传学改造、转基因模式动物的构建，甚至基因治疗领域。

2015 年 3 月 12 日，美国 Salk 研究所的 Menon T 等首次将来自 X-连锁 SCID 患者的细胞转化为干细胞样状态，修复基因突变，并在实验室中促使修复的细胞成功产生 NK 细胞，从而为这种罕见病的治疗带来了希望。4 月 9 日，Yongchang Chen 等利用 CRISPR/Cas9 系统，功能性地破坏猕猴中的肌营养不良蛋白基因，结果表明，CRISPR/Cas9 可以有效地制备人类疾病的猴模型。

从分子生物学角度看来，三种基因编辑技术的基因定点修饰操作都包括敲入（knock in）、敲除（knock out）、删除（deletion）及基因融合（gene integration）这几种类型，它们在各类应用中的基本模式是相似的。但三种技术在技术细节上各具特点，适用范围也有所不同。

TALEN、ZFN 和 CRISPR/Cas 三种基因定点修饰技术特点的比较见表 12-1。

表 12-1 TALEN、ZFN 和 CRISPR/Cas 三种基因定点修饰技术特点的比较

	TALEN	ZFN	CRISPR/Cas9
靶点 DNA 序列的识别区域	重复可变双残基（RVD）的重复	锌指（ZF）结构域	CRISPR RNA（crRNA）或向导 RNA（gRNA）
DNA 的剪切	Fok Ⅰ 核酶结构域	Fok Ⅰ 核酶结构域	Cas9 蛋白
典型核酸的构建	8～31 个重复可变双残基的拼接	通过搜索各类 ZF 组合数据库，拼接 3～4 个 ZF 结构	gRNA 的寡核苷酸合成和分子克隆（或 RNA 合成）
所识别的靶点的长度	（8～31bp）× 2	（9 或 12 bp）× 2	20 bp +NGG × 1
最小模块识别碱基数量	1	3	1
优点	设计较 ZFN 简单、特异性高	技术平台成熟、效率高于被动同源重组	靶向精确、脱靶率低、细胞毒性低、廉价简便
不足	细胞毒性、模块组装过程繁琐、需要大量测序工作、一般大型公司才有能力开展、成本高	设计依赖上下游序列、脱靶率高、具有细胞毒性	靶区无 PAM 则不能切割、特异性不高、NHEJ 依然会产生随机毒性

表格来源：Hongmei Lisa Li，Takao Nakano，Akitsu Hotta. 2014. Genetic correction using engineered nucleases for gene therapy applications. Development Growth Differentiation，56（1）：63-77.

这三种技术都有向商业化发展，如很多商业公司可以提供组装好的三联密码子 TALEN 模块，甚至四联密码子 TALEN 模块，这样就大大缩短了构建 TALEN 元件的实验周期。基于 CRISPR/Cas 技术而成立的生物医药公司 Editas Medicine，致力于开发能精准地编辑基因及治疗致命性遗传病的技术，已经获得多轮的风险投资，并有可能于 2016 年在美国纳斯达克上市。

第二节　核酸类药物的分类及特点

核酸类药物是指从生物中提取或者人工合成的、具有药用价值的核酸、核苷酸、核苷及碱基，是一类药物的统称。

根据药物的获取途径可将核酸类药物分为两类。一类是具有天然结构的核酸类药物，这些品种主要是生物体合成核酸的原料或者物质代谢过程中的辅酶，缺乏这类物质会使生物体代谢异常，通过补充此类药物可恢复代谢平衡、改善生理功能。另一类是天然碱基、核苷、核苷酸的结构衍生物，此类药物是目前用于抗病毒、抗肿瘤治疗的重要药物。

根据药物的药理作用特点，可将核酸类药物分为：①抗病毒药物，代表药物有三氮唑核苷（利巴韦林，Ribavirin）；②抗肿瘤药物，代表药物有氟尿嘧啶；③干扰素诱导剂，代表药物有聚肌苷酸-聚胞苷酸（Polyinosinic Acid-Polycytidylic Acid）；④体内代谢物的补充剂，代表药物有可用于心脏病等辅助治疗的三磷酸腺苷（ATP）。

根据药物的结构性质，可将核酸类药物分为：碱基及其衍生物、核苷与核苷酸类药物、反义寡核苷酸药物、多肽核苷酸药物（PNA）、小干扰 RNA 药物（siRNA）、微小 RNA 药物（miRNA）和基因治疗药物。其中，碱基及其衍生物、核苷与核苷酸类药物目前作为化学药物管理，本章中重点讨论反义寡核苷酸药物、多肽核苷酸药物（PNA）、小干扰 RNA 药物（siRNA）、微小 RNA 药物（miRNA）和基因治疗药物。

一、碱基及其衍生物

嘧啶碱基和嘌呤碱基是DNA和RNA的主要成分。嘧啶碱基或嘌呤碱基的衍生物类药物（图12-4）特点是，这类衍生物与天然的碱基具有结构相似性，与天然碱基竞争结合到酶分子上或者掺入到产物中，通过干扰肿瘤细胞或病毒存活与繁殖的代谢过程，进而发挥治疗作用。

尿嘧啶的衍生物氟尿嘧啶（Fluorouracil）是胸腺嘧啶合成酶的抑制剂，干扰脱氧胸腺嘧啶核苷酸的形成，具有较好的抗肿瘤作用。同类型的代表性药物还有：替加氟（Ftorafur）、卡莫氟（Carmofur）、去氧氟尿苷等。

次黄嘌呤是腺嘌呤和鸟嘌呤生物合成的重要中间体，嘌呤类抗代谢药物主要是次黄嘌呤和鸟嘌呤的衍生物。代表药物有磺巯嘌呤钠（Tisupurine）等。

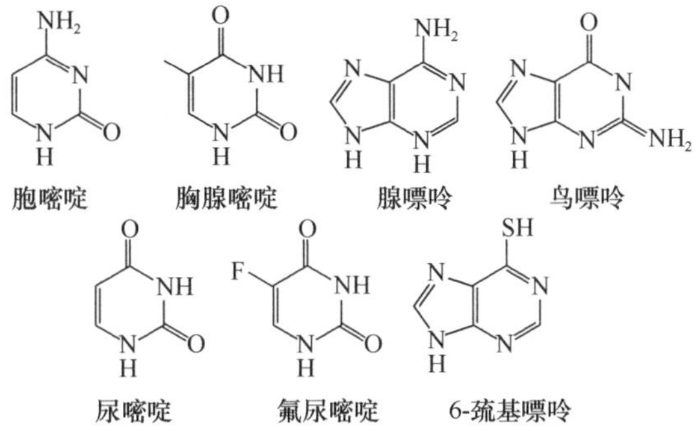

图 12-4　天然碱基、氟尿嘧啶、6-巯基嘌呤的结构

二、核苷与核苷酸类药物

核苷由五碳糖（核糖或脱氧核糖）与碱基（嘧啶碱基或嘌呤碱基）组成。核苷与核苷酸类药物（图 12-5，表 12-2）是通过对天然碱基或糖基进行化学修饰，而得到的人工合成核苷，是天然核苷的代谢拮抗剂。核苷与核苷酸类药物的特点是，与天然的核苷竞争结合 DNA 或 RNA 聚合酶，通过抑制肿瘤细胞或病毒的 DNA 或 RNA 的合成，或者掺入到生成的 DNA 或 RNA 分子中导致 DNA 或 RNA 结构不稳定或功能缺失，从而抑制病毒繁殖和肿瘤生长。核苷类化合物在抗病毒药物中占有重要地位，包括嘧啶核苷类药物、嘌呤核苷类药物和糖基修饰的核苷类药物等。

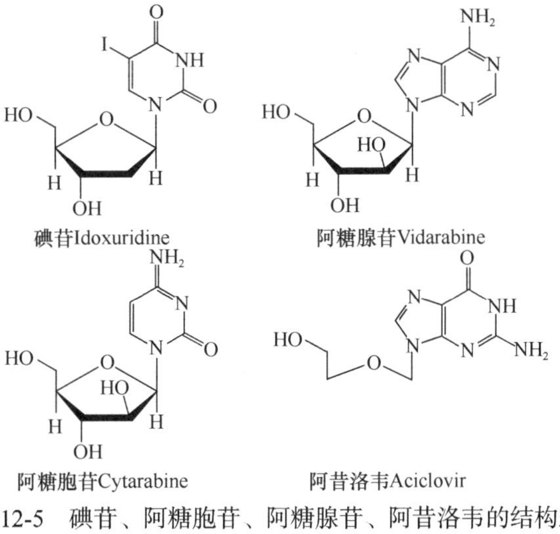

图 12-5　碘苷、阿糖胞苷、阿糖腺苷、阿昔洛韦的结构式

嘧啶核苷类药物的代表药物是碘苷（Idoxuridine）。碘苷的结构与胸腺嘧啶脱氧核苷相似，在体内由胸腺嘧啶核苷激酶磷酸化生成三磷酸碘苷，与三磷酸胸腺嘧啶核苷酸竞争 DNA 聚合酶，抑制病毒 DNA 的合成。相同机制的代表药物还有三氟胸苷。此外，氟尿嘧啶脱氧核苷的作用与氟尿嘧啶相同，对肝肿瘤及头颈部肿瘤的疗效较好，毒性较小；胞嘧啶的衍生物阿糖胞苷（Cytarabine）能够抑制脱氧胞嘧啶核苷的形成，抑制病毒或肿瘤 DNA 的合成，临床上主要用于治疗肿瘤。

嘌呤核苷类药物的代表性药物是阿糖腺苷（Vidarabine），它在体内通过形成三磷酸阿糖腺苷而抑制 DNA 合成的早期阶段。

糖基修饰的核苷类药物的代表药物是阿昔洛韦（Aciclovir）。阿昔洛韦是尿苷类似物，抑制病毒编码的胸苷激酶和 DNA 聚合酶，进而抑制感染细胞中 DNA 的合成，并可以掺入到病毒 DNA 中使 DNA 断裂。同类药物还有地昔洛韦、更昔洛韦、喷昔洛韦等。

表 12-2 核苷与核苷酸类药物举例

药物名称	作用机制	临床用途	开发时间
碘苷（Idoxuridine）	与胸腺嘧啶核苷竞争 DNA 聚合酶	抗病毒	1959 年
三氟胸苷（Trifluorothymidine）	与胸腺嘧啶核苷竞争 DNA 聚合酶	抗病毒	1975 年
阿糖胞苷（Cytarabine）	与胸腺嘧啶核苷竞争 DNA 聚合酶	主要用于抗肿瘤	1969 年
溴乙烯尿苷（Brivudine）	与胸腺嘧啶核苷竞争 DNA 聚合酶	主要用于抗肿瘤	2001 年
三氮唑核苷（利巴韦林，Ribavirin）	阻断鸟苷单磷酸的合成	广谱抗病毒	1986 年
叠氮胸苷（齐多夫定，Zidovudine）	抑制 HIV 反转录酶和病毒 DNA 的合成	治疗 HIV 感染	1987 年
司他夫定（Stavudine）	抑制 HIV 反转录酶和病毒 DNA 的合成	治疗 HIV 感染	1994 年
拉米夫定（Lamivudine）	抑制 HIV 反转录酶	治疗 HIV 感染	1995 年
阿昔洛韦（Aciclovir）	掺入到病毒 DNA 中使 DNA 断裂	治疗疱疹病毒感染	1981 年
更昔洛韦（Ganciclovir）	掺入到病毒 DNA 中使 DNA 断裂	治疗巨细胞病毒感染	1988 年
喷昔洛韦（Penciclovir）	掺入到病毒 DNA 中使 DNA 断裂	治疗疱疹病毒感染	1996 年

三、反义寡核苷酸

反义寡核苷酸（antisense oligonucleotide）通常是指长度为 15～25 个核苷酸，并经过化学修饰的短链核酸，该短链核酸进入细胞后按照碱基互补配对原则与靶标 RNA 序列互补、形成双链结构，结合之后通过不同的机制影响靶标基因的表达。反义寡核苷酸的特点是能够高度特异性地识别指定的靶标 RNA 序列，能够调控一个基因家族中的单个基因、乃至调控特定的基因突变体，从而有效地调控基因的表达，发挥治疗疾病、恢复机体平衡的作用。

目前，反义寡核苷酸有三种来源。第一种是由人工构建的载体表达反义 RNA，利用 DNA 重组技术，构建含有靶 DNA 序列的反义 RNA 表达载体，载体转录产生反义 RNA。第二种是利用诱变剂启动体内存在的编码反义 RNA 的基因以产生反义 RNA。第三种是人工合成反义寡核苷酸，这种方式可以合成反义 RNA 和反义 DNA，并且可以合成经化学修饰的反义核苷酸链，优化反义寡核苷酸的性能，是目前最为常用的来源。

由于天然的反义寡核苷酸在细胞内环境中容易被降解，对反义寡核苷酸进行化学修饰以提高稳定性、优化生物活性是十分必要的。目前开展的化学修饰可分为：碱基的修饰、核糖的修饰、磷酸二酯键的修饰和骨架改造。其中，碱基的修饰主要为杂环修饰，如 5-甲基胞嘧啶和

2-氨基嘌呤修饰；核糖修饰是2′-位的各种修饰，如己糖、环戊烷、α构象核糖修饰等；磷酸二酯键修饰主要是硫代、甲基代修饰等；骨架改造有肽核酸和吗啉寡核苷酸改造等。研究人员希望通过这些改造提高寡核苷酸的各方面性能，包括：提高反义寡核苷酸与靶标核酸序列的亲和力与特异性；提高在胞内外切酶和内切酶存在情况下的稳定性；提高反义寡核苷酸的细胞摄取性，提高生物利用度；降低反义寡核苷酸的毒性等。

多肽核苷酸（peptide nucleic acid，PNA）是目前反义寡核苷酸修饰的前沿与热点。肽核酸是1991年首次合成的第三代寡核苷酸，它的经典结构是由重复的*N*-（2氨基乙基）甘氨酸单元通过酰胺键相连取代DNA分子中的磷酸二酯键骨架的一类DNA类似物。这种结构兼具多肽与核酸的某些理化性质，又与两者有一定差别。PNA可以有效地抵抗核酸酶和蛋白酶的降解，具有很高的生物稳定性；可进行多种化学修饰，制备探针分子。更为重要的是，PNA分子具有特殊的与靶标核酸结合的性能，它具有更强的亲和力，并且结合过程不受介质中离子强度的干扰，相比于磷酸二酯键为骨架的寡核苷酸，PNA的碱基错配率更低，即PNA的靶标特异性更强。通过与DNA或RNA的紧密结合，PNA可以阻止DNA的转录与表达，在肿瘤等疾病的研究和治疗方面具有广阔的应用前景。

反义寡核苷酸可以剂量和时间可控性地调剂目标基因的表达，因此可用于研究和确认基因的功能、发现与确证药物靶标，并应用于肿瘤治疗。

知识链接：

反义寡核苷酸的作用机制

反义寡核苷酸通过多种机制发挥活性，通过与靶标RNA的互补结合，可以影响RNA的转录、剪切和翻译等各个过程。

（1）当寡核苷酸链与靶标RNA结合形成RNA-DNA杂交体时，细胞内的RNA酶H会识别这一互补杂交位置并在某些杂交位点上水解RNA链，造成RNA的降解、基因的沉默。这种抑制作用与RNA酶H在细胞内的含量与活力大小呈密切正相关。

（2）调节前体mRNA的剪接。针对mRNA上剪接所需要的序列设计出反义寡核苷酸链，可以改变剪接位点，改变基因的表达。

（3）阻断蛋白质的翻译。反义寡核苷酸与信使RNA（mRNA）的结合，可以干扰蛋白质翻译的起始、延长和终止中的一步或多步，从而抑制蛋白质的表达。

（4）切除mRNA5′端的帽子结构，调节mRNA的多聚腺苷酸化位点。

四、小干扰RNA

（一）小干扰RNA的定义和特点

小干扰RNA（small interfering RNA，siRNA）是一类由20～25对核糖核苷酸组成的双链RNA，也被称为短链干扰RNA（short interfering RNA）或沉默RNA（silencing RNA）。siRNA的两条单链末端为5′端磷酸和3′端羟基，每条单链的3′端都有2～3个突出的非配对的碱基，使siRNA在结构上与其他小双链RNA有所不同。siRNA最引人关注的特点是siRNA进入细胞质后形成RNA诱导的沉默复合体（RNA induced silencing complex，RISC），以siRNA的反义链作为引导序列，通过碱基互补配对原则与靶标mRNA特异结合，降解特定基因转录后的mRNA，实现抑制特定序列基因的表达，并且这种抑制作用与siRNA的用量相关。

知识链接：

RNA 干扰的发现

早在 20 世纪初就有植物学家报道了基因的翻译后修饰，但直到 1995 年科学家才首次发现 RNA 具有抑制基因表达的现象。1998 年，Andrew Z. Fire 等在秀丽隐杆线虫（C.elegans）中进行反义 RNA 抑制实验时发现，双链 RNA 的抑制效果比正义或反义 RNA 强 10 倍以上。从与靶 mRNA 的分子量比考虑，加入的双链 RNA 的抑制效果要强于理论上 1：1 配对时的抑制效果，因此推测在双链 RNA 引起的抑制过程中存在某种扩增效应并且有某种酶活性参与，在 1999 年发表的文章中将这种由双链 RNA 引发的特定基因表达抑制现象命名为 RNA 干扰（RNA interference，RNAi）。

（二）RNA 干扰（RNAi）的作用机制

RNA 干扰是通过反义 RNA 与正链 RNA 链形成双链 RNA 特异性抑制靶标基因的蛋白质表达的现象，通过引入小干扰 RNA（siRNA）与靶标基因的 mRNA 结合，诱导 mRNA 降解，降低基因的表达。目前研究人员已经阐明了 RNA 干扰的作用机制，其过程主要包括启动、剪切和倍增三个阶段（图 12-6）。

将人工合成的 siRNA 导入细胞，也可以是外源性的或内源性的 dsRNA 在细胞质中与核酸内切酶结合，进而被切割成长度为 21～23 对碱基且在 3′端有单链尾巴、5′端磷酸化的 siRNA，它们是 RNA 干扰作用的起始诱导物。siRNA 的反义链指导形成 RNA 诱导的沉默复合体（RNA induced silencing complex，RISC），其中 siRNA 的反义链作为引导序列，通过碱基互补配对原则与靶标 mRNA 特异结合，并引导 RISC 复合体结合到 mRNA 上；之后核酸内切酶将 mRNA 切割成 21～23 个碱基长度的片段，新生成的双链 RNA 片段可以再次形成 RISC 复合体，继续降解 mRNA，从而产生放大效果，mRNA 被剪切后失去翻译成蛋白质的功能，实现由 siRNA 介导的基因沉默。

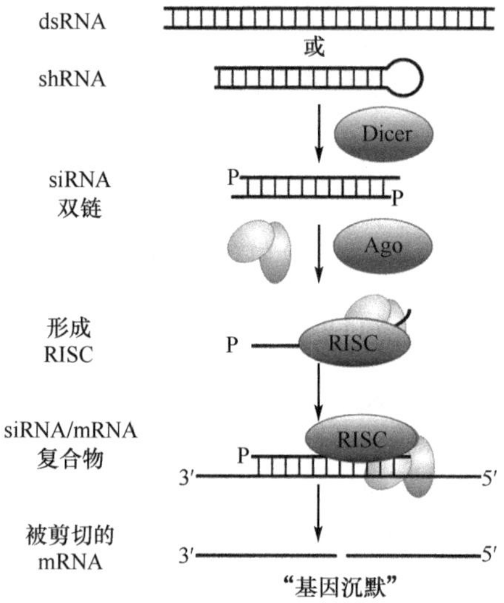

图 12-6 siRNA 的作用机制

（三）siRNA 的来源

siRNA 的来源包括化学合成来源和生物表达来源。

化学合成来源是指在针对特定靶标基因设计好 siRNA 分子后，利用化学合成的方法生产 siRNA 的双链核苷酸分子。化学合成的方法包括快速 RNA 亚磷酰胺、胸苷酸亚磷酰胺法和 2′-邻三异丙基甲硅烷基氧合甲基法。通过化学方法合成的 siRNA 序列准确，但价格高；同时合成过程具有一定的工作量，不适合在构建 siRNA 文库时使用。

生物表达来源是指通过构建体内表达载体或体外转录模板序列在一定的条件下（转录酶、核糖核苷酸、温度控制等）产生 siRNA 的过程。这类方法包括：体内载体表达法、体外转录法、体外酶切法。体内载体表达法是指针对特定靶标基因设计好 siRNA 分子后，将对应的 DNA 序列克隆到 U6 启动子或 H1 启动子后面，构建成 siRNA 的表达序列，构建好的序列可以构建到质粒载体中直接转染到细胞内转录、加工得到 siRNA 发挥基因沉默作用；同时，构建好的序列也可以克隆到病毒表达载体（如慢病毒载体、腺相关病毒载体等）中，感染目的细胞或者动物，进而在相应的细胞或者动物体内转录产生 siRNA，发挥基因沉默作用。

（四）siRNA 药物的应用

siRNA 具有高度的靶向性，可以有效地抑制特定基因的表达，可针对肿瘤基因或病毒基因开发 siRNA 药物，比传统化学药物有更好的靶向性。siRNA 药物以其高特异性、高效的抑制基因表达的能力成为各大医药公司投资的热点之一。

1. siRNA 药物与肿瘤治疗 肿瘤的发生可能与肿瘤基因的高表达有关、也可能与抑癌基因的低表达或功能缺失型突变有关。通过 siRNA 特异性降低肿瘤基因或者抑癌基因突变体的表达，可以抑制肿瘤细胞生长、引起肿瘤细胞凋亡，发挥治疗肿瘤的作用，有望开发出肿瘤治疗的新方法。例如，p53 是一种抑癌基因，大约 50%的肿瘤中存在 p53 基因的突变表达，突变型 p53 不仅抑制 p53 的功能，而且降低 p63、p73 蛋白抑制细胞生长的功能，促进了肿瘤的发生。通过针对 p53 突变基因设计 siRNA 可以抑制突变型 p53 蛋白的表达，但对正常的 p53 蛋白没有明显的抑制，从而抑制肿瘤细胞的生长、引起肿瘤细胞凋亡。

2. siRNA 药物与抗病毒治疗 病毒在感染宿主细胞之后，利用宿主细胞大量复制核酸、转录表达蛋白质，组装成子代病毒，释放子代病毒，进行新一轮的感染。利用 siRNA 药物靶向性地降解病毒的核酸，可以有效地阻断病毒的生命周期。目前，开展抗病毒治疗的研究主要集中在单链 RNA 病毒的治疗，包括人免疫缺陷病毒 HIV、丙型肝炎病毒 HCV、流感病毒和骨髓灰质炎病毒等。针对 HCV 基因组的 siRNA 在体外培养的细胞实验中可以抑制 90%的病毒 RNA 和蛋白质合成。另一方面，siRNA 药物的研究也面临巨大的挑战：在研究中发现，改变了 siRNA 的 1 个碱基，就会降低 RNA 干扰的效果，甚至失去 RNA 干扰的作用，这就提示 siRNA 与靶标序列一致的重要；同时，RNA 病毒具有较高的突变率，因此对于 siRNA 药物的设计提出了更高的要求。

五、微 小 RNA

微小 RNA（MicroRNA，miRNA）是一类有 21～23 个核苷的单链 RNA，它是由 70～100 个核苷形成的标准茎环结构的前体经过加工产生的。miRNA 的作用机制是与靶标基因的 mRNA 的 3′端非编码区（3′-UTR）或 5′端非编码区（5′-UTR）互补，破坏目标特定基因的转录产物或抑制翻译，降低靶标基因的表达（图 12-7）。miRNA 在生物进化过程中高度保守，miRNA 的表达具有时序特异性和组织特异性，参与生命过程中一系列重要进程，包括发育、增殖、分化、凋亡、代谢等。miRNA 也参与到疾病发生、发展过程中，如 miRNA 直接或间接参与肿瘤的发生与发展，miRNA 表达谱可以用于肿瘤的分类、诊断、预后评估和靶向治疗。

miRNA 参与基因表达调控，影响非常广泛，它调节信号分子如生长因子、转录因子及肿瘤基因、抑癌基因的表达，实现对细胞死亡、增殖、分化、发育和新陈代谢的调控，与肿瘤、高血压、糖尿病等多种疾病的发生发展有关。在不同疾病中，miRNA 可能低表达而引发疾病，也可能高表达而引发疾病。对于低表达的 miRNA 需要采取 miRNA 替代治疗，即根据体内 miRNA 序列和结构特点，设计并在体外合成 miRNA，将体外合成的 miRNA 导入病变细胞中，抑制疾病相关 mRNA 的表达，发挥治疗效果；对于高表达的 miRNA，需要利用反义寡核苷酸与靶标 miRNA 特异结合，并介导 RNA 酶 H 降解 miRNA。目前，有两种方法用于向细胞内引入 miRNA，一种是合成模拟细胞内源性 miRNA 的双链 miRNA（miRNA mimics）或者 miRNA 前体（miRNA Precusor，pre-miRNA），利用脂质体等方式将其输送到细胞内。研究表明，输送 pre-let-7a 到细胞内可下调 ras 和 c-myc 的表达，抑制细胞增殖，阻止结肠癌的发生。另一种向细胞内引入 miRNA 的方法是构建特定的 miRNA 表达载体，在细胞内转录加工成 miRNA。例如通过设计构建的 miRNA-30a 表达载体，可有效抑制 HIV-1 的复制。

知识链接：

Micro RNA 的作用机制

miRNA 的作用机制是一种翻译后基因沉默机制，通过抑制靶标基因 mRNA 的翻译或降解靶标 mRNA 两种方式来调节基因表达。在植物细胞中，当 miRNA 与靶标 mRNA 通过碱基互补配对结合时，miRNA 直接介导 RNA 干扰复合体 RISC 切割靶标 mRNA；在动物细胞中，miRNA 多与 mRNA 的 3′UTR 不完全互补配对，抑制 mRNA 的翻译。

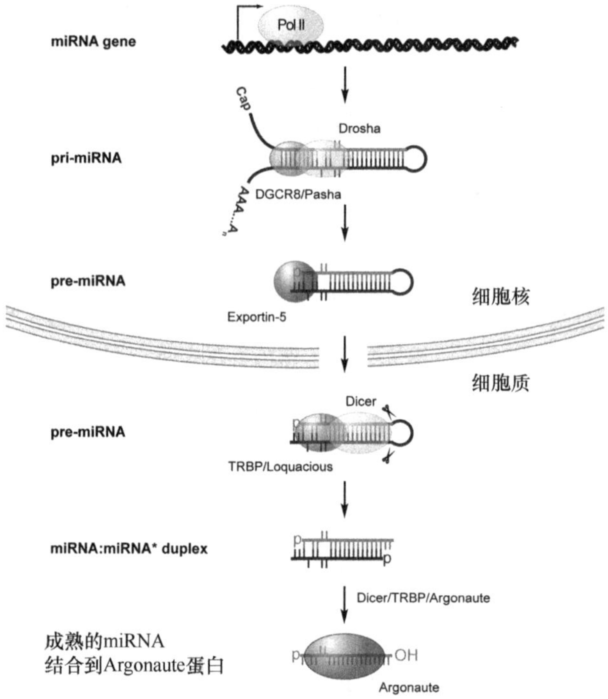

图 12-7 miRNA 的生物合成与作用机制

六、基 因 治 疗

（一）基因治疗的定义

基因治疗（gene therapy）是以核酸（脱氧核糖核酸 DNA 或者核糖核酸 RNA）为治疗物质，通过特定的基因转移技术将治疗性核酸输送到患者的病变细胞中发挥治疗作用（图 12-8）。治疗性核酸可以通过表达正常功能蛋白或者抑制异常功能蛋白的表达、纠正或替换异常基因等方式发挥治疗作用。

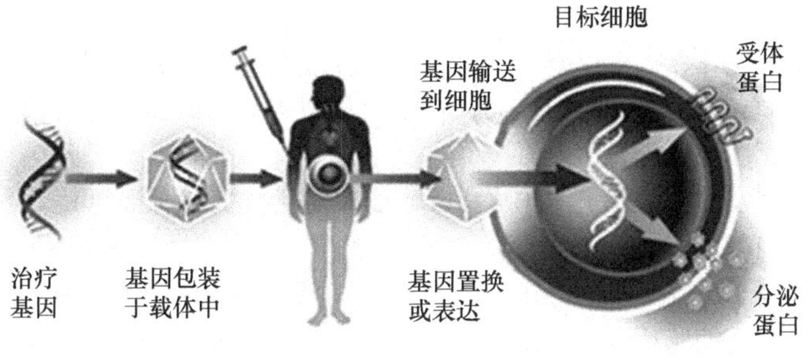

图 12-8　基因治疗示意图

欧洲药品监督管理局（EMA）将基因治疗产品定义为符合以下两个特征的生物产品：①该产品包含重组的核酸用于调节、修复、替换、增加、删除人体细胞内的基因序列等功能中的一个或多个；②该产品的预防、诊断或治疗作用与它包含的核酸物质或者基因表达产物直接相关；同时，基因治疗产品不包含针对传染病的疫苗产品。美国食品药品监督管理局（FDA）对于基因治疗产品的定义是该产品通过转录或者翻译被输入细胞的核酸物质来发挥作用，其存在形式可以是核酸、病毒或者基因工程改造的微体，用于在体外或者体内修改患者的细胞。

总体而言，基因治疗可以分为两大类：生殖细胞基因治疗和体细胞基因治疗。两者的区别在于：体细胞基因治疗改变的是某些特定细胞的基因，并且这种改变不会遗传到下一代；生殖细胞基因治疗中被改造后的基因将遗传给后代。目前在伦理上只允许开展体细胞基因治疗的研究与实践。

（二）基因治疗的载体

基因治疗的关键步骤之一是高效地将治疗性核酸输送到目标细胞中。为了提高输送效果，研究人员开发了多种载体，包括病毒载体和非病毒载体两大类。研究人员开发了多种病毒载体，包括腺病毒载体、腺相关病毒载体、反转录病毒载体、慢病毒载体、单纯疱疹病毒载体等。另一方面，研究人员也在不断开发非病毒载体，如脂质体（liposome）、树状聚合物分子（dendrimers）、无机纳米颗粒等。但非病毒载体转染效率低、蛋白表达水平低，在临床上的使用受到限制。截止 2016 年 2 月，基因治疗临床试验累计有 2356 例，其中 68.3%的试验使用病毒载体（图 12-9）。

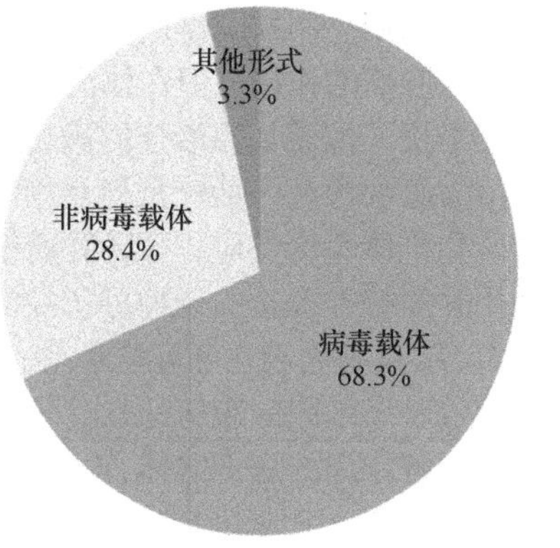

图 12-9　基因治疗临床试验中载体使用比例

（三）基因治疗与疾病

1990 年 9 月 14 日美国食品药品监督管理局（FDA）批准了第一例基因治疗临床试验，两个患有腺苷脱氨酶缺乏症（adenosine deaminase deficiency，ADA-SCID）儿童接受了基因治疗试验。患儿的白细胞被分离出体外，转导入表达正常的腺苷脱氨酶的基因后回输到患儿体内，其中一名患者取得了比较好的疗效，而另一名患儿则没有明显效果。2012 年欧洲药品监督管理局批准了第一个基因治疗药物 Glybera，用于治疗脂蛋白脂酶缺乏遗传病（lipoprotein lipase deficiency，LPLD）。Glybera 是一种携带脂蛋白酶基因的腺相关病毒（AAV-1）基因药物，可将完整的人脂蛋白酯酶（LPL）基因转移到肌肉细胞中，该基因没有整合到基因组中，而是以游离的形式存在于细胞核内。Glybera 的成功上市极大地推动了基因治疗的发展。截止到 2016 年 2 月，基因治疗临床试验累计有 2356 例，其中肿瘤占 64.4%、单基因遗传病占 10%、心血管疾病占 7.5%、感染性疾病占 7.6%等，基因治疗正覆盖越来越多的疾病种类（图 12-10）。

1. 肿瘤治疗 针对恶性肿瘤开展基因治疗的基本策略包括免疫性基因治疗、病因性基因治疗、溶瘤腺病毒治疗和自杀基因治疗等。

研究发现在肿瘤发生、发展过程中存在着机体免疫系统对肿瘤细胞的免疫耐受状态，而这状态可能源于肿瘤细胞本身的免疫性较弱，也可能源于抗原提呈细胞不能够提供足够的共刺激信号或者机体免疫因子分泌不足。因此，在免疫性基因治疗中通过三种方法纠正机体免疫的耐受状态。首先，将某些细胞因子（如白细胞介素 2 等）的基因转染到机体免疫细胞中，大幅度提高机体免疫系统对肿瘤细胞的免疫识别和反应能力。其次，肿瘤细胞存在功能性 MHC Ⅰ类抗原和共刺激信号表达不足，将一些与免疫识别有关的基因转染到体外培养的肿瘤细胞，经照射后再植入肿瘤患者体内，或者将这些基因通过病毒载体或非病毒载体转导入肿瘤细胞内，以大幅度增强肿瘤细胞对机体免疫系统的免疫原性，诱导宿主的免疫反应，而提高宿主的免疫监视功能和对肿瘤细胞的攻击能力，从而提高治愈率。此外，采用编码特异抗原的基因通过一定的载体注入人体，借由抗原基因在体内的表达从而激发机体对肿瘤细胞的免疫反应。例如，将白细胞介素（IL）、干扰素（IFN）、肿瘤坏死因子（TNF）、粒细胞-巨噬细胞集落刺激因子（GM-CSF）、趋化因子等基因导入肿瘤细胞，可增强肿瘤免疫原性或促进免疫细胞的生长分化，从而提高机体的抗瘤能力。美国 Cell Genesys 公司开发的 GVAX 肿瘤基因疫苗，能利用携带 GM-CSF 基因的腺病毒转染肿瘤细胞，经体外放射线照射后接种到患者皮下，从而激活树突细胞（DC），诱导产生抗肿瘤免疫反应。

恶性肿瘤的病因性基因治疗主要针对癌基因和抑癌基因，其治疗策略是抑制、阻断癌基因的表达，或者恢复抑癌基因的功能。利用抑癌基因治疗肿瘤在体外实验和实验治疗学中取得较好的疗效。例如，p53 基因突变是导致原发性肝癌（hepatocellular carcinoma，HCC）的基因突变之一，利用复制缺陷型的重组腺病毒将人体 p53 基因导入肿瘤细胞，纠正 p53 的基因缺陷，发挥治疗肿瘤的作用。但在体内由于肿瘤体积较大，且肿瘤内环境复杂，基因的转移率受限等因素的干扰，抑癌基因治疗的确切疗效不尽如人意，值得进一步研究。

溶瘤腺病毒基因治疗是指利用溶瘤病毒感染肿瘤细胞，并在肿瘤细胞中复制，造成细胞病理效应和机体免疫反应，导致肿瘤细胞的裂解死亡。溶瘤腺病毒基因治疗主要包括两类。一类是利用肿瘤特异表达的调控分子控制病毒的复制，如黑色素瘤表达酪氨酸酶、肝细胞癌表达甲胎蛋白、结直肠癌表达癌胚抗原等；肿瘤细胞中的这些特异调控分子能够促进溶瘤病毒的复制，进而导致肿瘤细胞的裂解死亡。另一类是寻找或改造出对肿瘤细胞有裂解作用而对人体正常细胞没有裂解作用的病毒载体，用于溶瘤治疗。例如，正常的人体细胞中 p53 蛋白发挥正常功能，能够抑制利用 EIB 基因缺失的腺病毒的复制；而抑癌基因 p53 缺陷的肿瘤细胞中，p53 蛋白发挥正常功能失常，无法抑制 EIB 基因缺失的腺病毒的复制，进而由病毒复制导致肿瘤细胞的裂解，发挥治疗肿瘤的功能。D11520 （onyx-015）腺病毒就是去除了 EIB55K 基因的载体。

自杀基因治疗是指通过基因载体把能够将前药转化为活性药物的酶的基因输送到肿瘤细胞中，使得特定的酶在肿瘤细胞中表达，而正常细胞中没有此种酶分子，因此在给予前药之后，肿瘤细胞中的酶分子可以将前药转化为具有毒性的药物分子，杀死肿瘤细胞；而正常细胞不会被杀死。疱疹病毒等病毒感染宿主细胞后可以编码胸腺嘧啶核苷激酶（Thymidine Kinase，TK），胸腺嘧啶核苷激酶可将抗病毒药物中的一类前体药物（如阿昔洛韦等）催化磷酸化成为天然核苷酸的拮抗剂，这类产物可以竞争性地掺入到正在合成的 DNA 链中，并阻止 DNA 的进一步合成。进行肿瘤的自杀基因治疗时，通过在病毒载体中加入 TK 基因，并让病毒载体感染肿瘤细胞，使得 TK 蛋白在肿瘤细胞中特异性表达，同时使用阿昔洛韦等药物，就可以大大加强对肿瘤的杀伤作用。而正常的细胞中没有 TK 的类似酶，因此这些药物对正常细胞的毒性比较低。

2. 单基因遗传病治疗　遗传病的发生与一个或多个基因的变异有关，相应地分为单基因遗传病和多基因遗传病，现已发现的遗传病超过 6000 种。由于多基因遗传病致病因素复杂，多数缺少有效的治疗手段。相对而言，单基因遗传病的病因较为简单，对于单基因遗传病的研究已经取得一些重要成果。例如，对脂蛋白酯酶缺乏症的深入研究取得突破性成果，2012 年欧洲药品监督管理部门批准了欧洲地区第一个基因治疗药物 Alipogene Tiparvovec（商品名 Glybera）用于治疗脂蛋白酯酶缺乏症。

3. 心血管疾病治疗　基因治疗用于心血管疾病的治疗不断深入，所涉及的疾病种类不断增加。1993 年美国利用低密度脂蛋白受体基因治疗家族性高胆固醇血症并获得成功，是心血管系统疾病基因治疗的一座里程碑。目前心脑血管疾病的基因治疗的临床试验数量占所有疾病基因治疗临床数量的 7.9%，涉及的疾病种类包括动脉粥样硬化性心脏病、血栓和再狭窄、心力衰竭、缺血性心肌病、高血压等。例如，针对目前全球约 3800 万患者面临的慢性心力衰竭，采用基因治疗对心脏收缩-舒张过程中的调控因子和钙循环相关蛋白进行调控。心力衰竭转基因治疗第一项临床试验始于 2007 年，是在美国发起的多中心 CUPID（calcium up-regulation by percutaneous administration of gene therapy in cardiac disease）研究，旨在评价由 1 型腺相关病毒（AAV）介导的上调肌浆网上的钙泵（SERCA2a）基因治疗对晚期心力衰竭患者的安全性及生物学疗效。

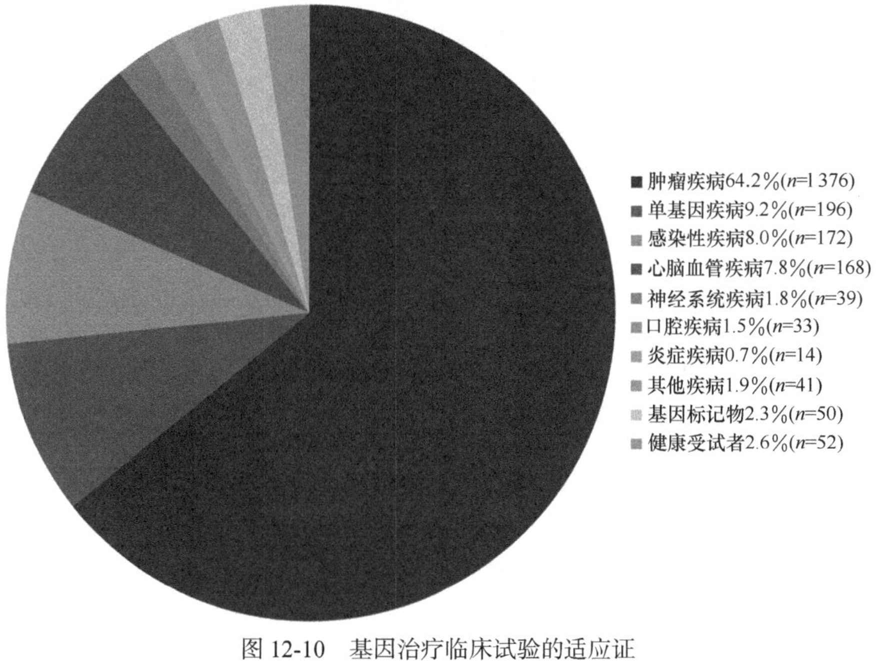

图 12-10　基因治疗临床试验的适应证

第三节　核酸类药物的临床应用

核酸类药物作为抗病毒、抗肿瘤的重要药物，在临床上广泛使用。而新发展的反义寡核苷酸药物、siRNA 药物及基因治疗，为人类治愈疾病提供新的有力手段。传统的碱基及其衍生物、核苷与核苷酸类药物主要是作为化学药物管理，不作为本节的重点内容，本节将具体介绍已经上市和正在开展临床试验的反义寡核苷酸药物、siRNA 药物及基因治疗药物。

一、反义寡核苷酸药物

1. Fomivirsen（福米韦生，商品名 Vitravene） 是具有抗病毒作用的硫代磷酸酯型反义寡核苷酸药物，含有 21 个碱基，碱基序列为 5′-GCG TTT GCT CTT CTT CTT GCG-3′，相对分子质量为 7122.16 Da（图 12-11）。

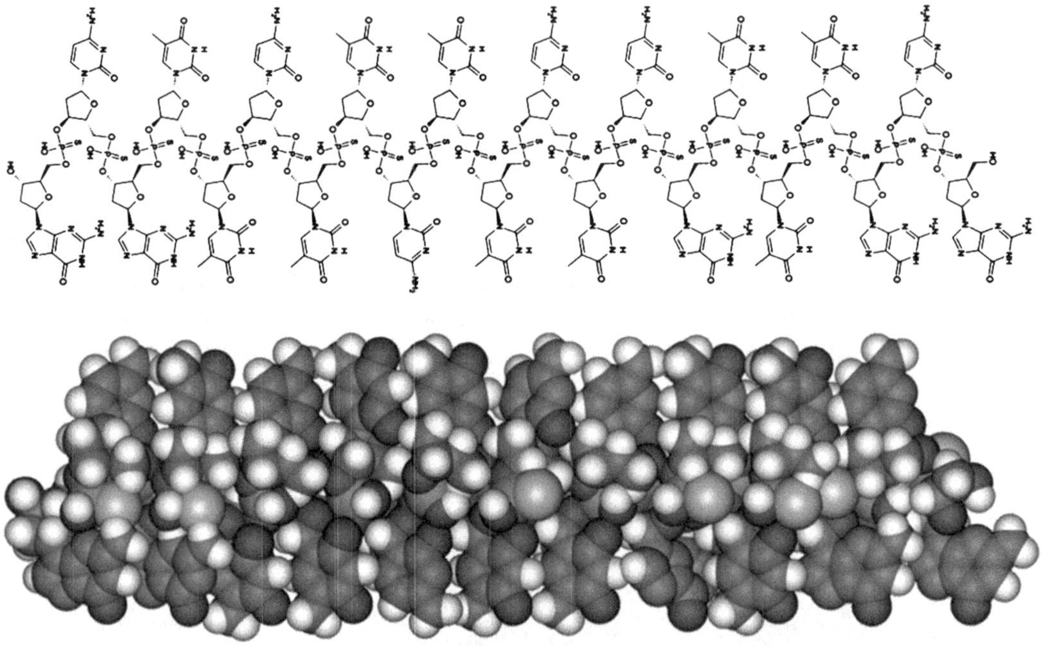

图 12-11 Fomivirsen 的结构式

【药效学】 Fomivirsen 通过反义核酸抑制人巨细胞病毒的复制。在巨细胞病毒复制的早期，蛋白质 major immediate early region 2（IE2）的表达至关重要，Fomivirsen 的序列与 IE2 的 mRNA 互补配对，抑制了 IE2 的表达，从而抑制了巨细胞病毒的复制。不同于其他抑制 DNA 聚合酶的抗病毒药物，Fomivirsen 抑制病毒复制的独特机制，使它对某些已经耐受更昔洛韦、西多福韦的病毒毒株也有很好的疗效。

【药动学】 Fomivirsen 的治疗包括诱导阶段和维持阶段，推荐剂量是 330μg/0.05ml。Fomivirsen 诱导阶段的给药方式是每两周进行一次玻璃体内注射、使用两个剂量；维持阶段每四周进行一次玻璃体内注射、使用一个剂量。药物在眼部的 $t_{1/2}$ 为 55～78 小时，注射 2 小时后开始出现药物代谢，注射剂量 59%药物分子在 7 天内逐步代谢完。

【临床应用】 Fomivirsen 用于免疫缺陷患者（包括艾滋病患者）治疗由巨细胞病毒引起的视网膜炎。

【药物相互作用】 体外实验显示，Fomivirsen 的抗病毒作用不受齐多夫定和扎西他滨的抑制。

【不良反应】 最常见的不良反应是眼内炎症（眼色素层炎），包括玻璃体炎、虹膜炎，不良反应的比例大约为 25%，在诱导阶段，炎症反应是较常见的。通过推迟 Fomivirsen 的使用和外用糖皮质激素可以有效地控制炎症。

2. Alicaforsen 是含有 20 个碱基的反义寡核苷酸药物，其序列为 5′-GCCCAAGCTGG CATCCGTCA-3′，相对分子质量 6368 Da，用于特异性地抑制胞间黏附分子 1（intercellular adhesion molecule 1，ICAM-1）蛋白的表达。Alicaforsen 于 2008 年被美国 FDA 批准为治疗结

肠炎的孤儿药，2009 年被欧洲药品管理局（EMA）批准为治疗结肠炎的孤儿药。

【药效学】ICAM-1 是引起人胃肠道等组织炎症的重要蛋白分子，促使白细胞渗出到炎症组织，并激活白细胞。Alicaforsen 与 ICAM-1 的 mRNA 结合，诱导 RNA 酶 H 降解 mRNA，同时也通过结合抑制 mRNA 的翻译，特异性地降低了胞内 ICAM-1 mRNA 的含量和细胞表面 ICAM-1 蛋白的表达量。此外，Alicaforsen 也能够降低血管内皮细胞表面的 Alicaforsen 表达，减少白细胞的黏附、迁移和激活。Alicaforsen 能够有效地抑制炎症过程，促进组织修复。

【药动学】 Alicaforsen 在血液中的 $t_{1/2}$ 是 53～54 分钟。

【临床应用】 Alicaforsen 通常用于治疗溃疡性结肠炎。

【不良反应】 Alicaforsen 在临床试验使用中的副作用表现为：注射部位反应（23%的发生率）或输液反应 （2%的发生率）和活化部分凝血活酶时间 （aPTT）的轻微延长。

3. Mipomersen（商品名 Kynamro） 是硫代磷酸二酯键反义寡核苷酸药物，含有 20 个碱基，序列中第 6～15 个核苷的糖基为脱氧核糖，两端的核苷的糖基为甲基化的核糖 {G*-C*-C*-U*-C*-dA-dG-dT-dC-dT-dG-dmC-dT-dT-dmC-G*-C*-A*-C*-C* [d = 2'-deoxy，* = 2'-O-（2-methoxyethyl）]}，相对分子质量 7594 Da，2013 年由美国食品药品监督管理局批准上市用于治疗纯合子家族性高胆固醇血症（homozygous familial hypercholesterolemia，HoFH）。

【药效学】 Mipomersen 特异靶向载脂蛋白 B 的 mRNA，诱导 RNA 酶降解载脂蛋白 B 的 mRNA 或者通过结合抑制 mRNA 的功能，从而降低载脂蛋白 B 的表达，发挥治疗纯合子家族性高胆固醇血症的作用。同时，Mipomersen 也能降低低密度脂蛋白（LDL-C）、总胆固醇的水平。

【药动学】 Mipomersen 在体内主要集中分布在肝脏。Mipomersen 用硫代磷酸二酯键取代了磷酸二酯键，具有更高的稳定性，这种改造使得 Mipomersen 更加稳定，在体内可以保留 1 周以上时间。

【临床应用】 Mipomersen 用于家族性高胆固醇血症（HoFH）患者，辅助降血脂的药物和饮食，以减少低密度脂蛋白-胆固醇（LDL-C）、载脂蛋白 B （apo B）、总胆固醇 （TC）和非高密度脂蛋白胆固醇 （非高密度脂蛋白 C）。

【药物相互作用】 Mipomersen 与华法林、Mipomersen 与辛伐他汀、Mipomersen 与依折麦布没有相互作用。

【不良反应】 Mipomersen 的不良反应包括注射部位反应，血小板增加，并且具有诱发肿瘤的可能性。

二、siRNA 药物

目前虽然没有正式获准上市的 siRNA 药物，但有 46 个药物的 101 项临床试验正在进行中，其中 5 个处于Ⅲ期临床试验，在此以其中两个为例作简要介绍。

1. QPI 1002 也被称为：AKIi-5，DGFi，或 I5NP。它是经化学修饰的、靶向 p53 基因的 siRNA 药物，通过静脉给药，用于预防心血管手术患者的急性肾功能损伤和肾移植后的肾功能延迟恢复。QPI 1002 是第一个系统地用于人体给药的 siRNA 类药物，目前正在美国开展Ⅲ期临床试验。

【药效学】 QPI 1002 可暂时性、可逆性地抑制 p53 基因的表达，而 p53 是一种可诱导的异常细胞的程序死亡所导致的缺血移植肾功能障碍的促凋亡蛋白。因此，QPI 1002 给药后血清肌酐的含量下降，肝脏的急性形态损伤减轻，能有效地保护移植的肾细胞免于死亡、减轻或防止肾脏损伤。

【临床应用】 QPI 1002 用于预防急性肾功能损伤，也用于预防肾移植患者的移植肾功能延迟恢复。

【不良反应】　Ⅰ期临床试验的结果显示，QPI-1002 没有剂量过大造成的毒性反应，QPI-1002 在人体中使用的安全信息需要由进一步的临床试验数据说明。

2. Revusiran　也被称为 ALN-TTRsc，SAR438714，siTTRsc，是靶向甲状腺素运载蛋白（transthyretin/TTR）基因的 siRNA 药物，用于治疗家族性淀粉样心肌症。目前，Revusiran 正在美国、英国、法国等国家开展Ⅲ期临床试验。

【药效学】　甲状腺素运载蛋白（transthyretin/TTR）基因的突变会导致前清蛋白诱导的淀粉样病变，这种病变会发生在体内多个器官中，包括心脏。Revusiran 通过抑制野生型和突变型 TTR 的 mRNA，抑制 TTR 蛋白的表达；临床试验结果显示，Revusiran 抑制突变型前清蛋白的表达的平均效率在 85.9% ± 9.2%，蛋白质谱检测结果显示了相应的 V122I 突变型的前清蛋白的抑制效果。

【临床应用】　用于治疗家族性淀粉样心肌症。

【不良反应】　在Ⅰ期临床试验中，Revusiran 表现出良好的安全性和耐受性，Revusiran 的使用没有出现肾功能、肝功能和血液学参数的异常。

三、基因治疗药物

目前已经有四种基因治疗药物上市，并且有 16 个基因治疗药物处于不同阶段的临床试验中。本节将简要介绍 4 个上市的基因药物。

1. Gendicine（今又生）　是以腺病毒载体（Ad5）携带 p53 抑癌基因的基因治疗药物，主要用于头颈部肿瘤，也是世界上第一个被官方批准上市的基因治疗药物（图 12-12）。

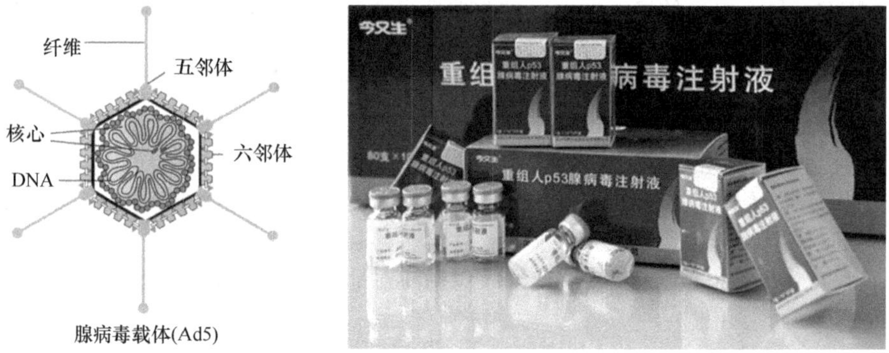

图 12-12　基因治疗药物今又生

【药效学】　在正常组织中，P53 蛋白的表达量很低，在受到 DNA 损伤等刺激时，P53 蛋白表达量升高，发挥细胞增殖调控作用，抑制细胞分裂，诱导细胞凋亡；不同类型的肿瘤中，p53 基因突变频率可高达 50%～70%。今又生瘤内注射，可通过腺病毒感染将 p53 基因导入肿瘤细胞，表达 P53 蛋白，从而发挥抑制细胞分裂，诱导肿瘤细胞凋亡的作用，而对正常细胞无损伤。

【药动学】　动物体内实验表明：局部或全身注射后 1 小时内，该重组腺病毒体进入肿瘤细胞。注射后 3 小时，p53 基因开始表达，并生成 P53 蛋白质；12 小时时表达率为 47%，第 3 天达到高峰，第 5 天降至 30%，14 天内仍可检出。3 星期后，进入细胞的重组腺病毒 DNA 即被降解。肿瘤局部注射主要分布在局部，在其他组织和器官的分布难以检出，未见从尿、粪、胆汁中排泄。

【临床应用】　今又生与放射治疗联合可用于治疗晚期鼻咽癌。

【药物相互作用】　有效的抗病毒药物同时使用会干扰今又生的疗效。

【不良反应】　部分患者用药后出现Ⅰ/Ⅱ度自限性发热。一些患者会出现寒战、注射部位疼痛、出血。其他有可能偶尔出现的不良反应是恶心、呕吐、腹泻、出血和应激性过敏反应。如果热度较高，患者感觉不适时，可酌情使用一般退热药处理。

【禁忌证】 在患者有全身感染、发热等中毒症状时禁用。对今又生过敏者禁用。

2. Alipogene tiparvovec 也称为 AMT-010，AMT-011，AMT-11，Glybera，Lipoprotein lipase gene therapy 或 LPL gene therapy – AMT，是以腺相关病毒（adeno-associated virus，AAV）为载体治疗脂蛋白酯酶（lipoprotein lipase，LPL）缺乏症的基因治疗药物（图 12-13）。该药物于 2012 年 10 月经欧洲药品监督管理局（EMA）批准在欧洲地区上市。

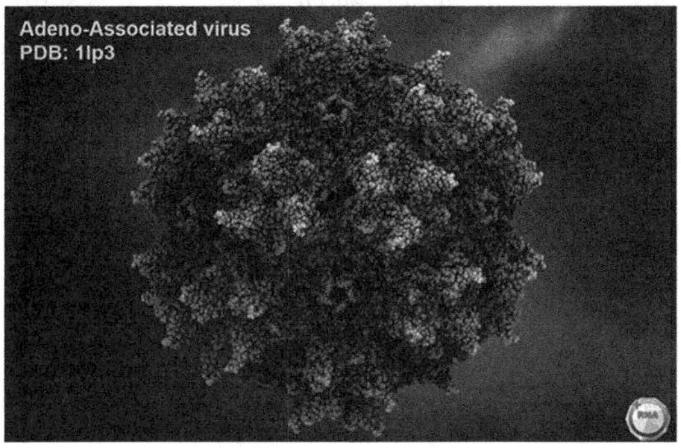

图 12-13　腺相关病毒

【药效学】 由于脂蛋白酯酶（lipoprotein lipase，LPL）缺乏，餐后乳糜微粒迅速增加可能导致严重的反复发作的胰腺炎，胰腺炎又可能引发慢性腹痛、胰腺功能不全和糖尿病。Alipogene Tiparvovec 利用腺相关病毒载体将正常的基因导入到细胞中，转录表达脂蛋白酯酶，脂蛋白酯酶被转运到血液中，并在血液中清除三酰甘油。

【临床应用】 用于治疗治疗脂蛋白酯酶缺乏症。

【不良反应】 在临床试验中，27 位患者（100%）出现了药品不良反应。最常见的不良反应是 Alipogene Tiparvovec 给药后出现的局部注射反应或对硬膜外麻醉的不良反应。在给药几天后，可能出现局部疼痛、肌肉痛、头痛、淤伤的症状，这些反应是短暂的，一般而言持续一天或几天后消失；没有严重的不良反应报告。

3. Rexin-G 也称为 Targeted nanomedicine，Tumour-targeted gene therapy vector – Epeius 等，是用于治疗转移性肿瘤的基因药物。该药物于 2007 年 12 月被菲律宾主管部门批准上市，目前正在美国开展临床试验。

【药效学】 Rexin-G 借助纳米颗粒将突变型细胞周期调控基因（Cyclin-G1）靶向性地转导到肿瘤细胞中，通过表达突变型 Cyclin-G1 抑制肿瘤生长，并且这种抑制作用仅针对快速分裂的细胞，因此对肿瘤细胞具有一定的选择性，不会产生全身性的毒副反应。

【临床应用】 Rexin-G 在菲律宾被批准用于治疗化疗耐受的固体肿瘤，目前在美国被 FDA 批准作为孤儿药，进行胰腺癌、骨肉瘤和软组织肉瘤的治疗研究。

4. Neovasculgen 也称为 Vascular endothelial growth factor gene therapy – HSCI、PI-VEGF165 或 VEGF gene therapy – HSCI，是用于治疗外周动脉和神经紊乱的基因药物。该药物于 2012 年 9 月在俄罗斯上市。

【药效学】 Neovasculgen 是表达血管内皮生长因子的质粒载体冻干粉针，通过表达血管内皮生长因子，促进血管生成，发挥疗效。

【临床应用】 Neovasculgen 在俄罗斯被批准用于外周血管病，包括严重性肢体缺血。

小 结

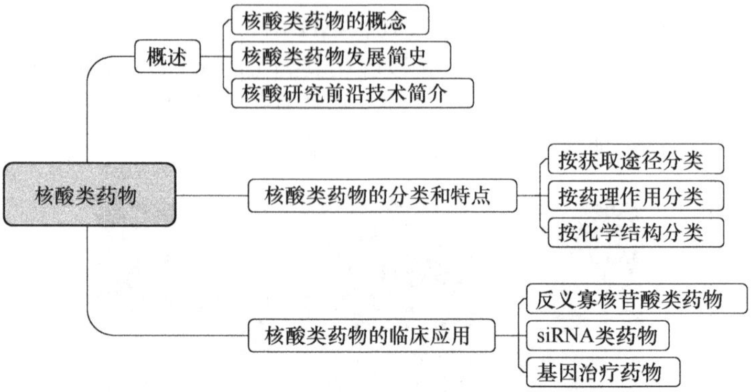

思考题

1. 请简述核酸类药物的定义、分类。
2. 请论述三种基因编辑技术的原理，对比三者之间的特点。
3. 请简述基因治疗的定义、基因治疗载体，并举出一个已经上市的基因治疗药物。
4. 如果以 CRISPR-Cas 基因编辑技术治疗利伯先天性黑矇病，请你设计并阐明大致的治疗思路。

拓展学习

请扫描右侧二维码阅读学习与核酸类药物相关的经典科研文献、参考书、视频等拓展性学习资料。

（郑永祥）

第十三章　细胞治疗学

学习目标

1. 掌握：细胞治疗学概念、分类、主要应用。
2. 熟悉：iPS、CAR-T 细胞概念、治疗用途。
3. 了解：细胞治疗领域的发展现状。

第一节　概　　述

近年来，随着干细胞生物学、免疫学、分子生物学技术、组织工程技术等的进步和快速发展，细胞治疗作为一种安全、有效的治疗手段，在临床转化中的价值越来越突出，被誉为“未来医学的第三大支柱”。2013 年细胞治疗技术被《科学》杂志评为年度十大科技突破之首。细胞治疗相关研究和临床实践，在全球范围内获得重要突破，逐步成为一股新的发展趋势。

细胞治疗（cell therapy）起源于 19 世纪，将动物来源的材料用于防治疾病。毛里求斯生理学与神经学专家 Charles Edward（1817–1894），曾经利用动物来源的睾丸组织液进行注射，认为能够延缓生殖系统的衰老，但是并未得到广泛认同。另一位瑞士医生 Paul Niehans（1882–1971）被称为细胞治疗的发明者，他将来源于牛或羊胚胎的活细胞注射入人体肌肉，但没有任何显示他的研究工作对健康有利的报道。此外，他还采用源自多种组织的活细胞或冻存后的细胞进行治疗，并于 1954 年出版了德语专著《细胞治疗学》。

1958 年法国医生、肿瘤学家 Georges Mathé 开展了第一例欧洲骨髓移植手术，受用的患者是在核泄漏事故中受到辐射伤害的工人，但是所有进行骨髓移植手术的患者在术后都出现了排斥反应。此后，该医生又将骨髓移植第一次用于治疗白血病，并取得疗效。

1950～1970 年期间，E. Donnall Thomas 医生在 Fred Hutchinson 肿瘤研究中心开展了骨髓来源的干细胞移植实验，在成功应用双胞胎间的骨髓移植治疗白血病的基础上，又不断尝试，建立组织相容性抗原检测技术，进行组织配型，结合抗免疫排斥的抑制剂药物，1969 年首次成功实现异体骨髓移植。这些植入的干细胞可以定植于骨髓，产生新的造血细胞，同时降低了移植物排斥宿主的反应。1990 年他凭借在“人体器官和细胞移植研究”的贡献而获得诺贝尔生理学或医学奖。

细胞治疗学是指利用自体或异体活体来源的活组织或细胞材料，经过体外操作后，输入（植入）人体，用于疾病预防或治疗的策略。体外操作包括对细胞在体外的分离、纯化、培养、扩增、诱导分化、基因修饰、冻存与复苏。细胞治疗范围不断扩大，除了常见的各种前体干细胞及胚胎干细胞和造血干细胞的治疗外，免疫细胞的治疗逐渐得到应用。免疫细胞的治疗主要用于免疫平衡破坏相关的疾病，如自身免疫性疾病和肿瘤疾病。在肿瘤治疗领域，近年来出现了多种激活免疫细胞杀伤肿瘤的细胞治疗策略，这是继骨髓移植技术成功用于血液肿瘤治疗后，细胞治疗领域又一个的新突破。

第二节　细胞治疗的种类与特点

根据移植细胞的种类不同，一般将细胞治疗分为三大类：成体干细胞治疗、胚胎干细胞治疗及免疫细胞治疗。从功能上分类主要是两大类，即再生与修复相关的前体细胞治疗和免疫相关的细胞治疗。再生与修复相关的细胞治疗主要是利用具有分化、成熟潜能的前体细胞替代病变细胞，并修复损伤的各类器官，有利于恢复其正常功能。前体细胞来源主要有以下几种：

（1）骨髓干细胞主要源自股骨和髂骨。

（2）脂肪干细胞主要源自脂肪组织。

（3）血液来源的细胞，经过血浆置换方法，获得干细胞或免疫细胞。

（4）脐带血细胞：直接收集或储存自体或异体来源的脐带血。

（5）胚胎来源的干细胞一直受到各种争议，特别是在有宗教信仰的国家和地区。但是新的生物技术，包括细胞核转移技术和 iPS 技术的发现，让胚胎干细胞的来源及个体免疫排斥等问题都得到了更好的解决。

一、成体干细胞治疗

1. 间充质干细胞（mesenchymal stem cells，MSCs）

（1）概念：间充质干细胞是多潜能的间质细胞，向多种成熟细胞分化，包括成骨细胞（骨细胞）、软骨细胞、成肌细胞及脂肪细胞。该细胞在发育中，属于中胚层组织，在成体组织中分布很广，是成体干细胞中应用最广的细胞。其可以来源于骨髓、胎盘、脐带血、脂肪组织和脱落的乳牙牙髓。对于同等重量的组织，脂肪组织来源的 MSC 数量对比骨髓来源的要高出 500 倍以上；而外周血中的 MSC 含量较少，虽然也有一些阳性报道。

（2）特点：形态上 MSC 细胞具有小细胞体，但是具有长而细的突起。细胞胞体含有丰富的高尔基体、粗面内质网、线粒体和多聚核糖体。分子标志检测：国际细胞治疗学会（The International Society for Cell Therapy，ISCT）统一制定了 MSC 的细胞标准，细胞具有成纤维样，经体外诱导，具有成骨、成脂肪和成软骨分化的能力。此外细胞表面阳性表达 CD73、CD90 和 CD105；不表达 CD11b、CD14、CD19、CD34、CD45、CD79a 和 HLA-DR。

（3）分化潜能：主要是三个细胞系分化方向，分化为骨细胞、软骨细胞、成肌细胞及脂肪细胞。

（4）免疫调控：除了自身多向分化能力外，该细胞具有抑制免疫识别，影响 DC 和 T 细胞的功能，通过分泌细胞因子建立免疫抑制的微环境。有证据表明 MSC 的免疫调节功能在 IFN-γ 的刺激下会显著增强。但是也有很多矛盾的报道，说明获取的 MSC 存在一定的异质性，规范化有待提高。

（5）临床主要应用：目前除了很多自体来源的 MSC 干细胞治疗神经损伤外，还对眼底疾病、耳聋、脱发、骨关节、心脏、胰腺等器官修复方面有多种应用。

1）在神经退行性疾病中的干细胞治疗：主要包括帕金森病、肌肉萎缩性侧索硬化症和阿尔茨海默病，利用干细胞的治疗，少量病例报道都有一定的恢复功效。

外源性 MSC 的调控作用，可能通过促进成体内潜在自身前体干细胞的活化，启动并促进前体细胞自身移动活化过程，达到激活内源性神经干细胞的再生效能，发挥生理性的神经保护和促进修复功效。

2）脑和脊髓损伤的治疗：卒中和脑损伤的患者，有大量神经和胶质细胞的损伤，2013 年苏格兰开始一项临床实验用于治疗卒中患者。还有大量的临床和临床前的实验进行脊髓损伤的治疗。

3）心脏的细胞治疗：这方面的治疗开展很多，但是争议最大，有很多无效的报道。其中原因可能与心脏病患者的年龄、治疗时间及心梗发生部位等有关，正因为如此很难对多个研究结果进行有效性对比。心脏的细胞治疗多是自体来源的骨髓细胞，也有脂肪来源的干细胞。治疗心梗有效性的机制主要包括以下四个方面：①再生心肌细胞；②刺激新的血管生成，有利于修复损伤后心脏；③分泌生长因子；④其他辅助机制，如促进心脏前体细胞的增殖与分化。

4）骨科修复：骨科最常见的疾病之一就是骨性关节炎（osteoarthritis，OA），由于关节软骨破坏，导致慢性炎症反应。目前有多种利用 MSC 进行临床治疗试验。软骨生成过程需要种子细胞与骨架基质的相互作用，多种基质材料联合可以协助软骨生成过程。关节内注射自体 BMSC 是一款由美国 Osiris Therapeutic 公司研发的处于临床Ⅰ期/Ⅱ期的产品，其低剂量细胞组（5000 万细胞），对比高剂量组（150 百万细胞），就能显著减少关节痛。但是核磁检测结果显示，关节局部韧带的疗效差别较大。此外，MSC 还具有一定的抗炎的免疫调节功能，它自身 HLA-Ⅰ表达水平较低。总之，自体或异体 MSC 用于软骨修复的安全性及降低局部炎症疼痛方面是有效的，但是否能促进软骨的修复还缺乏明确证据。除去骨髓来源的 MSC，目前还有从脂肪组织和脐带血来源细胞进行的临床试验，都还没有得到最后明确结论。

2. 脐带血来源的干细胞（umbilical blood derived stem cell） 脐带血来源的干细胞对比成人外周血，具有更高比例的造血干细胞。但因为体积有限，更适合对儿童进行治疗。对于移植手术，还有一个重要方面就是预处理准备，移植手术前，要经过化疗或放疗对受体患者进行骨髓清除处理，主要用途是清除受体已有的免疫系统，防止免疫排斥反应，服用环磷酰胺加全身放射线照射，进行处理最常用。影响干细胞移植术后疗效的最主要因素，包括急性和慢性移植物抗宿主反应。当然在白血病治疗中，适度的移植物抗宿主反应，有利于移植物抗肿瘤效应。

目前临床中逐渐开展新的治疗方法，即非骨髓清除法的预处理，又称为低强度处理（reduced-intensity conditioning，RIC），主要是利用低剂量的化疗和放疗处理，保留部分免疫细胞。这类方法优势是可以降低感染和移植后的死亡率，同时移植物抗肿瘤效应能一定程度上防治肿瘤复发。移植后的免疫抑制剂的用量也可以降低，造成一种混合性嵌合体状态，使受体和供体干细胞在骨髓中共存。这种状态一般伴有轻度移植物抗宿主反应，是移植物抗肿瘤有效的指标之一。总之，这种新的移植前预处理方法更安全，特别是对年龄偏大、不适合做清除骨髓，又希望能预防肿瘤复发的患者。移植术后效果，一般几周后移植的细胞在骨髓中定居并能有效扩增，免疫系统获得重建。外周器官中也有一定细胞聚集，如心脏、肌肉、肝脏等，有报道称可能会有利于这些器官损伤后的修复。造血干细胞移植术大约有 1%的并发症发生率，主要有静脉堵塞、黏膜炎症、感染、移植物抗宿主反应，以及可能有新肿瘤产生。

3. 脂肪干细胞（adipocyte stem cell） 对比骨髓来源的间充质干细胞，脂肪来源的干细胞也属于中胚层的细胞，而且具有数量多、获取方便的优点。从美容个体中可以获得大量抽脂产品，processed lipoaspirate（PLA），经过体外大量扩增和培养，在特定分化诱导条件下，这些细胞可以分化形成成骨细胞、成脂肪细胞、成肌肉细胞和成软骨细胞。说明脂肪组织中除了含有定向分化的成脂肪细胞外，还有间充质干细胞的多向分化能力。在适当条件刺激下，这些细胞还可以转分化为神经细胞，说明细胞分化过程的动态性和可变性。

4. 造血干细胞（hemopoietic stem cell，HSC） 造血干细胞具有一定的自我更新能力和分化成多种类型造血细胞的能力，特别是免疫细胞，因此主要用于造血和免疫类疾病的治疗。1957年人类骨髓移植成功后，自体或异体造血干细胞移植能有效补充各种血液细胞，特别是有利于高剂量化疗后的免疫功能恢复。目前主要分为 3 种类型的造血干细胞治疗：自体来源、异体来源及近亲来源（同卵双生）。对于异体移植或干细胞治疗，为了避免移植物排斥，特别是移植物抗宿主（Graft-Versus-Host Disease，GVHD），一般要进行 HLA （human leukocyte antigen，人类白细胞抗原）位点的检测，尽量减少免疫原性。这类治疗最常用于以下血液系统的肿瘤急性粒细胞白血病（AML）、慢性粒细胞白血病（CML）、急性淋巴细胞白血病（ALL）、复发性或耐药性的霍奇金淋巴瘤、非霍奇金淋巴瘤；其他系统肿瘤，如成神经细胞瘤、尤因肉瘤、骨髓增生异常综合征、神经胶质瘤等；还有一些非恶性疾病如，珠蛋白生成障碍性贫血、再生障碍性贫血、范科尼贫血、免疫缺陷综合征、先天性代谢缺陷等。

对于恶性血液系统疾病，自体干细胞或骨髓移植可能引起肿瘤复发，所以异体来源的干细胞为首选。异体骨髓移植时，检测 HLA 配型时，一般要求 3 个关键位点匹配，完全匹配是最佳的。多数来源于亲人家属，如果从普通人群中进行筛选时，需要在全国骨髓供者库中进行登记。HLA 相关基因主要分为两大类：第一类基因，分为 HLA-A、HLA-B、HLA-C，如果不匹配，增加移植排斥反应。第二类基因，HLA-DR 或 HLA-DQB1 不匹配会增加移植物抗宿主反应。还有利用 DNA 测序技术检测单个核苷酸差别进行完全匹配度的检测。骨髓来源的干细胞需要在全身麻醉的情况下，从髂骨中获取；外周血干细胞需要利用血浆机行全血过滤，获取白细胞，红细胞返回个体，外周血获取干细胞是自体来源细胞的主要方法。为了增加外周干细胞的产量，需要定期皮下注射粒细胞集落刺激因子（granulocyte colony stimulating factor，G-CSF），增加骨髓干细胞外周动员，提高获取数量。

5. 神经干细胞 是指具有一定自我更新能力，并具备产生神经系统的多种细胞的潜能，如生成神经元、星形细胞和少突起细胞等。这类细胞在体内主要分布在下脑室区（subventricular zone，SVZ）；后续又在成体小鼠的纹状体区鉴定发现了成体大脑的神经生发区。后来发现在小脑及神经脑区的许多部位，都有各类前体细胞或干细胞，myc 基因表达可以使非干细胞向干细胞转变。因此体内的干细胞具有很高的可塑性。但是成人神经系统干细胞的再生能力是有限的，为中枢系统疾病，如脑卒中、帕金森病、阿尔茨海默病等，提供神经元再生的种子细胞均来源于胚胎干细胞或 iPS 细胞。

6. 上皮干细胞 上皮组织是所有分化成熟组织中更新速度较快的组织之一，占全身组织的量 60%。上皮干细胞再生和扩增能力强，易于大规模培养，可以用来治疗多种疾病和损伤。例如，对于烧伤患者，可以从其身体上分离上皮干细胞，体外大量扩增后可用于皮损的修复和预防感染。但是目前上皮细胞与皮肤组织的再生，遇到的最大挑战就是如何使再生的上皮组织同时含有汗腺和毛囊的完整结构。自体培养的上皮干细胞用于皮肤再生，与骨髓移植一样，已经有多年临床应用历史。如何提高效率，更好满足临床需求，仍然需要解决种子细胞更多问题。

除了上述干细胞外，还有多种成体干细胞类型，如角膜缘干细胞和毛囊干细胞也有一定的应用。

二、胚胎干细胞细胞治疗

（一）胚胎干细胞

胚胎干细胞（embryonic stem cell，ESC）是受精卵初期分裂的早期胚胎细胞，具有全能干细胞潜能，可以分化为各种成体组织或细胞。随着胚胎发育的继续，大多数细胞的分化潜能逐渐降低，但各成熟器官中也都有一定量的成体干细胞保留，例如骨髓、神经、肌肉、皮肤、肠道等组织中的前体细胞，一般称为成体干细胞。这些干细胞虽然缺乏全能分化能力，但能定向分化为某个特定组织的多种分化成熟的细胞。

胚胎干细胞主要来源于受精卵发育形成的囊胚内的细胞团及桑葚胚之前的早期胚胎，具有更全能的分化潜能和更强的自我更新能力，体外培养条件下，建立成稳定细胞系，保持其高度未分化状态和发育潜能，在一些化合物和特殊生长因子的诱导刺激条件下，能定向分化成各种类型的细胞和组织，甚至器官。

体外培养的胚胎干细胞成为人类认识个体发育、细胞增殖分化命运等复杂生命过程的有效模型和手段，在基因功能研究、转基因动物制备、基因工程药物开发、人类疾病动物模型等领域都发挥出一定的应用价值。在疾病治疗领域，利用该细胞，在一定条件下，可以直接分化为各种成熟细胞，甚至发育成完整器官，因此干细胞技术可能解决器官移植供体短缺的难题。动物实验显示，由胚胎干细胞产生的各种细胞，包括血细胞、神经细胞、心肌细胞、软骨细胞和肌肉细胞等，移植后发挥相应功能。胚胎干细胞诱导分化成造血干细胞，进一步将其注射转移入经过辐射杀死所有骨髓造血细胞的小鼠后，这些细胞能长期发挥造血干细胞的作用。胚胎干细胞在促进器官功能中的作用，除了直接的细胞修复能力，就是它还具有一定的分泌多种生长因子、细胞因子、趋化因子的能力，可以通过影响局部血管生成、炎症反应，以及抗凋亡，促进再生等效能，联合发挥作用。因此该细胞的主要用途包括多种器官的再生，如心肌再生外，对糖尿病、衰老性疾病帕金森病、脊髓损伤修复等的修复治疗。

目前为止，该细胞的应用还存在很多技术难题，首先是细胞分化的效能，群体细胞的异质性，细胞分化效能不一致等；此外该细胞可能具有一定的免疫原性，防止免疫排斥，是否能完全分化为成熟细胞，降低致癌风险等都是需要解决的问题。此外对于实体器官的再生，可能还要考虑组织工程的结构、支架、不同细胞类型等，才能完整再生一个功能齐全的组织工程器官。利用基因操作手段，可以直接将分化调节基因引入胚胎干细胞，建立稳定的系谱特异性细胞系；还可以利用同源重组的方法，改变胚胎干细胞的 MHC 基因，建立适合不同个体移植的通用胚胎干细胞系，或者受者的 MHC 基因置换胚胎干细胞，消除胚胎干细胞的免疫原性。

但是胚胎干细胞来源有限，有一定的致瘤风险，在一些国家还面临宗教与伦理争议，运用这类细胞进行治疗时，还有很多问题需要解决。

（二）诱导全能干细胞（induced pluripotent stem cells，iPS cells or iPSCs）

对比胚胎来源的干细胞，人工诱导的胚胎干细胞，完全避免了伦理的问题和异体来源组织细胞导致的免疫排斥问题。这个新的细胞重编程技术是日本学者 Shinya Yamanaka 于 2006 年发现并报道的。他利用 4 种转录因子（Myc、Oct-3/4、KLF4、SOX2），借助反转录病毒表达系统，同时转染入成体成纤维细胞后，能直接将其转变成全能胚胎干细胞，无论小鼠的成体细胞或人来源的成体细胞都能产生全能性逆向转分化。这项研究有效解决了再生医学的种子细胞问题，完全自体来源。所获得的细胞能持续增殖与生产，具备胚胎干细胞的所有功能，这项卓越工作被誉为 21 世纪最伟大的医学发现之一。在其工作发表后仅仅 6 年，即 2012 年就被授予诺贝尔生理学或医学奖。该技术不仅从根本上解决了再生医学的种子细胞的问题，包括伦理限制及免疫排斥问题，更重要的是它还提供个体化医学的细胞研究模型，可用于遗传病或多种复杂疾病的研究。

1. 研究方向　iPS 细胞技术的应用研究方向主要有以下四个方面。

（1）疾病模型与药物筛选体系：来源于患者的 iPS 细胞，具有胚胎干细胞的自我更新能力与多向分化潜能，理论上可以无限繁殖，并能转变成为机体内任何一类细胞。对比其他类型的成体细胞，该细胞具有很大优势。特别是对遗传病患者 iPS，如 Down 综合征和多囊肾患者，其 iPS 及相关细胞模型可以成为疾病病理机制的研究模型。2012 年由牛津大学组织，多项基金会和制药公司参加，联合 23 所大学，共同建立了国际联合计划 StemBANCC，该计划的目标是建立 1500 个 iPS 细胞系，模拟疾病环境，进行药物检测。

（2）iPS 可用于器官生成：日本学者利用 iPS 建立了“肝芽胚”，主要由三种不同类型细胞组成。肝细胞混合 iPS（用于形成肝细胞），脐带血来源的血管内皮细胞（形成血管），还有间充质干细胞（形成间质组织）。这种不同细胞类型组合形成一个功能复杂的器官，模拟胚胎发育的过程。体外培养几天后，将这些肝细胞胚芽移植进入小鼠肝脏，外源性肝会快速与受体小鼠的血管连接，并继续生长。更重要的是移植后的肝脏具有正常肝脏的功能，包括代谢药物和产生肝细胞特异蛋白的能力。后续要检测移植肝脏在体内长久存活的能力，以及是否会转化成肿瘤。利用该方法建立器官，也可以用于肝脏代谢的药物筛选。

（3）组织修复应用中：利用 Superparamagnetic iron oxide （SPIO）细胞标记 iPS 来源的神经干细胞，借助 MRI 扫描与 gradient reflection echo （GRE）成像技术，可以观察到 iPS 来源的神经干细胞在脊髓损伤中的体内分布，以及对损伤后大鼠和猴子运动能力的恢复。

（4）造血红细胞的生产：2014 年英国的苏格兰国家输血服务中心利用 iPS 生产 O 型血红细胞，这些细胞主要是 iPS 诱导形成中胚层细胞，成熟分化成血细胞和红细胞前体。最后一步是去除细胞核并正常成熟分化。人工生产的红细胞完全可以满足临床患者需求，未来可能不再需要人类自己献血。当然这些临床前实验室的工作，要进入临床，还有很多具体的技术难题需要解决，包括安全性、细胞产品的规模化及成本等多个方面。

2. 存在的问题 这项技术的具体问题包括：

（1）低效率性，初期 Yamanaka 技术产生 iPS 的效率只有 0.01%～0.1%，目前这项技术发展速度很快，一系列研究进展可以将该转分化的过程加速，包括 p53 基因缺失、表观遗传相关的调控分子 Mbd3、衰老相关基因，还有染色体构象相关的基因调节等。

（2）染色体的插入突变，主要是转录因子表达时，采用染色体插入型的病毒表达载体，由于直接在染色体上插入整合，易产生致癌性风险。采取其他非整合性表达质粒方法、腺病毒方法，包括转座子技术，以及利用蛋白质通道（poly-arginine anchors）转导技术，将蛋白质穿细胞膜直接作用细胞；到目前已经有完全利用化合物诱导方法进行 iPS 生产的技术，虽可以避免随机插入染色体的风险，也降低了细胞转分化的效率。

（3）肿瘤风险，因为在 Yamanaka 使用的 4 种转录因子中，c-Myc 是癌基因。此外，在 iPS 生成中端粒结构与 P53 等与肿瘤发生相关的过程都影响 iPS 的产生过程。

值得一提的是国际上第一个获得正式批号的 iPS 来源产品是 2014 年日本神户卫生部门批准的个体皮肤细胞来源的 iPS，用于治疗年龄相关的黄斑变性。它是将 iPS 诱导成视网膜色素上皮 retinal pigment epithelial （RPE），并形成细胞单层片，再行移植手术。安全性视力检测可维持 1～3 年，这个产品的长期疗效和安全性，仍在进一步观察中。

知识链接：

iPS 发现者

日本学者 Yamanaka（图 13-1），2006 年发表了利用 4 种转录因子，可以使小鼠或人成熟分化的体细胞逆向形成全能干细胞，小鼠 iPS 具备所有胚胎干细胞的特点，能发育并形成新一代胚胎个体。2007 年、2008 年和 2010 年美国《科学》杂志都以 iPS 细胞倒转“生命时钟”为名将其评选为年度十大科学突破。Yamanaka 为此获得了 2012 年诺贝尔生理学或医学奖。

iPS 研究的初衷是“寻找合乎伦理道德的胚胎干细胞替代品”，它解决了再生医学种子细胞的瓶颈问题；实际上，它还改变了细胞发育的时空顺序，对丰富细胞命运分化和理解癌症、遗传病等多种复杂疾病的致病机制产生了新的理论价值。

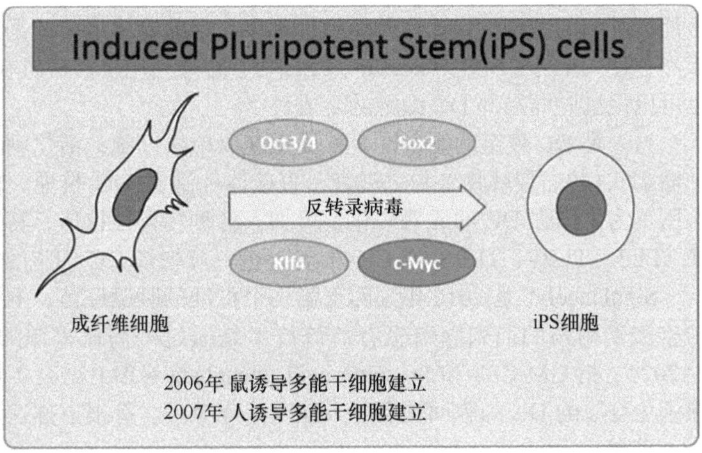

图 13-1　iPS 的发现者及其设计思路

三、免疫细胞治疗

免疫治疗（Immunotherapy）：主要是诱导、增强或抑制免疫效应的治疗方法。免疫治疗中有多种免疫调控因子（白细胞介素、细胞因子、趋化因子等）都直接参与调控免疫平衡。细胞来源的免疫治疗主要用于肿瘤领域，包括淋巴细胞、吞噬细胞、树突细胞（抗原提呈细胞）、自然杀伤细胞、细胞毒性 T 淋巴细胞（CTL）。这些免疫细胞，如单核细胞和抗原提呈细胞，通过吞噬、蛋白降解途径，将肿瘤、病毒感染的细胞经过抗原加工和共刺激信号的活化，通过分泌多种细胞因子，调节整个免疫系统，包括对调节性 T 细胞和效应 T 细胞，以及抗体分泌 B 细胞功能影响；通过影响天然免疫细胞的功能，以及后天 T 细胞免疫和体液免疫的功能，最终实现对免疫平衡的全面改造与治疗。

除了以上免疫细胞的治疗外，人类利用基因工程方法，构建出能特异性识别肿瘤的结构与 T 细胞活化信号相关的结构融合后的跨膜蛋白，嵌合抗原受体修饰后的 T 细胞（chimeric antigen receptor T-Cells，CAR-T），扩大培养并回输体内后，通过特异性识别血液肿瘤或实体瘤表面特异性抗原，特别是对复发性、晚期急、慢性淋巴细胞白血病的患者产生 70%的缓解率，成为近年来肿瘤细胞治疗领域的最具突破性的工作，该领域的开拓者以色列学者 Zelig Eshhar，与美国学者 Steven Rosenberg 和 James P. Allison 共同被授予 Massry Prize（马斯利奖）。

（一）DC 细胞治疗

DC 细胞治疗是通过促进抗原提呈细胞的抗原提呈能力，发挥抗肿瘤的特异性免疫反应。具有抗原呈递能力的细胞有很多类，包括巨噬细胞、树突细胞（dendritic cells，DC）、B 细胞等，它们广泛分布于人体与外界接触的部位及淋巴组织内。其中 DC 的抗原呈递功能最强，也最为重要。DC 作为抗原提呈细胞，具有树突状或伪足样突起，因而得名。它高表达 MHC-Ⅱ分子，有特异性表面标志，能刺激初始型 T 细胞的增殖与活化功能。它经过吞噬、细胞内溶酶体降解，或泛素化修饰与蛋白酶体降解加工后，将特异性抗原结合到细胞表面的 MHC-Ⅰ或 MHC-Ⅱ分子上，并提供共刺激信号，分泌 IL-12 等特异性细胞因子，分别启动 CTL 杀伤 T 细胞活化，或增强调节性 T 细胞活化，通过增加多种免疫细胞因子分泌，对体液免疫和细胞免疫产生更强效应。

DC 相关疫苗的制备策略包括两大类。

一类称为疫苗体外制备策略，在体外将肿瘤抗原联合不同形式的佐剂进行处理，皮下或其他途径免疫患者后，刺激并激活自身机体 DC 提呈细胞的活化，活化 T 细胞免疫和体液免疫，激活抗肿瘤的免疫反应。多种免疫佐剂中，目前应用最多的是天然免疫信号的增强剂，如激活天然免疫的配体：LPS、flagellin、CpG 等。此外利用溶瘤病毒在肿瘤组织中分泌表达 GM-CSF，也可以促进肿瘤局部 DC 细胞的生成。

另一类 DC 疫苗的制备是，外周血获取单核细胞，活化刺激后，将肿瘤相关抗原（特异性肿瘤多肽+肿瘤裂解物）与之混合，直接体外制备 DC 抗原，再回输体内后，发挥主动免疫的作用。为了增强 DC 的成熟分化，可加入各种特异性抗体，特异性识别 DC 细胞表面的受体，如 TLR3、TLR7、TLR8 或 CD40 等，进一步增加 DC 细胞的活化和抗原提呈能力。

Sipuleucel-T 是 2010 年国际上第一个批准的肿瘤疫苗，主要用于治疗没有或者有微小转移的雄激素耐药的前列腺癌患者。该技术是通过外周血来源的白细胞，体外将其与融合蛋白 PA2024（指 GM-CSF 和 Prostatic acid phosphatase PAP 融合）识别并处理，然后将负载了前列腺癌免疫原的 DC 细胞回输患者，连续治疗 3 次。有报道称这类疫苗在临床治疗中，疗效并非令人满意。

（二）免疫细胞过继转移技术（adoptive transfer of immune cells）

该技术主要是指将多种免疫细胞，如 T 细胞、NK 细胞等经过特异性处理，诱导分化并扩增后，再重新回输到患者体内，达到对肿瘤和自身免疫性疾病发挥一定的免疫平衡的调节作用。根据免疫细胞的分类和特点，T 细胞主要分为辅助性 T 细胞（helper T，Th）和细胞毒 T 细胞（cytotoxic T cell，Tc）。Th 细胞主要是 CD4 阳性，能识别抗原，分泌多种淋巴因子，其主要功能是调节免疫系统的功能，增强免疫能力。Tc 细胞是效应 T 细胞，主要是 CD8 阳性细胞，在抗原刺激下大量增殖，并与靶细胞结合，发挥特异性杀伤靶细胞的功能。Tc 细胞是抗病毒与抗肿瘤的主要效应细胞。对于慢性病毒感染，如巨细胞病毒和 EB 病毒相关的疾病中，虽然病毒感染的细胞具有明显的抗原性，但 T 细胞不能有效清除病毒感染的细胞。如果患者体内接入抗原激活的 T 细胞，有可能有效清除感染细胞。对于肿瘤患者也有类似情况，肿瘤发生过程中，肿瘤细胞对免疫微环境进行重新改造，导致免疫逃逸，致使免疫系统不能有效清除或识别肿瘤细胞。为此将肿瘤患者外周血、淋巴组织和肿瘤组织中的多种淋巴细胞分离后，经过体外激活后，回输体内产生免疫治疗的效果。

肿瘤浸润淋巴细胞（tumor infiltrate lymphocyte，TIL）就是从肿瘤组织中分离具有抗肿瘤活性的T淋巴细胞，体外经 IL-2 处理促其大量扩增，然后回输体内。该方法具有一定的选择特异性，主要发挥作用的是肿瘤特异性的 Tc 细胞，具有一定的临床疗效。但是获得肿瘤特异性、杀伤活性高的 TIL 存在一定的技术难度和挑战，目前还无法开展广泛的临床试用。

另外，常见的一种肿瘤免疫细胞治疗是细胞因子诱导的杀伤细胞（cytokine induced killer，CIK），它是从外周血、骨髓或脐带血中分离单核细胞，多种细胞因子联合 IL-2、IL-1、IFN-α 或抗 CD3 单抗处理后，获得的一类活化性的混合免疫细胞，这群细胞具有较强的细胞毒效能，促进靶细胞溶解。其中最主要的杀伤性细胞是 NK 细胞、Tc 细胞。

NK 细胞又称自然杀伤细胞（natural killer cell，NK 细胞），由骨髓中淋巴细胞分化而来，在人体内分布广泛，以外周血、脾和淋巴结节 NK 细胞活性最高。NK 细胞是人体天然免疫的重要组成成分，对病毒感染的细胞和肿瘤细胞具有很强的广谱杀伤能力，没有 MHC 限制性。其发挥作用的主要激活机制包括：正常细胞都有 MHC Ⅰ类抗原的表达，NK 细胞表面含有 MHC Ⅰ抗原的抑制性受体，对正常 MHC Ⅰ抗原表达的细胞无杀伤作用；病毒感染后的细胞或肿瘤类细胞中，MHC Ⅰ抗原表达水平降低，成为 NK 细胞杀伤的对象；除了杀伤细胞外，NK 细胞还释放 IFN-τ 和 GM-CSF 等细胞因子，促进杀伤性 T 细胞介导的获得性免疫反应，发挥抗肿瘤作用。虽然这些细胞能发挥一定的肿瘤杀伤活性，但受到肿瘤免疫抑制微环境的影响，效果差异较大。

（三）嵌合抗原受体修饰的 T 细胞（chimeric antigen receptor T cell，CAR–T）

天然来源的 T 细胞在肿瘤抑制的微环境不能发挥有效作用，运用基因工程技术进行 T 细胞特异性活化信号的构建改造，使其在免疫抑制微环境中，仍然能有效产生杀伤效应？为此学者设计了一种人工基因修饰的细胞，即 CAR-T Cell（或者 TCR-T cell），这种基因修饰细胞主要构件（图 13-2）包括：①特异性识别肿瘤表面标志的单链抗体，如 B 淋巴瘤特异性 anti-CD19 的抗体；或特异性识别肿瘤细胞抗原的高亲和力 T 细胞受体（TCR）。②T 细胞活化相关的共刺激分子的多个结构域，如 CD3 穿膜域，细胞内激活区。目前第三代的 CAR-T 细胞还加入了 4-1BB（CD-137 的细胞内信号转导区）；患者自身的 T 细胞被上述人工构建的病毒感染后，体外大量扩增到一定数量，直接回输给患者这种"活细胞杀伤药物"，对晚期急性和慢性淋巴瘤的治疗中发挥了显著疗效（图 13-3）。

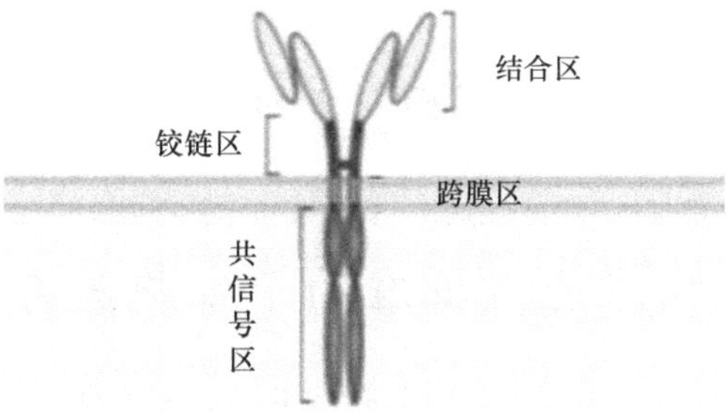

图 13-2　CAR-T 的基本结构组成

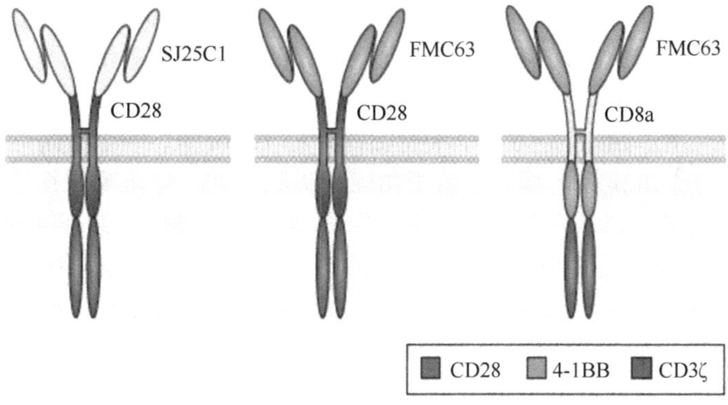

图 13-3　CAR-T 技术的发展历程

A. 第一代 CAR-T 设计；B. 第二代 CAR-T 设计；C. 第三代 CAR-T 设计

费城儿童医院对儿童急性 ALL 的 CAR-T 治疗结果显示，30 个患者中 27 名孩子肿瘤消失，达到完全缓解；27 名完全有效的患者中，19 名保持肿瘤消失，其中 15 人不再接受任何治疗，4 人接受其他治疗。此外，还有多个其他医院在进行儿童与成人淋巴瘤临床治疗的报道，都达到了很高的疗效。可以说 CAR-T 细胞治疗是目前肿瘤免疫治疗中最有效的治疗方法。

CAR-T 治疗效果好，表现在它进入患者体内后，可以在特异性肿瘤识别抗原刺激下，细胞数量急剧扩增，达到上千倍。此外，还有证据表明该细胞可以到达中枢神经系统，对中枢转移的肿瘤都可以识别杀伤。如果这类细胞能持续存在这些部位，就可以有效防止复发。

CAR-T 技术还存在一些不足。第一，基因修饰后 T 细胞释放大量炎症因子能清除肿瘤的同时，在体内易发生炎症风暴，导致高热与恶性低血压反应，肿瘤分级差、恶性度越高患者，炎症风暴综合征就更严重，引发一定死亡率。但是大部分患者通过辅助治疗，如激素治疗，可以达到一定的炎症控制效果。也有报道，炎症风暴时，体内 IL-6 的表达水平显著增高，运用抗 IL-6 抗体药物（Tocilizumab Actemra®），可以控制该症状。不同于激素治疗，特异性抗体治疗不干扰 CAR-T 的增殖与杀伤能力。第二，该治疗目前用于实体瘤效果不好，其原因与实体瘤缺乏特异性的抗原表位，实体瘤周围免疫抑制微环境复杂，特异性侵入并能识别杀伤肿瘤的细胞有限相关。第三，CAR-T 临床治疗方案，需要不断的优化与质量控制，包括输入细胞 T 细胞比例，CD4/CD8；CAR 基因阳性转染比例；细胞输入的数量；细胞输入前是否需要清除骨髓等。第四，研究者们正在设计用于不同肿瘤的特异性识别靶子，还包括设计可控性活化信号，避免炎症风暴的产生。第五，针对实体瘤的设计也进行多方面的尝试，从识别的特异性靶子，到能够提高肿瘤局部侵入性的修饰、提高抗免疫抑制微环境等多个方面考虑。

总之，CAR-T 临床小规模治疗表现不俗，后期还需要进一步观察追踪，预计 2017 年在美国会得到 FDA 的正式批准。中国也有多家医院进行了初步小规模的临床实验。

第三节　细胞治疗的临床应用

一、临床已经批准的干细胞治疗产品

近 30 年中，骨髓移植已经成功用于白血病和淋巴瘤的治疗，这是唯一一种得到临床广泛应用的干细胞治疗。骨髓移植主要是用于化疗后造血系统和免疫系统的恢复，此外移植的细胞还可能产生抗肿瘤效应，但是过度反应会导致移植物抗宿主的严重负效应。

另一个干细胞治疗的产品是一种自体来源的骨髓间充质干细胞 Prochymal，它于 2011 年在加拿大获批，用于急性移植物抗宿主反应的儿童，在激素疗法失效情况下，骨髓的间充质干细胞可以培养并冷冻存后备用。

2014 年欧洲医学部门批准了另一个细胞治疗产品 Holoclar，用于眼睛灼伤后的角膜缘干细胞缺损治疗。一般这类角膜缘干细胞定位于角膜和巩膜之间，是角膜损伤后的促进再生修复的重要细胞。当物理或化学因素导致这类细胞损伤后，导致角膜缘干细胞缺损（limbal stem cell deficiency，LSCD）症状，包括眼痛、畏光、炎症和角膜血管化，角膜失透明，最终导致失明。该产品来源于患者自体受伤的眼部，通过活检获取少量损伤部位中仍然存活的含有干细胞的组织，体外消化培养后，进一步移植。因为不会有排斥反应的风险，所以很快获得审批部门的批准，后续还需要进行更多疗效的追踪。

2014 年日本神户卫生部门批准第一个自体皮肤来源的细胞制备的 iPS，用于治疗年龄相关的黄斑变性。利用 iPS 生成视网膜色素上皮（retinal pigment epithelial，RPE）细胞片后，用于视力恢复。后续疗效和安全性的检测还需要持续进行。

另外，美国 FDA 也批准了 5 项脐带血干细胞用于治疗血液疾病和免疫学相关疾病的治疗。

二、我国干细胞临床研究的管理规范及规定

我国细胞治疗领域的规范化在不断调整中，早期干细胞治疗技术均属于第三类医疗技术，原卫生部于 2009 年 5 月就印发《医疗技术临床应用管理办法》的通知及第三类医疗技术的目录。目录的第六章，第 58 条专门提出异种干细胞治疗技术、异种基因治疗技术、人类体细胞克隆技术等医疗技术暂不得应用于临床。而同种自体或异体相关的干细胞治疗属于第三类治疗技术，审核机构是原卫生部第三类医疗技术审核机构和省级卫生行政部门指定机构，由省级卫生行政部指定机构负责审核。

2015 年 8 月国家卫生和计划生育委员会与国家食品药品管理总局又重新专门颁布了干细

胞临床研究管理办法（试行）。该规定共分 8 章和 55 条细节，该办法发布之日起，干细胞治疗相关技术不再按照第三类医疗技术管理，只有未经体外处理的自体造血干细胞移植属于第三类医疗技术。因此对于需要经过体外进行操作的干细胞技术，其临床应用方式有两种。一种是选择药品申报步骤申请干细胞临床实验，遵照药品注册临床试验的要求进行。另一种由医疗机构方提出干细胞临床研究可以进行临床治疗，所获得的临床研究结果可作为技术性申报资料提交并用于药品评价。

规定总则中，对干细胞治疗相关的三个责任部门及上级监管部门的职责进行了划分。开展干细胞临床研究的医疗机构（以下简称机构）是干细胞制剂和临床研究质量管理的责任主体。

同时国家卫生和计划生育委员会办公厅和国家食品药品监督管理总局办公厅于 2015 年 7 月又发布了印发《干细胞制剂质量控制及临床前研究指导原则》（试行）的通知，该规定指出，国内外开展的多项干细胞（指非造血干细胞）临床应用研究，涉及多种干细胞类型及多种疾病类型。主要疾病类型包括骨关节疾病、肝硬化、移植物宿主排斥反应（GVHD）、脊髓损伤及退行性神经系统疾病和糖尿病等。其中许多干细胞类型，是从骨髓、脂肪组织、脐带血、脐带或胎盘组织来源的间充质干细胞，它们具有一定的多向分化潜能及抗炎和免疫调控能力等。

该指导原则提出了适用于各类可能应用到临床的干细胞（除已有规定的造血干细胞移植外）在制备和临床前研究阶段的基本原则。每个具体干细胞制剂的制备和使用过程，必须有严格的标准操作程序并按其执行，以确保干细胞制剂的质量可控性及治疗的安全性和有效性。每一研究项目所涉及的具体干细胞制剂，应根据本指导原则对不同阶段的基本要求，结合各自干细胞制剂及适应证的特殊性，准备并实施相关的干细胞临床前研究。

近年来国内外都刚刚推行的以 CAR-T 细胞为代表的新的基因修饰后的免疫细胞治疗技术，目前尚无与其功效相关的质量控制方面的规定和文件，因此早期各个医疗机构质量标准和临床治疗水平差异还很大，尚需一定时间的实践积累，才能完成规范化临床实践。

三、免疫细胞治疗的临床应用现状

已经开展的多项免疫细胞治疗策略主要集中在肿瘤和自身免疫性疾病领域。肿瘤治疗性疫苗项目更多，如肿瘤来源的各种激活后的免疫细胞 TIL、CIK、NK 过继细胞转移技术都取得了一些疗效，但是都未得到临床的广泛认可（图 13-4）。国内上述免疫治疗项目属于第三类医疗技术，在很多三甲医院都在开展应用，但是临床疗效一直不够明确，尚无获得国家正式批准的项目。

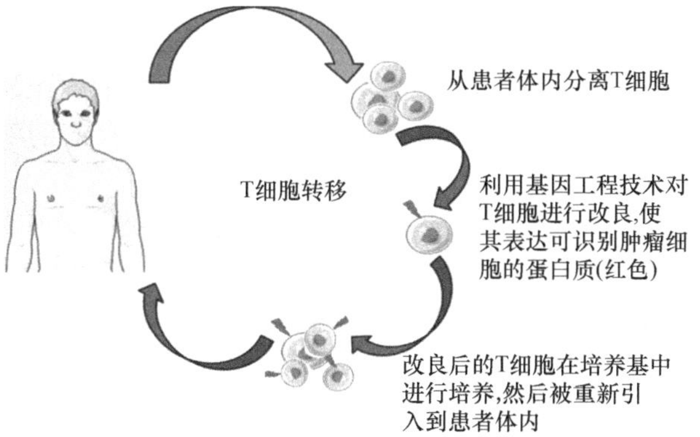

图 13-4　淋巴细胞的过继转移技术

2013 年是值得纪念的一年，《科学》杂志评论该年度最重要的科学突破榜首——肿瘤的免疫疗法。其中以针对死亡因子 1 的人源化抗体（anti-PD1）和嵌合抗原受体 T 细胞疗法（CAR-T

疗法）最受瞩目。PD-1 抗体在黑色素瘤和肺鳞癌的治疗中取得重大突破，被美国 FDA 批准用于临床，后续还有应用于其他实体肿瘤的临床实验，正在进行当中。CAR-T 在 B 细胞恶性肿瘤的疗效方面取得巨大成功，急性淋巴细胞白血病（ALL）完全缓解率达到惊人的 90%。下面重点介绍一下 CAR-T 领域的进展与现状及 NK 细胞治疗领域的最新进展。

（一）CAR-T 细胞治疗中的进展和现状

1. CAR-T 发展历程 利用基因工程的方法，用嵌合抗原受体与 T 细胞活化信号融合基因修饰后的 T 细胞来杀死肿瘤的细胞治疗方法。该嵌合抗原受体基因包括：肿瘤抗原识别区，多为单链抗体识别区；穿细胞膜区；以及 T 细胞激活和增殖区。经过该基因修饰的 T 细胞，可以分泌大量 IL-2、IFN-γ，同时可能直接促进并激活杀伤 T 细胞。这种信号的活化受到抗原识别区——肿瘤特异性抗原的活化，不受 MHC 限制，具有靶向肿瘤的特异性。1989 年以色列魏茨曼科学研究所的免疫学家 Zelig Eshhar 设计的第一代 CAR-T 以来，该技术历经 20 余年发展，大致分为 4～5 代的发展历史（图 13-5）。

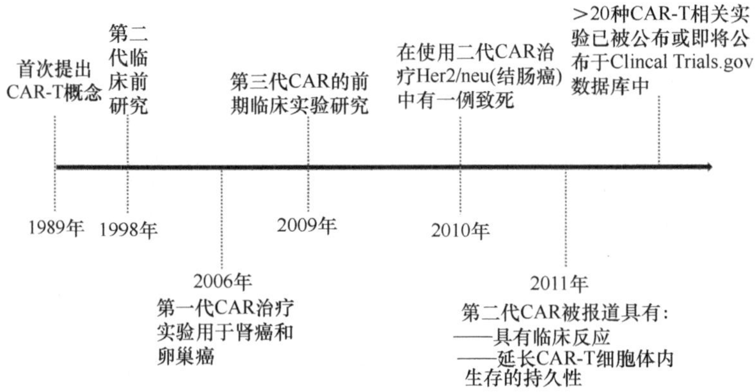

图 13-5 CAR-T 发展历程

美国是最早开展 CAR-T 临床实验的国家，2010 年之前全球的 CAR-T 注册临床实验都集中在美国。2011 年，欧洲也开始 CAR-T 临床注册，至 2013 年起，中国 301 医院也加入 CAR-T 临床研究的大军。至此中国 CAR-T 项目注册数逐年递增，到 2015 年 11 月，中国注册的 CAR-T 临床数目已经超过美国，达到全年新注册的 CAR-T 临床总数的 50%。

在现有的 CAR-T 临床实验中，最常见的靶点仍然是 CD19（图 13-6）。对于其他实体瘤等，研究较多的靶点有 Her2、GD2、CEA、Mesothelin 等。除了利用单链抗体的识别区，也还有利用识别肿瘤特异性抗原的 TCR 序列的设计方案。此外，全球的临床研究主要还是以第二代 CAR-T 技术为主，其中主流的共刺激因子为 4-1BB 和 CD28。所有的项目中，采用三代/四代技术的项目占总数的比例不到 10%。

复发的癌症晚期患者，一直是现今癌症治疗领域的最大难题。之前绝大多数药物，都仅能暂时缓解一小部分患者的疾病进程，延续几个月的生命。CAR-T 疗法，不仅能全部清除晚期患者体内所有的癌细胞，还能长期维持无病的状态，复发率降低，缓解率很高。

2. CAR-T 商品化问题 以往观念认为，药物就是由药厂统一生产的、质量均一、稳定可控的制品。然而 CAR-T 作为一种个体化的活细胞产品，需要从每位患者体内抽取效应细胞，运到合格的生产基地进行基因工程改造，再送回患者所在医院，回输患者体内，并需要符合资质的医院对回输后种种可能的不良反应进行严密监控。这对 CAR-T 的商品化过程提出了许多严峻挑战。

（1）来源不同患者体内的细胞如何保证稳定均一地生产、质控？

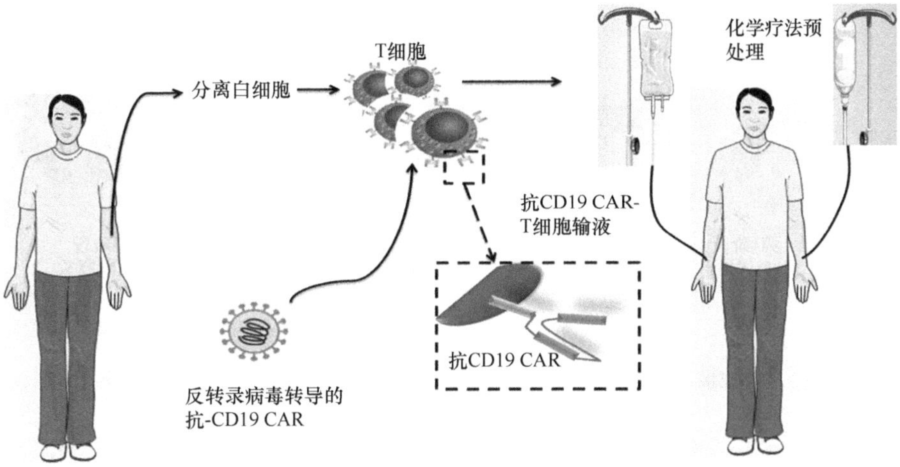

图 13-6　CAR-T 的技术步骤

（2）细胞作为一种极为敏感的活性产品，在医院与细胞改造基地之间如何安全可靠地运输？

（3）对这一类成本极高的新兴产品，如何进行合理定价，一方面监管部门需要尽快制定合理管理条例，另一方面要求公司尽快完善 CAR-T 的生产、运输工艺。

3. CAR-T 如何迎接更大挑战　该如何理性评价 CAR-T 在治疗晚期 B 细胞白血病中获得的令人瞩目的成就？从目前看来，CAR-T 的优势主要集中在两点：一是对靶点的攻击极为特异；二是对带有靶点的癌细胞可实现远胜其他疗法的长期彻底清除。

但 CAR-T 更广泛的应用也恰恰被自身的这两个特点所限制：一是由于肿瘤的异质性，在其他绝大多数癌症中很难找到像 CD19 这样广泛表达的靶点，因此即使应用了 CAR-T 也难以做到对癌症负荷的有效清除。二是许多所谓的癌症特异靶点，其实不同程度地也被正常组织所表达，因此在使用 CAR-T 进行攻击时可能会对人体正常组织造成不可忽视的毒副作用。三是对实体瘤治疗效果不佳，除了选择有效、特异性识别靶点外，实体瘤周围复杂微环境，可能会影响有效作用的发挥。

2015 年 10 月 17 日，中国 CAR-T 多中心临床研究项目在天津正式启动。该项目将在 18 家医院成立临床研究中心，40 多位专家参与临床研究，历时两年，目的为了评价 CAR-T 技术治疗复发/难治性血液肿瘤的安全性和临床有效性，为更广泛的应用于临床治疗提供依据。

（二）NK 细胞治疗最新进展

免疫疗法主要包括 T 细胞、B 细胞及自然杀伤细胞（NK）等免疫细胞疗法。

全球知名医生陈颂雄创办的 NantKwest 在 2015 年上市。根据该公司官网的介绍：其主要以自然杀伤细胞（natural killer cell，NK）治疗为核心，拥有三大技术平台——aNK、haNK 和 taNK。众所周知，NK 细胞不仅是机体重要的免疫细胞，而且与抗肿瘤、抗病毒感染和免疫调节有关，在某些情况下参与超敏反应和自身免疫性疾病的发生。

NantKwest，成立于 2002 年，公司并没有产品获批上市，只有一个用于癌症和传染病的在研药物刚完成了 Ⅰ 期临床试验，其前景可能优于研究 CAR-T 的诸公司。aNK、haNK 和 taNK 三大技术平台与当前备受追捧的 CAR-T 技术平台的异同比较如下。

1. 激活型 NK 细胞（activated natural killer，aNK）　第一步：将 aNK 细胞绑定受体；第二步：激活颗粒酶；第三步：释放颗粒酶（图 13-7）。The aNK Cell 是 NantKwest 的主要平台，也是后面两种平台的基础，aNK（activated natural killer）包括重要的“A-A-A”步骤，即 Adhesion（黏附）—Activation（活化）—Apoptosis（凋亡）。

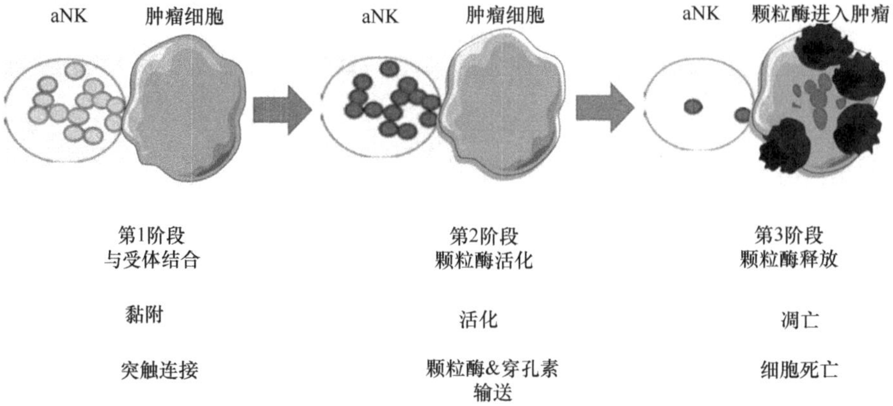

图 13-7　激活型 NK 细胞杀伤过程

杀伤细胞抑制性受体在功能上类似于 T 细胞表面的程序性死亡受体 1（PD-1），都可以抑制细胞信号通路，PD-1 通路的配体为 PD-L1，后者是肿瘤细胞的防身利器，CAR-T 对实体瘤效果不佳，很大程度上就因为肿瘤细胞高表达的 PD-L1 抑制了 T 细胞活性。aNK 不表达杀伤细胞抑制性受体（killer inhibitory receptors，KIR），进而避免自己被靶细胞表面的主要组织相容性复合体（MHC）抑制活性。aNK Cell 经过敲除 KIR 的改造后，犹如多了一层“防护罩”，即使它进入了肿瘤浸润区域，也可躲避肿瘤的抑制信号，保持能量消灭肿瘤细胞；而 CAR-T 倘若没有如此防护罩直接到肿瘤浸润区域，或将因 PD-L1 的存在而失去作战力。

由图 13-8 可见，独特的 aNK 细胞平台不同于一般的 NK 细胞的独特之处在于不表达杀伤抑制受体（KIR）。而 KIR 是癌细胞经常利用，逃避 NK 细胞杀伤的受体；同时，aNK 细胞还携带颗粒酶和含有穿孔颗粒的较大有效负载，从而使其能针对多靶点提供致死酶的有效负荷。aNK 细胞的安全性已经在几十个 Ⅰ 期临床（针对恶黑和实体瘤）中得到验证，其活性和对生存期的延长已经证实。

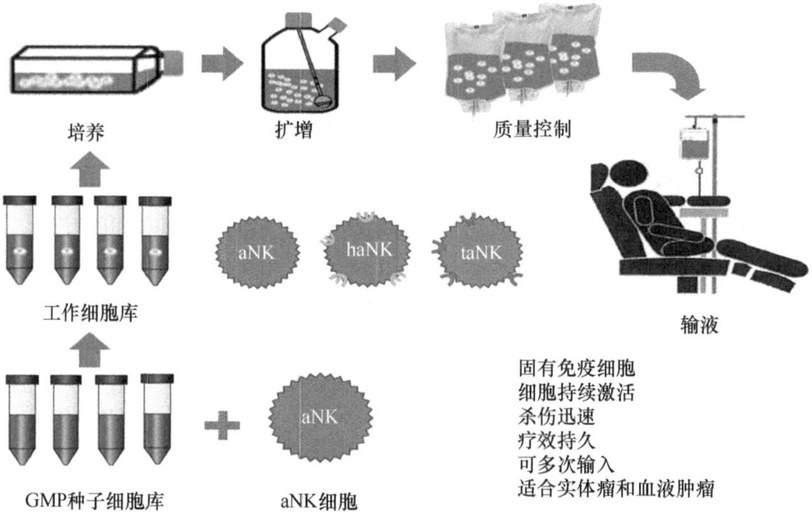

图 13-8　NK 治疗标准操作流程

2. 高亲和力抗体介导的 NK 杀伤细胞（high affinity antibody mediated NK，haNK）　CD16 是识别抗体 FcγRⅢ的受体，其在自然杀伤细胞杀死的抗体介导细胞可以扩大 aNK 的应用范围，对接并提高那些对抗体依赖性的细胞介导的细胞毒作用（antibody-dependent cell-mediated cytotoxicity，ADCC）发挥功能的抗体的疗效（图 13-9）。

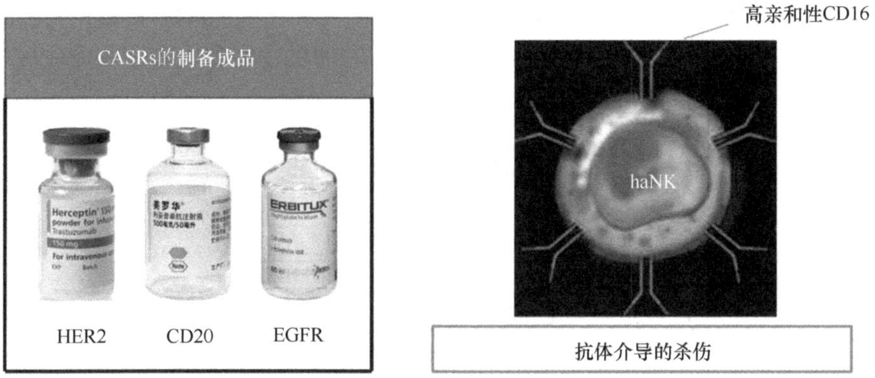

图 13-9　haNK 与增强抗体药物 ADCC 效应

抗体发挥作用的一个重要机制是 ADCC，即抗体依赖 FcγRⅢ（对免疫球蛋白 Fc 部分 C 端的受体）的高亲和力受体 CD16 存在于 NK 细胞表面，结合招募并激活 NK 到肿瘤靶细胞处对肿瘤细胞进行清除，如单抗药物——赫赛汀、美罗华都依靠 ADCC 发挥作用。

haNK Cell 通过 CD16 改造后，直接提升了对 Fc 的亲和力，即为赫赛汀、美罗华类的抗体疗效提供了有力武器。

因此相同的 haNK cell 配合已上市的不同抗体药物联合使用，用于治疗不同的疾病。未来使用赫赛汀、美罗华时，带上 haNK 细胞，杀伤力更强。

3. 靶向活化自然杀伤细胞（target-activated natural killer Cell，taNK Cell）　靶向活化自然杀伤细胞近乎模仿 CAR-T 的嵌合抗原受体（CAR）技术：通过嵌合在 NK 细胞表面的肿瘤特异性抗体，靶向识别并摧毁肿瘤细胞（图 13-10）；不同的是，taNK 敲除了 KIR 相当于拥有“防护罩”，CAR-T 是没有“防护罩”。

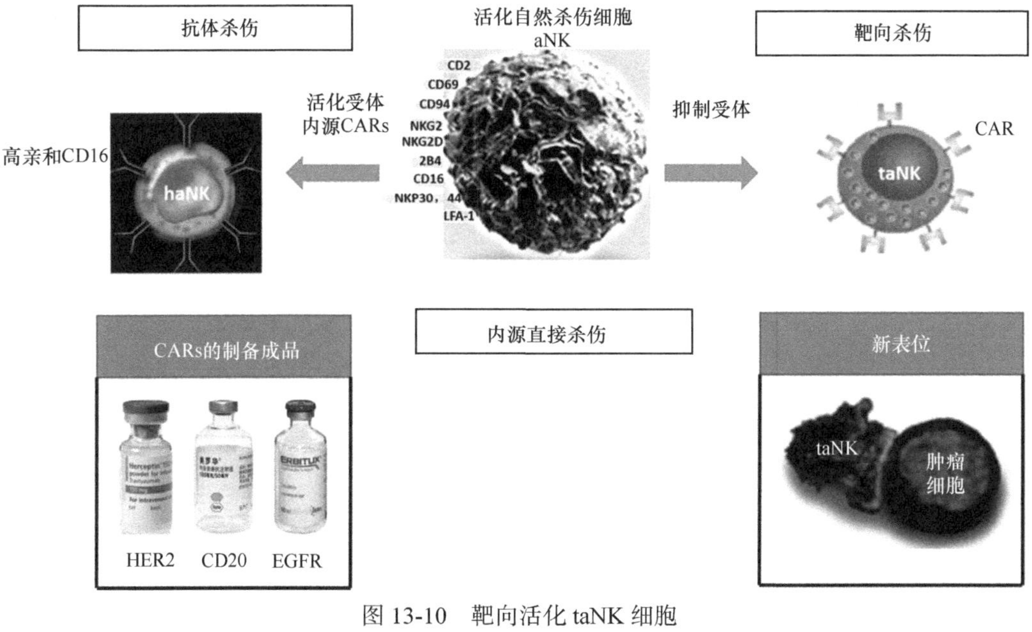

图 13-10　靶向活化 taNK 细胞

aNK、haNK 和 taNK 技术平台利用敲除抑制信号通路的概念领先于 CAR-T；不过相对于众多 CAR-T 来说，NK 细胞治疗相对较少。由于传统的非特异性免疫治疗（NK、DC、CIK、DC-CIK）没有足够的临床数据，证明其在延长癌症患者五年生存率方面有显著的效应，全球的研发基本也抛弃了这项起源于 20 世纪 90 年代的技术，转而侧重特异性免疫治疗，以 T 细胞为核心，包括 ACT、CAR-T、TCR 等。随着基因编辑技术的发展和成熟，人类对 NK 细胞的改造也许在对抗癌细胞上具有更强的效应。

小　　结

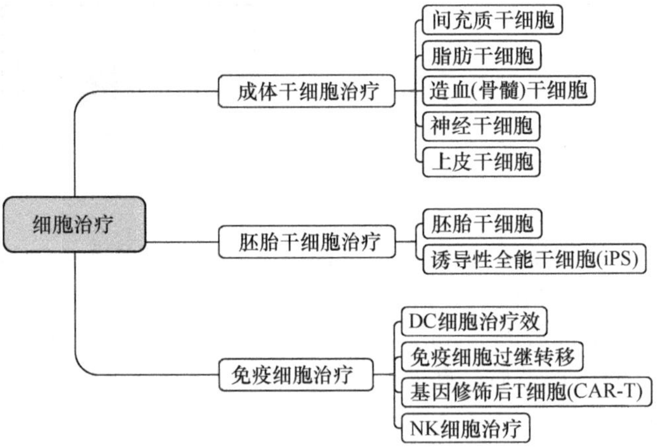

思考题

1. iPS 应用于临床再生治疗，不同组织和器官应用中，需要克服哪些最主要的瓶颈问题？
2. 肿瘤免疫治疗领域，CAR-T 技术应用于实体瘤的治疗，需要解决的具体问题是什么？

拓展学习

请扫描右侧二维码阅读学习与细胞治疗学相关的经典科研文献、参考书、动画视频、国家精品资源共享课及慕课等拓展性学习资料。

（卢兹凡）

参考文献

高云华. 2014. 抗体药物研究进展. 中国新药杂志，23（20）：2414-2417

郭葆玉. 2011. 生物技术制药.北京：清华大学出版社

郭良伟. 2014. 重组人促红细胞生成素的制备与临床应用. 黑龙江科技信息，（3）：14

郭勇. 2007. 生物制药技术. 第2版. 北京：中国轻工业出版社

国家药典委员会. 2015. 中华人民共和国药典2015年版. 北京：中国医药科技出版社

李德山. 2010. 基因工程制药. 北京：化学工业出版社

李刚，刘 鹏，刘诚迅，等. 2002. 我国细胞工程制药的研究现状和发展前景. 中国现代应用药学杂志，19（4）：278-281

李津，俞泳霆，董德祥. 2003. 生物制药设备和分离纯化技术.北京：化学工业出版社

李永进，陈媛媛，毕利军. 2006. 融合标签技术及其应用. 生物工程学报，22（4）：423-527

李志勇. 2008. 细胞工程学. 北京：高等教育出版社

厉保秋. 2011. 多肽药物研究与开发. 北京：人民卫生出版社

刘昌孝. 2015. 抗体药物的药理学与治疗学研究. 北京：科学出版社

马玺，马英，刘威，等. 2009. 红豆杉细胞培养生产紫杉醇. 药物生物技术，11（6）：401-405

普洛特金. 2011. 疫苗学. 北京：人民卫生出版社

齐香君. 2010. 现代生物制药工艺学. 第2版 . 北京：化学工业出版社

宋思扬，楼士林. 2007. 生物技术概论. 第3版. 北京：科学出版社

孙立春. 2014. 多肽药物研究进展. 药物研发，35（5）：55-60.

孙彦. 2013. 生物分离工程. 第3版. 北京：化学工业出版社

汤森路透. 2015. 2015年中国生物类似药发展报告

汤仲明. 2008. 生物技术药物——概论与实用手册. 北京：化学工业出版社

王春晓，钦传光. 2014. 生物药物. 北京：中国医药科技出版社

王佃亮，乐卫东. 2015. 生物药物与临床应用. 北京：人民军医出版社

王凤山. 2011. 生物技术制药. 第2版. 北京：人民卫生出版社

王军志. 2007. 生物技术药物研究开发和质量控制. 第二版. 北京：科学出版社

王军志. 2008. 生物技术药物的安全性评价. 北京：人民卫生出版社

王学民. 2010. 生物药物制剂技术. 北京：化学工业出版社

吴梧桐. 2015. 生物制药工艺学. 第4版. 北京：中国医药科技出版社

谢浩，杨程，陈丽娥. 2007. 多肽融合标签的移除策略. 生物化学与生物物理进展，36（10）：1364-1369

须建. 2009. 生物药品. 北京：人民卫生出版社

杨吉成，缪竞诚. 2009. 医用基因工程. 第2版. 北京：化学工业出版社

姚文兵. 2015. 生物技术制药概论. 第3版. 北京：中国医药科技出版社

余琼. 2011. 生物制药工艺学. 北京：高等教育出版社

袁勤生. 2012. 酶与酶工程. 第2版.上海：华东理工大学出版社

张惠展，欧阳立明，叶江. 2015. 基因工程. 第 3 版. 北京：高等教育出版社

张建社，褚武英，陈韬. 2009. 蛋白质分离与纯化技术. 北京：军事医学科学出版社

赵广荣. 2015. 现代制药工艺学. 北京：清华大学出版社

赵铠，章以浩，李河民. 2007. 医学生物制品学. 北京：人民卫生出版社

赵应征. 2011. 生物药物制剂学. 杭州：浙江大学出版社

周国安，唐巧英. 2004. 生物制品生产规范与质量控制. 北京：化学工业出版社

朱玉贤，李毅，郑晓峰，et al. 2013. 现代分子生物学. 第 4 版. 北京：高等教育出版社

A.罗宾逊，MJ.赫德森，MP.克拉尼奇. 2006. 疫苗关键技术详解.北京：化学工业出版社

Bernd Meibohm 原著. 2010. 生物技术药物药代动力学与药效动力学—药物开发指导原则与应用实例. 程远国译. 北京：人民军医出版社

Cavalcanti YV，Brelaz MC，Neves JK，et al. 2012. Role of TNF-Alpha，IFN-Gamma，and IL-10 in the Development of Pulmonary Tuberculosis. Pulm Med，2012（1）：745483

Christoph M Hammers，John R Stanley. 2014. Antibody Phage Display：Technique and Applications. Journal of Investigative Dermatology，134（2）：e17

Craik DJ，Fairlie DP，Liras S，et al. 2013. The future of peptide-based drugs. Chem Biol Drug Des，81（1）：136-147

Erika Check Hayden. 2011. The growing pains of pluripotency. Nature，473：272-274

Fosgerau K，Hoffmann T. 2015. Peptide therapeutics：current status and future directions. Drug Discov Today，20（1）：122-128

Gallagher，James. 2013. "Pioneering adult stem cell trial approved by Japan". BBC News. 2013.7.23

Gary Walsh. 2003. BIOPHARMACEUTICALS. Second Edition. England：John Wiley & Sons Ltd

GN Tyo. 2007. Expanding the metabolic engineering toolbox：more options to engineer cells. Trends in Biotechnology，25（3）：132-137

Grant M，Leone-Bay A. 2012. Peptide therapeutics：it's all in the delivery. Ther Deliv，3（8）：981-996

JD Keasling. 2010. Manufacturing Molecules Through Metabolic Engineering. Science，330（6009）：1355-1358

Kjeldsen T. 2000. Yeast secretory expression of insulin precursors. Appl Microbiol Biotechnbol，54：277-286

Ma H，Morey R，O'Neil RC，et al. 2014. Abnormalities in human pluripotent cells due to reprogramming mechanisms. Nature，511（7508）：177-183

Newman DJ，Cragg. GM. 2012. Natural products as sources of new drugs over the 30 years from 1981 to 2010. J Nat Prod，75（3）：311-335

Oliver J Miller，Kalia Bernath. 2006. Directed evolution by in vitro compartmentalization. Nature Methods，3：561 - 570

Pagliuca F，Millman J，Gürtler M，et al. 2014. Generation of Functional Human Pancreatic β Cells In Vitro. Cell，159：428-439

Palucka K，Banchereau J. 2013. "Dendritic-cell-based therapeutic cancer vaccines". Immunity，39（1）：38-48

Sander JD，Joung JK. 2014. CRISPR-Cas systems for editing，regulating and targeting genomes. Nat Biotechnol，32（4）：347-355

Sinha SK，Mishra V，Nagwani S. 2014. Effects of G-CSF on serum cholesterol and development of atherosclerotic plaque in apolipoprotein E-deficient mice. Int J Clin Exp Med，7（8）：1979-1989

Takebe T，Seking K，Enomura M，et al. 2013. Vascularized and functional human liver from an iPSC-derived organ bud transplant. Nature，9（2）：481-484

Vega A，Martín-Ferrero MA，Del CF，et al. 2015. Treatment of knee osteoarthritis with allogeneic bone marrow mesenchymal stem cells：A Randomized Controlled Trial. Transplantation，99（8）：1681-1690

Vegas AJ，Veiseh O，Doloff JC，et al. 2016. Combinatorial hydrogel library enables identification of materials that mitigate the foreign body response in primates. Nat Biotechnol，34（3）：345-352

Vegas AJ，Veiseh O，Gurtler M，et al. 2016. Long-term glycemic control using polymer-encapsulated human stem cell-derived beta cells in immune-competent mice. Nat Med，222（3）：306-311

Vlieghe P，Lisowski V，Martinez J. et al. 2010. Synthetic therapeutic peptides：science and market. Drug Discov Today，15（1-2）：40-56

Wang L，Xie JM，Schultz PG. 2006. Expanding the genetic code. Annual Review of Biophysics and Biomolecular Structure，35：225-249

Wood CR. 2011. Antibody Drug Discovery. London：Imperial College Press

附　录

美国 FDA 批准上市的多肽药物

批准日期	汉语名	通用名	商品名	给药途径	适应证
2015/12/8	埃替非巴肽	Eptifibatide	Integrilin	静脉注射	治疗急性冠状静脉综合征
2015/7/14	比伐卢定	Bivalirudin	Angiomax	静脉注射	预防血管形成介入治疗不稳定型心绞痛前后的缺血性并发症
2015/5/8	胰高血糖素	Glucagon	Glucagon	静脉注射	低血糖
2015/4/16	格拉替雷	Glatiramer	Copaxone	皮下注射	多发硬化症
2014/12/23	利拉鲁肽	Liraglutide	Victoza	皮下注射	2 型糖尿病
2014/4/17	加压素	Vasopressin	Pitressin	输液	尿崩症
2014/2/28	埃塞那肽	Exenatide	Byetta	皮下注射	2 型糖尿病
2012/12/21	替度鲁肽	Teduglutide	Gattex	皮下注射	短肠综合征（SBS）
2012/12/14	帕瑞肽	Pasireotide	Signifor	皮下注射	库兴氏综合征
2012/8/30	利那洛肽	Linaclotide	Linzess	口服	肠易激综合征引起的便秘（IBS-C）
2012/3/27	聚乙二醇肽	Peginesatide	Omonty	静脉/皮下注射	慢性肾病患者贫血
2011/8/25	艾替班特	Icatibant	Firazyr	皮下注射	治疗遗传性血管水肿（HAE）急性发作
2010/11/10	替莫瑞林	Tesamorelin	Efrifta	皮下注射	治疗 HIV 感染患者脂肪营养障碍所致的腹部脂肪过多
2010/3/10	曲普瑞林	Triptorelin	Decapeptyl	肌肉注射	用于前列腺癌、中枢性性早熟及子宫内膜异位
2009/12/1	艾卡拉肽	Ecallantide	Kalbitor	皮下注射	遗传性血管水肿急性发作
2009/11/5	罗米地欣	Romidepsin	Stodax	静脉注射	治疗皮肤 T 淋巴细胞
2008/12/24	地加瑞克	Degarelix	Firmagon	皮下注射	晚期前列腺癌
2008/6/25	特立帕肽	Teriparatide	Forteo	皮下注射	绝经后骨质疏松症及男性原发性骨质疏松症
2008/5/8	去氨加压素	Desmopressin	Minirin	口服	治疗中枢性尿崩症、夜间遗尿症
2007/8/30	兰瑞肽	Lanreotide	Somatuline Depo	皮下注射	肢端肥大症
2007/5/3	组胺瑞林	Histrelin	Vantas	皮下注射	中枢性性早熟及晚期前列腺癌
2005/3/16	普兰林肽	Pramlintide	Symlin	皮下注射	2 型糖尿病
2004/12/28	齐考诺肽	Ziconotide	Prialt	注射	慢性疼痛
2004/4/9	促胰液素	Secretin	Chirhostim	静脉注射	诊断
2003/3/13	恩夫韦肽	Enfuvirtide	Fuzeon	皮下注射	治疗 HIV 感染
2002/5/6	尿促卵泡素	Urofollitropin	Bravelle	皮下注射	促进排卵
2001/8/10	奈西利肽	Nesiritide	Natrecor	静脉注射	治疗急性代偿性充血性心力衰竭
2000/8/11	西曲瑞克	Cetrorelix	Cetrotide	静脉注射	推迟排卵，治疗前列腺增生、前列腺癌及子宫肌瘤
1999/7/29	加尼瑞克	Ganirelix	Antagon	注射	控制性超排卵辅助生殖治疗的妇女
1996/5/23	可的瑞林	Corticorelin	Acthrel	注射	诊断

续表

批准日期	汉语名	通用名	商品名	给药途径	适应证
1994/6/2	喷曲肽	Indium In-111 Pentetreotide		注射	中枢性性早熟，平滑肌瘤
1991/3/29	鲑鱼降钙素	Salcatonin	Miacalcin	注射	Paget 骨病、高钙血症和绝经后骨质疏松症
1990/6/15	巯替肽	Technetium tc 99M Mertiatide	Technescan MAG3	静脉注射	诊断
1990/2/13	那法瑞林	Nafarelin	Synarel	滴鼻	中枢性性早熟，平滑肌瘤
1989/12/29	戈舍瑞林	Goserelin	Zoladex	注射	治疗前列腺癌、乳腺癌及子宫内膜异位
1988/10/21	奥曲肽	Octreotide	Sandostatin	注射	肢端肥大症、类癌瘤及血管活性肠肽瘤，食管静脉
1982/1/1	促皮质素	Corticotrophin	Cortrosyn	注射	诊断
1982/1/1	谷胱甘肽	Glutathione		冲洗	护肝药
1982/1/1	缩宫素	Oxytocin	Syntocinon	注射	催产
1982/1/1	辛卡利特	Sincalide	Kinevac	注射	诊断
1982/1/1	促肾上腺皮质激素	Corticotropin	Acthar	注射	治疗幼儿痉挛

汉英对照索引

F

G

H

J

R

S

T

W

X

Y

Z

其他